U0739271

中華美學全史

第八卷

陈望衡　著

人民出版社

目　　录

第　八　卷

元　朝　编

明 朝 编

第 八 卷

元朝编

导　语

元朝存在时间97年，在中华美学发展史上具有重要的地位。第一，具有贵族气息的士大夫美学出现衰落。在元帝国，像欧阳修、黄庭坚这样的文化大家很少出现，即使是赵孟頫也无法与欧阳修、苏轼、黄庭坚这样的大家相提并论，至于像李白、杜甫这样的大诗人，元朝一个也没有出现过。但是，元朝的俗文化却有着轰轰烈烈的发展，突出体现就是戏曲的兴旺。戏曲主要生长于民间，虽然雅俗共赏，但因根在民间，所以具有比诗词广泛得多的群众基础。为了戏曲的需要，一种新文学体裁——曲——得到了长足的发展，一跃而成与诗、词相媲美的艺术新门类，势头之盛不让诗之于唐，词之于宋。第二，儒家对于艺术的影响见出颓势，而佛道对于艺术的影响非常强劲，集中体现在绘画上，一种最能见出佛道意味的新的画派——文人画——终于在元朝成为主流画种，并且进而成为中国画的代表。第三，宗教对于国家政治、文化的影响力空前强大。道教全真道的首领丘处机不远万里历时三年横绝戈壁应召去见成吉思汗是中国文化史上的一段佳话。由此形成的《长春真人西游记》不仅是极为珍贵的政治文献、历史地理文献，也是重要的文学作品，其中的美学思想是道教美学的精华。藏传佛教在元朝的贡献不亚于甚至超过道教。西藏佛教领袖八思巴成为元世祖忽必烈的首任国师。因为他的影响，西藏被完整地纳入了中国版图，不仅如此，八思巴还推动了元朝统一中国并进而中华化的进程，为中华民族文化的大融合、为藏传艺术的东传作出了重要贡献。

元朝的出现具有重要的意义：第一，实现了真正的全国大统一。此前的中国，不论是汉民族执政的周、秦汉、唐、宋、明，还是少数民族执政的北魏、辽、西夏、金，都谈不上全国大统一。唯有元朝，实现了中国的大统一。第二，实现了中华民族大融合。自先秦以来的夷夏统一、胡汉融合在元朝达到了高峰，包括现在的56个民族在内的多民族集聚在一个大家庭里。第三，实现了中华文化的大整合。中华文化的整合自先秦以来一直在进行着，而在元代同样达到了高峰。这种整合，为统一的完全的中华文化的建构，起到了关键性的作用。与之相关，中华美学也只有到元朝才具有最为宏大的规模、最为完善的内容、最为丰富的形式。元朝在中国历史上的地位既是特殊的，也是重要的、不容忽视的。

第一章
《蒙古秘史》中的美学思想

"蒙古"，早在唐朝就见之于汉文著作，写作"蒙兀"。蒙文的字义，为"永恒的河"。它是主要生活在中国西北部以及西伯利亚一带的游牧民族，蒙古的建国一般定在铁木真统一蒙古诸部落并被推举为可汗之时，时间为公元 1206 年。《蒙古秘史》一书写于 13 世纪，大约为成吉思汗的儿子窝阔台当国的时期。作者不详①。此书是一部以成吉思汗为中心的蒙古族历史，起自成吉思汗的根祖前十世祖，终于窝阔台当国，横跨 500 多年的历史。此书具有很强的文学性，但主要事实，大多学者认为是可靠的，所以应该是一部具有文学性质的历史书。此书没有明确的美学观点，但所写的史实以及涉及的蒙古风情可以挖掘出一些美学思想来。

第一节　民族的起源

人类的起源是一个人类学的问题，对这一问题的认识，很能见出史前人类的思想意识特别是审美意识。蒙古人从史前走来，他们对于自己的产

① 《蒙古秘史》译者特·官布扎布、阿斯钢认为，成吉思汗从塔塔儿营地拾到一个男孩，名失吉忽秃忽，他"听之聪耳，视之明目"，长大后成为蒙古族重要的文人，他创立了蒙古族写青册的制度，《蒙古秘史》很可能是他写的。

生是怎样认识的，众多有关蒙古人起源的传说给我们提供了丰富的思想资料。《蒙古秘史》作为蒙古族的史诗，也有自己的说法：

> 成吉思汗的根祖是苍天降生孛儿帖赤那（苍色狼）和他的妻子豁埃马阑勒（白色鹿）。他们渡腾汲思水来到位于斡难河源头的不儿罕山，生有一个儿子叫巴塔赤罕。①

这里说得清楚，蒙古人是苍色狼与白色鹿结合所生的儿子。动物生人，此说法在文明时代当然不能接受，故此书的译者在卷首语加上一段话予以解释："蒙古人来自哪里？他们的祖先究竟是谁？关于这一点，一句明代译文似乎影响了人们几百年的认识。不知什么缘故，明代译者把本为'成吉思汗的根祖是苍天降生孛儿帖赤那（苍色狼）和他的妻子豁埃马阑勒'的句子译成了：'当初元朝的人祖，是天生一个苍色的狼，与一个惨白色的鹿相配了。'由此，人们就把蒙古人与狼紧紧地联系到了一起，从而又提出了'我们是龙的传人还是狼的传人？'的荒唐拷问。孛儿帖赤那与豁埃马阑勒二词的汉译对应词虽然为苍色狼和白色鹿，但是把它当作人名（本来就是人名）来理解的话，关于《苍狼白鹿》的蒙古人之起源传说，也就不再成为传说了。"

两位译者诚然有理，但是他们忽视了一个重要的问题：史前人类普遍盛行动物崇拜，将动物视为人类之祖，这不是人类的自辱，而是人类的自尊。动物是神，既是神，人就是神的儿女，有何不好？

将动物视为人类的根祖，在中华民族的神话传说中可以找到很多同样的例子，如"天命玄鸟，降而生商，宅殷土芒芒"②，商人就是鸟的后代。《山海经·大荒北经》说"有人名曰犬戎。……白犬为牝牡，是为犬戎，肉食"。中华民族自称"龙的传人"，龙就是动物。当然，这是想象中的动物，但它的形象都是诸多实存动物元素的组合，它的头部像马，因而可以说是马的传人。又，它的身子像蛇或鳄鱼，因此可以说是蛇或鳄鱼的传人。

---

① 特·官布扎布、阿斯钢译：《蒙古秘史》，新华出版社 2007 年版，第 2 页。

② 《诗经·商颂·玄鸟》。

关于蒙古人的起源，有种说法，说蒙古人是太阳的后代。故事说，天地初分时，太阳生了两个女儿，她们从天上下降到大地，在黄河上坐船欣赏风景，因为喜爱这块土地，就不再回归天上了。她们分别嫁了人。姐姐嫁到南方，生下一个婴儿，婴儿生下时，用丝绸做襁褓，包裹孩子。因为孩子啼哭时总是发出“唉，唉，唉”的声音，于是称之为“孩子”，取名为“海斯特”。海斯特出生时手握一块土地，长大后，他种植五谷，成为农业民族的始祖。妹妹嫁到北方，也生下一个婴儿，婴儿生下时，用毡裘做襁褓，包裹孩子。因为孩子啼哭时总是发出“安，安，安”的声音，于是称之为“安嘎”，取名为“蒙高乐”。“蒙高乐”出生时手攥一把马鬃，长大后，他牧马放羊，成为游牧民族的始祖。

这里，“蒙高乐”的诞生，取自成吉思汗的诞生。《蒙古秘史》说，正当也速该在战场杀敌之时，他的妻子诃额仑诞生了帖木真（流行译为“铁木真”），出生时，右手握着一块大如髀石的血块。

故事很精彩！它的人文意义非常鲜明：汉、蒙是兄弟。这里，我们要强调的是，故事说汉、蒙的先祖母是太阳的女儿，她们是亲姐妹。这一说法明显地见出史前又一极为普遍的崇拜——太阳崇拜。在中国远古神话中，不仅太阳生人，人也可以生太阳。《山海经·大荒南经》云：“羲和者，帝俊之妻，生十日。”这种与太阳攀亲的神话，差不多每个民族都有。还有月亮，也是挺受人类喜爱的自然物，苏美尔民族有天神与凡人女子交合生下月亮女神的故事。

史前人类的自然物崇拜，其哲学观念为万物一体论。正是因为万物一体，所以，才能物生人，人生物。这种万物一体是史前审美意识的哲学基础。审美以情感形象为载体，以想象为方式，以身心愉悦为效应。万物作为审美对象，在人们的感觉所接受后，为人的情感所改造，成为情感形象，在想象中，物化为人，人化为物。蒙古族认为自己的祖先是狼与鹿交合的产物，正是在万物一体观念的基础上通过这种审美想象所创造的。

史前这种万物一体论是可以延续到文明时代的，庄子在想象中完成化蝶，名之为“物化”，既具有哲学的意义，也具有美学的意义。

人类对于自己民族起源的认识，显示出人的觉醒、民族的觉醒。在史前时期，人类对这一问题的探索主要立足于万物一体的哲学观念，从审美想象中去寻找，其结论是自然化生。在进入文明时期后，由史前带来的自然化生说并没有被完全抛弃，它的内涵成为从人文科学与自然科学的维度去探索民族起源的重要线索。蒙古族起源于苍狼与白鹿婚配的故事，就有如下人文、地理的科学考察：

译为苍狼的孛儿帖赤那和译为白鹿的豁埃马阑勒，有学者认为其实是人名，既然是人名，那么，它们出自哪个民族？有个传说，说蒙古部落与突厥部落产生战争，最后只留下两男两女，他们逃到一处人迹罕至的地方，居住了下来，这个地方名字叫额儿古涅思。这两家人的名字叫捏古思和乞颜。他们在这个地方生息。后来，人多了，他们用七十张牛皮做风箱，用炼铁的办法熔化了悬崖绝壁，走到了广袤的地方。[①] 这一传说具有重要的人文意义，它透露出一个重要的信息，蒙古族有突厥的血统。

关于蒙古族的血统问题，有诸多研究。《旧唐书·北狄传·室韦》介绍，在唐王朝北部有一名室韦的少数民族。室韦有九个部，有大有小，占地数千里，有学者认为，“蒙兀室韦，只是室韦的若干部落之一。”[②] 按《旧唐书》的介绍，“室韦者契丹之别类也。”这样说来，蒙古族为契丹人。按法国汉学家伯希和（Paul Pelliot）的看法，“室韦”与“鲜卑”同音同义，是一个名词的两个译法。这样说来，蒙古族为鲜卑人。鲜卑用得比较多，好多少数民族都划属鲜卑，蒙古究竟是鲜卑的哪一支，目前似乎没有弄清楚。蒙兀室韦，宋代时发展成一大部族，称之为“萌骨部族”。成书于元朝末年的《辽史》有“萌古国遣使来聘”句，又有“谟葛”一词，学者认为，这“萌骨”“萌古”“谟葛”都是指蒙古。[③]

关于蒙古族活动的范围。《蒙古秘史》提到三个地名：腾汲思水、斡难

① 参见特·官布扎布、阿斯钢译：《蒙古秘史》，新华出版社 2007 年版，第 2 页。此故事不是《蒙古秘史》正文内容，是两位译者为此书写的注释。

② 黎东方：《细说元朝》，商务印书馆 2016 年版，第 1 页。

③ 参见黎东方：《细说元朝》，商务印书馆 2016 年版，第 3 页。

河、不儿罕山。

《旧唐书·北狄传·室韦》说:“其北大山之北有大室韦部落,其部落傍望建河而居。其河源出突厥东北部俱轮泊,屈曲东流。”关于这些地名问题,也引起学者的注意。望建河,说是黑龙江;腾汲思水,说是俱轮泊(呼伦泊);斡难河,说是鄂嫩河。

关于成吉思汗先祖的谱系:从苍狼以下至成吉思汗的祖父孛端察儿有十一代。孛端察儿是蒙古“黄金氏族”的创氏祖先,他的孙子即为成吉思汗。

从万物一体观念探寻民族起源到从万物相分观念探索民族起源,体现出文明的产生、人类的觉醒、审美的发展。如果说,万物一体观念基础上的审美更多地具有蒙昧性,那么,万物相分观念基础上的审美更多地具有文明性。

第二节 英雄崇拜

《蒙古秘史》的主题是成吉思汗的赞歌,整个作品体现出来的美学思想就是英雄崇拜。英雄崇拜的实质是英雄之美的赞扬。

英雄崇拜是人类最重要的崇拜。人类的崇拜可以分成两个阶段:自然崇拜和英雄崇拜。自然崇拜主要产生于史前社会;英雄崇拜主要产生于文明时代。虽然这两个崇拜不相矛盾,但崇拜主体的变化仍然清晰地体现出人性的进步、文明的进步。

成吉思汗生活的时期,就蒙古民族来说,已经进入了文明时代,但这个文明还只处于初期阶段。一是生产方式相对比较落后。游牧是他们主要的生产方式,这种方式在很大程度上依赖于环境,生产的主动性、创造性得不到充分发挥,因此,产量不高,不能满足部族生活上的需求。二是文化形态相对比较落后。以万物一体哲学为基础的萨满教在蒙古社会盛行。在这种情况下,蒙古部族要想赢得更好的生活,不能不依靠劫掠,于是,以力量、武功见长的男青年,必然会更多地受到社会青睐。在经过战争的历练之后,他们中的最杰出者可能成为部族的首领。因此,英雄的本色即是战士,战士的本色即是杀戮。于是，力量就成为英雄的第一条件。在残酷的厮杀之中，力量固然第一重要，但人的厮杀与动物的厮杀不同，动物的厮杀拼的只是力量，人的厮杀还得拼智慧。因此，智慧就成了英雄的第二条件。第三，关涉部族生存与发展的重大战争决不是一个人的力量与智慧能决定胜负的，它是社会的全体投入。作为首领，能不能获得民心、获得部族的支持就成为重要条件，而这又多归结为首领自身的胸怀，其中是否有公心、有原则、有仁爱就凸显为英雄的重要条件。于是，英雄的三大条件就自然地产生了。具有三个条件，还未必能成就英雄，英雄之成就并不决定于条件，而决定于实践的结果。任何好汉，不管有多少光环，能否成为英雄只看战功。成吉思汗之所以成为空前绝后的大英雄，就在于他创造了空前绝后的大战功，由他建立的横跨欧亚非的蒙古帝国，是人类历史上亘古未有也许以后也不会有的最大的国家。不管怎样看待成吉思汗的战争行为，也不管如何评价蒙古帝国，站在蒙古族的立场上，成吉思汗是当之无愧的大英雄。《蒙古秘史》从诸多方面歌颂成吉思汗，其成为中华民族英雄崇拜的典型范例，其中主要有二：

第一，威猛超凡、不可战胜。

成吉思汗幼年历尽苦难，成年领军作战，饱经战阵。他负过重伤，坐过牢笼，处过绝境，可以说千锤百炼。他的力量、他的智慧，挎住在一起，就是威猛超凡、不可战胜。

《蒙古秘史》用带有文学性的手法来描绘成吉思汗的威猛超凡。在与乃蛮部的一场大战开始之前，有乃蛮部首领塔阳罕向札木合的四次问话。第一次问："如追赶羊群恶狼，驱我哨兵而来的那些人是一些什么人啊？"札木合答道："我帖木真安答，养有四条吃人的狗，一一拴在铁链上，今逐我哨兵而来的正是那四条狗。"下面有诗描绘这四条狗如何疯狂，最后点明"此来四条疯狗者，乃为蒙古大战将"。塔阳罕马上命令遭遇的部队撤退。接着又问其他方向的成吉思汗的军队是谁，札木合也一一做了介绍，极力夸张成吉思汗军队的威猛，塔阳罕也同样说："那就离那些家伙们远一些吧！"塔阳罕再问札木合："在其后面，如饿鹰捕食般狂奔而来的又是什么人呀？"

札木合说:“来者便是我的安答帖木真!”下面,这样描写帖木真的形象:

身如生铜铸成,
当无锥刺之孔。
身如熟铁锻成,
更无针刺之隙! ①

成吉思汗这样的形象一是说明他强壮,二是说明他成熟,三是说明他不可战胜。

下面,还有描绘成吉思汗弟合撒儿的一段文字,虽然不是直接写成吉思汗,但同样衬托了成吉思汗威猛:

当是诃额仑母亲那
用人肉喂大的儿子
其名叫做合撒儿
魁梧伟岸力无穷!
身高足有丈五尺
顿餐吃进三岁牛
身上披挂三重甲
……
张口能吞一活人
如同咽下水一滴
……

战争的结果可以想见,成吉思汗大胜。

也许在那样相对比较原始的社会,战胜对手主要依靠力量,因此,《蒙古秘史》更多地注重表现成吉思汗的力量,关于他的谋略表现得不多,但并不是说成吉思汗是一个缺少谋略的人,事实上,在统一蒙古的事业中,成吉思汗运用了不少谋略,而且取得了很多成功。只是相对于力量的突出,谋略这方面的光辉被掩盖了。也许,作为史诗,作为英雄传奇,它的写作套路,

① 特·官布扎布、阿斯钢译:《蒙古秘史》,新华出版社 2007 年版,第 160 页。

无论哪个民族，突出的都是力量——天神般的力量。

第二，重情重义、胸怀广阔。

《蒙古秘史》不将成吉思汗写成不近人间烟火的神，而是表现为既有胆识，又有胸怀，重情讲义、行事坦荡、不玩阴谋的人。这样的例子很多。

王罕是成吉思汗父亲的朋友，也是成吉思汗的义父，他们之间既有生死之交，也有过不少让人慨叹的悔恨。在王罕听信谗言、要加害成吉思汗之时，成吉思汗派人捎去了长篇的话。《蒙古秘史》详细地记载了这篇捎话，其中既有对王罕的深情感激，也有对王罕的真诚劝告，更有对王罕的直率批评："罕父啊，我的罕父！您为何听信那心怀歹意之徒离间挑拨的话？罕父须要明察必有恶人谗言，离间我们之间的情分！"而王罕在听完成吉思汗捎来的这番话后，悔恨地说："唉！是我背弃了好儿帖木真，也毁了我家族江山之名声。是我背离了好儿帖木真，也闯下败我家业之祸端！"①

王罕是那种不断地犯错误、不断认识错误然而却改不了的人。他数次对成吉思汗背信弃义，然而数次得到成吉思汗的宽恕。其原因，一是王罕曾经救过成吉思汗全家，成吉思汗是感恩之人；二是成吉思汗胸怀广阔。也许，这胸怀广阔，才是成吉思汗成功最为主要的原因。

在蒙古帝国成立，封赏功臣之后，有一段他与行军途中所拾的那个孩子失吉忽秃忽的对话。失吉忽秃忽说，成吉思汗的母亲待他"如同亲生的儿子"，成吉思汗待他"如同亲生的弟弟"。

> 听罢此言，成吉思汗对失吉忽秃忽说道："你不是我的六弟吗？将同我的亲生兄弟一样，分给义弟你一份家产。并念你立有多功，再赐你九罪不罚之赏。"成吉思汗接着说道："在那长生天的保佑下，你要成为我大业征程的听之聪耳，视之明目。要为我的母亲、诸弟及孩儿们分配毡房百姓及板门百姓中应占的物利与居民。你所定的律令，任何人不得更改……"成吉思汗又嘱咐道："将全国属民的分配情况，断办案件是非，造青册一一记录。凡失吉忽秃忽与我商定后用白纸青字写

① 特·官布扎布、阿斯钢译：《蒙古秘史》，新华出版社 2007 年版，第 131、133 页。

就的青册文书要传之子孙之子孙，其内容永世不得更改。……”

这段文字不仅见出成吉思汗作为普通人温情的一面，而且见出作为一个国君清醒的一面。他既以义兄的身份与义弟失吉忽秃忽叙兄弟之情，又以国君的身份向主要负责法律制定与历史记录的臣下失吉忽秃忽布置工作。人伦之情义，当下的工作，了了在心；而远大的理想，未来的蒙古，更是全局在胸。

对于他的侍卫人员，更是知恩感恩。在事业成功，封赏有功之时，他没有忘记侍卫人员。《蒙古秘史》有一段长达31行的诗句，为成吉思汗赞美侍卫的话，情真意挚。其中云：

要那乱箭飞舞的日子里
在那仇敌猖獗的危情中
是我神勇机警的宿卫们
昼夜守护我居住的地方
奋力保卫我热血的生命
未曾误过一次
桦皮箭的响动！
未曾错过一次
柳木箭桐的响动！①

作为帝王，能够对侍卫知恩，也属难得了。

坦诚是蒙古民族最为重要的品质。成吉思汗在事业发展的过程中，不断接纳投诚他的部落人员，这些人员中，有些与成吉思汗有过恩怨，但一般来说，只要真心投诚，成吉思汗均会宽恕。只儿豁阿歹原是成吉思汗对头泰亦赤兀惕部落中的一员。感于对成吉思汗的渴慕，他带着家人、牲畜来投诚成吉思汗。成吉思汗问只儿豁阿歹：“我们在阔亦田一地鏖战时，是谁从山头射来一利箭，射伤我骑口白黄马的脖颈？”只儿豁阿歹答道：“那射箭的人便是我！”对于这种回答，成吉思汗很认可。他说：“作为敌对之人，都

① 特·官布扎布、阿斯钢译：《蒙古秘史》，新华出版社2007年版，第214—215页。

会隐瞒自己的害人行为，可您毫不隐瞒地讲出了自己的害人之事，你这人可交啊!”还因为这件事，赐名只儿豁阿歹“者别”。“者别”，蒙古语为箭。

威猛不凡与胸怀广阔，成就了英雄的品格，也成就了王者的事业!

《蒙古秘史》中，还有另外一位英雄札木合。就他与成吉思汗的关系来说，他的身份有四种：族兄弟、合作者、对手、败将。族兄弟是自然血缘关系，是不变的，但蒙古人亲属之间经常产生纷争，除近亲关系外，远亲不很重要。合作者，那是真诚的，他们一道创造过不少辉煌。然而，他们分离后，就成为真正的对手，打过不少的仗，应该说，这重关系比合作关系显得突出，但是，较之对手关系更重要的是他们的义兄弟关系，札木合一直将成吉思汗视为“安答”(结拜兄弟)，而且，即使处于对手关系时，也给予了成吉思汗不少重要的帮助，甚至暗通情报，实际上是助力成吉思汗夺取天下。札木合的形象体现了蒙古族人对于英雄的另外两个方面的尊崇：友情尊崇和人格尊崇。

作为敌人的札木合最后被他手下的人捉拿，并被押送到了成吉思汗的营帐。成吉思汗让人向札木合传话：“咱已分离久，今再归好，望你从此起，作我车一辕，莫再起异心！同居在一处，和好如当初，互陈所忘事，相唤共寐醒！虽曾离我奔他去，但却处处见你心。每到生死战起时，你总为我揪着心！虽曾弃我寻他去，你永远是我安答。每到与敌激战时，你都替我担着心。”听罢成吉思汗的传话，札木合做了一个长长的回话。回话中深情地回忆他们“共钻同一被窝”的温暖，“同思一种心愿”的合心，对于自己听信谗言背弃成吉思汗而悔恨：“被那谗言离间后，我已痛苦至如今。”对于成吉思汗想与他再次合作，慨然表示，还是他死去对成吉思汗有利：“如今安答帖木真你，灭尽仇敌平了天下，已成就万年盛事，还留我等又有何益？恐将扰你夜里的梦，恐将坏你昼里的心，恐将成你衣中的虱子，恐将成你袖上刺。”[①] 这话不矫情，是实情。的确，他的留存，不管怎样谦卑，都不能让成吉思汗放心，而且，就他的威名，就他的才能，也可能夺取成吉思汗的江山。

① 特·官布扎布、阿斯钢译:《蒙古秘史》，新华出版社 2007 年版，第 160 页。

在这个生死关键点，为大义，为友情，为蒙古民族，他只有死了，尽管只要他愿意完全可以活。

札木合与成吉思汗，就才能，就威望，都差不多；就资历，札木合还要胜出一筹。他们是兄弟，是安答，有过美好的同事经历，然而他们最后成为对手，而且只能你死我活。最后，成吉思汗活了，而札木合死去。这种安排，无法判断是否公正，无法判断是否必然，而且也无法判断是有利于蒙古民族还是不利于蒙古民族。只能说这是命运。

命运是诡异的：偶然，也必然；平易，也神秘；有限，也无限；细微，也威猛；具体，也抽象；它的可怕，全在于它是不可知的。不可知，让其可怖。任何人都逃脱不了命运，哪怕"王中之王"！成吉思汗在与札木合的斗争中是胜利了，可他也不可能摆脱命运。世界历史上最伟大的战神，没有最后倒毙在兵戈相交的战场上，却丧命于弥漫着温馨的营帐之中，摧毁他的是更为可怕的病魔，而所施的手法，只是让其高烧不退而已。

命运也是可以审美的！只是这种审美需要一颗极其伟大的心脏！

《蒙古秘史》中的英雄崇拜既部分地脱去了原始的蒙昧，闪耀着文明的光辉，而又部分地保存着原始蒙昧的神秘，因而更具审美的魅力！

第三节 女性之光

《蒙古秘史》表现出来的这种大义之美、命运之魅让人心灵震撼，又回味无穷！

英雄不只属于男人，也有女人。《蒙古秘史》也写了一些堪称英雄的女人，其中最伟大的当数成吉思汗的母亲诃额仑。

《蒙古秘史》对于诃额仑的描述，主要突出她两个方面的品质。

第一，胆识过人，勇气超群。

诃额仑是成吉思汗的父亲抢来的女人。古代蒙古族实行抢婚制，一日，成吉思汗的父亲也速该在打猎途中遇见娶妻而回的也客赤列都。新娘就是诃额仑。也速该发现新娘美丽无比，便伙同其兄、其弟企图将新娘抢过来。新娘发现形势不妙，对他的夫君也客赤列都说："你可看出他们仨人的来意？他们的行貌可疑，要害你性命！快逃吧，只要保有性命，何愁女人难找。你若挂念我，将来再娶后用我的名字呼她便是了。快来吻我身香，然后逃命吧！"①

这段描写，不仅充分表现出诃额仑的重情，而且充分表现出诃额仑的胆识。的确，保住性命是第一位的。也客赤列都就这样逃走了。诃额仑被迫嫁给也速该以后，也清醒地认识现实，努力培养与也速该的感情，而在生育帖木真以后，就全心全意经营这个家庭，并且成为帖木真事业的主心骨。

也速该死后，诃额仑抚育五个孩子，历尽艰辛，经常靠在草原捕食獭儿、野鼠过活，日子过得紧巴。而部落的贵族因为也速该已经去世，连祭祀的食品也不分给他们了。诃额仑忍无可忍，前去理论，遭到贵族的怒斥。不仅如此，贵族还故意撇下诃额仑和她的儿子们，带领队伍迁徙了。部落中的老人去劝阻，还被刺伤了。"闻此消息，诃额仑跨上马背，去追散去的部众。"② 这样的作为，就不只是胆识过人，而是勇气超人了。

女人以美丽为重要价值，胆、识、勇一般是男人的品质。诃额仑不仅"美丽无比"（《蒙古秘史》语），而且胆识过人，勇气超群，那就非同一般了。

第二，母爱如天，贵在团结。

诃额仑的另一身份是母亲。做个好母亲，在诃额仑无疑是排在第一位的。有情，有爱，做一般母亲，有这就够了，但做英雄的母亲，就远远不够。诃额仑的不凡之处，在于她的情中有义，爱中有理。义理是情爱的核心。英雄的母亲以自己的行动让孩子从小就懂得这个世界上有情有爱是不够的，还要有义，有理。明义、懂理才能立足于世界，并进而创造一个优秀的新世界。

《蒙古秘史》写了这样一个故事：一天，帖木真和他的兄弟合撒儿、别克

① 特・官布扎布、阿斯钢译：《蒙古秘史》，新华出版社 2007 年版，第 16 页。

② 特・官布扎布、阿斯钢译：《蒙古秘史》，新华出版社 2007 年版，第 25 页。

帖儿、别勒古台四人钓得一条鲱鱼。这条鱼结果给别克帖儿、别勒古古台硬抢过去了。帖木真、合撒儿向母亲告状。诃额仑听罢，深情地说："你们同为也速该的儿子，为何那般争吵呢？应该明白，如今我们举目无亲，形单影孤，这样下去如何向泰亦赤兀惕人报仇呢？为何又像阿阑豁阿母亲的五个儿子一样相互不和了呢？你们可不能那样呵！"①

不仅兄弟们还小时要团结，就是功成名就时也要团结。《蒙古秘史》写道，成吉思汗已经建立了蒙古汗国，正在扩大战果，在试图一统中原之时，有人向成吉思汗进谗言，说他的弟弟合撒儿会夺取他的汗位，成吉思汗立刻前去捉拿合撒儿，诃额仑听说了，连夜赶来，亲手解下合撒儿身上的绳索，又为他戴上冠带，对着成吉思汗怒不可遏，此时的她——

> 盘腿坐到地上掏出自己的乳房，用手托在两膝上，说："看见了吗？这便是你们一同吮吸的乳房，你这自咬己肋，自噬胞衣的东西！合撒儿犯什么罪了？那时，帖木真你能吸干我一侧乳房的奶子，合赤温、斡惕赤斤二人也不能吃尽我的一只奶。而合撒儿却能独自吸干我两个乳房的奶子，从而使我胸脯得以舒坦。所以，帖木真有心力，合撒儿却有体力。合撒儿能——用其弯弓之力，使得敌人陆续来降！用其射出之箭，使逃走者返回乞降！如今，是否以为灭尽了敌人而容不下合撒儿了？"②

诃额仑说的兄弟们互相帮助的事，在《蒙古秘史》中有着落。当帖木真还小的时候，泰亦赤兀惕人来加害他们家，"惊恐有余的诃额仑带着孩儿们逃进了山林，别勒古台（帖木真的同父异母兄弟）折来树木做成栅栏，合撒儿（帖木真的同胞兄弟）与泰亦赤兀惕人对射着，将合赤温、帖木格、帖木仑（以上三人均为帖木真的同胞兄弟）隐藏到山谷中"③。

诃额仑在这里不只是说兄弟间要讲情义，要互让，还提出"团结"这一重大的人生命题。

---

① 特·官布扎布、阿斯钢译：《蒙古秘史》，新华出版社2007年版，第27页。

② 特·官布扎布、阿斯钢译：《蒙古秘史》，新华出版社2007年版，第227页。

③ 特·官布扎布、阿斯钢译：《蒙古秘史》，新华出版社2007年版，第29页。

成吉思汗之所以能取得统一蒙古的伟大成功，根本还不是他个人的才能与威望，而是他善于团结蒙古的各个部落一起奋斗。诃额仑的这一重要遗产，不仅成吉思汗继承了，而且成吉思汗的孙子忽必烈也继承了。忽必烈的事业已经不是团结蒙古民族，而是团结中华民族。正是因为他懂得蒙古族与汉族以及在中华大地生活的诸多民族均是兄弟，只有兄弟团结才能实现中华民族的大统一。忽必烈创建的元帝国，在中国历史上空前地团结了最广大的中华民族，这一历史功勋，应该有诃额仑的一份。然而“是否以为灭尽了敌人而容不下合撒儿了”——即算取得统一了中国的伟大成功就可容不下人了呢？也不是，团结永远需要！不仅夺取江山需要团结，而且建设国家，让江山更美丽，也需要团结。团结是人类事业成功的必需条件。

帖木真的妻子孛儿帖也是一位容貌秀美的女子。她的父亲德薛禅与帖木真的父亲也速该是好朋友，德薛禅看中了年幼的帖木真，决定将女儿许配于他。成亲前，让帖木真在家住过好一阵子。后因家庭变故，帖木真回到了自己的家，而孛儿帖也一度被与帖木真家有恩怨的部落掠走。帖木真请求义父王罕与好友札木合出兵帮助，终于夺回了孛儿帖。从这以后，孛儿帖一直随同帖木真南征北战，东征西讨，历经艰辛。她最光辉的事迹在于巧妙地劝告帖木真离开合作者札木合，另成大业。此时，帖木真已经与札木合“亲密无间地生活了一年半”，两人好到“睡到了一个被窝里”（引语出自《蒙古秘史》）。离开的理由站得住的实在没有，而借口只是分兵时札木合对帖木真说的一句话：“帖木真，帖木真，我的好安答！靠座山坡扎营吧，好让牧马人有行帐！找个河岸扎营吧，好让牧羊人充其腹！”这话是什么意思？帖木真问母亲诃额仑，“没等诃额仑开口，孛儿帖抢先说道：‘听说札木合安答极易厌倦，现在是否已到厌倦我们的时候了？札木合刚才的话，可能是比喻我们而说。我们不必扎营，而应彻夜前行远远地离开他札木合。’孛儿帖的看法得到了帖木真等人的赞同。”于是，帖木真离开了札木合，独立地开创事业，而在成为蒙古部落的大汗后便与当年的好兄弟札木合彻底决裂。战场对决，札木合被俘，最后为成吉思汗所杀。帖木真统一全蒙古的最大阻力消除了，顺利地成为全蒙古的大汗，号称“成吉思汗”。设想，如果没有孛儿帖的进言，帖木真一时半会儿不可能离开札木合。而与札木合的合作，只能是札木合为首，没有充足的理由，帖木真难以成为真正的联军首领。孛儿帖的远见卓识对于帖木真事业的成功无疑起到了决定性的作用。这一事件，不仅凸显了孛儿帖的卓识，而且凸显了孛儿帖的机敏。如果孛儿帖不当机立断抢在诃额仑之前，说出这一番话语，一旦诃额仑说出不同的意见，孛儿帖去反驳就难了，毕竟诃额仑是母亲，她的意见第一要重视。另外，孛儿帖对于札木合的话的解释极为智慧，没有丝毫伤害札木合的内容，一个“厌倦”，语量可轻可重，含义可深可浅，却达到了离间帖木真与札木合的目的，可谓四两拨千斤。

聪明女人最美丽！孛儿帖就是这样的女人，而且她的聪明是大聪明！

《蒙古秘史》中的女人没有一个坏人，像诃额仑、孛儿帖这样美丽、智慧、有胆有识的女子不少。成吉思汗处置塔塔儿部落，将塔塔儿女子干速纳为妃子，这对于干速来说，是莫大的荣耀，而干速却主动说姐貌美于她，提出要将这一位子让给姐。后来，她也这样做了。另外，纳牙阿奉命送一名成吉思汗选中的女子去成吉思汗大营，因为战乱原因，路上有些耽搁，成吉思汗心生疑惑，怒问纳牙阿为何途中费了三日。此时被护送的女子忽阑勇敢地说：“请在拷问纳牙阿之前，先行检验我上天赐予、父母所生之身如何？”[①] 所有这些，均见出蒙古女子的胆识。

女子之美，按中华传统审美观，为阴柔之美，然而，在蒙古女子身上却焕发出阳刚的光辉，分外夺目；阴柔之美是她们的底色，丽姿、风韵、柔情，依然散发出无穷魅力！

第四节 草原风情

蒙古民族信奉萨满教，这是一种原始的宗教，盛行于史前社会，主要的流行地在东北。萨满教相信万物一体，天人相通，物物皆有神，事事皆可卜，

① 特·官布扎布、阿斯钢译：《蒙古秘史》，新华出版社 2007 年版，第 166 页。

整个社会充满着浓郁的巫术气息。在萨满教看来，不仅人有生命，而且动物、植物甚至某些天象也都有生命。生命形象、生命情感是审美的本体。审美无须认识生命的科学规律，而只要感受到生命的形象哪怕是征象就可以了。在《蒙古秘史》中出现这样的生命征象：自然物成为人的生命征象。

其一，帖木真与一个人的梦。翁吉剌歹氏人的首领德薛禅对前来为儿子说亲的也速该说："你这儿子可是个目中有火、面上有光的孩子啊！"并说他做了个梦，"梦见一只白海青抓着日月落在我的手上。"① 这孩子就是帖木真。这个故事很可能是真的，在巫风盛行的草原，德薛禅梦见白海青这样蒙古人视为神的鹰并不出奇。有意思的是，德薛禅将这样的形象与帖木真联系起来了，这种联系，具有审美的意义。

其二，人物与动物。蒙古人说话喜欢将人物的每一行为都比喻为动物的行为。如诃额仑痛骂儿时不懂事的帖木真："……从我热腹中出生时握有一块凝血的你，如同撕扯肋骨的黑狗；如同冲向悬崖的凶鹰；如同愤怒暴跳的雄狮；如同活吞生灵的莽魔；如同自冲其影的猛禽；如同凶猛残暴的野兽；又如咬断羔驼脚跟的公驼；雨天猛扑羊群的饿狼；又如捕食幼子血肉的暴鹘；袭击邻里异群的豺狗！"②

萨满教最高神明为长生天，长生天具有主宰世间万物的力量，包括确定君主。长生天的意向不是用语言而是用异像来传达的，巫师成为异像的权威解释者，有些人并非巫师，但他们对于异像的解释也具有影响力。《蒙古秘史》说，本为札木合部属的豁儿赤前来投奔帖木真，他对帖木真说，他看到一种景象：一头黄色的母牛绕着札木合及房车冲顶不止，经过一阵猛冲，黄牛折断一只角，于是边吼"还我犄角"，边向札木合刨土。另有一头黄秃牛拉着一辆大帐车，沿着大路紧随帖木真的后面，大声吼道："天地相商确定，立帖木真为国主，令我前来传言。"豁儿赤说，天神让他看到这情景，于是认定帖木真是未来蒙古国的大汗，故来投奔帖木真。这样的故事，

① 特·官布扎布、阿斯钢译：《蒙古秘史》，新华出版社 2007 年版，第 19 页。

② 特·官布扎布、阿斯钢译：《蒙古秘史》，新华出版社 2007 年版，第 28—29 页。

帖木真信了，因为他也是萨满教的信徒。

以异像来代表天神的语言，这几乎是所有原始宗教所共同的巫术。此种巫术并没有因为进入文明时代而消亡。汉代董仲舒的天人感应论就是这种巫术的理论总结，而谶纬是这种理论的实践。这种作为，当然无真可言，但它不失为审美，因为它有情感，有形象，有想象，有意义，又具有美感意味的宗教性迷狂。

萨满教相信万物均有神灵，均有可能与人的生存发生神秘的关系。动物中与蒙古民族生存关系最密切的动物会成为神物，如鹰。萨满教关于鹰有一个故事：鹰是天神的使者，它降落到人世间后，与一部落首领结婚，生了一个女孩，女孩美丽、聪慧。神鹰向她传授与长生天及众神沟通的本领，并用自己的羽毛为她编织了一件神衣，还给她做了神冠，神冠上插上鹰的羽毛。于是，这女孩遨游天地，成为神通广大的“渥都根”(女巫师)。成吉思汗的祖上孛端察儿就养过一只鹰。他精心地喂养鹰，而鹰不仅为他捕食猎物，而且成了他向神灵传达心愿的忠实使者。

马也是蒙古人特别喜爱的动物，某种意义上，马是他们的命根子。《蒙古秘史》记载了帖木真家八匹马的故事。劫匪盗走了帖木真家八匹骏马，帖木真与其兄弟追寻三天三夜，终于将八骏找回，还结识了于他事业有帮助的孛斡儿。

蒙古民族崇拜白色，称正月为白月，春节为白月节。这一崇拜与蒙古人的生活方式相关。奶是蒙古人的重要食品，奶是白色的。也与萨满教相关，萨满教有祭天仪式，祭天分白祭和红祭。白祭是用奶制品上供，而红祭是用牛羊血致祭，亦名为血祭。在蒙古人的礼仪生活中，经常会向客人敬献哈达。哈达是白色的。马可波罗的游记曾记载蒙古人的这一风俗。

蒙古人对于数字“九”也情有独钟，这一习俗，不独蒙古人有，许多少数民族有，汉民族也有。这一现象值得研究。

蒙古人的娱乐方式有六个特点。

第一，公众性。蒙古人的娱乐活动很多，除了特殊的专为王公贵族享受的娱乐活动外，还有公众都可以参加的娱乐活动。蒙古有一个综合性的群众娱乐活动，名那达慕盛会，此盛会多在夏秋之交牲畜肥壮时进行。盛会上举行众多娱乐活动，有竞技性的比赛：射箭、骑马、摔跤等，也有表演性的歌舞。那达慕盛会期间，人们在草原上围着篝火，唱歌，跳舞，通宵达旦。这是草原最为狂欢的节日。

第二，宗教性。蒙古人的娱乐与蒙古的宗教有着密切关系。那达慕盛会起源于敖包祭会。萨满教盛行时，蒙古人祭天地神灵的祭祀活动多选择在地势较高又比较空旷的地方进行，场地中心堆起圆形石头堆，围着石头堆走圈子，或唱或跳，向神灵表达意愿。萨满教中止后，格鲁派佛教在蒙古盛行，虽然宗教观念变了，但是那达慕的活动方式基本上保留下来了。

第三，地域性。蒙古人的娱乐，与蒙古人的生活环境——草原有着密不可分的关系。蒙古人的娱乐活动多在辽阔的草原上进行，草原是舞台，蓝天是背景，使得它的诸多表演性或竞技性的活动，都场面广大，气势磅礴。这种审美方式陶冶了蒙古民族的性格、气质，影响极为深远。

第四，尚武性。蒙古人的娱乐活动有不少与武功相关，如赛马、摔跤、射箭。这三项比赛是蒙古男子最重要的娱乐，它们具有实战性，因而有助于培养战士。

《蒙古秘史》写道，蒙古部落中的主儿勤部，重视培养"拇指上有力气、肝胆里有毒汁、肺腑里有霸气、唇舌间有怒气的摔跤能手和勇猛之士"。他的部下不里孛阔就是其中之一。不里孛阔是著名的大力士，摔跤从未失败过。正是因为忌惮不里孛阔的摔跤能力，成吉思汗让弟弟别勒古台在一次摔跤比赛中将不里孛阔打死了。临死前，不里孛阔为自己因为尊重成吉思汗的权威而有意让步后悔不已。事实上，在某些需要肉搏的关键时刻，总是摔跤能手上前。成吉思汗的弟弟斡惕赤斤在通天巫步步紧逼的严重时刻，找来三名摔跤手做好准备，决心与通天巫一决生死。决斗的那天，当通天巫叫嚣"现在咱们出去比试比试"，"斡惕赤斤一把揪住通天巫的衣领向外拖去"，他们这场决斗就是摔跤，只是不是游戏，而是实战。

第五，生产性。蒙古民族属游牧民族，打猎是他们主要的生产活动，后来逐渐从这一生产活动发展出狩猎这一游乐方式。蒙古人喜欢狩猎，成吉思汗虽然战事倥偬，但也抽出时间来狩猎。他在登上汗位后，盛赞侍卫人员，其中一项就是“他们不仅守护我，还要随我狩猎奔波”①。

第六，最爱歌舞。《蒙古秘史》载：“蒙古人好以歌舞，酒宴欢庆。”②蒙古的音乐最富草原特色，特别是长调歌。长调曲质优美，音域辽阔，节奏悠长，音调热烈，情感奔放。歌声中多颤音和上滑音，内容主要是思念故乡、追念先祖，缅怀过去、赞美草原，歌颂爱情、寄托未来等。歌声或高昂，或悲壮，或缠绵，或忧伤，或深沉，具有强烈的感染力。另外，还有短调、短歌，诙谐，风趣，活泼，见出蒙古人柔情的另一面。蒙古有特定场合用的歌，如祝酒歌、婚礼歌、呔咕歌（牧场接羔唱的歌）。蒙古人的特色乐器马头琴，也很能见出蒙古人的审美风情。马头琴产生于成吉思汗时代，马头为琴把，琴声一起，就让人幻想出万马奔腾的壮丽情景。蒙古舞蹈同样富于蒙古特色，特别是诸多与马相关的舞蹈，将蒙古人的马上生活带到了娱乐天地，马上生活的惊险与艰辛化成了快乐的海洋。

蒙古民族是一个很有特色的民族，他们的生产方式、生活方式，决定了他们的生产工具、生活用具以及战具、武器也均有特色，特别是各种金银器和珠宝，这些在《蒙古秘史》中也有所展露。

《蒙古秘史》诚然是持成吉思汗的立场来介绍历史事件和描绘相关人物的。成吉思汗的形象是蒙古人眼中、心中的帝王形象。这里，主要是介绍这本书所反映的蒙古人的审美观，不涉及历史评价。成吉思汗作为一个曾经改变中国历史、改变世界历史的伟大人物，其功过是非以及民族恩怨定然会永远地议论下去，不会有一个统一的结论，此讨论也永远不会终结。

① 特・官布扎布、阿斯钢译：《蒙古秘史》，新华出版社2007年版，第216页。

② 特・官布扎布、阿斯钢译：《蒙古秘史》，新华出版社2007年版，第18页。

第二章
元朝礼乐美学

元朝是中国历史上第一个由少数民族统治的中原王朝，这一王朝虽然统治的时间不足百年，但其意义不容小觑。元朝不是蒙古国，蒙古国是蒙古人的国，而元朝是中华民族共同的国。元朝的最高统治者在征服西夏、金、宋之后，顺利地完成了凤凰涅槃，由蒙古人的大汗，成为中国人的皇帝。这一华丽的转身，应该是非常不容易的，但元帝国基本上做好了。从国家制度、意识形态、行省划分等诸多做法来看，元帝国就是中华帝国。此章，我们主要从元朝的礼乐、祭祀等方面，论述它的国家美学。

第一节　中华正统

元朝的华丽转身，离不开三个人物。

一、刘秉忠

第一位是一个名叫刘秉忠的汉人。刘秉忠，其先瑞州人，官宦世家，先祖仕辽，后仕金，其父则仕元。刘秉忠自小熟读儒家经典，有志为国，因为不得志而为僧。忽必烈为皇帝后，招至幕府，刘秉忠为之建言献策，甚得忽必烈的赏识。

刘秉忠主要建议有三：

（一）要以汉人的礼乐制度治理国家

刘秉忠强调“以马上取天下，不可以马上治”，治天下当以周公为榜样，“思周公之故事而行之”。具体来说，就是要将汉人的礼乐典章制度实行起来。

他说：“典章、礼乐、法度三纲五常之教，备于尧舜，三王因之，五霸败之。汉兴以来，至于五代，一千三百余年，由此道者，汉文、景、光武，唐太宗、玄宗五君，而玄宗不无疵也，然治乱之道，系于天而由乎人。天生成吉思汗皇帝，起一旅，降诸国，不数年而取天下，勤劳忧苦，遗大宝于子孙，庶传万祀，永保无疆之福。”[①] 这话的意思很明显，将元帝国纳入中国传统，上承尧舜。按中国传统，要以典章、礼乐、三纲五常治国。只有这样，才能永保国家无疆之福。

（二）重视教化，重树孔子的权威

对百姓，重要的不是管理，而是教化。他说：“天下之民未闻教化，见在囚人宜从赦免，明施教令，使之知畏，则犯者自少也。”[②] 为此，要树立孔子权威，兴办教育。

他说：“孔子为百代师，立万世法。”[③] 各州县要重修孔庙，“释奠如旧仪”。强调兴儒乃“太平之基，王道之本”。[④]

基于教育的重要性，只是民间有私学还不行，必须办官学，具体做法，“宜从旧制，修建三学，设教授，开选择才，以经义为上，词赋论策次之”。他强调“宜择开国功臣子孙受教，选达才任用之”，避免凭祖上军功袭爵而自己无德无才这样的人事腐败。

（三）重视儒者，为国家储备人才

刘秉忠提议“科举之设”，选拔人才，另外，还提出“养儒”的建议。他

① 《元史》卷一五七《列传 · 刘秉忠》。
② 《元史》卷一五七《列传 · 刘秉忠》。
③ 《元史》卷一五七《列传 · 刘秉忠》。
④ 《元史》卷一五七《列传 · 刘秉忠》。

说："国家广大如天，万中取一，以养天下名士宿儒之无营运产业者，使不致困穷。"①

所有这些做法，实际上都是将蒙元帝国纳入中华帝国的正统。正如历史学家卜正民所说："如果忽必烈不设法归依汉族传统，就无法成为令汉人心悦诚服的皇帝。"②

刘秉忠的建议获得忽必烈的肯定，忽必烈任命他"颁章服，举朝仪，给俸禄，定官制"，为元帝国的国家制度定盘子。

还有两件大事，也是刘秉忠做的：

其一，"八年，奏建国号曰大元"。③ 八年，即1271年，在此以前，元帝国仍然是蒙古国。"元"来自《周易》。《周易》乾卦："乾，元亨利贞。"乾，为天；乾的第一品质即为"元"。朱熹译元："元，大也。"忽必烈采纳了刘秉忠的这一建议，将蒙古帝国改为元帝国，这就从名义上将帝国纳入了中华正统体系。

其二，奉忽必烈的命令，为元帝国建都城。刘秉忠先后为元建过两个都城，一个是元上都，在今锡林郭勒盟正蓝旗境内，原为开平府，后确立为都城，相对于后来建的元大都，此都城为元上都。另一个为元中都，亦元"大都"，即今北京。这是北京建都之始。刘秉忠建设的元上都、元中都基本上按照汉人国都的体制，这与元帝国治国基本上按照汉制是一致的。

刘秉忠的重要贡献是为元帝国政权定了基本盘子，这基本盘子就是汉制。可以说，刘秉忠是元帝国政治设计师。

二、脱脱

脱脱是蒙古人，字大用。为蒙古开国元勋伯颜的侄儿，(后) 至元四年 (1338) 为御史大夫。至正元年 (1341) 元顺帝任命其为中书右丞相。脱

① 《元史》卷一五七《列传·刘秉忠》。

② ［加］卜正民：《挣扎的帝国：元与明》，潘玮琳译，中信出版集团2016年版，第26页。

③ 《元史》卷一五七《列传·刘秉忠》。

脱具有较高的汉文修养，《元史脱脱传》中说他“器宏识远，莫测其蕴”[①]。脱脱在元帝国中华化的历史伟业上的巨大贡献主要是奉诏修宋、辽、金三史。脱脱所主编的《宋史》四百九十六卷，《辽史》一百六十卷，《金史》一百三十五卷。这一工程的意义是伟大的。中华民族重视修史，一般后一个朝代修前一个朝代的历史，宋是汉民族政权，元修宋史，就俨然以宋朝的后继者自居了。刘秉忠的元续宋的观点在脱脱这里得到落实。辽、金为少数民族政权，虽然宋不视他们为华夏正统，但他们以汉文为通用文字，国家机构、官员设制以及朝廷的礼仪规范尽仿唐制或宋制，他们也以“中国”自居，并标榜为炎黄之后，脱脱修的《辽史》《金史》，以官方史书的身份明确地认同这一点，如《辽史》云：“辽本炎帝之后，而耶律俨称辽为轩辕后。”[②]于是，三史可以统称为中华民族史。加拿大汉学家卜正民说：元朝“为前三个朝代修官史，这一举措抹杀了长久以来对‘华’（文明的——也是‘中华’的‘华’）和‘胡’（草原上的游牧民族）的区分，如果汉人把蒙古人视为‘胡’，那蒙古人就不可能使臣民相信他们能自称‘华’”[③]。

元朝是中国历史上从来没有过的“大一统”。从来没有过，是因为以前的大一统仅止于汉人的大一统，如秦、汉、唐、宋的统一中国，而元朝的大一统，则不仅将汉人统一进来了，而且将诸多的少数民族包括曾经建立过国家政权的契丹族、女真族以及没有建立过国家政权的吐蕃族等统一进来。元朝唯一的疏忽是没有给西夏国修史，这其中的原因只能猜测，没能找到实据。

脱脱为元帝国纳入中华正统作出了重要贡献。如果说，刘秉忠为元帝国纳入中华正统提出了理念上的设计，那么，脱脱则为这一设计提供了历史上的根据，让蒙元帝国的历史涅槃留下珍贵的历史记载，以文献的形式宣示这一伟业的完成。

---

① 《元史 · 卷一百三十八 · 列传 · 脱脱》。

② 《辽史 · 卷七十一》。

③ [加] 卜正民：《挣扎的帝国：元与明》，潘玮琳译，中信出版集团 2016 年版，第 26 页。

三、耶律楚材

耶律楚材为契丹人，其父为金朝的尚书右丞。他出生后，其父为他算命，说是“当为异国用”，于是取下楚材这个名字，取“楚材晋用”这一典故。耶律楚材的母亲杨氏，是汉人。耶律楚材 3 岁时父亲离世，母亲亲自教他学习汉字、汉诗。“及长，博极群书，旁通天文、地理、律历、术数及释老、医卜之说，下笔为文，若宿构者。”[①] 金亡后，耶律楚材为成吉思汗所得，成吉思汗对其学问、才华极为赏识。他的主要工作就是成吉思汗作出重大决策前为其占卜。他的占卜均得到了后验。耶律楚材的占卜当然掺杂了他自己对问题的认识，因此，与其说是他的占卜很灵，还不如说是他的建议很对。成吉思汗“指楚材谓太宗（成吉思汗之子窝阔台）曰：‘此人，天赐我家。尔后军国庶政，当悉委之’”[②]。

成吉思汗去世后，他为新皇帝元太宗窝阔台所重用，任中书令。中书令是中央最高的行政首长。耶律楚材担任这一职务长达十余年，为新生的元帝国的稳固做了大量工作。对于中华民族的统一贡献巨大。

第一，他力主以儒家思想为天下。

成吉思汗说：“国家方用武，耶律儒者何用。”耶律楚材则说：“治弓尚须用弓匠，为天下者岂可不用治天下匠耶？”[③] 以“弓”与“弓匠”来比喻武者与儒者的关系，耐人寻味。如果说“弓”是“为天下”者，那么儒者就是“治天下匠”。“治天下匠”的工作是给“为天下”者提供理念，提供“为天下”的目的和方法。这样的理论打动了成吉思汗，因此，“帝闻之甚喜”。

在随侍成吉思汗打天下的过程中，他努力说服成吉思汗尽量少杀戮。成吉思汗军抵东印度，驻铁门关，有一角兽能做人语，对成吉思汗的侍卫说：“汝主宜早还。”成吉思汗问耶律楚材，耶律楚材说：“此瑞兽也，其名角端能言四方语，好生恶杀，此天降符以告陛下。陛下天之元子，天下之人，皆

---

① 《元史·卷一百四十五·列传·耶律楚材》。

② 《元史·卷一百四十五·列传·耶律楚材》。

③ 《元史·卷一百四十五·列传·耶律楚材》。

陛下之子，愿承天心，以全民命。”听了耶律楚材的话，成吉思汗即命班师。一角兽是有的，但肯定不会做人语，所谓做人语，完全是耶律楚材与侍卫共同制造的谎话，但这一谎话却拯救了诸多人的生命。类似的事情，耶律楚材做了不少。

成吉思汗的业绩是打天下，他的儿子元太宗的工作是治天下，治天下比之打天下更需要儒家的仁义学说。耶律楚材以其卓越的行政才能发挥其“治天下匠”的作用。

第二，竭力维持元帝国的稳定和天下太平。

窝阔台即将登位，宗亲咸集，议定登基日子，议犹未决。耶律楚材说：“此宗社大计，宜早定。”窝阔台的弟弟拖雷说：“事犹未集，别择日可乎？”他说：“过是无吉日矣。”于是，将登基的日子定了下来，耶律楚材又对窝阔台的哥哥察合台说：“王虽兄，位则臣也，礼当拜。王拜，则莫敢不拜。”察合台答应了。尽管如此，也有一些位高权重的皇亲国戚没有按礼法规定参与太宗登基大典，按国法，该处死。耶律楚材对元太宗窝阔台说：“陛下新即位，宜宥之。”太宗答应了。如此，保证了皇权的顺利移交，稳定了元朝政权。

第三，尊孔重儒。

耶律楚材寻得孔子五十一代孙，奏袭封衍圣公。又召梁陟、王万庆、赵著等名儒注释儒家经典，进东宫给太子讲学。他还亲率元朝大臣的子孙学习儒家经典，让他们知道圣人之道，凡此种种，意在确保儒家的国家意识形态主体的地位。

第四，深研汉学，为一代国学大师。

耶律楚材身为契丹人，但自小研读汉学，精通儒道释经典，特别是善于诗词，是元朝最重要的诗人。留下一部诗集《湛然居士文集》，是中国文学史上的瑰宝。耶律楚材作为元太宗的中书令，为政坛领袖，他的热爱汉学、精通汉学，实际上为蒙元帝国的汉化起到了领头的作用。

在蒙元帝国汉化的伟大工程中，耶律楚材主要以其政治实践和文学实践为工程开山辟路，基于他重要的政治地位，他的努力及成就，其巨大的影响是不可估量的。

第二节　朝仪：汉官威仪

礼乐制，是中国古代治国之本，它建立于周。此后的各朝各代均以周代礼乐为本制作属于自己的礼乐。蒙古族没有受过这种礼乐制的熏陶，而在其建立起一个新兴的中华帝国之后，如何建立起自己的礼乐体制，就成为一个大问题。

礼，首先是一个政治问题，它包含两层重要含义：其一，是礼体现为制，成为礼制，礼制是国家的制度；其二，礼又多体现为仪，成为礼仪，礼仪是国家政治的象征。作为国家政治象征的礼仪因为具有形象性，它就具有审美性，成为美学问题。

关于元朝礼制的建立，《元史》有一个基本的介绍：

> 元之有国，肇兴朔漠，朝会燕飨之礼，多从本俗。太祖元年，大会诸侯王于阿难河，即皇帝位，始建九斿白旗。世祖至元八年，命刘秉忠、许衡始制朝仪。自是，皇帝即位、元正、天寿节，及诸王、外来国来朝，册立皇后、皇太子，群臣上尊号，进太皇太后、皇太后册宝，既郊庙礼成、群臣朝贺，皆如朝会之仪。而大飨宗亲、锡宴大臣，犹用本俗之礼为多。[①]

从这个介绍来看，元朝礼仪的建立可以分为两个阶段。

蒙古统一的汗国建立之前，蒙古有诸多小国，小国首领也称汗。帖木真统一全蒙古后建立大蒙古国，也称汗，为大汗，巫师阔阔出说帖木真的功勋太大了，应称“成吉思汗”。成吉思汗意为“拥有海洋四方的可汗”，即普天下之汗。代表大蒙古国的最高礼仪是“九斿白旗”，又称“九斿白纛”[②]。蒙古人以白色为吉祥的颜色，“足”和“斿”都是指旗上的飘带。九是蒙古人认为吉祥的数字，所以用九条飘带。飘带是用白色公马的鬃毛织成的。蒙古人相信这面旗帜代表着军队的守护神（苏鲁德），可以引导蒙古人走向

---

① 《元史・卷六十七・志第十八・礼乐一》。

② 关于“九斿白旗”，明安特额尔德木图在《内蒙古社会科学（蒙古文版）》2000 年第 1 期发表的文章《成吉思汗的四斿黑纛及九斿白纛初探》中有详细介绍。

胜利。蒙古军队出征和凯旋都用这面旗帜，后来，它成为蒙古国的朝仪。

元世祖忽必烈即位继续用“九斿白旗”这一礼仪。至元六年（1269），他命刘秉忠、许衡等人制作出适合于元帝国的朝仪来。

刘秉忠、许衡分四步走：

第一步，带领一班儒生“稽诸古典，参以时宜，沿情定制”，终于制作出一套朝仪。经过长达百天的演习，算是毕业。

第二步，配音乐，“搜访旧教坊乐工，得杖鼓色杨皓、笛色曹楫、前行色刘进、教师郑忠，依律运谱，被诸乐歌。六月而成，音声克谐”①。在万寿山便殿，给皇帝演奏一遍，获得皇帝肯定。

第三步，准备朝仪的执礼员。按本子，演习精熟。

第四步，成立侍仪司，为朝仪准备各项物资，包括服饰仪仗等。

历两年努力，终于在至元八年（1271）八月元太宗过生日这天开始使用，此朝仪成为天寿圣节朝仪，郊庙礼成受贺仪。

下面，摘“元正受朝仪”一段，这一活动，为皇帝过生日。仪式开始一段：

> 前期三日，习仪于圣寿万安寺。前二日，陈设于殿庭。
>
> 至期大昕，侍仪使引导从护尉，各服其服，入至寝殿前，捧牙牌跪报外办。内侍入奏，出传制曰：“可”，侍仪[使]俛伏兴。皇帝出阁升辇，鸣鞭三。侍仪使拜通事舍人，分左右，出辇执护尉、劈正斧中行，导至太明殿外。
>
> 劈正斧直正门北向立，导从倒卷序立，惟扇置于锜。侍仪使导驾时，引进使同内侍官，引宫人辇执道从，入至皇后宫庭，捧牙牌跪报外办。内侍入启，出传旨曰：“可”，引进使俛伏兴。皇后出阁升辇，引进使引导至殿东门外，引进使分退押直至垩途之次，引导从倒卷出。
>
> ……
>
> 司晨报时鸡唱毕，尚引引殿前班，皆公服，分左右入日精、月华门，就起居位，相向立。

① 《元史·卷六十七·志第十八·礼乐一》。

……

引至丹墀拜位，知班报班齐。宣赞唱曰“拜”，通赞赞曰“鞠躬”，曰“拜”，曰“兴”，曰“都点检稍前”。宣赞报曰：“圣躬万福”，通赞赞曰：“复位”……曰“山呼”，曰“山呼”，曰“再山呼”……

这段礼节，大体是，首先是请出皇帝，导引皇帝到太明殿；然后请出皇后，导引到殿东门外；再然后百官入朝。会齐后，就是不断地“跪拜”“平身”“鞠躬”“山呼”等礼节。

这些礼节虽然未必是唐、宋朝仪的照搬，但大体上是差不多的。如此烦琐的礼仪凸显的是皇帝的尊严，至高无上。皇帝以外的参与者无不感到自身的卑微。

这种程序、这种气氛，创造出一种崇高的审美境界。它有美，皇权的美；它也有丑，皇权的丑。美，在于它的形式，威严尊崇，金碧辉煌；丑，在于它的内容，专制独裁，践踏人权。这种崇高感美中有丑，丑中有美，是一种特殊的美感。

朝仪的后半部有酒宴，有歌舞，气氛有所缓和：

侍仪司使诣丞相前请进酒，双引升殿。前行乐工分左右，引登歌者及舞童舞女，以次升殿门外露阶上。……曲终。丞相祝赞曰：“溥天率土，祈天地之洪福，同上皇帝、皇后亿万岁寿。”宣徽使答曰：“如所祝。”……宣徽使复位。前行色降，舞旋至露阶上。教坊奏乐，乐舞至第四拍，丞相进酒，皇帝举觞……①

以后就是无数次的“鞠躬”“拜”“兴”“平身”“山呼”等程序。礼毕，则是大会诸王宗亲、驸马、大臣，宴飨等。也许只有在这个阶段，才有审美享受，才有愉快与放松。

元正朝仪是最早制立的朝仪，为的是赶上元世祖的生日。至于皇帝即位受朝仪，因为世祖早即位就不那么紧迫，但皇帝即位受朝仪、册立皇后仪、册立皇太子仪随后也都制定了。

---

① 《元史·卷六十七·志第十八·礼乐一》。

程序大体上差不多，都烦琐不已，都秩序井然，总起来说，都气派堂皇。

经历长时期的动乱与分裂之后，统一的元帝国启用汉族的朝仪，让人不由得想起《后汉书·光武帝本纪上》，老吏垂泪对汉光武帝云："不图今日复见汉官威仪。"

第三节 雅乐：大成之乐

礼不能离开乐，"周公相成王，制礼作乐，而教化大行"①。但如同礼的命运，由于王朝更替，社会动荡，不断地被摧毁，又不断地被兴建，兴建时，各朝代均各有自己的继承，也各有自己的创新。尽管继承、创新各有不同，但指导思想都是建立以周代礼乐为祖的华夏礼乐体系。

元太祖成吉思汗建大蒙古国，接受汉人高智耀的建议，征用西夏旧乐。虽然此乐不一定是正统的华夏之乐，但成吉思汗建立礼乐体系的行为，就意味着他接受中华礼乐治国的传统。

基于西夏旧乐不是正统的华夏之乐，元太宗窝阔台就努力寻访真正的华夏之乐。孔子五十一代孙元措说："今礼乐散失，燕京、南京等处，亡金太常故臣及礼册、乐器多存者，乞降旨收录。"元太宗接受这一建议，从亡金搜得一些乐谱以及懂乐的乐工，在金乐基础上制《登歌乐》，并在曲阜演习，随后用《登歌乐》祭昊天上帝于日月山。

元世祖忽必烈登基之后，下令新制雅乐。汉臣王镛作《大成乐》。元世祖之后，历代元朝皇帝均重视宫廷音乐的制作与使用。"烈祖至宪宗八室，皆有乐章。三十年，又撰社稷乐章。成宗大德间，制郊庙曲舞，复撰宣圣乐章。仁宗皇帝初，命太常补拨乐工，而乐制日备。大抵其于祭祀，率用雅乐，朝会飨燕，则用燕乐，盖雅俗兼用也。"②

"雅俗兼用"是元帝国宫廷音乐的基本风貌，俗乐主要是蒙古音乐，但

① 《元史·卷六十七·志第十八·礼乐一》。

② 《元史·卷六十七·志第十八·礼乐一》。

只用于朝会飨燕，而雅乐则完全沿袭中华文化，用于祭祀、朝仪等隆重的国家活动中，因此元帝国不仅礼体系以中华为正统，乐体系也以中华为正统。元帝国最高雅乐为《大成乐》。为何名为“大成”，它又是怎样被纳入中华正统的，掌管礼乐的机构太常寺向元世祖忽必烈有一个重要的说明：

> 自古帝王功成作乐，乐各有名，盛德形容，于是乎在。伏睹皇上践阼以来，留心至治，声名文物，思复承平之旧。首敕有司，修完登歌、宫县、八佾乐舞，以备郊庙之用。若稽古典，宜有徽称。谨案历代乐名，黄帝曰《咸池》《龙门》《大卷》，少昊《大渊》，颛顼《六茎》，高辛《五英》，唐尧《大咸》《大章》，虞舜《大韶》，夏禹《大夏》，商汤《大濩》，周武《大武》。降及近代，咸有厥名。宋总名曰《大晟》，金总名曰《大和》。今采与议，权以数名，伏乞详定。曰“大成”，按《尚书》“箫韶九成，凤凰来仪”。《乐记》曰“王者功成作乐”，《诗》云“展也大成”。曰“大明”，按《白虎通》言“如唐尧之德，能大明天人之道”。曰“大顺”，《易》曰“天之所助者顺”，又曰“顺乎天而应乎人”。曰“大同”，《乐记》曰“乐者为同，礼者为异”。《礼运》曰“大道之行也，故人不独亲其亲，不独子其子，是之谓大同”。曰“大豫”，《易》曰“豫顺以动，故天地如之”。《象》曰“雷出地奋，豫。先王以作乐崇德，殷荐之上帝，以配祖考”。中书省遂定名《大成之乐》，乃上表称贺。①

这段文字有三个要点：

第一，按中华文化传统，自黄帝始，历代均有属于自己的乐，黄帝有《咸池》《龙门》《大卷》，直到宋、金，宋有《大晟》，金有《大和》，元帝国既纳入中华系统，应该也有。这就为元帝国的国家音乐提供了理论依据。

第二，将元乐名为“大成”的中国传统文化根据，进一步说明，元继承的是中华文化传统精髓。“大成”不仅于中国传统文化有据，而且还意味着元帝国具有汇合中华民族诸文化的意义，于是，元俨然就是中华民族文化的集大成者，是中华民族的最高代表。

---

① 《元史·卷六十八·志第十九·礼乐二》。

第三，“大成”成于和，国乐的主题以“大和”。关于这一点，在引文之后有“上表称贺”语。表有语：“离日中天，已睹文明之化，豫雷出地，又闻正大之音。神人以和，祖考来格。”为了更好地体现出“和”声来，太常寺的官员在制作“大成之乐”时，花功夫去找“旧署之师工”并“讨累朝之典故”，“按图索器，永言和声”，在乐器的调试上用尽心思：“较钟律于积黍之中，续琴调于绝弦之后”。最后达到“合八音而克谐，阅三岁而始就。列文武两阶之干羽，象帝王四面之宫廷，一洗哇淫之声，可谓盛大之举。”

“和”是中华文化的核心，而承担此功能的主要是乐。故制乐必须在“和”上下功夫，不仅内容要和雅，而且形式要和美。

《大成乐》的制作成功，足以让太常寺为之而自豪，故在表的最后，如此说道：

洪惟国朝，诞受天命，地大物巨，人和岁丰。宜符古记之文，称曰《大成之乐》。汉庭聚议，作章敢望一夔；舜殿鸣弦，率舞愿观于百兽。①

太常寺真还有点忘乎所以，他似乎忘记这正殿上坐的皇帝是蒙古人，高谈尧之庭、舜之殿，将《大成之乐》与尧舞舜乐联系起来，且相提并论。而蒙古皇帝似乎也很得意，丝毫没有不快。

元帝国宫廷雅乐不止《大成之乐》，不同的国家礼制活动用不同的雅乐。太庙祭祀，用的是《宫县》、《登歌乐》、文武二舞；迎送神活动，各代用的曲不同，烈祖是《开成之曲》，太祖是《武威之曲》，太宗是《文成之曲》，世祖是《来成之曲》，睿宗是《明成之曲》，定宗是《熙成之曲》，宪宗是《威成之曲》……

《元史》记载了元至大二年（1309）武宗祭太庙的过程：

至大二年，亲享太庙，皇帝入门奏《顺成之曲》，盥洗、升殿用至元中初献升降《肃成之曲》，亦曰《顺成之曲》，出入小次奏《昌宁之曲》，迎神用至元中《来成之曲》，改曰《思成》，初献、摄太尉盥洗，升殿奏《肃宁之曲》，酌献太祖室用旧曲，改名《开成》，睿宗室仍用旧曲，改名

① 《元史·卷六十八·志第十九·礼乐二》。

《武成》，皇帝饮福、登歌奏《厘成之曲》，文舞退、武舞进仍用旧曲，改名《肃宁》，亚终献、酌仍用旧曲，改名《肃宁》。彻豆曰《丰宁之曲》，送神曰《保成之曲》。①

一场祭祀活动，用了这么多的音乐，可见音乐在国家政治中的地位了。

值得说一下的还有乐器与乐队，乐器均为汉族乐器，乐队着装均为汉装：其引队乐大乐礼官“冠展角幞头，紫袍、涂金带，执笏”，而乐工则“冠花幞头，紫窄衫，铜束带”。

《元史》没有记载宫廷音乐中的燕乐，这种音乐可能有蒙古的传统音乐。

第四节 祭祀：稽古承旧

祭祀是重要的礼制活动，远可追溯至史前。夏商，祭祀已成国家制度，周朝周公旦制礼，将祭礼摆在首要地位，祭祀中以天地宗庙之祭最为重要，天子是祭祀的主祭。《元史》云：“天子者，天地宗庙社稷之主，于郊社谛尝有事守焉。”②

虽然祭礼在周已有明确的规定，但各朝各代因政治上的原因有所改变，汉朝继承秦制，郊祭、庙祭，不采用周制，而热衷于封禅。此后的唐、宋在祭祀上有所不同，难以说明谁更为正宗；元帝国建立，如何构建国家的祭礼，就成为一个大问题。《元史·志·祭祀》说：“元之五礼，皆以国俗行之，惟祭祀稍稽诸古。”所谓“稍稽诸古”也就是更注重正统本源。像郊礼，这是祭天大典，“礼官所考日益详慎，而旧礼初未尝废”，在《元史》看来就是“不忘其初”。这“旧礼”一是汉族的国家祭礼，另是蒙古族的国家祭礼。在元帝国将二者结合起来，有一定的革新意义。

我们现在挑几项重要的国家祭祀，看元帝国是怎样对待祭礼的。

---

① 《元史·卷六十八·志第十九·礼乐二》。

② 《元史·卷七十二·志第二十三·祭祀一》。

一、祭天

祭天之礼，蒙古族原来也有，“衣冠尚质，祭器沿纯，帝后亲之，宗戚助祭”。元帝国前几代帝王大体上承蒙古的祭法，而到元宪宗即元的第四位皇帝蒙哥，就“秋八月八日，以冕服拜天于日月山”。[①]这“冕服拜天”，就是汉礼。《周礼·春官·司服》说天子六冕九服，“六冕对应着六等祭祀：1. 昊天上帝、五帝；2. 先王；3. 先公；4. 四望山川；5. 社稷、五祀；6. 群小祀。”[②]宪宗去拜日月山，这属于第四种祭祀了。

《元史》说，就在日月山拜天几天后，宪宗又采纳孔子子孙元措的建议，去祭昊天后土。祭昊天上帝是祭天的最高规格。“后土”，上古神话中的中央之神，也就是大地。按五行之说，土居中，因此，后土为中央之神。《周礼·春官·司服》云：“王之吉服：祀昊天上帝，则服大裘而冕，祀五帝亦如之。”此次宪宗祭昊天、后土，肯定“服大裘而冕”。

祭天，按《周礼》，为郊祭，按礼制，在都城的南郊。关于祭坛如何做，元帝国集翰林、集贤、太常三个部门的官员讨论。讨论结果，还是遵循周礼的体制。不仅祭坛按周礼体制建，冠服、乐器、牺牲也一概遵循周礼。

二、祭祖

祭祖是元朝重要的祭祀。祭祀的方式一直有变化。《元史》说：“其祖宗祭享之礼，割牲、奠马湩，以蒙古巫祝致辞，盖国俗也。”[③]这种方式在元世祖忽必烈即位后，有些改变，他祭祖，“设神位于中书省，用登歌乐，遣必阇赤致辞焉。”必阇赤不是巫师，而是负责典籍的官员。这说明，巫术在祭祖中消失了。也就在元世祖在世时，他下诏建太庙，先后在燕京、大都建太庙。于是，太庙成为祭祖专用的场所。

太庙建成后，有关庙制的问题，朝廷官员们展开了热烈的讨论，一种观

---

① 《元史·卷七十二·志第二十三·郊祀上》。

② 阎步克：《服周之冕——周礼六冕礼制的兴衰变异》，中华书局 2009 年版，第 90 页。

③ 《元史·卷七十四·志第二十五·祭祀三》。

点为“都宫别殿，七庙、九庙之制”。依据的是周礼的《祭法》“天子立七庙，三昭三穆与太祖之庙而七，诸侯、大夫、士降杀以南”。另一种观点是“同堂异室之制”，最后在至元十七年（1280）将庙制定了下来，大体上也是分“前朝后寝”，“正殿东西七间，南北五间，内分七室”，等等。基本风格为汉制。

祭品：“大祀，马一，用色纯者，有副；牛一，其角握，其色赤，有副；羊，其色白；豕，其色黑；鹿。”这些祭品兼顾汉蒙习俗。

三、祭社稷

祭社稷始于元世祖。至元七年（1270），元世祖下诏祭祀太社太稷。祭社稷意味着以农业为国家根本。蒙古本为游牧民族，立国后，以农为国家之本，应该说是一个很大的进步。祭坛的制作以及祭祀仪式完全依据汉式。这里，特别要提到元朝的“先农之祀”，祭的神农氏，配神为后稷氏。这一祭祀开始于至元九年（1272）。元世祖有意让蒙古子弟学习农业，祭祀时，“以蒙古胄子代耕籍田”。

四、祭古代帝王

元朝虽然以武力夺取了汉族政权，但当他们取得天下之后，对于汉族的历代帝王给予礼遇。他们在中国各地为历代帝王建庙。尧帝庙在河南平阳；舜帝庙，“河东、山东济南历山、濮州、湖南道州皆有之”；“禹庙在河中龙门”；另外，还在河南安阳羑里建周文王祠。所有这些古代帝王庙的祭祀均以国祭。

五、祭宣圣

宣圣是孔子。祭宣圣就是祭孔子。成吉思汗建立大蒙古国后，在京城燕京始建宣圣庙。

元太宗九年（1237）让孔子五十一代孙元措袭衍圣公，建阙里之庙，官拨费用。至元十年（1273）元世祖命春秋两祭孔子。元成宗命建宣圣庙于京师。至大元年（1308）元武宗加封孔子为“大成至圣文宣王”。这是孔子称王之始。

延祐三年（1316）元仁宗下令“春秋释奠于先圣”，以颜子、曾子、子思配享。封孟子父为邾国公，母为邾国宣献夫人。这是孟子父母首次加封。皇庆二年（1313）元仁宗以许衡从祀。又以宋儒周敦颐、程颢、程颐、张载、邵雍、司马光、朱熹、张栻、吕祖谦从祀。至顺元年（1330）元文宗以汉儒董仲舒从祀，齐国公叔梁纥加封为启圣王，鲁国太夫人颜氏启圣王夫人；颜子，衮国复圣公；曾子，郕国宗圣公；子思，沂国述圣公；孟子，邹国亚圣公；河南程颢，豫国公；伊伯程颐，洛国公。① 这就不仅是尊孔，而且崇文了。

如此尊孔崇文，表示来自草原游牧民族的蒙古人真诚地表示元帝国继承的是中华正统。他们有资格列入中华炎黄谱系。

虽然元帝国的最高统治者为蒙古人，然而，与过去任何朝代相比，他们的政权基础更为广大，更为厚实，因为团聚在这个国家的民族最多，这个国家国土面积也最大，中华民族也许只有在这个时期才与中华帝国融为一体，而中华民族文化也只有在这个时候才真正成为中华帝国文化，而中华美学也才成为中国美学。

---

① 参见《元史·卷七十六·志第二十七·祭祀五》。

第三章
元代戏曲美学

犹如词是宋代的代表性艺术一样，戏曲是元代的代表性艺术。

中国的戏曲是集诗歌、音乐、舞蹈、杂技、说唱、表演、美术于一体的综合性艺术，它经过了先秦歌舞、汉魏百戏、唐代参军戏等发展阶段，到宋代开始形成。宋代的戏曲已称为杂剧。据程千帆、吴新雷先生考证，“杂剧”这个名称最早出现于唐代李德裕《论杜元颖追赠》一文，文中提及唐文宗太和三年（829）南诏劫掠成都，掳去“杂剧丈夫两人”。“丈夫”指男演员，杂剧当时可能仅指歌舞杂戏。① 宋代，“杂剧”这个词就用得较多了。宋代的杂剧具戏剧雏形，已有故事，载歌载舞，类唐参军戏，以滑稽取乐为主。北宋亡，在金统治区，杂剧演变成院本；而在南宋统治区，由温州一带开始的杂剧影响日益扩大，盛行江南，被称为南戏。金院本后发展成元杂剧，元灭南宋后，元杂剧南下杭州，吸取南戏成分，声势更盛。

元代是中国历史上第一个由少数民族建立的大一统政权，虽然存在的时间不长，但很有特色。元代统治者重视商业，导致一些重要城市空前繁荣。从意识形态来看，儒家独尊的地位有些减弱，与以上二者相关，盛行于城市的娱乐文化出现新的繁荣，主要体现则是杂剧走向鼎盛。

① 参见程千帆、吴新雷：《两宋文学史》，上海古籍出版社1991年版，第647页。

元杂剧的繁荣，标志着中国戏剧已经成熟。这是整个中国戏剧史上最为辉煌的黄金时代，这个时代产生了关汉卿、王实甫这样堪称世界戏剧大师的戏剧家，出现了诸如《窦娥冤》《西厢记》这样世界第一流的伟大的艺术作品。明初戏曲家朱权所著《太和正音谱》所载录的元代杂剧总数达566种，而元存在的时间不过97年。这样短的时间能有这样多的剧目留存，亦可见元杂剧之繁荣。

元杂剧的剧本主要由一种新的韵文学——元散曲构成。前人将元杂剧与元散曲合称为“元曲”。元曲在元代取得突出的成就，它与唐诗、宋词并举，成为中国文学史的瑰宝，亦为元代文化的一面代表性的旗帜。

元代的戏曲理论研究较之元曲创作要逊色，重要的戏曲理论研究成果出在明、清，这是因为元代存在时间不长而理论总是较创作滞后之故。不过，元代也还有一些比较重要的理论研究成果，反映出元代对戏曲审美特点已有初步的认识。尤其可贵的是，这些论著相当深刻地揭示了宋、元之际社会审美情趣与士大夫价值观念的变化。

第一节 价值观念

中国文化一直存在雅俗之分。雅文化主要是在士大夫间流传，俗文化则主要是在民间流传，文学艺术亦是如此。这两种文化也常发生碰撞，碰撞的结果往往是士大夫对俗文化进行改造，将其提升为雅文化。《诗经》原是民歌，经孔子整理后成为诗歌经典，汉魏乐府诗也原产生于民间，后也入雅文化之流。词最早是俚词俗曲，流传在秦楼楚馆、市井里巷之间，经文人参与写作，也就成为高雅艺术。

很值得注意的是，尽管处于社会上层的士大夫们都喜欢从民间艺术吸取营养，但又瞧不起民间艺术。那些处于社会下层为广大人民写作曲艺话本的知识分子，一直受统治阶级的歧视，不能登大雅之堂。这种状况一直维持到宋末。宋末元初，由于复杂的社会原因，原只为统治阶级取乐的参军戏、滑稽戏发展成融歌舞、道白、动作为一体的大型戏剧，整个社会的审美情趣与价值观念发生了重大变化。许多有才华的知识分子投身于这一事业，戏曲竟然鱼跃龙门，成为堪与唐诗、宋词并列的高雅艺术。与诗、词原为民间艺术一变成高雅艺术就脱离民间不同，戏曲成为高雅艺术后一直未脱离民间。统治者与普通民众均喜欢戏曲，可以说雅俗共赏，这是一种真正的大众艺术。

元代的戏剧理论深刻地反映了这一重要的社会价值观念与审美情趣的变化，这主要表现在钟嗣成的《录鬼簿》与夏庭芝的《青楼集》中。

钟嗣成是元代戏曲家，著有《录鬼簿》两卷，这部著作记录了 152 名元代戏曲作家的名字和他们所创作的 458 个杂剧剧目，具有重要的史料价值。不仅如此，钟嗣成在这部著作的自序中谈了他对人生价值的一些看法。钟嗣成说：

> 亘古及今，自有不死之鬼在。何则？圣贤之君臣，忠孝之士子，小善大功，著在方册者，日月炳焕，山川流峙，及乎千万劫无穷已，是则虽鬼而不鬼者也。
>
> 余因暇日，缅怀故人，门第卑微，职位不振，高才博识，俱有可录，岁月弥久，湮没无闻，遂传其本末，吊以乐章；复以前乎此者，叙其姓名，述其所作，冀乎初学之士，刻意词章，使冰寒于水，青胜于蓝，则亦幸矣。名之曰《录鬼簿》。①

钟嗣成在这里讲了两类人：一类是“圣贤之君臣，忠孝之士子”；另一类则是“门第卑微，职位不振”但“高才博识”的戏曲作家。钟嗣成认为这两类人其实是可以平起平坐的，就他们对社会的贡献来说，虽一在文治武功，一在舞文弄墨，但都是有功之人，皆属“虽鬼而不鬼”之列。钟嗣成慨然为戏曲家作传，使他们留名青史，这一举动不能只看作他个人的特识卓见，而应看作这个时代价值观的一种反映。

知识分子的价值观向来被定在“立功”“立德”“立言”三者上。孔子说“行有余力，则以学文”，文的地位不高。理学家程颐甚至认为“为文亦

---

① （元）钟嗣成：《录鬼簿 · 序》。

玩物也”①，对诗词他更是看不起，说“如此闲言语道出做甚”②。当然，虽然诗文的地位比不上事功，应该说还是被绝大多数的知识分子视为正经事。但为勾栏瓦肆写曲就不同了。柳永因为混迹秦楼楚馆之中，就为晏殊、苏轼等正统知识分子所嗤笑。词这种体裁，本也产生于民间，被知识分子接收过来后，日益变得高雅，以至完全与民间相脱离。本为演唱而创作的词终于变得不适合演唱，成为一种案头观赏品了，这反而促使适合于大众欣赏口味的曲的产生。于是，两极分流，一极高雅再高雅，终于没有了生命力，到宋就无可发展了，这就是词；另一极则通俗再通俗，切合大众口味，这便是曲。杂剧正是在曲的基础上发展起来的。

钟嗣成的观点反映宋、元之际知识分子的审美观发生了重大变化，由瞧不起通俗的大众文化，到开始重视通俗的大众文化了。像关汉卿、王实甫这样一大批优秀的文学家献身于戏曲事业不是偶然的。若不是因为整个时代价值观念的变化，审美情趣的变化，只可能出现极个别的文人审美情趣转向，不可能出现一大批的文人审美情趣转向。

我们从关汉卿《〔南吕〕一枝花·不伏老》套曲可以看出这种转向的自觉性与坚定性：

攀出墙朵朵花，折临路枝枝柳。花攀红蕊嫩，柳折翠条柔。浪子风流。凭着我折柳攀花手，直煞得花残柳败休。半生来折柳攀花，一世里眠花卧柳。

〔梁州〕我是个普天下郎君领袖，盖世界浪子班头。愿朱颜不改常依旧，花中消遣，酒内忘忧。分茶攧竹，打马藏阄，通五音六律滑熟：甚闲愁到我心头？伴的是银筝女银台前理银筝笑倚银屏，伴的是玉天仙携玉手并玉肩同登玉楼，伴的是金钗客歌金缕捧金樽满泛金瓯。你道我老也，暂休。占排场风月功名首，更玲珑又剔透，我是个锦阵花营都帅头，曾玩府游州。

① 程颢、程颐：《河南程氏遗书》卷十八。

② 程颢、程颐：《河南程氏遗书》卷十八。

……

〔黄钟尾〕我是个蒸不烂、煮不熟、捶不扁、炒不爆、响珰珰一粒铜豌豆，恁子弟每谁教你钻入他锄不断、斫不下、解不开、顿不脱、慢腾腾千层锦套头？我玩的是梁园月，饮的是东京酒，赏的是洛阳花，攀的是章台柳。我也会围棋会蹴鞠会打围会插科、会歌舞、会吹弹、会咽作、会吟诗、会双陆。你便是落了我牙、歪了我嘴、瘸了我腿、折了我手，天赐与我这几般儿歹症候，尚兀自不肯休！

〔尾声〕则除是阎王亲自唤，神鬼自来勾，三魂归地府，七魄丧冥幽。天哪！那其间才不向烟花路儿上走！①

造成元代初期知识分子价值观念、审美观念变化的原因主要是社会的剧烈震荡。继女真族俘虏徽、钦二帝造成北宋灭亡之后，蒙古族又彻底端走了南宋小朝廷，两次外族的蹂躏在知识分子心中造成的创伤是极为深重的。传统儒家为知识分子所设计的人生价值、人生道路一而再地被残酷的现实所粉碎。痛苦、悲愤之余乃是深沉的失望与迷惘。也许是这样一种社会的原因促使一些知识分子不得不重新调整自己的价值观念、审美观念。关汉卿这样对人生的设计，既是自觉又是无奈，既是自我解嘲又是对社会无比悲愤地做无望的呼喊。

钟嗣成在《录鬼簿·序》中所表达的思想在夏庭芝的《青楼集》中也有所反映。夏庭芝出身于望族，著名的文学家杨维桢做过他的家庭塾师。像他这样的知识分子，过去走的都是科举做官的道路。而如今，此路行不通了，元初废除了科举制，以后虽得到恢复，对夏庭芝也没有多大的吸引力了，他热衷戏曲创作，终于如关汉卿一样，走上了“烟花路”。《青楼集》是夏庭芝的一部关于元代戏曲的史料书，此书记述了元代百余个妓女的生活片段，这些妓女大多数是戏曲演员，另外还记录了三十几个男演员和五十几个戏曲作家的事迹。这部书堪称钟嗣成《录鬼簿》的姊妹篇。

---

① 蓝立蓂校注：《关汉卿集校注》（下），中华书局 2018 年版，第 1700—1701 页。

在中国封建社会，歌妓、舞妓的地位一直是很低的。像《青楼集》这样专门为她们立传可以说是空前的。夏庭芝不仅为她们立传，而且对她们的艺术成就作出了恰当的评价，文中不含丝毫猥亵轻视之意，更是难能可贵。比如，他记载当时著名的戏曲女演员珠帘秀云："姓朱氏，行第四。杂剧为当今独步；驾头、花旦、软末泥等，悉造其妙。"又如记载曹娥秀云："京师名妓也。赋性聪慧，色艺俱绝。一日鲜于伯机开宴，座客皆名士。鲜于因事入内，命曹行酒适遍，公出自内，客曰：'伯机未饮。'曹亦曰：'伯机未饮。'客笑曰：'汝以伯机相呼，可为亲爱之至。'鲜于佯怒曰：'小鬼头，敢如此无礼！'曹曰：'我呼伯机便不可，却只许尔叫王羲之也。'一堂大笑。"这个故事很生动，曹娥秀的天真可爱跃然纸上，亦见出夏庭芝对曹的喜爱、赞赏。

朱经为《青楼集》作的序是很值得注意的文字，其思想与钟嗣成的《录鬼簿·序》可相印证。序云：

> 君子之于斯世也，孰不欲才加诸人，行足诸己，其肯甘于自弃乎哉？盖时有否泰，分有穷达，故才或不羁，行或不掩焉。当其泰而达也，园林钟鼓，乐且未央，君子宜之；当其否而穷也，江湖诗酒，迷而不复，君子非获已者焉。
>
> 我皇元初并海宇，而金之遗民若杜散人、白兰谷、关已斋辈，皆不屑仕进，乃嘲风弄月，留连光景，庸俗易之，用世者嗤之。三君之心，固难识也。百年未几，世运中否，士失其业，志则郁矣，酣酒载酽，诗祸叵测，何以纾其愁乎？

这两段文字将造成元代知识分子"江湖诗酒""嘲风弄月"的社会原因说得非常清楚了。不是他们不愿"园林钟鼓，乐且未央"，实在是"世运中否，士失其业，志则郁矣"。

朱经对夏庭芝为青楼歌舞之妓立传给予了高度的肯定，亦说明夏庭芝此举不是纯粹个人的兴趣，反映出当时价值观念和审美文化的深刻变化。它与钟嗣成作《录鬼簿》具有同等的意义。

第二节　审美创造

元代对戏曲的审美特点及规律做了初步的但亦是很有成就的探讨。

一、关于戏曲的审美效应

元代重要的戏曲家、《琵琶记》的作者高则诚说：

论传奇，乐人易，动人难。①

"动人"虽是艺术审美的一般规律，但高则诚此说却不能作为一般规律看待。

宋、元杂剧溯源于唐参军戏。关于参军戏的来历有几种不同说法，《太平御览》卷五百六十九引《赵书》云："石勒参军周延，为馆陶令，断官绢数百匹，下狱，以八议宥之。后每大会，使俳优着介帻、黄绢单衣。优问：'汝为何官，在我辈中。'曰：'我本为馆陶令，斗数单衣，曰政坐取，是故入汝辈中。'以为笑。"唐代段安节《乐府杂录·俳优》则别有一说："开元中，黄幡绰、张野狐弄参军——始自后汉馆陶令石耽。耽有赃犯，和帝惜其才，免罪。每宴乐，即令衣白夹衫，命优伶戏弄辱之，经年乃放。后为参军，误也。开元中有李仙鹤善此戏，明皇特授韶州同正参军，以食其禄，是以陆鸿渐撰词云：'韶州参军'，盖由此也。"这几则材料都说参军戏源自宫廷的娱乐，本是统治者以羞辱代替刑罚惩治赃官的一种手段，后来演化成一种简单的戏剧形式，由两人扮演，一人扮嘲弄者，叫作"苍鹘"；一人扮被嘲弄者，叫作"参军"。宋代宫廷亦盛行这种滑稽取乐的游戏，不过已发展成角色多至四五人的杂剧。南宋吴自牧的《梦粱录》卷二十《妓乐》云："杂剧中，末泥为长，每一场四人或五人，先做寻常熟事一段，名曰'艳段'。次做正杂剧，通名两段。末泥色主张，引戏色分付，副净色发乔，副末色打诨。或添一人，名曰'装孤'。先吹曲，破断送，谓之'把色'。大抵全以故事，务在滑稽唱念，应对通遍。"

① 高则诚：《琵琶记·开场词》。

北宋灭亡后，赵氏统治者在南方建立政权，南北分治。宋杂剧亦分化。在北方金统治地区，它变名为院本；在南宋统治区，它发展为南戏。元杂剧直接从金院本发展而成，而“院本大率不过谑浪调笑”①。由此可见，元代戏曲以喜剧为本源，而喜剧是以取笑逗乐为主要审美功能的。不过，元杂剧已经不同于参军戏，也不同于金院本了，它不只是“谑浪调笑”，逗人快乐，它可以是悲剧、正剧，因而也不只是“乐人”。高则诚说“论传奇，乐人易，动人难”，正是建立在对元杂剧审美功能深刻认识的基础之上的。这里说的“动人”，也不只是要求戏曲以情动人，还包含有以正确深刻的思想去教育人、征服人的意思。有学者据此认为高则诚持“主情说”，恐怕欠全面。因为高说“动人”是针对“乐人”而言的。“乐人”相对地思想比较肤浅，而“动人”则必然是思想深刻的了。

二、关于戏曲的结构技巧

戏曲与歌舞、杂耍之类有很大的不同。戏曲有一个完整的故事，而且要求故事情节离奇曲折，充满矛盾冲突，富有吸引力。亚里士多德论悲剧，将情节看作悲剧的灵魂。② 情节在戏剧中靠结构来安排，所以结构是戏曲创作的中心。亚里士多德非常重视结构，提出了一些悲剧结构的规律，诸如顺境、逆境转化等。

中国戏曲亦非常重视情节设计与结构技巧。元代戏曲家乔吉提出“六字”法：

> 乔吉博学多能，以乐府称，尝云：作乐府亦有法，曰：凤头、猪肚、豹尾六字是也。大概起要美丽，中要浩荡，结要响亮，尤贵在首尾贯穿，意思清新，苟能若是，斯可以言乐府矣。③

这“六字法”不仅堪为戏曲结构的金科玉律，它的价值还超出了戏曲范畴，一切艺术创作都应遵循这一结构规律。明代戏曲家谈结构的言论甚多，

---

① 夏庭芝：《青楼集志》。

② 参见亚里士多德：《诗学》，见《〈诗学〉〈诗艺〉》，人民文学出版社 1982 年版，第 23 页。

③ 陶宗仪：《辍耕曲录》。

谈得最精彩的是李渔和王骥德，但水平都未超过乔吉。乔吉比李、王高明之处在于：李渔、王骥德谈结构均以盖房子作比喻[①]，立足于静态、空间，虽严密但缺乏变化；乔吉则用三个动物比喻，构成一个动态的过程，立足于时间变化。这就将戏曲看作一个有机体了，因而更为深刻，也更切合戏曲创作的实际。

三、关于戏曲的音乐美

中国的古典戏曲与西方的话剧有很大不同，中国的古典戏曲是歌剧，因而特别注重音乐美。元代戏曲家燕南芝庵写了一本《唱论》，对戏曲的格调、节奏、唱法都作了非常具体的规定。这是戏曲演唱法的高度总结，既具有实际的指导意义，又具有理论意义，从中我们可以大致想象出元代戏曲的音乐美。这里我们摘录《唱论》关于运声的一些言论：

> 凡歌一声，声有四节：起末，过度，揾簪，攧落。
>
> 凡歌一句，声韵有一声平，一声背，一声圆，声要圆熟，腔要彻满。
>
> 凡一曲中，各有其声：变声，敦声，杌声，啀声，困声，三过声；有偷气，取气，换气，歇气，就气；爱者有一口气。[②]

《唱论》也论述了诸宫调的美学风格："仙吕调唱，清新绵邈；南吕宫唱，感叹伤悲；中吕宫唱，高下闪赚；黄钟宫唱，富贵缠绵；正宫唱，惆怅雄壮；道宫唱，飘逸清幽……"[③]

对音乐美的重视也体现在元代周德清所撰的《中原音韵》一书中。周为这部书所作的自序高度强调声韵对于曲词创作的重要性，认为这是"作词之膏肓，用字之骨髓"[④]。虞集为此书作的序亦同样大谈声韵不可忽视："属律必严，比字必切，审律必当，择字必精，是以和于宫商，合于节奏，而

---

① 王骥德的《曲律》云："作曲，犹造宫室者然。"李渔的《闲情偶寄》云："至于结构二字……工师之建室亦然……"

② 燕南芝庵：《唱论》。

③ 燕南芝庵：《唱论》。

④ 周德清：《中原音韵·序》。

无宿昔声律之弊矣。”①

(元) 赵孟頫:《松荫会琴图》

① 虞集:《中原音韵序》。

四、关于戏曲的表演艺术

戏曲是表演艺术，它的一切审美效果都是通过演员的表演来实现的，因而演员的表演是戏曲创作的中心环节。元代的戏曲理论亦开始注重总结演员的表演艺术。夏庭芝的《青楼集志》谈了100多位演员的表演艺术，但总的来说略嫌粗疏，理论概括不够。元代理学家胡祗遹倒是做了很多的工作，他将演员的修养和表演艺术概括成“九美”：

一、姿质浓粹，光彩动人；二、举止闲雅，无尘俗态；三、心思聪慧，洞达事物之情状；四、语言辩利，字句真明；五、歌喉清和圆转，累累然如贯珠；六、分咐顾盼，使人解悟；七、一唱一说，轻重疾徐中节合度，虽记诵娴熟，非如老僧之诵经；八、发明古人喜怒哀乐，忧悲愉佚，言行功业，使观众听者如在目前，谛听忘倦，惟恐不得闻；九、温故知新，关键词藻，时出新奇，使人不能测度，为之限量。九美既备，当独步同流。①

胡祗遹的“九美”很全面，涵盖了演员仪容、风度、举止、修养及各种表演技巧，这是中国戏剧史上最早的关于演员修养及表演的技巧论。

第三节　社会功能

中国戏曲的成长虽然有深厚的社会基础，但亦顶着很大的压力，冒着很大的风险。首先，是统治者害怕聚众闹事，元朝统治者就屡颁禁令，不让集场演戏。其次，是儒家的观念特别是理学家们的观念，总认为戏剧表现的是“人欲”，担心戏曲流行，有伤风化。在这种背景下，戏曲的审美娱乐功能不能不受到压抑，尽管它在生长着，但像巨石重压下的小草，只能绕出石头，曲折地、孱弱地成长。元初尤其如此。这表现在元代的戏曲理论中不公然大谈戏曲的娱乐作用，而大谈戏曲的教化功能。

夏庭芝的《青楼集志》这样说：

---

① 胡祗遹：《黄氏诗卷序》。

> 唐时有“传奇”，皆文人所编，犹野史也，但资谐笑耳。宋之“戏文”，乃有唱念，有诨。金则“院本”、“杂剧”合而为一。至我朝乃分“院本”、“杂剧”而为二…… “院本”大率不过谑浪调笑，“杂剧”则不然，君臣如：《伊尹扶汤》《比干剖腹》，母子如：《伯瑜泣杖》《剪发待宾》，夫妇如：《杀狗劝夫》《磨刀谏妇》，兄弟如：《田真泣树》《赵礼让肥》，朋友如：《管鲍分金》《范张鸡黍》，皆可以厚人伦，美风化。又非唐之“传奇”、宋之“戏文”、金之“院本”，所可同日语矣。

夏庭芝执意要将元杂剧与唐传奇、宋戏文、金院本区分开来，强调唐传奇、宋戏文、金院本不过是“资谐笑”而已，没有多大的社会意义，而元杂剧表现的是人伦之大义，完全符合儒家的礼义规范，可以起到“厚人伦，美风化”的社会作用。这番论述可以说明两点：第一，这是事实，元杂剧的确在思想内涵上远远超过唐传奇、宋戏文、金院本。第二，如此强调，实有苦衷。明显可以看出，他们是不得已而为之，生怕统治者给元杂剧扣上“有伤风化”的帽子。

其实，元杂剧对比唐传奇、宋戏文、金院本不只是思想性加强了，审美性也加强了；不只是具有远较传奇、院本强大得多的社会教化功能，也具有远较传奇、院本强大得多的审美娱乐功能。只是这后一方面不便说罢了。这种局面直到明代才有所改变。

强调戏曲教化功能的还有大戏曲家高则诚。他在其名剧《琵琶记》中说：“不关风化体，纵好也徒然。”

元代的理学家胡祇遹也很重视戏曲的教化功能。他说：

> 乐音与政通，而伎剧亦随时所尚而变，近代教坊院本之外，再变而为杂剧。既谓之“杂”，上则朝廷君臣政治之得失，下则闾里、市井、父子、兄弟、夫妇、朋友之厚薄，以至医药、卜筮、释、道、商贾之人情物性，殊方异域、风俗语言之不同，无一物不得其情，不穷其态。①

胡祇遹说“乐者与政通”，既把“乐”（戏曲）的地位提高了，同时又是

① 胡祇遹：《赠宋氏序》。

把“乐”的功用加重了。从他对杂剧之“杂”的解释来看，基本立足点还是儒家的三纲五常、忠孝仁义之类。胡祗遹的深刻之处在于他也注意到了艺术的宣泄作用。他说：

百物之中，莫灵贵于人，然莫愁苦于人……于斯时也，不有解尘网，消世虑，皞皞熙熙，畅然怡然，少导欢适者，一去其苦，则亦难乎其为人矣。此圣人所以作乐以宣其抑郁，乐工伶人之亦可爱也。①

“宣其抑郁”是为了“皞皞熙熙，畅然怡然”。胡祗遹此说类似于亚里士多德的净化说。亚里士多德的意思是欣赏悲剧可以引起一种怜悯与恐惧的感情，借悲剧人物的命运来宣泄自己内心的不良情绪，使心灵恢复平静，获得陶冶与净化。宣泄作用是一种审美作用，它与那种教化说不太一样，教化说重在社会群体，宣泄说则落实到欣赏个体。教化说着意于艺术对伦理观念的作用，宣泄说则着意于艺术对情绪、情感的作用。教化说是重在向外（艺术）吸取，宣泄说则重在向外宣泄。这两种作用并不相斥，完全可以互相结合。胡祗遹没有谈到这两种作用的结合问题，但他提出这两种作用亦是了不起的贡献。

中国的古典戏曲美学是最为丰富多彩又最具中华美学特色的，元代的戏曲美学在整个中华戏曲美学史上的地位，借用乔吉论元曲结构的“六字”法来说，它只是“凤头”，一个美丽的开头。

杨维桢是元朝卓越的诗人，他对戏曲社会功能的看法基本上沿自儒家诗教说。他说：

予闻仲尼论谏之义有五，始曰“谲谏”，终曰“讽谏”，且曰“吾从者讽乎？”盖一讽之效从容一言之中，而龙逄、比干不获良臣者之所不及也。观优之寓于讽者，如漆城、瓦衣、雨税之类，皆一言之微，有回天倒日之力……②

据《孔子家语·辨政》：“孔子曰，忠臣之谏君，有五义焉：一曰谲谏，二

① 胡祗遹：《赠宋氏序》。

② 杨维桢：《优戏录序》。

曰戆谏，三曰降谏，四曰直谏，五曰风谏。唯度主而从之，吾从其风谏乎！”五种谏，孔子重视的是风谏。风谏又写作讽谏，这种谏的特点是，不直言，委婉言之。委婉之中，就包括诗中常用的比兴的手法，戏剧借喻的手法等。《史记滑稽列传》说：“优孟，故楚之乐人也。工八尺，常以谈笔风谏。”杨维桢在这里说戏曲，他认为戏曲可以用作讽谏。虽然戏曲是小事，但它的讽可以有“回天倒日之功”。这一段话中，他用了诸多典故，一是龙逢、比干的故事。龙逢即关龙逢，他多次直谏夏桀，最终被夏桀杀害。比干是殷纣王的叔父，纣王无道，比干多次犯颜直谏，最后为商纣剖心而死。用这两个典故，是说明直谏效果不好，以衬托讽谏的“一讽之效从容一言之中”，意思是讽谏用力小而效果大。“漆城”“瓦衣”“雨税”均是讽谏的例子①。

---

① “漆城”出自《史记滑稽列传》。秦二世突发奇想要漆城，优旃即秦倡侏儒，他说，漆城好，寇来不能上，只是不能“荫室”。说得二世笑了，漆城的想法打消了。“瓦衣”出自《旧唐书·谷那律传》，说谷那律谏唐太宗狩猎事，太宗猎，遇雨，太宗何能使得油衣不漏水，谷那律说，那就用瓦衣好了。“雨税”出自《南唐书·杂艺方士节义列传》，说五代时南唐苦旱，优人申乘高说：“雨惧抽税，不敢入京”，讽刺南唐苛捐杂税。

第四章
关汉卿戏曲的文化精神

中国戏曲至元朝达到全盛，突出代表主要是在北方流行的杂剧。元代杂剧作家中，关汉卿（约 1234—约 1300）稳占首位，他与白朴、马致远、郑光祖并称为“元曲四大家”。关汉卿籍贯山西解州，其戏剧活动主要在元大都（今北京）。关汉卿一生剧作 60 多个，大多散佚，现今收集的有 21 个。目前没有发现关汉卿理论性的文字，他的哲学观念、政治观念及美学观念主要体现在他的剧本之中，下面试图从他的四个代表性剧作来提炼他戏曲中的中华文化精神。

第一节　悲剧审美的崇高意识

关汉卿的剧作中，《感天动地窦娥怨》是最重要的。这是一出悲剧。悲剧在中国古代剧目中并不少，但在中国戏曲中不占主导地位，这种情况与西方戏剧不同。西方戏剧中，悲剧是排在第一位的。虽然悲剧在中国戏曲中不占主导地位，但中国最优秀的悲剧作品可以列入世界最优秀的悲剧作品之列。中国最优秀的悲剧作品是关汉卿的《感天动地窦娥冤》。

此戏绝胜之处是将剧中的矛盾冲突推到了绝境。

一、悲绝

剧中主人公是窦娥，她的悲至少有十二重：(1) 3 岁丧母，跟着父亲艰辛度日。(2) 7 岁父亲离家，窦娥作为父亲的抵债物成了蔡婆婆的儿媳妇。(3) 17 岁与夫成婚，婚后不久，丈夫亡故。(4) 与守寡的蔡婆婆艰难生存。(5) 贼人张孛老携子强入蔡家，强迫窦娥嫁给的他儿子张驴儿。(6) 张驴儿数次调戏窦娥，窦娥坚执不从，贼人张驴儿威胁要勒死她。(7) 张驴儿在羊肚儿汤中暗下毒药，使计让窦娥去送药，企图毒死蔡婆婆，不想这汤给张孛老吃了，张孛老被毒死。(8) 张驴儿诬赖窦娥毒死他父亲。(9) 张驴儿恐吓窦娥，说要告官，但如果窦娥愿嫁与他，可以私了，但窦娥坚决不从。(10) 官府用尽酷刑，逼窦娥认罪，窦娥坚不认罪。(11) 官府见窦娥不认，就拷打蔡婆婆，窦娥怕婆婆受苦，屈认了。(12) 官府判处窦娥死刑，窦娥含冤而死。

悲绝主要在两点：悲事极度真实却又似极度荒谬，悲剧应该可以解决

却完全无法解决。窦娥的悲剧命运正是这样的。在狱中，她受尽了酷刑。剧中这样写道：

[感皇恩] 呀！是谁人唱叫扬疾，不由我哭哭啼啼。我恰还魂，才苏醒，又昏迷。挨千般打拷，见鲜血淋漓，一杖下，一道血，一层皮。

[采茶歌] 打得我魄散魂飞，命掩泉世，则我这腹中冤枉有谁知！①

"有谁知"——不是无人知，而是根本无人能帮助她！

二、抗绝

种种的愁悲苦冤恨，窦娥都以她弱小的身子、强大的心灵独自忍受着，反抗着，这种反抗做到了极致。

开始她还寄希望于苍天："想青天不可欺，想人心不可欺，冤枉事天地知。争到头，竞到底，到如今说甚的？"然而，她绝望了，于是咒骂苍天：

[正宫端正好] 没来由犯王法，葫芦提遭刑宪，叫声屈动地惊天！我将天地合埋怨，天也，你不与人为方便。

[滚绣毬] 有日月朝暮显，有山河今古监。天也！却不把清浊分辨，可知道错看了盗跖颜渊！有德的受贫穷更命短，造恶的享富贵又寿延。天也，做得个怕硬欺软！不想天地也顺水推船。地也，你不分好歹难为地！天也，我今日负屈衔冤哀告天（此句有的版本为"你错勘贤愚枉做天"）！②

咒天骂地！显然是骂邪恶的社会、丑恶的世道！但骂到天地去了，就骂绝了！

抗绝最后表现在刑场上：

窦娥告监斩官，要一领净席。我有三件事，肯依窦娥，便死无怨。要丈二白练挂在旗枪上，若刀过处头落，一腔热血休落在地下，都飞在白练上者。若委实冤枉，如今是三伏天道，下尺瑞雪，遮了窦娥尸首，

① 关汉卿著，蓝立蓂校注：《关汉卿集校注》中册，中华书局 2018 年版，第 1104 页。

② 关汉卿著，蓝立蓂校注：《关汉卿集校注》中册，中华书局 2018 年版，第 1105 页。

着这楚州亢旱三年。①

这三件事，前两件在行刑时就显了，第三件事，行刑后也显了。

也正是这抗争且抗绝，让这出悲剧获得了另一美学品位——崇高。

崇高与悲剧本是两个不同的美学范畴。悲剧的美学品位是悲。之所以让人悲，是因为这是善与美的毁灭、恶与丑的胜利。善与美的毁灭让人更加爱善与美；恶与丑的胜利让人更加憎恶与丑。这是悲剧第一美学效果，但悲剧并不止于悲，它还让人思。思提升了人的精神境界，促进了人的社会实践，让人进步，也让社会进步。

崇高的美学品位是崇高感，有自然的崇高，也有人文的崇高。悲剧、崇高这两种不同的美学范畴常有交叉，即悲剧中有崇高，崇高中有悲剧。悲剧中的崇高主要来源于悲剧人物的抗争。《感天动地窦娥冤》中，窦娥对于黑暗势力的抗争是此戏崇高感的重要来源。

美学史上崇高被称为伟大的美。西方美学中的崇高最后多归结为自然（真）、人性（真）、神（兼真善美），在中华美学，则更多地归结为人格。人格与人性之不同，在于人性更多地属于真，而人格的更多地属于善。《感天动地窦娥冤》中的崇高集中体现在窦娥的人格上。

窦娥人格之本为正义。窦娥将正义看成绝对价值，对玷污正义的邪恶势力绝不屈服。哪怕是死，一腔碧血也只能洒在干净的白练上。这种崇高不只是感动了人，还感动了天地！窦娥呼唤的六月飞雪，果真出现了；而且天也答应了窦娥的请求，让楚州地面三年干旱，以示她的冤枉。

《感天动地窦娥冤》以神话式的自然现象作结尾，应了人情，合了物理，因而具有极大的感染力。这一结尾，也被人看作是“大团圆”，为诸多学者诟病，认为这就不叫悲剧了。在他们看来，似乎只有沉冤到底，才叫悲剧。对此，笔者有不同的看法。

悲剧结尾到底哪种为好，要看各种因素。其中重要因素是民族文化心理。中华民族的文化心理是恩怨分明：有恩报恩，有仇报仇，沉冤得雪。

---

① 关汉卿著，蓝立蓂校注：《关汉卿集校注》中册，中华书局 2018 年版，第 1106 页。

这种心理不仅是善良的、公正的、合理的，而且体现出对人生的一种积极的、乐观的态度。《感天动地窦娥冤》结尾的处置完全符合中华民族的文化心理。

《感天动地窦娥冤》在世界悲剧之林中，是一棵挺拔的大树，至今还具有强大的生命力，它不仅符合中华民族的审美心理，而且还符合全人类共同的法治精神。

第二节　喜剧审美的诙谐意识

人生苦难在美学上看有三种形态：一是正剧，表现为善对恶的胜利；二是悲剧，表现为恶对善的胜利；三是喜剧，也是善对恶的胜利，但是这种胜利的取得有其突出特点，就是不以力胜，而以智胜。善者慧操全局，游刃有余；恶者中计，竟浑然不觉。整个情节是恶者被善者玩弄于股掌之上，让观众特别感到快乐。

关汉卿的作品中有这样的喜剧，《赵盼儿风月救风尘》是代表。

故事大致是：歌女宋引章不听好友赵盼儿的劝告，抛弃原定要嫁的男子安秀实，嫁给了浪荡的富家公子周舍。婚后宋引章受到周舍的严重家暴，坚决要求周舍写休书，以离开这个男人，而周舍不肯写休书。无奈之下，宋引章向赵盼儿求救。赵盼儿定下良计来见周舍。赵盼儿天生丽质，早就是周舍窥伺的对象，此番赵盼儿来见周舍，表示愿意嫁给周舍，让周舍喜不自禁。但赵盼儿要求周舍休了宋引章，周舍为了获得赵盼儿欢心，立马写了休书。赵盼儿将休书偷偷抄写了一份，将真的留下，假的给了宋引章。周舍发现上当，从宋引章手中抢过休书并撕碎。法庭上，赵盼儿出示真休书，此时良家子弟安秀实也来官府告周舍骗娶宋引章，破坏他与宋引章的婚约。主审法官判周舍败诉。宋引章获得自由，嫁给了安秀实。赵盼儿嫁与周舍的事当然也没有了后话。

故事情节有些奇特。按说故事的正常发展，胜利的一方只能是周舍，他是恶者，也是强者。赵盼儿的加入，如果不是用计，也不可能改变故事的结局。但赵盼儿以智慧战胜了周舍，将这场人生的悲剧改变成了喜剧。于是，正义战胜，善良的人们赢得欢乐，坏人受到戏弄。

关汉卿处理这一题材有以下三点是值得注意。

第一，开场点明主旨，让观众顺着正确的方向入戏。

戏剧开场，借赵盼儿之口，强调在婚姻问题上要善于拣人。唱词道：

> [油葫芦] 姻缘簿，全凭我共你？谁不待拣一个聪俊的？他每都拣来拣去转一回，待嫁一个老实的，又怕尽世儿难相配；待嫁一个聪俊的，又怕半路里相抛弃。遮莫向狗溺处藏，遮莫向牛屎里堆，忽地便吃了一个合扑地，那时节睁着眼怨他谁！①

唱词强调婚姻事要仔细，拣婿不容易。接着说："俺说是卖虚脾，他可得逞狂为；一个个败坏人伦，不辨贤愚，出来一个个绰皮。到说俺女娘每不省越着迷。"② 这里说男子中"狂为""败坏人伦"的人不少，而女子"每不省越着迷""不辨贤愚"。这种提醒无异于给了观众一个悬念，于是观众循着当心受骗这一方向入戏，

第二，全戏围绕"骗"字设置包袱。

戏中有两个骗：一是周舍骗宋引章。宋引章上当了，虽很快觉醒，但无法脱身，怎么办？周舍是绝对的强者，宋引章是绝对的弱者，几乎没有胜算的可能。观众的心立马悬起来。赵盼儿出场了，她是来救助宋引章的。但赵盼儿也是一个弱女子，同样不是周舍的对手。观众的心仍然在悬着，只是有了一丝希望，看赵盼儿如何动作。赵盼儿决定智斗，智斗的方法是"骗"。这是剧中的第二骗，虽然也是骗，但目的是正义的，目的的正义性改变了手段的性质，不是骗而是计了。

赵盼儿决定以其人之道还治其人之身。周舍好色，那就以色诱赚周舍，目的是让周舍给宋引章写休书。

且看赵盼儿如何说："家业家私待你六亲，肥马轻裘待你一身，倒陪了

---

① 关汉卿著，蓝立蓂校注：《关汉卿集校注》上册，中华书局 2018 年版，第 411 页。

② 关汉卿著，蓝立蓂校注：《关汉卿集校注》上册，中华书局 2018 年版，第 411 页。

家缘和你为眷姻。我若还嫁了你，我不比宋引章针指油面，刺绣铺房、大裁小剪？”[1] 不管从家世、颜面以及才能，赵盼儿都远胜于宋引章，周舍很快就上当了，写体书一事对于此时的他来说，完全不在意了。值得一说的是，赵盼儿为了让事情不易露出破绽，对当事人之一的宋引章，也是瞒着的。

第三，戏中有诸多诙谐的细节设计。

赵盼儿来郑州会周舍，是让人驾了车带了很多家私来的。戏中有一处情节，当赵盼儿答应嫁周舍时，周舍高兴了，说："将酒来！"赵盼儿说："休买酒，我车儿上有十瓶酒哩。"周舍说："买羊来！"赵盼儿说："休买羊，我车里有个熟羊哩。"周舍说："买红去！"赵盼儿说："休买红，我箱子里有一对大红罗。周舍，争甚么那，你的便是我的，我的就是你的。"有意思的是，当事情最后抖落出来，周舍知道赵盼儿不是真要嫁他而是使的一个计时，说："你吃了我的酒来！"赵盼儿说："我车上有十瓶好酒，怎么是你的？"周舍说："你可受我的羊来！"赵盼儿说："我自有一只熟羊，怎么是你的？"周舍说："你受我的红定来！"赵盼儿说，"我自有大红罗，怎么是你的？"两段对话，说的是都是酒、羊、红罗。前一段赵盼儿说的是"你的便是我的，我的就是你的"；后段赵盼儿连说三个"怎么是你的"。这样的设计，喜剧感十分强烈！

喜剧的审美品格是多样的，主要有滑稽、幽默、讽刺、自嘲、诙谐。关汉卿的《赵盼儿风月救风尘》的审美品味主要是诙谐。

在上列五种喜剧审美品味中，诙谐具有综合性、中和性的特点。它兼有其他四种喜剧品味的某些性质，但不突出某一种，而是将其中和化，构成一种新的审美品味。这种品味的突出特点是有快乐，但不是敞怀大笑，而是轻松微笑；有批判，但不是强击，只是令对手尴尬羞愧，不能再还击；有计谋，但称不上狡计，只是一种善意的睿智；有趣味，但不是大开心，只是小情趣。

---

① 关汉卿著，蓝立蓂校注：《关汉卿集校注》上册，中华书局 2018 年版，第 464 页。

诙谐喜剧为轻喜剧，中国的戏曲中多轻喜剧，这与中国哲学崇尚中和、崇尚厚道、讲究与人为善有关。中华民族天生乐观，善于说笑话，说的笑话都具有这样一种带有人情温度的诙谐。西方美学的喜剧崇尚幽默，幽默固然富有哲理性，但常见出一种冷峻。中华民族也幽默，这种幽默多温馨、多善意，常与诙谐相融和，因而与西方的冷幽默有所区分。

第三节　平民处世的人权意识

自始至终的民生关怀，坚定彻底的平民立场，是中国戏曲美学的重要精神。这一精神的突出体现就是对于平民生活的关注。

中国伦理对于平民，强调安分守己。安分守己是对的，但将安分守己与老实等同起来，就成问题了。老实作为诚实来理解，也是一种美德，但老实对待邪恶往往少了抗争性，这是不可取的。关汉卿笔下的平民是安分守己的，但并不都是老实的，对于邪恶势力他们敢于反抗。反抗的方式有多种。关汉卿主张以机智的方式抗恶。

机智的方式抗恶可以为喜剧，也可以为正剧。两者之不同主要在与邪恶方斗争的方式上。喜剧的方式是正义方设一个局，让邪恶方中计入局，变傻，一任正义方戏弄，最后以正义方的胜利而告结束。《赵盼儿风月救风尘》就是这样的喜剧，而《诈妮子调风月》则不是这样，戏中的正义方斗邪恶势力，用的方式是“诈”。诈在这里，不是欺诈，而是变诈。所谓变诈，就是善于变化，嬉笑怒骂全套入场。这样智斗不是让邪恶方受骗，而是让邪恶方无奈，最后不得不接受正义方所提出的方案。这种以善斗恶，堂堂正正，应属于正剧。

《诈妮子调风月》这个故事中，正义方为燕燕，她是小婢女；邪恶方为小千户，是一位有权有势的地方小官吏。双方实力完全不对等，怎样让燕燕以弱胜强，且合情合理地让人信服？关汉卿在这里，用了很多心思，值得称道的地方很多，主要有三。

一、以风月为题材

人世诸多的事务中，女子与男子相斗，女子一般很难胜过男方。同样，穷人与富人斗，或贱人与贵人斗，穷人、贱人也一般处于弱势。然而，在风月场上，女子哪怕是穷女子、贱女子，与男人斗，不一定绝对地处于弱势。男子的好色有可能让其迷了心窍，在斗争中失去优势，该戏在这个问题上做足了文章。

燕燕与小千户其实是有爱情的。燕燕虽出身低贱，但模样姣美、活泼可爱，因而一下子就将小千户迷住了。小千户容貌英俊，家境富裕，燕燕也十分倾心。她说："哥哥的家门，不是一跳身，便似一团儿掿成官定粉。和哥哥外名儿，燕燕也记得真，唤做磨合罗小舍人。"[①] 更重要的是，小千户挺会向燕燕献殷勤。燕燕"拗不过哥哥行在意殷勤"[②]。"忽地却掀帘，兜地回头问，不由我心儿里便亲"[③]，让小千户钻进了她的闺房，失了身。

两个年轻人立刻进入热恋，燕燕为爱昏了头，自嘲道："我往常笑别人容易婚"，"不审得话儿真，枉葫芦提了燕尔新婚"[④]，其实他们还未正式成婚，完全是"自勘婚，自说亲"。对此，燕燕也看得开，她说道："怕不依随蒙君一夜恩，争奈忒达地忒知根，兼上亲上成亲好对门。"[⑤]

这种情境下，不要说燕燕，连观众也迷惑了，完全忘却了他们地位的差别以及可能出现的风险，直到另一位女主角莺莺出现，小千户向这位同样美丽的姑娘示好时，人们突然惊醒，悲剧开场了！

二、以诈斗为情节

燕燕从地位上看是弱女子，但从性格上看是强女子。她是真心去爱小

---

① 关汉卿著，蓝立蓂校注：《关汉卿集校注》上册，中华书局 2018 年版，第 4 页。
② 关汉卿著，蓝立蓂校注：《关汉卿集校注》上册，中华书局 2018 年版，第 5 页。
③ 关汉卿著，蓝立蓂校注：《关汉卿集校注》上册，中华书局 2018 年版，第 5 页。
④ 关汉卿著，蓝立蓂校注：《关汉卿集校注》上册，中华书局 2018 年版，第 6 页。
⑤ 关汉卿著，蓝立蓂校注：《关汉卿集校注》上册，中华书局 2018 年版，第 6 页。

千户的，但当她发现小千户移情别恋时，就奋起反抗，反抗的方式是“诈”，不同的情势采取不同的态度，但斗而不破。她敢于直斥小千户：“燕燕哪些儿亏负你？”[①]“欺负我是半良半贱身躯”[②]；但也有婉转，极力挽救她与小千户的这份感情，苦口婆心地劝：“一万分好待尔，好觑尔”[③]。也有恐吓：“我敢摔碎这盒子，玳瑁纳子交石头砸碎”[④]。甚至搬取佛教：“天果报，无差移，争个来早来迟”[⑤]。她咒过莺莺，但当莺莺向她示好，夸她“骨甜肉净”时，也回夸莺莺。在做过各种或红脸或黑脸的努力后，小千户退步了，燕燕见好就收，她跪在小千户前，“许第二个夫人做”[⑥]。小千户答应了燕燕的要求，燕燕也识时务地对小千户表示感谢：“满盏内盈盈绿醑，子合当作婢为奴。谢相公夫人抬举，怎敢做三妻两妇？子得和丈夫一处对舞，便是燕燕花生满路。”[⑦]有人认为这是对统治阶级的妥协，这批评不妥。燕燕的身份是奴婢，在那个时代，能有这样结局应该是美好的了。

三、以人权为主题

这出戏最出彩的地方是凸显人权主题。在合理的社会，风月中的人权得到尊重应该不是太大的问题，但这是在封建社会，风月中的女子很难谈得上人权。戏开始，女主角燕燕上场的第一句道白是“想俺这等人好难呵！”接着唱：

[点绛唇] 半世为人，不曾交大人心困。虽是搽胭粉，子争不裹头巾，将那等不做人的婆娘恨。

[混江龙] 男儿若不依本分，不抢白是非两家分。……普天下汉子

① 关汉卿著，蓝立蓂校注：《关汉卿集校注》上册，中华书局 2018 年版，第 34 页。
② 关汉卿著，蓝立蓂校注：《关汉卿集校注》上册，中华书局 2018 年版，第 35 页。
③ 关汉卿著，蓝立蓂校注：《关汉卿集校注》上册，中华书局 2018 年版，第 34 页。
④ 关汉卿著，蓝立蓂校注：《关汉卿集校注》上册，中华书局 2018 年版，第 34 页。
⑤ 关汉卿著，蓝立蓂校注：《关汉卿集校注》上册，中华书局 2018 年版，第 34 页。
⑥ 关汉卿著，蓝立蓂校注：《关汉卿集校注》上册，中华书局 2018 年版，第 86 页。
⑦ 关汉卿著，蓝立蓂校注：《关汉卿集校注》上册，中华书局 2018 年版，第 87 页。

尽做都先有意，牢把定自己休不成人。……①

燕燕是个好强的女子，“虽是搽胭粉，子争不裹头巾”，自认为一点也不比男子差，因此她还看不起在婚姻中不把自己当人的女人。“牢把定自己休不成人”，这是燕燕的立场！

燕燕要争的人权在这出戏中是爱权，分为两种爱：一种是自然的爱，这是生理性的爱；第二种属于婚姻的爱，这是社会性的爱。这两种爱，在封建社会要实现都不容易。

第一种爱权，燕燕没有经过太大的努力，实现了。虽然她很快发现，爱他的人并不专一，但燕燕对他们的一夜情还是很肯定，因为英俊多情的小千户是她钟情的对象。燕燕充分肯定这偷情得来的欢乐：“尔这般沙糖般甜话儿多曾吃。尔又不是闲花酝酿蜂儿蜜，细雨调和燕子泥。自笑我狂踪迹。我往常受那无男儿烦恼，今日知有丈夫滋味。”② 如此肯定偷情的欢乐，在封建社会是非常出格的了！

燕燕要争的第二种权利是择婿权。小千户既是她爱慕的对象，也是她婚姻的对象。为了实现这后一种更重要的权利，她在当时的社会条件下，做了最大的努力。虽然没有办法做成第一夫人，但也做成了第二夫人，于那个时代而言，也算是成功的了。

这出戏让我们感叹的是两点：其一，关汉卿在那个时代就提出人权之一爱权的问题来，非常了不起。众所周知，元朝前的宋朝，理学严格统治着中国人的意识形态，“饿死事小失节事大”这理念就是宋朝的理学家程颢提出来的，而关汉卿对于男女偷情处如此宽容的态度，观念实在超前。必须强调的是关汉卿不是滥情主义者。《诈妮子调风月》这出戏中的小千户与燕燕的这段恋情，在关汉卿看来，是正常的男女之情，是爱情，因此，他的基本态度是肯定的。其二，关于如何争取自己的权利，关汉卿提出“诈”这一手段，这也让人深思。诈，人们想到的多是它的负面意义，诚然诈具有负

① 关汉卿著，蓝立蓂校注：《关汉卿集校注》上册，中华书局 2018 年版，第 4 页。

② 关汉卿著，蓝立蓂校注：《关汉卿集校注》上册，中华书局 2018 年版，第 35 页。

面意义。但是诈未尝不可以用来实现正义。对于这种诈，就不能将它看作是负面的，而应该将它看作正面的。平民处世，关汉卿不主张一味老实，忍让，他认为某种情况下，为伸张正义，为求取公正，也可以用诈。在那样一个社会，诈既是无奈之举，也是明智之举。

关汉卿不一概地反对做顺民，如果这种顺是对国家、民族的忠，对父母的孝，对兄弟朋友的义，他是赞成的，但如果这种是对邪恶者一味地屈从，那是奴性，关汉卿是不赞成的。对于邪恶势力，他主张反抗，智慧地反抗。《诈妮子调风月》中的诈就是机智的反抗，关汉卿用这样的负面性很强的词来赞扬百姓对邪恶势力的抗争，既见出他的胆气，更见出他的智慧。更重要的是，这出戏见出关汉卿对于妇女人格、人权的尊重，既是对儒家文化对于妇女人格、人权忽视的批判，更是对中华民族文化中本有的民主性精华一面的弘扬。与同一时期的西方文化的妇女观相比，要先进得多。

第四节 英雄主义的国权意识

关汉卿喜欢写诈慧小民用自己的适变、善变的方式在艰难的环境中处世，以维护自己的人权、人格及利益，更喜欢写大勇、大德的英雄在危急关头如何化险为夷以维护家国大义。这类剧作中，《关大王单刀会》为杰出代表。

这出戏写的是三国时关羽匹马单刀过江赴鲁肃宴会捍卫蜀汉对荆州主权的故事。

戏的主题表面上看是写英雄，但实际上是写国权。关羽是英雄，但这出戏，主要不是表现他的神勇，也不是表现他的智慧，而是着重表现他在事关荆州主权问题上所持的国权立场。

在古代中国，国权与王权是统一的。《诗经·小雅·北山》云：“普天之下莫非王土，率土之滨莫非王臣。”荆州主权本来是清晰的，之所以成为问题，是因为汉末天下大乱，国家失去了对于荆州主权的管辖。

荆州的刺史原为刘表。刘表死后，荆州为东吴占据，但孙权并没有被朝廷授予荆州刺史一职，因此，他对荆州的占控也是不合法的。值得强调的是在天下大乱的汉末，这种现象太普遍了，东吴霸占荆州的行为，当时没有被认为非法。

因为蜀吴联盟，东吴将荆州暂时借给刘备。双方商议好，刘备取得西川后退还荆州。刘备去取西川，将荆州交给关羽看管。刘备取得西川后，不想还荆州了。承担索取荆州重任的东吴大臣鲁肃设计了一场宴会，试图逼迫关羽还荆州，甚至准备好了在宴席上或在关羽回荆州的途中杀害关羽。

围绕着这场充满凶险的宴会，关鲁双方展开了一场惊心动魄的较量，这场较量虽然剑拔弩张，战争气氛很浓，但还是外交上的交锋，武力并没有真正地发动。

矛盾冲突围绕荆州要不要还而展开。主要是两种立场、两种观点：

鲁肃坚持必还的立场。他根据的是儒家伦理中的信义。刘备当初是向东吴借荆州，并答应取得西川后还荆州。而在他取得西川后，不还。关羽是这种不还立场的代表。宴席上鲁肃指斥关羽："今将军全无仁义之心，枉作英雄之辈。荆州久借不还，却不道'人无信不立'？"①

关羽回避信的问题，直截了当地提出荆州的归属问题：

> (正云)这荆州是谁的？
>
> (鲁云)这荆州是俺的。
>
> (正云)你不知，听我说。(唱)②
>
> [沉醉东风]想着俺汉高祖图王霸业，汉光武秉正除邪，汉皇帝把董卓诛，汉皇叔把温侯灭，俺哥哥合情受汉家基业。则你这东吴国的孙权和俺刘家却是甚枝叶？请你个不克己先生自说。③

---

① 关汉卿著，蓝立蓂校注：《关汉卿集校注》上册，中华书局2018年版，第393页。

② 关汉卿著，蓝立蓂校注：《关汉卿集校注》上册，中华书局2018年版，第393页。

③ 关汉卿著，蓝立蓂校注：《关汉卿集校注》上册，中华书局2018年版，第382页(参见393、384、385页对此唱词残缺处的补缀)。

这话虽然不够周全，因为汉皇毕竟没有下旨，让刘备管辖荆州，更没有封刘备为荆州刺史，但他刘备是汉皇的枝叶，按“普天之下莫非王土”，他刘备“合情受汉家基业”。他占据荆州有根据。孙权如果还承认汉家正统，还要讲忠，这荆州就不应来索取了。这种信义的道德条款在与忠义相冲突之下自然失效了。

荆州问题，在《三国志·吴书·鲁肃传》有另一种说法：

> 肃住益阳，与羽相拒。肃邀羽相见，各驻兵马百步上，但诸将军单刀俱会。肃因数责羽曰：“国家区区，本以土地借卿家者，卿家军败远来，无以为资故也。今已得益州，既无奉还之意，但求三郡，又人从命。”语未竟，坐有一人曰：“夫土地者惟德所在耳，何常之有？”肃厉声呵之，辞色甚切。羽操刀起，谓曰：“此自国家事，是人何知！”目之使去。

按此版本，荆州要不要还，不是权的问题，也不是信的问题，而是德的问题。谁有德，谁就可以占有荆州。刘备自认为有德，因此应该占有荆州。显然，这一说法站不住脚。谁有德，谁没有德，这是公说公有理婆说婆有理的问题。更重要的是州郡为谁有，根本与德不相关，它是权的问题，国土只能属于国家，国权才是绝对的权力。关汉卿创作此剧，资料来源是《三国志》（当时还没有《三国演义》），但他做了重要的修改，应该说是修正，无疑，他是正确的。

国权主题，其实在此戏一开始就点明了，第一位上场的是东吴贵族、权臣乔国老。他唱道：“咱本是汉国臣僚，欺负他汉君软弱，兴心闹。”乔国老是不主张索取荆州的，因为他清楚地表明，东吴占据荆州也属于“兴心闹”。

关汉卿对关羽充满着敬意。在异民族统治中国的元朝，他借《关大王单刀会》大谈忠义，大谈华夏正统，其言外之意是分明的。

关公文化是中国文化的重要组成部分。关公文化的核心是忠义，忠义的核心是忠。晋朝时关羽被封为“忠惠公”，元朝淡化其忠，被封为“显灵义通武安英济王”。清朝再次强调忠，关羽的封号为“忠义神武灵佑仁勇显威护国保民精诚绥靖翊赞宣德关圣大帝”。关汉卿在元朝时为关公写了这样一出戏，在他的心目中，作为国家栋梁的英雄人物应该以大义为灵魂，而大义应该将国家权利置于首要地位，国权至上。

第五节　戏曲审美中的文化精神

人类的一切创造性的思想、行动及作品都属于文化。而人的一切创造性的思想、行为及作品。文化的核心是精神，文化精神集真、善、美三元素于一体。讨论关汉卿戏曲中的中华文化精神，必须先讨论中华哲学中的真善美。

中国哲学中的真具有三种意义：一种是本体意义的真。中国哲学将天地、道，看作万事万物包括人之本根。二是物理意义上的真。此真为事物的客观存在，认识这种真是科学的责任。三是心理意义上的真。此真为主观的存在，其中有对现实所感的真（包括情感的真），也有心灵想象的真（包括非理性的真）。中国哲学讲的善主要为伦理意义上的善，集中为儒家所倡导的忠、孝、仁、义、礼、智、信等，也有通常所说的利益、价值等。中国哲学中的美主要为情趣、意象、境界。情趣的形象化为意象，意象的升华为境界。

人类的审美分为两种形式：一是生活审美，一是艺术形式。生活审美，其审美不具独立性，都附属于功利性。艺术审美，其审美具有一定的独立性，它在某种意义上具有超功利性。艺术审美建立在生活审美的基础上。生活中，当意象在感觉中成象、在心理中成体，并向境界升华，审美就实现了。但于艺术还不行，艺术有它特殊的规律，艺术家按艺术的规律建构艺术的审美意象和审美境界。

中国戏曲规律在元杂剧中基本成熟，关汉卿的剧作最好地体现了中国戏曲艺术的规律，而作为中华文化坚定的维护者、优秀的建构者和传承者，他的剧作也充分体现了中华文化的精神，主要有：中华文化中的正统意识，儒家文化中的伦理意识，道家文化中的自然意识，佛教文化中的因果意识，生民苦难中的抗争意识，正义主题中的天理意识，世俗人生中的人格及人权意识，世俗人生中的团圆与和谐意识，爱情主题中的自由意识，喜剧主题中的诙谐意识，悲剧主题中的崇高意识，等等。

中国文化精神在关汉卿的戏曲创作中得到充分表现，作为个性特点，主要有悲剧审美中尚崇高；喜剧审美中尚诙谐；生民审美中尚人权；英雄审美中尚忠义。关汉卿身处异民族统治中国的元帝国，一方面坚持中华文化的传统，另一方面兼纳少数民族的文化，为维护并弘扬中华文化做出了积极的贡献。在元朝的美学中，他的戏曲是一道绚丽的风景线，展现出中华文化无限的活力和辉煌。

第五章
元朝诗文美学

元代的艺术成就主要在杂剧，诗文的创作就逊色多了。蒙古族统治者政治上的高压与种族歧视当然是原因，但恐怕不是最重要的原因，艺术的发展有它自身的发展规律。诗，唐代最盛；宋代时词大兴，诗亦相形见绌，不过仍然可观；宋末，词已呈衰微之势，曲遂盛。“元以曲取士”[①]，曲成了最主要的艺术形式，吸引了许多最有才华、最有创造力的作家。诗与古文作为传统的文体，虽然存在着，也在发展着，但它已不能占尽风情、独领风骚了。

人们的审美需求随着时代的发展而发展。每一个时代有每一个时代的审美需求，每一个时代有每一个时代的审美理想，这是任何人也无法改变的规律。

元代的诗歌美学比不上戏曲美学，跟宋代诗文美学相比也相差一个等级。不过，元代诗文美学仍有一些重要观点。在中华诗文美学的链条中，它仍是不可或缺的一环。

---

① 臧晋叔：《元曲选序二》。

第一节 郝经："内游"说

郝经（1223—1275），字伯常，泽州陵川（今山西晋城）人。他是元代重要的作家、学者，曾以元翰林学士充国信使身份赴南宋议和，为贾似道所阻，留宋十六年。郝经的学术思想受理学影响较深，为文崇实黜华，注重内心修养。他的"内游"说是具有理学色彩的审美意识论。

中国古代谈到"游"，大致可分"外游""内游"。"外游"即实地游览、考察，"内游"则内心审察。中华美学既重"外游"，又重"内游"，庄子的"逍遥游"实为"内游"。郝经的《内游》篇从批评司马迁《史记》的疏略的角度来谈"内游"的重要性。

郝经认为，司马迁为写《史记》游览了许多地方，作了许多实地考察，这属"外游"。有人说，这是《史记》成功的原因，故而提出"欲学迁之文，先学其游可也"。郝经认为不然："果如是，则迁之为迁亦下矣。"在郝经看来，"勤于足迹之余，会于观览之末，激其志而益其气，仅发于文辞而不能成事业"。郝经不反对"外游"，但他认为"其游也外，而所得者小也。其得也小，故其失也大"，于是他指出《史记》存在许多"疏略"不当之处，如不该将项羽传列入"本纪"，为陈涉作"世家"，又不该"论大道则先黄老而后《六经》"，等等。

郝经这些指责是偏见，他完全是站在正统儒家的立场来看《史记》的。他贬低、轻视"外游"亦不可取。不过，郝经的"内游"说倒有很多有价值的东西。我们先试摘一段：

> 故欲学迁之游，而求助于外者，曷亦内游乎？身不离于衽席之上，而游于六合之外，生乎千古之下，而游于千古之上，岂区区于足迹之余、观赏之末者所能也？持心御气，明正精一，游于内而不滞于内，应于外而不逐于外。常止而行，常动而静，常诚而不妄，常和而不悖。如止水，众止不能易；如明镜，众形不能逃；如平衡之权，轻重在我；无偏无倚，

(元) 王冕:《南枝春早图》

无污无滞，无挠无荡，每寓于物而游焉。①

郝经这段“内游”论涉及审美想象，这种想象的突出特点是思维不受时空限制的自由性：“身不离于衽席之上，而游于六合之外”，这是空间界限的打破；“生乎千古之下，而游于千古之上”，这是时间界限的打破；“游于内而不滞于内，应于外而不逐于外”，这是内外界限的打破。以上这些与陆机《文赋》中说的“精骛八极，心游万仞”和刘勰《文心雕龙·神思篇》中所说的“寂然凝虑，思接千载；悄焉动容，视通万里”是一致的。

郝经不同于或者说超出陆机、刘勰的地方，主要是两点：

其一，强调了在“内游”过程中理性的作用。他认为，“内游”中“持心御气，明正精一”是很重要的，这就是说在“内游”中要保持正确的方向，不越出儒家的礼义规范。“如明镜，众形不能逃”，“明镜”是心之明镜，不可能是纯客观的，实际上有个尺度，“平衡之权，轻重在我”。这“平衡之权”，只能是儒家的是非标准。

在审美想象中，情与理的作用都十分重要。陆机、刘勰重情的作用，相对地忽视理的作用，郝经则反过来。各有片面性，然又各有独特贡献。

其二，强调在“内游”过程中心理的和谐与愉快。

郝经在充分突出“内游”中理的导向、辨义作用的同时，又强调这种“内游”的心理活动是和谐的，“常止而行，常动而静，常诚而不妄，常和而不悖”。其“止”“行”“动”“静”辩证统一，在上引文章之后，郝经这样描绘这种“内游”的美妙：

熙熙乎育物之仁，翕翕乎制物之义，位尊卑，辨上下，治神人之礼，和而不流之乐；别嫌疑，明是非，照耀昭晰之智，闲而存之之敬，实而守之之信，化而极之之圣，死生之说，神应之妙，大发其闻。而诡言诐行，放辟斥除；圣路廓清，而天宇泰定。②

尽管这里说的不离儒家修身养性、内圣外王一套，但给人的感觉仍然

① 郝经：《郝文忠公陵川文集·内游》卷二十。

② 郝经：《郝文忠公陵川文集·内游》卷二十。

是美妙愉快的。郝经总的思路是重和，但和又以分为前提。“位尊卑”“辨上下”“别嫌疑”“明是非”讲的都是分，但分不是目的，分是为了和，只有和，才有乐。

郝经的“内游”说不是谈文学创作，但包含文学创作，他所提供的审美意识论可视为陆机、刘勰“神思”说的补充和发展。

第二节　方回：“境存乎心”说

方回（1227—约 1306），字万里，号虚谷居士，歙县人，是由南宋入元的诗人。方回的诗文美学思想有两点比较突出：一是关于“境”的认识；二是关于“清新”美的论述。

“境”是中华美学的重要范畴，自唐代王昌龄提出“意境”“物境”“情境”概念后一直为人所关注。唐权德舆说“意与境会”[①]，司空图说“思与境偕”[②]，刘禹锡说“境生于象外”[③]……所有这些都是中华美学“意境”论的重要组成部分，方回的贡献是“境存乎心”说。

方回在仔细玩味陶渊明的诗后说：“顾我之境与人同，而我之所以为境，则存乎方寸之间，与人有不同焉者耳……心即境也，治其境而不于其心，则迹与人境远，而心未尝不近；治其心而不于其境，则迹与人境近，而心未尝不远。”[④]方回将境归结为心，以心造境，这种观点是意境理论的重要组成部分。中华美学特别推崇的“意境”（或“境界”），其实质是心境，是诗人、艺术家审美心境的反映。近代梁启超说：“境者，心造也。”将境的生成归之于心。梁启超的看法实源自于方回。

崇尚清新美也是中华美学的传统，“清新”与“天然”相关，往往被看成一回事，其实还是有所区别的。清新当然离不开天然，但清新在天然的基

---

① 权德舆：《左武卫胄许君集序》。

② 司空图：《与王驾评诗书》。

③ 刘禹锡：《刘宾客集・董氏武陵集纪》。

④ 方回：《桐江集・心境记》卷二。

础上又突出了“清”与“新”这两种品格，它是天然中的一种。

何谓“清”？方回说：

> 天无云谓之清，水无泥谓之清，风凉谓之清，月皎谓之清。一日之气夜清，四时之气秋清。空山大泽，鹤唳龙吟为清；长松茂竹，雪积露凝为清。荒迥之野笛清，寂静之室琴清。而诗人之诗亦有所谓清焉。①

自然界的“清”，方回举了许多例子。诗的“清”他没有细说，但从他所举的自然界的例子中可以大致感悟到诗之“清”指的是什么。这大约是指一种清纯素雅、明丽可亲的艺术风格。方回说：“清矣，又有所谓新焉。”对“清”与“新”的关系，方回认为是：“非清不新，非新不清，同出而异名，此非可以体用言也。”② 清新互训是方回的一个创造，过去似没有人这样说过。

(元) 黄公望：《水阁清幽图》

① 方回：《桐江集 · 冯伯田诗集序》卷一。

② 方回：《桐江集 · 冯伯田诗集序》卷一。

清新从何而来？方回认为不是“得之学”，也不是“得之思”。“世未尝无苦学精思之士，而或不能为诗，或能为之而不能清新。”① “清新”只能来自于自然。最后，他给“清新”下了一个定义：“意味之自然者为清新。”②

既然“意味之自然者为清新”，那么，清新的范围就大了，不一定像谢灵运、李白诗那种风格可以称“清新”，别的诗风只要意味自然者均可称“清新”。“清新”就不是风格的审美范畴，而成为一种适用于一切诗歌的批评标准。这是方回的一个贡献。

第三节　戴表元：“不能言”说

戴表元（1244—1310）是元代重要的诗人，浙江奉化人，南宋咸淳年间进士，曾在南宋为官，南宋亡后，亦被召入朝廷，元大德八年（1304）出任信州教授。戴表元以诗文见长，史称他“其学博而肆，其文清深雅洁”，元史有传。

在《周公谨弁阳诗序》中，戴表元就老、穷与写诗的关系问题发表了他的观点：

> 人尝言，作诗惟宜老与穷。彼老也穷也，事之尝其心者多矣，故其诗工。人孰不愿其诗工而甚无乐乎？老与穷，则夫诗之必至此而工者，人之见之，宜相吊以悲，而顾好之何哉？曰：天固以是慰之也。天以是慰之，则凡人之得工于诗者，命也，非其性能也。诗之工非其性能有挟之者，是挟命欤？曰：是亦人也。人少而好之，老斯工矣。其穷也好之，而诗始工也。其不好者，虽老且穷犹不工也。人之好工其诗，且好老与穷欤？③

“作诗惟宜老与穷”，这是一个有一定新意的观点。此前，有不少人谈过“穷”与诗的关系，欧阳修就有“诗穷而后工”说。但是，老与诗的关系，

---

① 方回：《桐江集·冯伯田诗集序》卷一。

② 方回：《桐江集·冯伯田诗集序》卷一。

③ 戴表元：《周公谨弁阳诗序》。

似乎没有人谈。

老与穷是两个概念，老不一定穷，穷也不一定老。但是，老与穷也可以联系在一起，即又老又穷。老，说的是年龄老，阅历丰富，这于写诗是有利的。穷，说的是生活的淹蹇困顿，生活淹蹇、困顿，对于人生会有更为深切的感受与认识。一是阅历丰富，二是阅历深刻。这两者于写诗是有利的，所以说，“作诗惟宜老与穷”。

这种认识涉及两个问题：

第一，如何看待诗与阅历的关系。通常对诗的理解：“诗言志”。志有情也有理。情与理均与人生阅历有关。如果论阅历丰富，也许老人优于青年，穷人优于富人。但是，写诗只是与阅历有关，并非与阅历成正比例。也就是说，未必越老，阅历越丰富，其诗就一定越好。同样，也未必越穷，生活越困顿，其诗就一定工。

第二，如何看待诗与喜好的关系。诗要写得好，只是有阅历还不够，还要对诗有一种喜好，喜好意味着他对诗有追求。为了诗工，他会努力地学习、揣摩、掌握、运用写诗的技巧，他会去熟悉诗的规律，并会形成自己的有关诗的美学观念。只有这样，生活阅历才能酿造成诗。

戴表元说：“人少而好之，老斯工矣。其穷也好之，而诗始工也。其不好者，虽老且穷犹不工也。”

话说得明白极了！

只有诗人的老、穷才成就了诗之工。不喜好诗者或者说不是诗人，即算是老且穷，也不能写出好诗来，当然也成就不了诗之工。

戴表元重视生活阅历对于写诗的重要意义，也重视对于诗歌写作方法的学习，然而这种方法可学而不可言，他称之为“可学而不可言学之法”：

> 余自五岁受诗家庭，于是四十有三年矣。于诗之时事、忧乐、险易、老稚、疾除之变，不可谓不知其概，然而不能言也。夫不能言而何以为知诗？然惟知诗者为不能言也。①

① 戴表元：《李时可诗序》。

这段话耐人寻味。这里包含四种关系：

第一，个别与一般的关系。

诗有诗法。诗法是一般性的、抽象性的，是诗的概念，不是诗。而诗是个别。个别的诗，体现诗的一般性，但这种体现具有特殊性，活生生的；每首诗都是一般的不同的体现，无论诗的具体形式和具体内容，都没有相同，但它们又都存在种族的相似。写一首咏梅花的七言律诗，不同的人来写，或者同一人在不同情境下写，写的都是七言律诗，均合乎七律法则，但它们有各自的面目。

第二，语言与意义的关系。

语言是思想与情感的形式，但这种形式，不是唯一的，表情达意的形式很多；另外，它还不是绝对的，有许多思想与情感是语言表达不出来的。诗作为思想情感的形式，部分内容呈现在诗面上，由语言来表达，而更多的内容只能让欣赏者来想象。在中国诗学，诗面之外具有更多更丰富更美妙的世界，甚至于通向无限，那就是好诗。这种象外有象、味外有味的诗歌意象，中国诗学称之为境或意境或境界。

第三，技与道的关系。

戴表元说了一个练射箭的故事。两人习射，一个百发百中，另一个时而中时而不中。那位时而中时而不中者向百发百中者请教，下面是他们的对话：

> 其人哑然而笑曰："吾初不知吾射之至此也。"问："可学乎？"曰："可学而不可言学之法。"固问之，曰："日射而已矣。"夫学诗亦犹是也。①

那位百发百中者，只是知道射箭有技法，技法可学，而且每天要练习，至于为什么能做到百发百中，他就不出来。

道理其实很简单，练到一定的时候，射箭的技术已经内化为一种本能了，用技法射箭，那是意识在指挥，意识可言；用本能射箭，那是无意识在

---

① 戴表元：《李时可诗序》。

指挥，无意识不可言。学诗也是如此。

第四，美像与美理的关系。

审美所面对的是形象，此形象我们称之为美像，而构成美像的内涵为美理。美像可感，因而可以言说，而美理具有极大的丰富性、精微性。它属于道，道具有无限性，它是不可言说的，正如老子所说的“道可道非常道，名可名非常名”。戴表元为了说明诗法的不可言说性，谈到了审美：

> 夫人之食之于可口，居之于佚，服之于燠，而游之于适，谁不知美之？问其美之所以然，则不得而言之。[①]

食之可口、居之安逸、服之适体、游之愉悦，人人可知，这属于审美直觉，直觉的对象为美像。审美直觉往往是可靠的，且敏感、迅捷。直觉背后，应该有美之理，但这美之理，一般是不需要去追索的，即使得到某种理，也未必能言。

写诗属于审美，因此，美像与美理的关系完全适用于写诗。诗，凡诗人均可以做，但诗之理，诗人未必能言。

戴表元说：“平生作诗最多，而未尝言于人，亦不求人之言。”[②] 这是真实的心得。

第四节　杨维桢：“人有各诗”说

杨维桢（1296—1370），字廉夫，号铁崖，又号铁笛道人，山阴人。元泰定四年（1327），官建德路总管府推言，入明后未出仕。杨维桢是一位很有个性的诗人，所著诗歌号为“铁崖体”，在元末明初的文坛上擅名一时，褒贬均有之。褒者誉为“出入少陵二李间，有旷世金石声”，贬者称之为“文妖”。

在诗歌美学思想上，杨维桢强调个性。当时有一个名张北山的诗人，

---

① 戴表元：《李时可诗序》。

② 戴表元：《李时可诗序》。

写了一本《和陶集》请杨维桢作序。和陶即和陶渊明的诗，这种“和”有两种情况，其中一种情况是，真正地仰慕对方，气质上也有相和之处，如苏东坡和陶渊明。杨维桢认为“东坡和渊明诗，非故假诗于渊明者，具解有合于渊明者，故和其诗。”这个张北山，与陶渊明有相似之处，都是隐士，陶渊明不愿为五斗米折腰弃官归田园，张北山不应元朝之召，“自称东海大布衣终其身”。正是因为如此，杨维桢认为“故其见诸和陶，盖必有合者”。不过，“和”，未必“合”，杨维桢用了“盖”这一虚拟语气词，表示有所保留。一般认为，和诗就是“步韵倚声”，就是“迹人”。杨维桢认为，“谓之迹人以得诗，吾不信也。”

杨维桢认为，“人各有志有言，以为诗，非迹人以得之者也。”① 有些诗人，表面上看来是一类，比如陶渊明与谢灵运，“爱山之乐同也”，但他们的“爱山之乐”其实有很大的差别，不可混为一谈：

> 何也？康乐（谢灵运）伐山开道，入数百人，自始宁至临海，敝敝焉不得一日以休，得一于山者特也。五柳先生（陶渊明）斩辕不出，一朝于篱落间见之，而悠然若莫逆也，其得于山者神矣。故五柳之咏南山，可学也；而于南山之得之神，不可学也。不可学，则其得于山者，亦康乐之役于山者而已耳。吾于知（和）陶而不陶者亦云。②

谢灵运为观风景伐山开道，见于《南史谢灵运传》。这种伐山开道，对风景的美似乎很看重，但杨维桢说，只能得“一于山者特也”，意思是只得到山表面上的形象，很粗疏。陶渊明则完全不这样，他不择山，而且不择景，只是“一朝于篱落间见之”，很偶然，却能“悠然”而乐，顷刻间，视山为“莫逆”。既然是莫逆之交，当然，心通神应。这心通神应的精神感受必然是“悠然”之乐。这才是深层次的审美，才是深层次的爱山。

于是，杨维桢将若干问题区分开来：

第一，得山之形与得山之神。谢灵运的爱山为得山之形；而陶渊明的

① 杨维桢：《张北山和陶集序》。

② 杨维桢：《张北山和陶集序》。

爱山为得山之神。

第二，役于山与役山：谢灵运的爱山为役于山；而陶渊明的爱山为役山。

第三，可学与不可学：得山之形可学，得山之神不可学。

第四，可学之咏与不可学之得。陶渊明“咏南山”[①]这种行为可以学，但陶渊明在咏南山之中得南山之神的这种本领不可学。

关于诗的个性，杨维桢在《赵氏诗录序》中也有深刻的论述：

> 人有面目骨体（骼），有情性神气，诗之丑好高下亦然。……诗之情性神气，古今无间也。得古之诗情性神气，则古之诗在也。然而面目未识，而谓得其骨骼，妄矣。骨骼未得，而谓得其情性，妄矣。情性未得，而谓得其神气，益妄矣。[②]

杨维桢将品诗与品人联系起来，他认为，诗与人一样，也“有面目骨体（骼），有情性神气”。这里指出决定人品与诗品的四样要素：面目、骨骼、情性、神气。四样要素分别以前一样为前提，基础的是面目，最高的是神气。其关系是：得神气以得情性为前提，得情性以得骨骼为前提，得骨骼以得面目为前提。

这里有三个统一：

一是外在的统一。人的面部有一张或较大或较小或稍圆或稍方的脸面，脸面上有五官，五官各自的样态，彼此的组合，构成了人的面目。神气是洋溢脸面上和五官间的人的精神、气概。

面目是感觉的对象，而神气却是思维的对象。是思维，却不能离开感觉。凭着从面目所获的信息，人们能够察觉出对象的精神气概来。

活着的人，其面目必然有神气，而神气只能体现在面目上。离开面目的神气不存在，同样，没有神气的面目也不存在。

面目与神气的统一，有两种意义：第一，面目是基础，神气依托在面目

① 陶渊明“咏南山”指的是《饮酒二十首》之五。诗中有句：“采菊东篱下，悠然见南山。”

② 杨维桢：《赵氏诗录序》。

上；第二，神气化为面目的精神、力量、气质和品位。

面目与神气的统一共同体现为人的外在形象。

诗也是如此，诗的面目就是由若干词语构成的句群。词语是有意义的，句群及其组合是合格律的。诗的神气就是由诗的面目体现出来的精神气概，虽不能等同人的精神气概，却像人的精神气概，它有意味，有灵气，有魅力，能够让懂诗的人感受到，察觉到，领略到。

不同的诗人，由于其本身的思想品位不同，才华不同，运用相同或基本相同的词汇、遵循相同的诗的格律写出诗，面目与神气二者均有异，神气之异，更为突出。

二是内在的统一。支撑人的面目与神气的因素是骨骼和情性。骨骼和情性作为人的内部因素，它自身存在一种统一，这就是骨骼与情性的统一。这种统一同样有两种意义：第一，骨骼是基础，情性依托在它的身上；第二，情性化为骨骼的精神、力量、气质和品位。

三是内在与外在的统一。这种统一有两种意义：第一，骨骼与面目的统一，情性与神气的统一；第二，由面目和神气构成的外在形象与由骨骼和情性构成的内部因素的统一。

用人的生命来比喻诗的生命，说明诗是有生命的。基于人的生命具有共性，也具有个性，诗的生命也具有共性和个性。杨维桢要强调的不是生命的共性，而是生命的个性。他说："诗者人之情性也，人各有情性，则人有各诗也。"①

---

① 杨维桢：《李仲虞诗序》，见《宋金元文论选》，人民文学出版社 1999 年版，第 580 页。

第六章[①]

文人画美学

元代在中国绘画史上的地位很重要。它是中国画由尚真到尚意的转变的时代。作为标志的则是文人画的成熟。文人画是中国绘画的代表性品种，始于唐，至元，其基本品格已具，而且逐渐占据主流地位。文人画作为中国绘画的代表性品种，在相当程度上反映了中国绘画美学的风貌。这种新的画风体现出一种新的审美情趣，至明代汇入浪漫主义的洪流。

第一节　文人画定位

文人画历史长，流派多，风格多变，画家无数，因而给文人画定位是非常困难的。

就文人画作为“文人之画”来说，历史悠久。据文献记载，汉代的蔡邕和张衡都能作画，刘褒曾画《云汉图》《北风图》，观者如身临其境；魏晋时期的嵇康、阮咸绘制过《十九首诗图》，开以诗入画的滥觞。宗炳、王微更著有画论，影响深远。宗炳的“山水以形媚道”和王微的“神飞扬，思浩荡”等观点已经深得文人画思想的精髓。但总的来说，文人作画只是偶尔为之，

① 此章与本人所指导的博士生周雨合作写成。

他们的本行、兴趣都不在此，因而，这一时期还没有形成作为流派的文人画。

文人的本行，可以概括为：求道、经世和治文，与《左传》中所说的“三不朽”——立德、立功、立言——相互对应。早期的文人，又称为士，特指有职的官员，他们直接参与政事。《说文解字》释“士”为：“士，事也。”又释：“事，职也。”《白虎通义·爵》解释为：“士者，事也，任事之称也。”

文人经世的资本则是“道”，又被称为“礼乐”。《礼记·经解》说：“是故隆礼，由礼，谓之有方之士；不隆礼，不由礼，谓之无方之民。”孔颖达注疏为：“方，道也。若君子能隆盛行礼，则可谓有道之士也。反此则为无知之民，民是无知之称故也。”

治文被曹丕推崇为“盖文章，经国之大业，不朽之盛事”，但它在“三不朽”中居末位，表明文人轻文重道、重事功的传统观念。例如汉代以赋而闻名的扬雄却鄙薄写赋是“童子雕虫篆刻”，“壮夫不为也”①。即使到清代，郑燮擅长诗文书画，但他仍然向往治国平天下的儒生理想，对绘画评价不高：“写字作画是雅事，亦是俗事。大丈夫不能立功天地，字养生民，而以区区笔墨供人玩好，非俗事而何？东坡居士刻刻以天地万物为心，以其余闲作为枯木竹石，不害也。若王摩诘、赵子昂辈，不过唐宋间两画师耳！试看其平生诗文，可曾一句道着民间痛痒？”②

在这样的文化背景下，文人非但不能作画，更不屑作画。从反面而言，操持在工匠手中的绘画则具有两个致命的特点，为文人所不齿：

一是绘画属于“技”，是道器对立中器的低级层次。《论语·为政》云：“君子不器。”《礼记·学记》也说：“君子曰：大德不官，大道不器。”道器的含义向来有争论，一种观点是君子劳心，不去做简单的劳力之事；另一种观点则是君子不拘泥于一种技能，“不器”恰好是“众器”，如孔颖达注疏云：“器谓物堪用者，夫器各施其用，而圣人之道弘大，无所不施，故云不器，不器而为诸器之本也。”这两种观点都体现了文人对待绘画的态度。持第一

① 扬雄：《扬子法言·吾子》。

② 郑燮：《郑板桥集·潍县署中与舍弟第五书》。

种观点的文人认为绘画是低等的职业，例如唐代的阎立本以绘画得名，并贵为宰相，但朝臣讥讽他为："左相宣威沙漠，右相驰誉丹青。"持第二种观点的文人则相信凭借一种才学，就可以一以贯之地适用于进仕、治学以及作文、书画等一切领域，因此文人虽然是业余画家，但绝对不比行家差，必定更为出色，比如蔡邕就认为"夫书画辞赋，才之小者"①。

（元）顾安：《风雨竹图》（局部）

二是画家属于"役"，人身不自由。因为画工以画谋生，要看他人脸色，而文人的俸禄不在作画，相对而言更能保持自由独立的人格。《颜氏家训》将绘画者称为"猥役"："若官未通显，每被公私使令，亦为猥役。吴县顾士端出身湘东王国侍郎，后为镇南府刑狱参军，有子曰庭，西朝中书舍人，父子并有琴书之艺，尤妙丹青，常被元帝所使，每怀羞恨。彭城刘岳，橐之子也。仕为骠骑府管记、平氏县令，才学快士，而画绝伦。后随武陵王入蜀，下牢之败，遂为陆护军画支江寺壁，与诸工巧杂处。向使三贤都不晓画，直运素业，岂见此耻乎？"② 后世有许多画论者都围绕这两个方面，强调文人画家与非文人画家的身份区别。

文人画家的身份，画史称为"戾家"，"戾家"这一称呼与非文人画家的"行家"相对立。

行家是以某事为职业，受过专门训练，科班出身的"当行"；绘画的"行

① 蔡邕：《陈政要七事疏》。

② 颜之推：《颜氏家训·杂艺第十九》。

家”主要指以画谋生的画工、画匠，包括民间画工、寺庙画工、宫廷画工。“戾家”则相反，他的本职不在此，因而也在某种程度上是业余的外行。草创时期的文人画家在词翰之余，把绘画当作“适一时之兴趣”，成熟期的文人画家虽然成为专职画家，但仍终身保持这一业余品位。

虽然，中国自古就有文人作画的传统，但是不是凡文人作的画就是文人画？不能这样说，因为文人画是有它的谱系的。首先拎出文人画谱系来的是明末大画家董其昌，他说：“文人之画，自王右丞始，其后董源、巨然、李成、范宽为嫡子。李龙眠、王晋卿、米南宫及虎儿皆从董、巨得来，直至元四大家黄子久、王叔明、倪元镇、吴仲圭，皆其正传。吾朝文、沈，则又远接衣钵。”① 关于这个谱系，历代也有不同的看法。不管是从理论上还是在实际上，完全按这个谱系去定文人画是行不通的。那么，到底应如何定位文人画呢？这一问题一直没有得到完全一致的意见。在笔者看来，定位文人画主要在三点：第一，文人画的文化精神主要在君子人格与隐士之风的兼融，崇尚清雅绝俗，潇洒出尘；第二，文人画的艺术风格主要为纵恣洒脱；第三，文人画的工具材料主要是中国画所用的毛笔、水墨、宣纸。

笔者不强调文人画的文人身份，更强调画中的文人性质，就这一点来说，笔者与近代画家陈衡恪的看法是一致的。陈衡恪说：“何谓文人画，即画中带有文人之性质，含有文人之趣味，不在画中考究艺术上之工夫，必须于画外看出许多文人之感想，此之所谓文人画。”② 不过，陈衡恪虽然强调文人画的“文人性质”，但究竟属哪种“文人性质”，他没有深究。“文人性质”是丰富的，就学派来分，有儒家、道家、佛教等。文人画所具有的“文人性质”，具体来说是指什么呢？笔者认为，应该是兼有儒、道二者的。儒家讲事功，也讲修身，就文人画表现的儒家思想来说，重在修身，也就是它讲究人格，明确地说，此人格是君子人格。正是因为文人画中所表现的儒家思想更多地在人格，在个体的修身养性，因而它与道家的隐士之风是兼融的。

---

① 董其昌：《画禅室随笔》。

② 陈衡恪：《文人画之价值》，见《画论丛刊》下卷，人民美术出版社 1989 年版，第 692 页。

从总体上看，虽然文人画在骨子深处仍然坚守着儒家的“内圣”，但其外在风貌上显现出道家潇洒出尘的意味，因而很容易让人认定文人画的精神是道家的。

就艺术风格来说，文人画是纵恣洒脱的。文人画中，虽然具体到每一作品，风格不一，但总体风格是纵恣洒脱的。纵恣洒脱，说的主要是一种精神，一种自由的精神。正是在这里，见出文人画是一种主体性很强的、重在表现的艺术。

俞剑华说文人画是：“以气韵为主，以写意为法，以笔情墨趣为高逸，以简易幽淡为神妙，藉绘画为写愁寄恨之工具，自不乐工整繁缛之复古派，而肆意于挥洒淋漓之写意派。”[①] 文人画的突出特点是在主观与客观统一中尤尚主观一面，绘画已不是为物象写真，而是为了抒发意兴心绪。

与之相关，文人画突出强调笔墨情趣。宋代绘画已开始用纸，元代则基本上形成以纸代绢的格局。纸的性能较之绢更能见出笔墨的变化，如此，不是物象而是笔墨成为画家关注的中心，因为不是物象而是笔墨更能传达画家的主观意兴的变化。

强调文人画的工具材料主要是中国画所用的毛笔、水墨，是因为文人画的文化精神、艺术风格是不能离开这种特有的工具材料的。不仅因为这种工具材料恰到好处地传达了文人画特有的文化精神、艺术风格，而且在于这种工具材料所创造的形式也自有它特殊的审美意味。

绘画犹如作书，书法入画就成为一种趋势。既然绘画已重在表达主观意趣，画面上题诗写字也就多了起来。元以前，唐人题款是藏在缝隙、树根之处的，避免影响画面的视觉效果。到宋代，已有人在画面空白处题写细小楷书，不过字数不多；到南宋后期，画面题写的字数增加，但都不破坏画面的整体性。到元代，画面题诗写字成为风气，几乎每画都题，而且字数增多，以至插入画面，与画融为一体。

元末明初文人陶宗仪看重画风的这一重大转变，在他的《南村辍耕录》

① 俞剑华：《中国绘画史》下册，商务印书馆 1954 年版，第 2—3 页。

中特意写下一条《诗画题三绝》：

高文简公一日与客游西湖，见素屏洁雅，乘兴画奇石古木。数日后，文敏公为补丛竹。后为户部侍郎所得，虞文靖公题诗其上云："不见湖州三百年，高公尚书生古燕。西湖醉归写古木，吴兴为补幽篁妍。国朝名笔谁第一？尚书醉后妙无敌。老蛟欲起风雨来，星堕天河化为石。赵公自是真天人，独与尚书情最亲。高怀古谊两相得，惨淡酬酢皆天真。侍郎得此自京国，使我观之三叹息。今人何必非古人，沦落文章付陈迹。"此图遂成三绝矣。①

这里，值得我们注意的是：一幅作品多人参与创作。有画，有诗，有书法，而且诗在其中处的地位特别重要。另外，元代画家作画又都要在画面适当的地方押上一方或几方朱红印章。而印章也是一种艺术：

李阳冰曰：摹印之法有四：功侔造化，冥受鬼神，谓之神；笔画之外，得微妙法，谓之奇；艺精于一，规矩方圆，谓之工；繁简相参，布置不紊，谓之巧。②

这样画幅就非常丰富了，诗、文、书、画、印融为一体，成为一种综合性艺术。这是前所未有的新的艺术，此后就成为中国画的主流或者说成为中国画的代表。

第二节　文人画溯源

文人自觉地树立起画派意识与画工分庭抗礼，文人画形成理论雏形，始于北宋苏轼等士大夫倡导的士人画运动。苏轼首先提出"士人画"的概念："观士人画，如阅天下马，取其意气所到。乃若画工，往往只取鞭策、皮毛、槽枥，无一点俊发，看数尺便倦，汉杰真士人画也。"③

北宋文人画思想主要包括四个方面的对立：

---

① 陶宗仪：《南村辍耕录》。

② 陶宗仪：《南村辍耕录》。

③ 苏轼：《跋范汉杰画后》。

第一，人格上，“自娱”与“奉上”的对立。文人注重自娱，如米友仁引李白诗所言：“只可自怡悦，不堪持赠君。”画工因为君王作画，则处处小心，邓椿记录宋徽宗的画工：“故一时作者，咸竭尽精力，以副上意。其后宝箓宫成，绘事皆出画院，上时时临幸，少不如意，即加漫垩，别令命思。”① 这就是“奉上”了。画画不是为自娱，而是为了供给皇上欣赏。

第二，素养上，“三绝”与专业的对立。“三绝”指诗、书、画，典故出自唐代郑虔。《宣和画谱》记载他：“善画山水，好书。……尝自写其诗并画以献明皇，明皇书其尾曰：‘郑虔三绝。’”② 苏轼以诗题画，以书法写枯木竹石，并且赞扬王维以诗境融画境，文人开始以自己的学养优势参与绘画，并凌驾画工之上。

第三，方法上，“生知”与训练的对立，即理智与直觉、先天与后天的对立。绘画有形象，所以技法熟练是绘画的前提。画工的技法来自长期的训练，文人的日常训练却是道德诗文，他们对绘画技法不重视训练，亦不讲究。文人借用儒家的道器之分和日益兴盛的南禅顿悟观念来为自身辩护。郭若虚说得最为显豁：“如其气韵，必在生知，固不可以巧密得，复不可以岁月到，默契神会，不知然而然也。”③ 米芾则推举“天才”：“因知天才，神不能化，天生是物，自然而生，自乘气而成才也。”④

第四，画品上，“气韵”与“形似”的对立。因为有上述的优势，文人画的境界超出画工画。苏轼看重画中的“气韵”，说“论画以形似，见与儿童邻”。与“气韵”同类的概念还有“神”“趣”“生意”“常理”“风神”“性灵”等，它们得到了文人们的推崇。唐代的张彦远最早将气韵与形似对立起来，“以气韵求其画，则形似在其间矣”，“至于传模移写，乃画家末事”⑤。自唐至宋元，基本上形成了一股重气韵、重神的绘画主潮。

---

① 邓椿：《画继 · 圣艺》。

② 《宣和画谱 · 人物一 · 郑虔》。

③ 郭若虚：《图画见闻志 · 叙论》。

④ 邓椿：《画继 · 圣艺》。

⑤ 张彦远：《历代名画记 · 论画六法》。

（元）黄公望：《天池石壁图》

北宋文人画家大多是在朝的士大夫，职责、精力、兴趣都不容他们全身心地投入绘画创作之中。因此，这一阶段的文人画虽然在思想上渐成气候，但鲜有成熟的精品问世。直到文人画发展的第二阶段——元代“四大家”①——才将文人画从理论到实践都推向了巅峰。

① 元四大家，明代中期指赵孟頫、黄公望、王蒙、吴镇。明末，董其昌认为，赵孟頫应有更高的地位，于是换上倪瓒。

与宋代相比，元代的社会背景发生了巨大变化。一方面，因为异族统治，元代文人画家大多无官可做，作为在野文人，他们比宋代士大夫更需要艺术来慰藉心灵，也投入了更多精力于艺术创作之中。文人们经常举行雅集，形成了有利于艺术发展的环境。另一方面，失去俸禄来源的文人，开始被迫以画谋生，因而戾家、行家在身份和训练方法上由隔阂逐渐融合。

从“戾”“行”对立到“戾”“行”合流，这些变化深刻影响了文人画的发展。元代的文人画家既保留了业余画家的品位，又专职从事绘画，技法日趋成熟，形式日趋完美。如张光宾所言：“四大家在绘画艺术上的成就，究竟在什么地方？简单的答案，就是他们既是地道的‘文人’，也是真正的‘画家’。”[①] 换言之，他们将文人的审美趣味与行家的笔墨形式规范完美地结合在一起。从北宋文人画思想的四个对比可以看出，文人逊于画工的地方就在技法上，恰好技法正是艺术的必要条件，因为任何成熟的艺术都需要较为完善、规范的形式，解决从境界落实到笔墨的难题。

“元四大家”都经历了严格的技法训练。关于元四大家之一的黄公望，《图画宝鉴》记载他：“袖携纸笔，凡遇景物，辄即模写。”[②] 这恰好证明他自己在《写山水诀》中的主张：“皮袋中置描笔在内，或于好景处，见树有怪异，便当模写记之。”董其昌曾在他的名作《富春山居图》上题道：“规摹董巨，天真烂漫，复极精能，展之得三丈许，应接不暇，是子久生平最得意笔。”这是极为精到的评语。“天真烂漫”赞的是文人品格，“复极精能”则说他技法娴熟。王蒙出身于书画世家，倪瓒叹为“王侯笔力能扛鼎”。吴镇自述：“余自弱岁，游于砚池，嗜好成癖，至老无倦，年入从心。”[③] 足见画学浸淫之深。就是位居逸品的倪瓒也是经过一番写生的训练，才达到日后的成就，他说：

① 张光宾：《元四大家》，见台北故宫博物院编：《元四大家》，台北故宫博物院 1984 年版，第 32 页。

② 夏文彦：《图画宝鉴》。

③ 吴镇：《宋元梅花合卷》题辞。

"我初学挥染，见物皆画似；郊行及城游，物物归画笥。"[①]

元代绘画理论也强调务实的训练。黄公望的《写山水诀》、李衎的《竹谱》和王绎的《写像秘诀》是这一时期的代表作。《写山水诀》全篇少谈玄理，着重技法，并且对于前辈荆关董巨、李郭的笔墨作了总结、分类和创新。特别是文中写道："山水之法在乎随机应变，先记皴法不难，布置远近相映，大概与写字一般，以熟为妙。""熟"就意味着后天的训练，宋代画论所强调的天才和生知已经转向。吴镇也说："梅花道人学竹半生，今老矣。历观文苏之作，至于真迹未易得。独钱塘鲜于家藏脱堵一枝。非俗习之比，力追万一之不及，何哉？盖笔力未熟之故也如此。"[②] 他坚定地相信只要刻苦训

（元）顾安：《幽篁秀石图》

① 倪瓒：《清閟阁全集·为方崖画上就题》。

② 吴镇：《竹石图》题辞。

练，笔力熟稔就可以臻于极致。《竹谱》和《写像秘诀》也是如此，其详细而细微的技法分类，对物象入木三分的刻画，都让人觉得作者并非画家，更像学者。赵孟頫不禁感叹道："吾友李仲宾为此君写真，冥搜极讨，盖欲得尽竹之情状。三百年来以画竹称者，皆未能用意精深如仲宾也。"①

"戾""行"合流后，元代文人画把绘画的本行完全转入文人手中，它吸收了作为成熟艺术所必需的形式法度，同时又坚持自苏轼倡导以来的审美趣味。画工画唯一的优势在文人手中被发挥得更为出色，而画工画所不具有的人文素养则一直传承下去。这一隐藏在身份背后的审美思想和人生智慧规定了文人画的根本。

我们可以把文人画的历史分为两个关键阶段：第一阶段是北宋末年苏轼、黄庭坚、米芾等士大夫倡导的"士人画"；第二阶段则是元代"四大家"的文人画，并由明末董其昌总结的"文人之画"。在这两个历史时期，文人画无论在创作方面还是在理论方面都得到突飞猛进的发展，将文人偶尔遣兴的小品塑造成画史上的正统。

第三节 文人画之本

中国古代文人对文学、绘画、书法等艺术的看法深植于传统文化之中，如邓椿所说："画者，文之极也。"② 因此，绘画的根本并不在其自身，而与哲学本体论的天地本根相关联，中国文化称之为"道"。理学家这样看待艺术，如朱熹云："道之显者谓之文。"③ 王阳明说："艺者，义也，理之所宜者也。如诵诗、读书、弹琴、习射之类，皆所以调习此心，使之熟于道也。"④ 画家也这样看待艺术，如董其昌所言："艺成而下，道成而上。"⑤

① 赵孟頫：《赵孟頫集·题李仲宾〈野竹图〉》。

② 邓椿：《画继》。

③ 朱熹：《论语集注》。

④ 王阳明：《传习录下》。

⑤ 董其昌：《画旨》。

华琳说:“道既变动不居,则天下无一物一事不载乎道,何独至于画而不然。”①

传统文化的“道”,无论儒、道、禅都有一个根本意义,即天人合一,它规定了文人画之本。天,一方面指宇宙自然,另一方面指自然性。这两层含义又常常重叠。儒、道、释三家虽然对“一”的解释不尽相同,但都赞同“天道等于人道”这一根本观念。例如原始儒家中孔子虽然不太谈论天,但他立论的基石——仁——却源于天生赋予、本能的血亲感情,注重天的人伦性。孟子第一个论“天人合一”,由自然之天赋予人道德本性。董仲舒则明确地说道:“天,仁也。”② 天人相合的“一”是人伦道德。道家也持天人合一观,它们的“一”没有道德意义,而是纯粹天的自然性。禅宗将佛教融入传统文化中,慧能说的“佛性”是人人所共有的心灵本性,此佛性天生赋予,獦獠和尚无差别,强调心灵的合一性。

绘画是处理天人关系的方式之一。因此,文人画之本相应地表现为两个层次,按照清代刘熙载的说法,第一层为立天定人,文人画肇于自然;第二层为由人复天,文人画当造乎自然。刘熙载的原话为:“书当造乎自然。蔡中郎但谓书肇于自然,此立天定人,尚未及乎由人复天也。”③

一、文人画肇于自然

历代的文人画家不约而同地将绘画回溯到“物象之源”。北宋的董逌说:“则知无心于画者,求于造化之先。”④ 元代的杨维桢说:“求书于书,求画于画,固不若求书画于象先也。”⑤ 清人布颜图也说:“制大物必用大器,故学之者当心期于大,必先有一段海阔天空之见。存于有迹之内,而求于无迹之先。”他还将这一天地本根称为“真一”:“盖混漭以前,二气未判,寂

① 华琳:《南宗抉秘》。

② 董仲舒:《春秋繁露·王道通三》。

③ 刘熙载:《艺概·书概》。

④ 董逌:《广川画跋·书李元本花木图》。

⑤ 杨维桢:《杨维桢集·书画舫记》卷十八。

寥何有，至精感激而生真一，真一运行而天地立。”①

传统文化的“真”，是天地本根的另一说法。这一本根决定了天地万物的本性，因此中国画论中的“真”还有两层含义：

一是物象之真。荆浩说：“画者，画也。度物象而取其真。……似者得其形，遗其气，真者气质俱盛。”②“真”是天生赋予的本性，因而画史有“写真”一语，它最早见于《颜氏家训·杂艺第十九》：“武烈太子偏写真，座上客随宜点染，即成数人，以问童孺，皆知其姓名矣。”写真，就是写神、写理。韩拙将“真”与“理”相连：“造乎理者，能画物之妙，昧乎理则失物之真，何哉？盖天性之机也。”③

二是心灵之真。它包括情、志两方面，可称为意。儒、道都重心灵之真，如《庄子·渔父》说：“真者，精诚之至也。不精不诚，不能动人。……真者，所以受于天也，自然不可易也。故圣人法天贵真，不拘于俗。”《中庸》则说：“诚者，天之道。思诚者，人之道也。”文人画将画看作“心画”，独抒性灵，邓椿云：“文以达吾心，画以适吾意而已。”④

两种含义的“真”合为一体，表现为文人画中普遍的拟人化和拟物化现象，一方面自然物都具有人的性情，所谓“山性即我性，山情即我情”。郭熙描绘得最为生动：“春山澹冶而如笑，夏山苍翠而如滴。秋山明净而如妆，冬山惨淡而如睡。”⑤另一方面，我与自然化为一体，如苏轼说：“与可画竹时，见竹不见人。岂独不见人，嗒然遗其身。其身与竹化，无穷出清新。”⑥

二、文人画造乎自然

文人画的最高境界是返本，回到道之初的天地境界，即由人为臻于天

① 布颜图：《画学心法问答》。

② 荆浩：《笔法记》。

③ 韩拙：《山水纯全集·后序》。

④ 邓椿：《画继》卷四。

⑤ 郭熙：《林泉高致·山水训》。

⑥ 苏轼：《书晁补之所藏与可画竹三首之一》。

工。与天工类似的词还有天成、天趣、天机、天倪、化工、化机、天然、自然，等等。天工与人为的关系分两个方面：

(元) 倪瓒:《雨后空林图》

第一，人为低于天工。董逌说："其功用妙移与物有宜，莫知为之者，故能成于自然。今画者信妙矣，方且晕形布色，求物比之，似而效之，序而成者，皆人力之后先也，岂能以合于自然者哉！"① 无论如何，人力始终不如自然。

天工的至高无上性表现为画品中的最高等级——逸品。逸品最早由李嗣真提出为书法的上品之上，他虽然没有具体地解释何为逸品，但批评今之学者，"无自然之逸气，有师心之独往"②。将自然与逸气相连，逸品实际上是自然的品格。其后，张彦远明确地将"自然"列为"神、妙、能"三品之上，审美品格的自然来源于感性的自然天地，"夫阴阳陶蒸，万象错布，玄化无言，神工独运"③。他将《周易》与道家思想结合来论述自然。宋代黄休复直接说逸品"得之自然"，至此，逸品的最高地位得以巩固下来。神品低于逸品，就是由于仍有人为痕迹："山水家以神品置逸品之下，以其费尽功夫，失于自然而后神也。"④ 虽然明清画论反将神品置于逸品之上，但神品的含义恰好符合原先的逸品，如包世臣定义"平和简净，遒丽天成，曰神品"，在他这里，神品是天成；"楚调自歌，不谬风雅，曰逸品"⑤，逸品着重文人的情趣，但技法有亏。二品位置的变迁，只因为各自理解的重点不一致，但推崇自然境界这一点，自古如此。

第二，天工肯定了人为的最高价值。这说明与道并居的绘画是人的最高成就，天地万物中，只有人钟灵毓秀，是刘勰说的"天地之心"，能够体悟到宇宙的根本。因此绘画中，也只有人且是以道统自任的文人能"隐造化之情实，论古今之赜奥，发挥天地之形容，蕴藉圣贤之艺业，岂贱隶俗人，得以易窥其端倪？"⑥ 所以追求天地境界，并不会丧失人的品格，相反它最终肯定并提升了人的地位。

---

① 董逌：《广川画跋 · 书徐熙牡丹图》。

② 李嗣真：《书后品》。

③ 张彦远：《历代名画记》。

④ 汪之元：《天下有山堂画艺》。

⑤ 包世臣：《艺舟双楫》。

⑥ 韩拙：《山水纯全集 · 论观画识别》。

天工不否定人为，还在于自然境界必须从人为升华，这是一个技进乎道的渐进过程，如吴镇所说："始由笔砚成，渐次亡笔墨。心手两相忘，融化同造物。"① 倘若无笔墨也无以为忘，所谓的"造化"将成为空中楼阁，因此恽格指出天工、人为是合一的："宋法刻画，而无变化，然变化本由于刻画，妙在相参而无碍。习之者视为歧而二之，此世人迷境。"②

第四节 文人画的品格

文人画赖以滋生的土壤是中国的传统文化，文人画用天地之道来规定自己的根本性质，呈现出独特的审美趣味和风格。文人画的审美品格可以概括为"文"的品格、"清"的品格与"化"的品格。

一、"文"的品格

"文"的品格，意指古代画论通常谈论的"文气""书卷气""卷轴气"，这也通常被认为是文人画区别于非文人画的标志之一，如清代"四王"中的王原祁所言："画虽一艺，而气合书卷。"③ 有书卷气的画作，即使师法院体，仍属文人画领域，如唐寅虽然师从周臣，却青出于蓝，原因是"胸中多几千卷书也"。反之，若缺少书卷气，画家虽能运用文人笔墨，却不得不位居下品，如仇英与"明四才子"齐名，却"以不能文，在三公间少逊一筹"④。文人在诗、书、画"三绝"方面的素养是画工所望尘莫及的，所以任颐说"不读书写字之师，即是工匠"⑤。

那么，何为"文气""书卷气"？它是一种具有贯穿性的审美趣味，表现在从绘画内容到风格的诸多方面。

---

① 吴镇：《梅竹双清合卷》题辞。

② 恽格：《南田画跋》。

③ 王原祁：《麓台题画稿 · 送历南湖画册十幅》。

④ 方熏：《山静居画论》。

⑤ 任颐：《颐园论画》。

首先，最为浅显的表现是，文气决定了绘画题材与内容。文人画中的人物画、故事画，多取材于前朝典籍，所谓“左图右史”，绘画常常是历史中轩冕才贤、高人逸士事迹的图解。早在文人入画发端处，文人就充分利用其历史修养来扩充绘画题材，如汉末刘褒的《云汉图》《北风图》，取材古诗诗意。魏晋时代的嵇康、阮咸相传画过《十九首诗图》。相应地，文人画在内容上也要求对典故相当熟悉，所绘物事均要符合朝代变迁。张彦远就详细辨析了不同时代人物衣冠、道具的特点：

> 且如幅巾传于汉魏，幂离起自齐隋，幞头始于周朝，巾子创于武德。胡服靴衫，岂可辄施于古象？衣冠组绶，不宜长用于今人。芒屩非塞北所宜，牛车非岭南所有。①

要掌握这些知识，文人只能靠多读书：“如画晋人，其衣冠器用以及风俗，必须一一遵照晋朝制度，如此方谓之入格合派，非读书不能知也。”②

对山水画而言，文气则要求点缀的人物必须看出文人气度，非庸人俗夫，因为文人借山水来表达向往的山林旨趣，所以饶自然认为“人物伛偻”为山水画十二忌之一，他要求“山水人物……必皆衣冠轩冕，意态闲雅，切不可以行者、望者、负荷者，鞭策者，一例作伛偻之状”③。

其次，文气表现为与主题相关的画意。文人作画，要如郭熙所云“皆有所为述作也”。看似与人无关的事物，却往往蕴含着文化深意。在理学的时代，这一画意又称为“理趣”。“理”之所以能带来趣味，就在于绘画能以感性的形式显现抽象的理念，因而文人画中的形象总是带有“象征主义”的色彩。比如梅花的形式，它有数层文化意义可供发掘。最表层的就是清高人品的象征，为“四君子画”之一，常被比拟为“花之高逸者”。其深层的意义则与“太极”相通，这是典型的理趣。钱锺书考证道：“太极即指‘担上梅’，盖梅花形圆，而周茂叔《太极图》亦画圆圈。《定山集》卷四《孤鹤翁过访》所谓‘老怀太极一圈子’，故二者可以拟象。南宋方巨山《秋崖小稿》卷六

① 张彦远：《历代名画记·论传授南北时代》。

② 任颐：《颐园论画》。

③ 饶自然：《绘宗十二忌》。

《观荷》第四首早云：'自怜尚与梅花隔，曾识先生太极图。'"[①] 自然地，对这层画意的理解必须在具有相同文化背景的文人之间才成为可能。

最后，文气表现在风格上。书卷与艺术的融合，更多地不在于具体的学问道理，而是画面氤氲的气象韵味，因此它表现为"气"。书卷气，是温润秀雅之气，如范玑云："文人作画，多有秀韵，乃卷轴之气，发于楮墨间耳。"[②] 与之相反的则有野气、霸气、莽气、火气、草气等。如方熏说："苍老之笔每多秃，秃则少文雅，有类乎人间鄙野。"[③] 顾凝远提出"莽气"："生则无莽气，故文，所谓文人之笔也。"[④] 邹一桂提出六气当忌，其中"火气"为"有笔仗而锋芒太露"，草气为"粗率过甚，绝少文雅"[⑤]。文人画也讲气力，但要化刚为柔藏于中，形于外则是如王原祁评元画所说的"化浑厚为潇洒，变刚健为和柔，正藏锋之义也"[⑥]。总之，文气讲究含蓄、精致，偏重柔；野气一泄无余，粗率，偏重刚。它们的区别，也是南北宗风格差异之一。北宗被看作"风骨奇峭、挥扫躁硬"，南宗则"裁构淳秀、出韵幽淡"[⑦]。

二、"清"的品格

"清"在文人画风格中具有基调的普遍性，并突出地体现在文人画最主要的题材——"四君子画"和水墨山水中。"清"可以和许多审美范畴融合，比如雅、远、韵、逸、空、奇等，衍生出丰富而微妙的画境。

文人画中，"清"的品格主要体现为三点：一是意象孤洁静谧；二是情思高拔幽远；三是意境空明灵动。

第一，文人画史中存在着大量重复运用的意象和母题。方回论"清"时，提出数个"清"的意象：

---

① 《钱锺书论学文选》卷四，花城出版社 1990 年版，第 233 页。

② 范玑：《过云庐画论》。

③ 方熏：《山静居画论》。

④ 顾凝远：《画引 · 生拙》。

⑤ 邹一桂：《小山论画》。

⑥ 王原祁：《麓台题画稿 · 仿大痴笔》。

⑦ 沈灏：《画麈 · 分宗》。

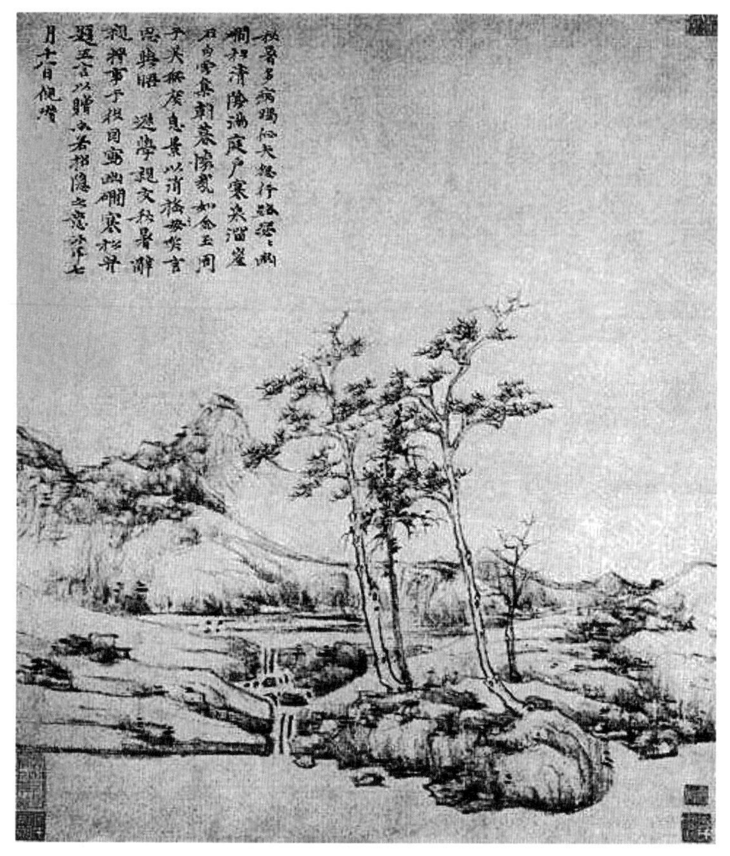

(元) 倪瓒:《幽涧寒松图》

> 天无云谓之清,水无泥谓之清,风凉谓之清,月皎谓之清。一日之气夜清,四时之气秋清。空山大泽,鹤唳龙吟为清,长松茂竹,雪积露凝为清;荒迥之野笛清,寂静之室琴清。①

这些意象普遍具有如下特征:静谧、洁净、寂寞、幽闲。下面试进一步说明雪景和琴这两个意象。

依据画史之论,雪景山水从王维兴起。王原祁说:"画中雪景,唐以前多取形似而已,气韵生动,自摩诘开之。"②《宣和画谱》从王维名下才记录

① 方回:《冯伯田诗集序》。

② 王原祁:《麓台题画稿·仿大痴〈九峰雪霁〉意》。

有雪景山水，且占十一幅之多。可惜这些画作都已佚失，无从判定风格。不过，董其昌曾见过赵孟頫的雪图小幅，他认定必学王维，这幅画的风格正是“颇用金粉，闲远清润”。从《宣和画谱》中还得知，董源、李成、范宽、郭熙及北宋的士大夫画家都画过大量的雪景图，表明雪景的意象已被赋予特定的意义。

再比如琴，许多画作以它为题，更多画家虽不作画题，但琴是必备的道具，或者在茅屋草堂画一抚琴之人，或者无人但安置古琴。琴，无疑是清格的象征。白居易就称琴声为清：“蜀桐木性实，楚丝音韵清。”① 他的另一首咏琴诗则云：“月出鸟栖尽，寂然坐空林。是时心境闲，可以弹素琴。清冷由木性，恬淡随人心。心积和平气，木应正始音。”② 这里拈出寂静、清冷、恬淡的字眼，正是琴的特性。

第二，明代胡应麟论“清”为：“清者，超凡绝俗之谓，非专于枯寂闲淡之谓也。”③ 林纾将“清”与“高”联系起来：“气主清，韵主高，故文人下笔，必有一种清气高韵。……而皆有一种离尘拔俗之致，即气韵清高也。”④ 可见，孤洁静谧的意象，是“高人逸士”寓意超俗的载体。无论雪景、古琴、孤亭、渔父，都传达出脱离尘世、疏远人间的感情。比如雪景，祝允明指出：“然多写雪景者，盖欲假此以寄其孤高绝俗之意耳。”⑤ 像倪瓒那样画中不置一人，则更将高拔幽远的旨趣发展到几乎为佛家空寂的境界。

以渔隐的母题为例，董其昌说：“宋时名手如巨然李范诸公，皆有渔乐图，此起于烟波钓徒张志和。”⑥ 可知隐逸由文人首创。元代以渔隐作画的文人更多，他们都流露出回归自然、超脱名利、追求悠闲自在的趣味。比如吴镇借用张志和的《渔歌子》题词在《洞庭渔隐图》上：“洞庭湖上晚风生，

---

① 白居易：《夜琴》。

② 白居易：《清夜琴兴》。

③ 胡应麟：《诗薮》外编卷四。

④ 林纾：《春觉斋论画》。

⑤ 祝允明：《王维〈万峰积雪卷〉题跋》，见高士奇：《江村销夏录》卷三。

⑥ 董其昌：《画禅室随笔・评旧画》。

风搅湖心一叶横。兰棹稳，草花新，只钓鲈鱼不钓名。”倪瓒曾寄信王蒙：“野饭鱼羹何处无，不将身作系官奴。陶朱范蠡逃名姓，那似烟波一钓徒。”[①] 写出了渔隐的旨趣，暗含规劝之意。数量众多的渔隐图，表明在渔父身上寄寓着文人共同的隐逸趣味。

第三，由情思和意象共同氤氲出空明灵动，即清空的境界。王昱说：“‘清空’二字，画家三昧尽矣。”[②] 不妨借用词家的“清空”来揣摩。张炎说：

> 词要清空，不要质实。清空则古雅峭拔，质实则凝涩晦昧。姜白石词如野云孤飞，去留无迹；吴梦窗词如七宝楼台，眩人眼目，碎拆下来，不成片段。此清空质实之说。[③]

绘画的空为“去留无迹”，意指消融笔墨蹊径，无人为痕迹，如禅家讲的“羚羊挂角，无迹可求”。清空之美，其实深受禅宗影响，与“镜花水月”的境界相仿。因为佛家重空，而道家重虚，太虚为混沌、恍惚之气象，这种美冲和、混融，与佛家的澄明清澈之境略有差异。空虚的境界不是由笔墨多少来决定的。倪瓒的画简单通透，处处流出清气、灵气，是典型的清空之作。王蒙构图繁复、皴染层叠，但虚实得当，笔间灵气流露，画面不但不显呆板，反而气脉流畅，生气贯穿始终，也可以担当“清空”二字。归根结底，笔墨达到了天工的自然境界，能将一切因素汇聚成生命体。相反，“质实”之作，不全因为笔墨像七宝楼台一样复杂，而是一堆零碎的笔墨的杂烩，不成片段。

“清”的反面品格是“俗”，正如石涛所言：“俗不溅则清”，“俗除清至”[④]。归纳起来，画风中的“俗”可从以下三个方面见出：

首先，是艳俗，画论中又多称为烟火气。文人多用水墨、浅色来呼应清格的恬淡、静谧。艳俗之作在设色上是红绿火气，在笔墨上则躁动跋扈，徒以眩人耳目为能，这是文人所不取的。如范玑说：“若涉浮躁，烟火脂粉，皆

---

① 倪瓒：《清閟阁集·寄王叔明》。

② 王昱：《东庄论画》。

③ 张炎：《词源·清空》。

④ 石涛：《苦瓜和尚画语录·脱俗章第十六》。

尘俗气，病之深者也，必痛服对症之药，以清其心，心清则气清矣。”①

青绿一派，文人中用得较少，但大家如赵孟頫、仇英、王石谷却能化火气为雅韵，达到清格。例如赵孟頫的名作《红衣罗汉图》，主色调正是很难处理的红、绿两色。画面中肃穆端坐的西域僧人眼神凝重，衣服的红色经过多次渲染后，才达到浓厚、古朴的色调，而且与古老的唐代游丝描相映，更加深了画面的庄严感。身下和背后的山石用青绿染背阴处，与红色形成鲜明对比，然而并不突兀，沉静、古雅的佛家气象蔓延开来。这幅画自古被当作文人趣味的典范。因此，以青绿为艳俗、以水墨为脱俗的区分不是绝对的。

其次，是世俗，又多称为市井气。它最主要的体现是画家为声名利禄所束缚，没有独立的人格和气节，文人最为鄙薄这一点。画史中不乏画艺精湛者，但因大节有亏而多遭诟病，比如蔡京、童贯、王蒙、赵孟頫等。明、清国难危运之时，文人对赵孟頫的抨击日益剧烈。傅山说：“余弱冠学晋唐楷法，皆不能肖，及获赵松雪墨迹，爱其圆转流利，稍临之，即能乱真！已而愧于心，如学正人君子，苦难近其觚棱，降而与狎邪匪人游，目亲之不自觉耳！更取颜鲁公师之，又感三十年来为松雪所促，俗气尚未尽除，然医之者，惟鲁公《仙坛记》而已。”②

最后，是庸俗，又可称为匠气。如郑绩说：“固泥成法谓之板，悭守规习谓之俗，然俗即板，板即俗也。”③ 匠气也指亦步亦趋的作家习气，如孔衍栻说：“画中人物房廊舟楫类，易流匠气，独出己意写之，匠气自除。有传授必俗，无传授乃雅。”④ 与俗相对立的“清”格，则意味求新求奇，故有“清新”这一审美范畴。杨慎认为，“杜工部称庾开府曰清新，清者，流丽而不浊滞；新者，创见而不陈腐也。”⑤

---

① 范玑：《过云庐画论・山水论》。

② 《傅山文集・作字示儿孙》。

③ 郑绩：《梦幻居画学简明・论意》。

④ 孔衍栻：《石村画诀・避俗》。

⑤ 杨慎：《总纂升庵合集・清新庾开府》卷一百四十四。

自北宋文人画家以来，素重清新，尤其是苏轼将清新作为最高的品格。他评价文与可："其身与竹化，无穷出清新。"又说："诗画本一律，天工与清新。"就创新性而言，北宋和元两代文人画的共同特点是：它们不但作为一个群体和画工画区别，而且内部每一个人都有独特的过人之处，这是后来清代"四王"所没法企及的。"四王"作为文人画的正统，固然是当时文人之流的佼佼者，但总体的画风不免流于雷同。

三、"化"的品格

文人所擅长的一切艺术形式，包括诗文、词曲、书法、建筑等相互吸收、融会，共同营造出一个气象恢宏的境界，这就是化境的魅力。文人画家富有"三绝"的素养，诗、书都为概括性的提法，诗还包括文、词等文艺形式，书则包括印章。文人以自己全部的人文素养来参与绘画，所以诗、书、画可以相互贯通，成为一体。如方熏说："诗文书画，相为表里矣。"①

（一）诗画相通

诗画相通体现在两个层面：一是画中的诗意、诗境，这关乎诗与画的审美本质；二是画中的题诗，这是具体的落实。

苏轼首先提出"画中有诗"的思想：

> 咏摩诘之诗，诗中有画；观摩诘之画，画中有诗。诗曰："蓝溪白石出，玉川红叶稀。山路元无雨，空翠湿人衣。"此摩诘之诗。或曰："非也，好事者以补摩诘之遗。"②

从这首诗中可以体味出"诗中有画"一句是指王维的诗写景逼真，意象鲜明，很符合绘画的写形状物特长。就"画中有诗"而言，苏轼另外提出"象外"一语，至为关键。他比较吴道子与王维道："吴生虽妙绝，犹以画工论；摩诘得之于象外，有如仙翮谢樊笼。吾观二子皆神俊，又于维也敛衽无间言。"③在《唐代美学思想》一章中，我们已经知道"象外"理论的意义在于它

---

① 方熏：《山静居画论》。

② 苏轼：《书摩诘〈蓝田烟雨图〉》。

③ 苏轼：《凤翔八观·王维吴道子画》。

指出诗的意境，其本质不在象内，诗的奥妙是从已说的实象通向未说的虚象，因此能以一言百，以一景统万景。《山中》这首诗，“蓝溪白石出，玉川红叶稀”是历历在目、呼之欲出的景象，然而“空翠”一语却将物与人混融在一起，空可纳万境，虚缈的翠意实是无穷。

不仅象外有象，诗中的情和意也要从实通向虚，通向“味外之味”“韵外之致”。这两个命题最早由唐末的司空图提出。司空图用“味”作比：

> 文之难，而诗之尤难。古今之喻多矣，而愚以为辩于味而后可以言诗也。江岭之南，凡是资于适口者，若醯，非不酸也，止于酸而已；若鹾，非不咸也，止于咸而已。华之人以充饥而遽辍者，知其咸酸之外，醇美者有所乏耳。……噫！近而不浮，远而不尽，然后可以言韵外之致耳。……盖绝句之作，本于诣极，此外千变万化，不知所以神而自神也，岂容易哉？今足下之诗，时辈固有难色，倘复以全美为工，即知味外之旨矣。①

因此，诗境中实际有两个合一：一是我们通常说的情景合一；二是象外之象、味外之味的合一。而第二个合一正是空灵诗境构成的必要条件，它超越当下的、有限的时空而蕴含着对无限、永恒的宇宙本原和根本之道的思索、感悟，加深诗的内蕴，扩充诗的意境。

那么，苏轼追求的“画中有诗”，其要点是画境应与虚实相生的诗境一样，写象外之象、味外之味，它的极致当然是天人合一的大象、至味，这正是文人画之本。

从宋代开始，文人不独从意境上融合诗画，而且索性画上题诗，将“画中有诗”更具体化、形式化。至此诗画融合才真正完成。

一般认为题画诗兴起于北宋文人画运动中，方熏说：“题款图画，始自苏、米，至元明而遂多。”② 题画诗一般由两部分组成：诗文题跋与题者姓名，后者宋、元以后才兴起。沈灏说：“元以前多不用款，款或隐之石隙，恐书

---

① 司空图：《与李生论诗书》。

② 方熏：《山静居画论》。

不精，有伤画局。后来书画并工，附丽成观。”[①] 元、明以后，题画诗更加盛行，这表现在：其一，题诗体裁更加丰富，不仅有诗，还有文、词、赋、曲等。这是因为明季文人大都能画，饶宗颐统计明代文人与画家相兼类型有：散文家兼画家、诗人兼画家、曲家兼画家、画家兼诗人、书家兼画家。他们人文修养全面，许多题跋文辞隽永，不仅为画增色，而且可单独欣赏。其二，题诗在绘画中的比重愈发增强。许多寄兴小品形象简略，而题诗则占据画面的主体。比如吴镇的《墨竹谱》，开首第一幅就以精美的行书抄录苏轼的《文与可画筼筜谷偃竹记》，这是一篇长文，占据画幅的四分之三，仅仅最下端点缀矮竹、丛石，字排列依随竹石起伏变动，相映成辉，是诗画结合的佳构。

(二) 书画相通

古人从多种角度论“书画相通”，概括为用笔相通、画法相通、书意画意相通。

第一，用笔相通。书画都使用毛笔这一中国特有的书写工具，用笔包括执笔和运笔，即古人常说的“执使”一语。张绅云：“执笔之法，谓之‘执使’者，‘执’谓执笔，‘使’谓运用。”[②] 执使的总原则是贯穿阴阳的辩证关系，既讲究笔力、骨力，要笔端如有金刚杵；又不可一味使蛮力，而能绵里藏针、流转不滞。按照孙过庭的比喻是，既能“顿之则山安”，又能“导之则泉注”，刚柔相济，动静相宜，虚实相生，化功夫为自然，此乃最高境界。

第二，画法相通。将书法直接运用到画法中，将书与画更紧密地联系起来。人物画和山水画都存在这样的情形，但各自所用的书法形态不一样。

人物画中，张彦远首先谈到画法相通：

> 昔张芝学崔瑗、杜度草书之法，因而变之，以成今之草书之体势，一笔而成，气脉通连，隔行不断。唯王子敬明其深旨，故行首之字往往

① 沈灏：《画麈·落款》。

② 张绅：《法书通释》。

继其前行，世上谓之“一笔书”。其后陆探微亦作一笔画，连绵不断。故知书画用笔同法。①

人物画正宗的笔法是如春蚕吐丝般粗细、一笔到底的游丝描和铁线描，吴道子创造出线条宽窄略有起伏变化的莼菜描，笔法更生动，但线条同样连绵不断，笔力劲道一贯。张彦远用“一笔书”作比，正是看到了人物画特有笔法的属性。

“一笔书”的书法形态借鉴了篆书。因为篆书的笔画，正是粗细一致，一转一折圆润柔韧。要写出这样的线条，得笔笔中锋，将极强劲、流畅的气力贯注到本性至柔的笔端。唐代著名的书法家李阳冰擅长铁线篆，与白描的铁线纹正出自一种笔法，徐渭敏锐地指出这一点：“晋时顾、陆辈笔精匀圆劲净，本古篆书字象形。其后张僧繇、阎立本，最后吴道子、李伯时即稍变，犹知宗之。迨草书盛行，乃始有写意画，又一变也。”②

山水画方面的书法画法相通，到元代全面盛行。赵孟頫首先从理论上明确地提出画法当参用书法。他说：“石如飞白木如籀，写竹还应八法通；若也有人能会此，须知书画本来同。”③ 元以后呈扩展、深入的趋势。就笔法的细化而言，赵孟頫只大略谈及，柯九思则详尽地分解为：“写竹，干用篆法，枝用草书法，写叶用八分法或用鲁公撇笔法，木石用折钗股、屋漏痕之遗意。”④ 这样，竹石的画法已经完全与书法相合。之后，陈继儒将竹石的题材扩充为写水、“四君子画”等，唐岱更将书法扩展到山水的皴法、赋色等：“至于山之轮廓，树之枝干，用书家之中锋；皴擦点染，分墨之彩色，用书家之真草篆隶也。”⑤

第三，书意画意相通。笔端流露出的意趣，归根结底来源于人心的意趣。书家写书与绘画时的笔意常常相通，甚至相似。因此，鉴赏绘画时，除了形

---

① 张彦远：《历代名画记 · 论顾、陆、张、吴用笔》。

② 季伏昆编著：《中国书论辑要》，江苏美术出版社 2000 年版，第 560 页。

③ 赵孟頫：《自题秀石疏林图》。

④ 柯九思：《画竹自跋》。

⑤ 唐岱：《绘事发微 · 画名》。

象及题材外，由书法用笔所流露出的微妙笔意，往往更耐人寻味，这既是书意，也是画意。

古人也曾从这个角度论述书画相通，如元末文人朱同说："昔人评书法，有所谓龙游天表、虎踞溪旁者，言其势；曰劲弩欲张、铁柱将立者，言其雄；其曰骏马青山、醉绵芳草者，言其韵；其曰美人插花、增益得所者，言其媚。斯评书也，而予以之评画，画与书非二道也。"[①] 这就是从书法的笔意和风格来谈画意的。

比如苏轼所激赏的"书意"是："吾虽不善书，晓书莫如我；苟能通其意，常谓不学可。貌妍容有矉，璧美何妨椭；端庄杂流丽，刚健含婀娜。"[②] 可见，他不赞成单一，而喜欢能将刚柔、静动、文野两种对立风格和谐统一起来的书法。特别是他不排斥丑，美中融进丑，恰好是书家自身个性的流露，而且能为美增添别样的吸引力。

文人画与诗、书的关系可以概括为：书为画之骨，诗为画之灵。因为有了书，文人画更多了笔墨意趣；因为有了诗，文人画更多了文化意蕴。于是，书论、诗论均可用之于画。比如，诗讲究境界，追求象外之象、味外之旨，文人画也追求这种境界。

大部分画家的书意画意一致，但也有特立独行者，如倪瓒的书意画意相反。他的绘画用笔看起来秀气而丝毫不着气力，后学不注意其内涵的笔力，而往往失之"雅弱"。但画上的题跋加入隶体笔意，宽大的波磔与略显扁平的字体配合，显得敦厚凝重，与画面风格的清淡灵动是不一致的，这说明书意与画意不必完全相同，可以在对比中达到整体和谐。

文人画臻于化境，表明文人画已高度成熟。文人画是传统文化的集大成者，自己的气运也与传统文化的命运紧紧地拴在一起。当传统文化处于上升的辉煌时期，文人画通过画与文的结合获得突破性发展；但古典时代逐渐消逝，清代的文人画也就不可避免地走向衰落。

---

① 季伏昆编著：《中国书论辑要》，江苏美术出版社 2000 年版，第 559 页。

② 苏轼：《次韵子由论书》。

第五节 元朝文人画代表性理论

一、“写胸中逸气”说

元代绘画美学最具代表性的理论是“元四家”（黄公望、王蒙、倪瓒、吴镇）之一倪瓒的“写胸中逸气”说。倪瓒（1301—1374），字元镇，号云林子、朱阳馆主等，常州无锡人。家富有，筑园林，名清閟阁，过着安逸的读书作画生活。倪瓒研求佛学，好参禅，自述“嗟余百岁强半过，欲借玄窗学静禅”。

倪瓒的山水画笔墨简疏，气氛荒寒，不求形似，但求写意，他说：

仆之所谓画者，不过逸笔草草，不求形似，聊以自娱耳。近迂游偶来城邑，索画者必欲依彼所指授。又欲应时而得，鄙辱怒骂，无所不有，冤矣乎！讵可责寺人以不髯也！是亦仆自有取之耶？①

以中每爱余画竹，余之竹聊以写胸中逸气耳。岂复较其似与非，叶之繁与疏，枝之斜与直哉！或涂抹久之，他人视以为麻为芦，仆亦不能强辨为竹。真没奈览者何，但不知以中视为何物耳。②

倪瓒这篇《论画》可视为文人画宣言或者说中国表现主义画派的宣言。这里有两点值得注意：

第一，重真与重意。

倪瓒明确说，他作画“不求形似”，他所画的竹，他人视之为麻为芦，他都不在乎，他画竹不过是“写胸中逸气”罢了。这个观点看起来很极端，很特别，然而它是元代普遍的审美风气，是时代的审美情趣。不独倪瓒如是说，如“元四家”之一吴镇也说：“墨戏之竹，盖士大夫词翰之余，适一时之兴趣，与夫评画者流，大有寥廓。尝观陈简斋墨梅诗云：意足不求颜色似，前身相

① 倪瓒：《答张藻仲书》。

② 倪瓒：《跋画竹》。

马九方皋，此真知画者也。”① 元代著名绘画理论家汤垕谈画梅竹云：“画梅谓之写梅，画竹谓之写竹，画兰谓之写兰。何哉？盖花卉之至清，画者当以意写之，初不在形似耳。”②

这牵涉到元画与宋画的区别问题。宋画主真，真有三个层次：一是形真，这在花鸟画中体现得最突出；二是神真，这在人物画中体现得最突出；三是理真，这贯穿在所有的画种之中。宋代理学家讲“理”，这“理”既是“物理”，又是“天理”。受理学的影响，绘画也讲“理”。宋代画家韩纯全就说：“天地之间，虽事之多，有条则不紊；物之众，有绪则不杂，盖各有理之所寓耳。”③

元人既不讲形似，也较少讲神似，更不讲“理”，突出讲的是“意趣”“逸气”“兴”等主观性的情绪意兴。明代画家董其昌有一段话很准确地说明了元画与宋画之区别：

> 东坡有诗曰：“论画以形似，见与儿童邻；赋诗必此诗，定知非诗人。”余曰：此元画也。晁以道诗云：“画写物外形，要物形不改；诗传画外意，贵有画中态。”余曰：此宋画也。④

由尚真到尚意这是一个时代性的变化。近代黄宾虹有言曰：“唐画如曲，宋画如酒，元画如醇。元画以下渐如酒之加水，时代愈后，加水愈多。近日之画已有水无酒，故淡而无味。”⑤ 黄宾虹这段话可说对元画做了最高的评价。

第二，“逸气”与“逸笔”。

倪瓒在上引的论画之中提出“逸气”“逸笔”这两个概念，也是值得注意的。“逸”，早在唐代就有朱景玄将之作为绘画的一个品级提出来了，名之曰“逸品”。宋代的黄休复又提出“逸格”。这里，倪瓒又提出“逸气”“逸笔”。

---

① 吴镇：《论画》。

② 汤垕：《画鉴》。

③ 韩纯全：《山水纯全集》。

④ 董其昌：《画禅室随笔》。

⑤ 转引自俞剑华：《中国绘画史》下册，商务印书馆1954年版，第32—33页。

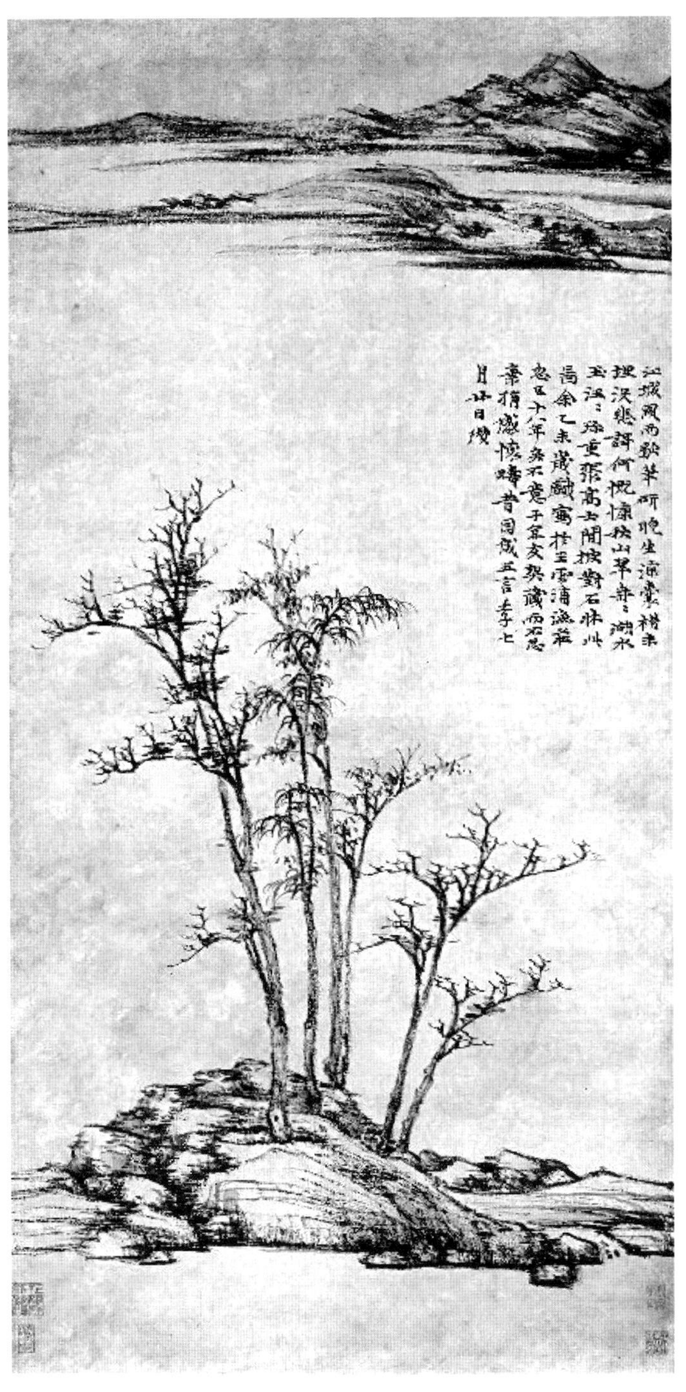

(元) 倪瓒:《渔庄秋霁图》

“逸气”，广义的理解可以说是意兴情怀，但倪瓒不用“意”“兴”“情”“志”这些概念，而偏要用“逸气”，可见有深意。据有关资料介绍，倪瓒“有晋人风气，性狷介，好洁”，“晚年扁舟独坐，与渔夫野叟混迹五湖三江”。① 这样看来，“逸气”当指道家、玄学的思想意识。这种思想意识正是文人画家所推崇的。

“逸笔”是“简率”之笔，这是元画的基本画法。元画风格的开创者赵孟頫就用这种笔法作画。他说：“吾所作画，似乎简率，然识者知其近古，故以为佳。”② “简率”当然不是简单、草率，它是指这样一种画法：意兴情绪直接作用于手，不拘成法，一任心灵活动而形之于墨迹线条。这种画法又叫“写意”，它是文人画的基本画法。

二、书法入画说

元朝最重要的画家、书法家是赵孟頫（1254—1322）。赵孟頫，字子昂，号松雪、鸥波，水晶宫道人，湖州人。南宋亡后，曾在元朝为官，不久辞官退隐。赵孟頫的绘画题材广泛，人物、花鸟、山水，无所不能，画风多样，或工整，或豪放。董其昌曾评其画“有唐之致去其纤，有北宋之雄去其犷”。赵孟頫亦是元代最重要的书法家，他的书法清丽妩媚，为历代所重。正是基于在绘画、书法两方面的精深造诣，更重要的是当时盛行的文人画的画风，赵孟頫提出“书法入画”说。

用书法的笔法入画这也是文人画的重要特点，相比于宋画，这也是一种新的画法。赵孟頫说：

> 石如飞白木如籀，写竹还应八法通。若也有人能会此，须知书画本来同。③

柯九思（1290—1343）也谈到“书法入画”的问题。柯九思，字敬仲，台州仙居人，他长于画竹，并且常用草书的方法画竹枝，对“书法入画”深

---

① 沈子丞编：《历代论画名著汇编》，文物出版社 1982 年版，第 205 页。
② 赵孟頫：《论画》。
③ 赵孟頫：《自题秀石疏林图》。

有体会，他说：

写竹，干用篆法，枝用草书法，写叶用八分法，或用鲁公撇笔法，木石用折钗股、屋漏痕之遗意。①

杨维桢（1296—1370），字廉夫，号铁崖，山阴人，是元代著名诗人、文学家，所著诗号“铁崖体”。他不是画家，但懂画，他对书画关系有深刻理解，他说：

书盛于晋，画盛于唐宋，书与画一耳。士大夫工画者必工书，其画法即书法所在。然则画岂可以庸妄人得之乎？②

中国很早就有书画同源的说法，但书与画其实是两门不同的艺术。书法虽以线条造形，但它不以再现客观物象为目的，它的审美功能主要是表现，即以抒写书法家自身的情感意趣为主。就它的这一功能而言，它近于音乐，而且它与音乐一样是高度抽象的艺术，其意味具有最大的模糊性。书法要好，需要深厚的文化修养特别是文学修养。它的审美意味又有些近似于诗，需要借助于想象在头脑中形成一种审美意象。书法是一种文学趣味很浓、哲理意味深邃的艺术，除了线条之美外，作为文学或文章，它的含义也能增加它的审美魅力。

元代画家强调用书法的笔法去作画，意图在于吸取书法艺术的音乐性、文学性、哲理性，让侧重于再现的绘画艺术获得更多的表现意味、文学情趣和哲理情思。中国绘画由于吸取了书法的营养，实现了它的变革，成为一种侧重于抽象的、写意的、主观的艺术，而与西方那种侧重于具象的、写形的、客观的艺术迥异其趣。

中国画在元代完成的变革，意义极为深远。

中国画的发展历程由重真终于走向了重意。自魏晋起就讨论不休的形神问题总算解决，那就是明代画家沈周所说的：“山水之胜，得之目，寓诸心，而形于笔墨之间者，无非兴而已矣。”③ 石涛亦说：“山川使予代山川而言也，

---

① 柯九思：《画竹自跋》。

② 杨维桢：《图绘宝鉴序》。

③ 转引自（清）卞永誉：《书画汇考》。

山川脱胎于予也，予脱胎于山川也。搜尽奇峰打草稿也。山川与予神遇而迹化也，所以终归之于大涤也。”① 一句话，形神最后统一于画家的兴趣，统一于“我”。从本质上来看，中国画是由一定的物象作依托但纯然是突出主观意兴的艺术，这种艺术与西方以再现为本位的艺术迥然不同。

① 石涛：《画语录 · 山川章第八》。

第七章

元朝书法美学

中国书法美学的发展，大体上循着否定之否定的路前进着，晋尚韵，唐尚法，宋尚意。而到元，则又出现尚法的倾向。亦如中国文学发展，常以“复古”开路，书法的发展也常打着“复古”的旗号。当然，实际上不可能真正做到复古，主要是强调学习、继承古人的某一个方面。复古倡导者主要还是根据时代的需要，同时也根据自身的素质和审美趣味，创造出新的美学风格来。元朝书法之所以在中国书法史上占据重要地位，是因为出了大书法家赵孟頫。赵孟頫的书法主要继承自王羲之，基本风格仍然是姿媚一路，颇为潇洒，但又吸取了唐代书法的法度，内刚外柔，人称“赵体”。这种赵体，接近民众，普遍受到欢迎，影响巨大。明代董其昌称其“俗”，含贬义，其实是偏见。元代书法大家还有鲜于枢（1256—1301）。他的书法结体方阔，侧锋用笔，骨力强健，与赵孟頫的书法另异其趣。其他还有邓文原、耶律楚材、康里子山等。值得一提的是，赵孟頫的妻子管仲姬、儿子赵雍也都是大书法家。元代的书法美学体现出继承传统、开拓新路、更接地气的特色。

第一节　赵孟頫：“天然俊秀”

由于种种原因，元代的艺术，除戏曲外，书法、绘画均不及宋代。就书法来说，宋代书坛名家众多，群星灿烂，元代书坛，名家不多。不过，元代书坛仅赵孟頫一人的成就也足以在某种意义上与宋代书坛相抗衡。明代何良俊云："宋时惟蔡中惠，米南宫用晋法，亦只是具体而微。至元时有赵集贤（赵孟頫）出，始尽右军之妙，而得晋人之正脉，故世之评其书者，以为上下五百年，纵横一万里，举无此书。"① 明代学者杨慎亦认为"吴兴赵公之书冠天下"②。

赵孟頫的书法美学思想主要体现在三个方面。

一、关于书法的本质

在《跋晋王羲之七月帖宣和御览》中，赵孟頫说："书，心画也。百世之下，观其笔法正锋，腕力遒劲，即同人品。"③

中国古代文论、画论、书论中不乏将人品与文品、画品、书品联系起来的观点，认为这两者一致。这种观点值得分析：

第一，从著文（诗、书、画）必须重视人品修养的意义上言，此观点是有价值的。不论从理论上来分析，还是从实践上来看效果，人品修养对于文学艺术创作有着重要影响。

第二，文有内容与形式两个方面，受人品修养影响大的是内容，形式则少受影响。

第三，文可以矫饰，就是说，著文可以将自己品格坏的方面隐藏起来，误导读者。

第四，如果不是讲人品，而是讲气质，文学家、艺术家的气质的确能够在他的作品中得到一定的展示，在文学上主要为用语风格，在书、画则主要是线条、色彩的运用。气质不是道德，它没有善恶。

从王羲之的书法来说，他的书品与人品确是一致的。这一点赵孟頫特别加以肯定，他说王羲之是"晋室第一流人品"。王羲之的书品是晋室第一

---

① 何良俊：《四友斋丛说》。

② 杨慎：《黑池琐录》。

③ 赵孟頫：《跋晋王羲之七月帖宣和御览》。

流的书品。赵孟頫说："晋之政事无足言者，而右军之书千古不磨。"① "右军人品甚高，故书入神品。"②

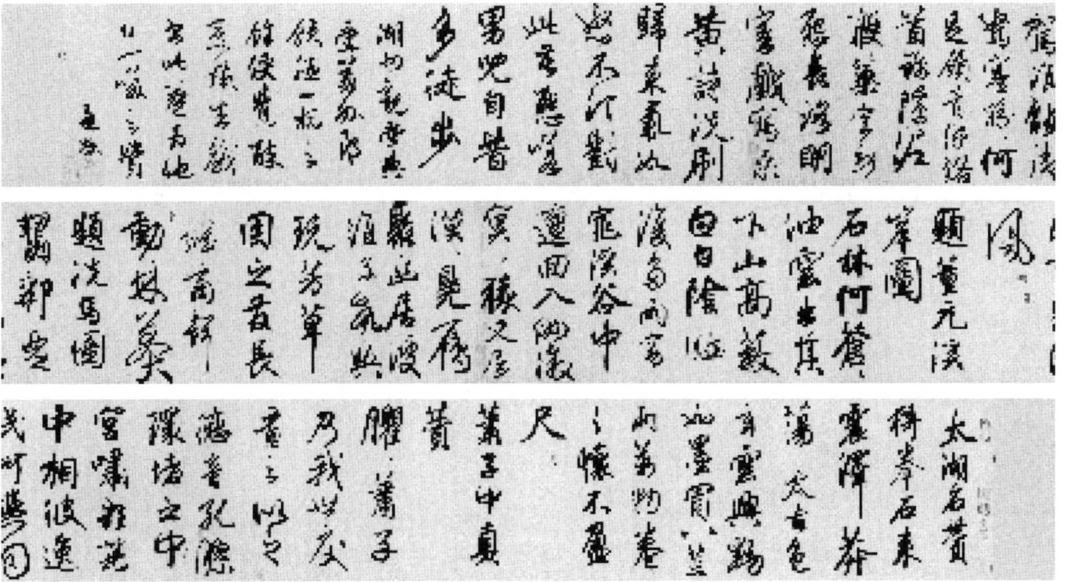

(元) 赵孟頫：《太湖石赞》

第一流的书品确需要从第一流人品流出，但第一流的人品是否能写出第一流的书品？则不一定。原因是人品只是影响书品的一个元素，尽管是重要的或者说第一元素。影响书品的因素很多且因人而异。

二、关于书法的审美理想

赵孟頫关于书法的审美理想从他对于历史上重要的书法家的评论中体现出来。他关于书法美的推崇因人而异，不一定全部切合于他本人的书法创作，却都是应该肯定并给予崇高地位的。

① 赵孟頫：《定武兰亭跋》。

② 赵孟頫：《定武兰亭跋》。

（一）刚柔相济

赵孟頫跋王羲之的《七月帖》："圆转如珠，瘦不露筋，肥不没骨，可云尽善尽者矣！"① 另，他还在《定武兰亭跋》中说王羲之的《兰亭帖》"肥瘦得中"，凡此说明刚柔相济正是赵孟頫书法上的追求。

（二）雄秀俊气

关于写字，赵孟頫认为"以用笔为上"虽然结字重要，但"结字因时相传，用笔千古不易"。他认为，王羲之的字用笔最为讲究，而用笔体现为字势，"右军字势，古法一变，其雄秀之气，出于天然，故古今以为师法，齐梁音人，结字非不及古，而乏俊气，此又存乎其人，然古法终不可失也。"②

王羲之也用"雄秀"称赞苏东坡的书法。他说："观东坡书法，高出千古，而笔势雄秀，骨肉停匀，真得书家三昧者，非鄙俗所能拟议。"③

（三）拙老

赵孟頫在《跋宋宁宗书谱》中说到宋宁宗的书法，说是"苍然之色，穆然之光"，评价是"超凡入圣，出于自然"。这种书法，"六传而至孟頫"。赵孟頫说他"虽童而习之，白首而不得其原"，最后悟出书法"不难于巧，而难于拙，不难于媚，而难于老"④。

拙、老，主要体现在精神上，赵孟頫的书法，初看起来有巧，也有媚，但细看则能看出其拙、其老。

（四）天然挺秀

赵孟頫有《评宋人十一家帖》，对宋代十一位书法家的作品有论述：

> 古宋人十一家书，皆表表著见者，尝试评之。李西台书，去唐未远，犹有唐人余风。欧阳公书，居然见文章之气。蔡端明书，如周南后妃，容德兼备。苏子美书，如古任侠，气直无前。东坡书，如老罴当道，百兽畏伏。黄门书，视伯氏不无小愧邪。秦少游书，如水边游女，顾影自

---

① 赵孟頫：《跋晋王羲之七月帖宣和御览》。

② 赵孟頫：《定武兰亭跋》。

③ 赵孟頫：《跋苏轼中山松醪赋卷》。

④ 赵孟頫：《跋宋宁宗书谱》。

媚。薛道祖书，如王谢家子弟，有风流之习。黄长睿书，如山泽之癯，骨体清彻。李博士书，如五陵贵游，非不秀整，政自不免于俗。黄太史书，如高人胜士，望之令人敬叹。米老书，如游龙跃渊，骏马得御，天然拔秀，诚不可攀也。①

这段文字对于宋代诸书家的评论都很精辟，特别值得注意的是对米芾的评论，他认为米芾的书法“天然俊秀，诚不可攀也”，这“天然俊秀”正是他的审美追求。关于米芾的书法，他还在《跋米南宫临谢太傅慰问帖》中有过评论，称米芾书“振迅飞骞，书家之豪也”。

虽然这些都是对他人的评论，但也可以看出他的审美追求。概括起来，他看重刚柔相济、肥瘦适中的中庸风格，推崇天然俊秀的飞动精神。

三、关于《兰亭帖》

前代书家都是赵孟頫虚心学习的对象，但他最为心仪的对象无疑是王羲之。王羲之的书法作品里，他又特别推崇《兰亭》。对于如何学习《兰亭》，他有独到的见解：

东坡诗云：“天下几人学杜甫，谁得其皮与其骨。”学《兰亭》者亦然。黄太史云：“世人但学兰亭面，欲换凡骨无金丹。”此意非学书者不知也。②

赵孟頫说书有“皮”有“骨”。有皮有骨，也就是有形有神。我们知道，绘画中有形神问题，书法中也有。绘画中的形神与书法中的形神，有相通之处，但也有不同。绘画有所画的对象，这对象有形，也有神。另外，绘画作为画家的创造，是画家思想情感的物态化形式，故画中的神也含有画家的神。书是由线条构成的墨的世界，有形。这形，可以让人联想到现实世界的某物，如一点，像高峰坠石，一撇，像宝剑出鞘。就像物来说，似是与绘画一样，其实大不相同。书法的形与现实世界某物相似，只取一点意味，

---

① 赵孟頫：《评宋人十一家帖》。

② 赵孟頫：《定武兰亭跋》。

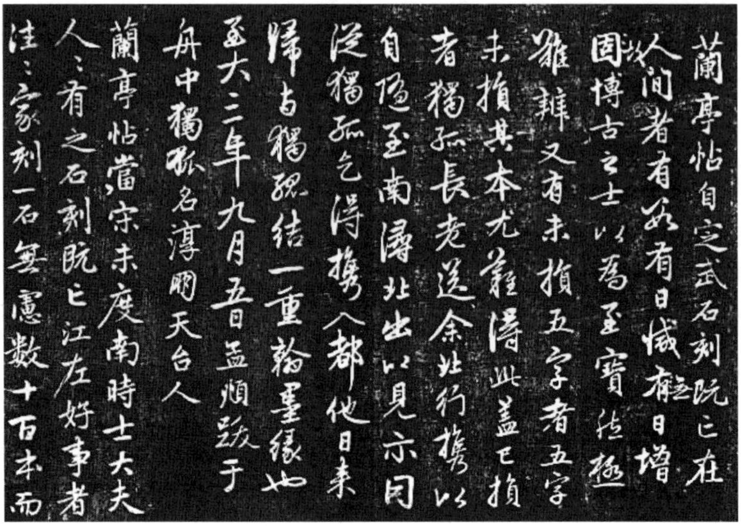

(元) 赵孟頫:《兰亭十三刻》

其实很不似。在书,最重要的是体现一种力量与韵味,这力量和韵味就是书的神。书的神也许与自然界的某种生命力相似,但更多的是体现出书家自身的情操、品格、智慧和趣味。王羲之的《兰亭》其形其神,让人联想到春天蓬勃的生命气息,但更多的是让人联想到王羲之高洁磊落的襟怀。

自《兰亭》问世以来,模仿者、学习者千千万万,能得其“骨”者有多少?赵孟頫引用黄庭坚的话说:“世人但学《兰亭》面,欲换凡骨无金丹。”[①] 看来,模仿者欲得其“骨”是不可能的,原因何在?就在于不可能做到具有王羲之那样的襟怀。严格来说,王羲之的《兰亭》是独一无二的,不要说别人无法模仿,就是王羲之本人也不能模仿。

第二节　郑杓:“字有九德”

元代书法尚法,主要体现在郑杓的《衍极》一书中。郑杓,字子经,生卒年不详,莆田人,一说仙游人。郑杓是书法家,也是书法理论家。他的基

① 赵孟頫:《定武兰亭跋》。

本思想是复古，而复古的目的，是尚法。他从仓颉造字谈起，说是“仓史氏出，仰观俯察，以造六书，通天地之幽秘，为百王之宪章”。将汉字造字的六种方式“六书”作为书法的“宪章”，可见他是多么重视书的法度了。郑杓的复古不只复唐代的书法，还要复汉代的书法。他说：

蔡邕鸿都石经，为古今不刊之典，张芝钟繇，咸得其道。伯英圣于一笔书，元常神妙于铭石。王羲之有高人之才，一发新韵，晋末能人，莫或敢拟。李阳冰生于中唐，独蹈孔轨，潜心改作，过于秦斯。张旭天分极深，浑然无迹。颜真卿含弘光大，为书统宗，其气象足以仪表衰俗。①

上面谈到的书法大家都是值得学习的，这中间，他特别提到颜真卿，说是“含弘光大，为书统宗”，其地位最高。

为什么如此推崇颜真卿？这与他提倡字要有“九德”相关。他说：

夫字有九德，九德则法。法始乎庖牺，成乎轩、颉，盛乎三代，革乎秦、汉，极乎晋、唐。万世相因，体有损益，而九德之有损益也。或曰：九德孰传乎？曰：天传之。又问自得？曰：无愧于心为自得。②

这段文字极重要，它是郑杓尚法的宣言。“九德”源自《尚书·皋陶谟》。皋陶向大禹说，人应该具有九种品德：宽而栗（既宽宏又严肃），柔而立（既柔顺又自立），愿而恭（既老实厚道又恭敬礼貌），乱而敬（既很有才干又做事谨慎），扰而毅（既和顺又果决），直而温（既正直又温和），简而廉（既志向远大又注重小节），刚而塞（既刚强又多智），强而义（既勇敢又善良）。

“九德”是做人的原则，后世儒家将它纳入自己的道德体系，郑杓将这种做人原则当作书法的原则，这实际上是在标举一种书法美学体系——儒家书法美学体系。

与“德”相应，郑杓提出“法”。他说：

夫法者，书之正路也。正则直，直则易，易则可至。至则妙，未至

① 郑杓：《衍极》。

② 郑杓：《衍极》。

亦不为迷。人偭则邪，邪则曲，曲则难，于是暗中苏援，转脱淫夸，以枭乱世俗。学者审其正邪难，几于何方矣。[①]

这里说的“法”含义很广，不只是书道，还有人道，甚至有天道。郑杓强调“法”，说它是“书之正路”。那就是说，要写好字，必须要做好人，而要做好人，不仅要循道德而行事，而且还要察天道而明理。因为在郑杓看来，“圣人之造书也，其得天地之用乎！奇雄雅异之观，静而思之，漠然无朕，散而观之，万物纷错，书之义大矣哉！”[②]

儒家的思想在艺术中的影响本来主要体现在诗文中，唐代张彦远说：“夫画者，成教化，助人伦，穷神变，测幽微，与六籍同功，四时并运，发于天然，非由述作。”[③] 将儒家的思想纳入绘画之中，现在，郑杓又将儒家的思想纳入书法之中，这样，儒家在整个艺术领域中的统治地位已经确立。

颜真卿是儒家知识分子的典范，是书品与人品相一致的典范，故而受到郑杓极高的评价。坚持人品与书品相统一的立场，主要从人品出发来评价书法，这是儒家书法美学的基本立场，郑杓可以视为代表。郑杓这一观点，后来得到继承，清代的刘熙载说：“书，如也，如其学，如其才，如其志，总之，如其神而已。”[④]

第三节 释溥光：永字八法

溥光是元初的一位僧人，俗姓李，号雪庵，山西大同人。溥光工书法，尤善大字。赵孟頫对他很佩服，梁谳的《评书帖》云：“子昂见僧雪庵书酒帘，以为胜己，荐之于朝，名重一时。”由于赵孟頫的举荐，溥光入朝为官，为资善大夫、昭文馆大学士。溥光的书学论著主要有《雪庵字要》《雪庵永字八法》等，这些著作多为他自己学习写字的体会，可以见出他对书法审美的一

---

① 郑杓：《衍极》。

② 郑杓：《衍极》。

③ 张彦远：《历代名画记 · 叙画之源流》。

④ 刘熙载：《艺概 · 书概》。

些重要观点。

一、布书

溥光创布书。他自述创造因缘：

予昔饮于刘璟之家，醉歇小轩之中，谓璟曰："此轩甚雅，予愿为子书'东山清致'四字，惜无大笔于此。因见窗间前，纸墨皆便，乘兴捽衣襟浸墨而书，醒后复视，其字美甚，有苍劲古雅之趣。因此常以布书，日久而精妙入神，取其'永'为法，设其四式，名曰'捽襟字法'也。故录之以广其传，凡学者不可以易而慢之，倘有其功，则妙验自然而见矣！"①

布书，即是用布为笔的书写。出自偶然，本不当为法，但是后来坚持练习，并且总结出写法来，就成为一种书写方式了。

这种书写方式创造了一种书写的美，用溥光自己的话来说，"其字美甚，有苍劲古雅之趣"。

正常写字用毛笔，毛笔创造的美，离不开这笔，它的突出特点是笔画可刚可柔，可圆可方，可肥可瘦，可曲可折，可粗可细，可疾可除。毛笔的这些特点在被替换为布笔之后，几乎全部变形了，变形的笔画创造了一种新的美。

由此可见，书法的美在很大程度上取决于笔。这其中，无疑书家的手法腕法起着决定性的作用，但笔自身的材料性质也不可忽视。

二、永字八法

永字八法出自东汉的大学者蔡邕，据溥光介绍，"蔡文姬传载蔡邕授于神人之八法。""此法至唐张旭以授李阳冰，始广传于世"。溥光详尽地介绍永字八法，在介绍中见出一些重要的美学观点。

(一) 八法即八势

八法本来为构成字的八种笔画：点、勒、竖、挑、策、掠、啄、磔等。溥光

① 溥光：《雪庵字要·永字八法》。

在解释时全给加一个势字，于是这八法就成为：侧势、勒势、努势、趯势、策势、掠势、啄势、磔势。

势，是一个重要的美学范畴。势是力的一种状态，此状态体现为事物发展的取向。势传达于一种特殊的动态美。这种动态美激发人的想象，拓展审美的天地，深化审美的意义。中国古典建筑中的飞檐，是势之美的典范。书法中的任何一种笔法，均应有势的意味。不同的笔画体现为不同的势。溥光以势论笔画，深得笔法的奥妙。试举他论趯势为例：

> 趯势第四（挑谓之趯）
>
> 口诀云：傍锋轻揭借势，势不劲，笔不挫，则意不深。趯与挑一也。锋贵涩出，适期于倒收，所谓欲挑而还置也。《笔诀》曰："即是努笔下杀笔趯起是也。法须挫衄转笔出锋，伫思消息，则神踪不坠也。"①

这段话说了两种势：一是"借势"，傍锋轻揭借势，即是利用傍峰轻轻地提起；二是蓄势，即笔锋倒收，欲挑但不挑，停住以蓄势。另，"挫衄转笔出锋"，也是蓄势。

（二）八法即八形

八法落实为笔画，即为八种形状，溥光用八种实物为比喻：点为"高峰坠怪石"，勒为"挽转马缰绳"，努为"安弦索"，趯为"球靴上升"，策为"扫拂几间尘"，掠为"斜挥一伐薪"，啄为"凿功夫无异势"，磔为"盖物去其巾"。

众多的比喻，启发书家从自然界、从现实生活找灵感，让笔画体现出生命的力感，生活的气息。

（三）八法即八美

关于此，专有一歌：《美歌》。歌云："字中八美非常美，知此工夫如骨髓。藏头收尾隐三峰，偷肉减节巧一体。浮筋露骨苍古容，壮体收肢均称理。皆妙诀即其传，得此真传妙无比。"这里谈到了诸多的美，有"藏头收尾"的"隐"之美、"偷肉减节"的"一体"之美、"浮筋露骨"的"苍古"之美、"壮体

① 溥光：《雪庵字要·永字八法》。

收肢”的“称理”之美，等等。

三、外法

从笔法上来说，有八法。八字主要还是技法，要写好字，仅懂八法还不行。于是，溥光提出“外法”。“外法”很多，溥光举例，有蔡邕的“散”法，王羲之的“凝神静虑”法，智果的“自得盈虚”法，唐太宗的“气宇融和”法，孙过庭的“五乖”“五合”法，苏轼的不同书体不同结构法，等等。看来，外法，更多地涉及书道以及创造性的问题。

总之，在写字的问题上，溥光从基础技法永字八法入手，努力地向着书道提升，为中国书法理论理出了一条清晰的逻辑思路。

第四节　陈绎曾：生命书法

陈绎曾是元代元统至元年间的书法家，仕元，官至国子助教。《翰林要诀》是他的一部论书法的著作，共十二章：一、执笔法；二、血法；三、骨法；四、筋法；五、肉法；六、平法；七、直法；八、圆法；九、方法；十、分布法；十一、变法；十二、法书。这些法很细，几乎囊括了写字的一切具体的技法，包括如何握笔，如何用笔，如何用砚等，是写字的启蒙教材。虽然是一部普及性的书，但它所表达的美学思想不容小觑。

此书在理论上的贡献就是它将写字看成一种生命的活动。这集中体现在第二、三、四、五法和第十一法。

第二、三、四、五法是一个整体，分别为血法、骨法、筋法和肉法。

血法：讲用笔。笔中有墨水，墨水的运用与用笔时的力道直接相联系。具体为七种用笔：蹲、驻、提、捺、过、抢、衄。每一种笔法都涉及力道，如“捺”，为“九分力满”；“过”，为“十分疾过”。也涉及笔毫中的含水量，如“驻”，为“七分力到水聚”；“提”，为“三分大指下节骨竦水下”。最后，它有一个概括性的表述：

> 字生于墨，墨生于水，水者字之血也。笔尖受水，一点已枯矣。水

墨皆藏于副毫之内，蹲之则水下，驻之则水聚，提之则水皆入纸矣。捺以匀之，抢以杀之、补之，衂以圆之。过贵乎疾，如飞鸟惊蛇，力到自然，不可少凝滞，仍不得重改。①

这里提出“水者字之血也”，对墨的干湿润涩的认识达到新的高度。陈绎曾是从生命的意义上认识书法。在他看来，书法作品是有生命的，它就是人。是人皆有血液，从墨中所体现出来的水分，就是字的血液。既然如此，握笔及运笔，就要关注笔毫中的水分的流动。“蹲之则水下，驻之则水聚，提之则水皆入纸矣”。而在墨水入纸时，不同的笔画其水的入法不同，如“捺”，墨水的入纸为“匀”；“抢”，就是“杀”“补”。这些认识，意味着写字实质是生命在运动。

骨法：主要讲两种用笔，“提”和“纵”。陈绎曾认为：“提，竦大指下节骨下端，提尾驻飞。纵，和大指下节骨下臼，蹲首驻捺衂过。”两种用笔涉及指骨头的不同部位。于是，陈绎曾将字之骨与人之骨联系起来：

字无骨，为字之骨者，大指下节骨是也。提之则字中骨健也，纵之则字中骨有转轴而活络矣。提者大指下节骨下端小竦动也，纵者骨下节转轴中筋络稍和缓也。②

通常我们理解的字有骨，是指字写得有力度，而陈绎曾显然不是这样理解的，他说的字之骨固然是力度的体现，但是他强调的是，这力度与写人的指关节的运动直接相关，是“提”这样的指骨关节的运动，让笔下的字居中且有骨力。同理，是“纵”这样的指骨关节的运动，让笔下的字“转轴而活络”。

筋法：筋法体现在“藏”和“度”两种用笔之中，“藏，首尾蹲抢；度，中间空中飞度。”陈绎曾概括筋法：

字之筋，笔锋是也。断处藏之，连处度之。藏者首尾蹲抢是也；度者空中打势，飞度笔意也。③

① 陈绎曾：《翰林要诀》。

② 陈绎曾：《翰林要诀》。

③ 陈绎曾：《翰林要诀》。

"筋"主要体现在笔画的断与连上。不论是单字，还是整幅字，均要见出筋的意味来。所谓筋的意味，就是断而有连，连中有断，体现生命的变化与坚韧。

肉法：肉法主要有"捺满""提飞"两种用笔，陈绎曾没有具体分析"捺满""提飞"，但他对于字之肉，作了概述：

字之肉，笔毫是也。疏处捺满，密处提飞。捺满即肥，提飞则瘦。肥者毫端分数足也，瘦者毫端分数省也。①

原来，"肉法"讲的是字的肥瘦问题。字的肥瘦与用笔有关，"捺满即肥，提飞则瘦"。因此把控好用笔，特别是"毫端分数"很重要。

第十一法为变法。变法从情、气、形、势四个方面谈字。

情：喜怒哀乐，各有分数。喜即气和而字舒，怒则气粗而字险，哀即气郁而字险，乐则气平则字丽，情有重轻，则字有敛舒险丽亦有浅深，变化无穷。

气：清和肃壮，奇丽古淡，互有出入者是。窗明几净，气自然清；笔墨不滞，气自然和；山水仙隐，气自然肃；珍怪豪杰，气自然奇；佳丽园池，造化上古，气自然古；幽贞闲适，气自然淡。八种交相为用，变化又无穷矣。

形：字形八面，迭递增换，一面变，形凡八变，两面变，形凡五十六变，三面以上，变化不可胜数矣。

势：形不变而趋背各有情态。势者，以一为主，而七面之势倾向之也。②

这段阐述很精彩。书家的情与字关系很大。书家的情经过书家的手，外化为字，这样，字就如其情。于是，字的舒、险、敛、丽与情的喜、怒、哀、乐就建构了内在的对应性。

气的问题要复杂一些，因为在中国古代文化，何谓气，有着不同的理解。

---

① 陈绎曾：《翰林要诀》。

② 陈绎曾：《翰林要诀》。

此处说的气，涉及情绪、世界观、气质、兴趣、性格等诸多方面的问题：

“窗明几净，气自然清；笔墨不滞，气自然和”，这主要讲当下的情绪对气的影响；

“山水仙隐，气自然肃”，这主要说世界观对气的影响；

“佳丽园池，造化上古，气自然古”，这主要说气质、兴趣对气的影响；

“幽贞闲适，气自然淡”，这主要说性格对气的影响。

所有这一切，又与环境相关。

“形”“势”侧重于谈字形，形多变化，势与力的趋向有关，凡此种种均可以从人的生命中找到原因。

陈绎曾的《翰林要诀》是生命书法的精彩阐述。

第八章
赵孟頫的美学思想

元朝美学，赵孟頫处于极其重要的地位。元朝是蒙古族统治的中国王朝，然而，它的政治体制与被它推翻的南宋政权具有某种继承性，元朝汉化的重要开始是尊孔子。元世祖忽必烈定都北京后，下令在北京建孔庙。元成宗于大德十一年（1307）加封孔子大成至圣文宣王，这标志着蒙元帝国要以汉文化为自己的国家文化，以儒家思想为国家意识形态。元朝虽然只存在97年，但汉化工程取得了很大的成功。可以说，元朝是中国第一个由少数民族统治，而政治文化却继承了华夏文化传统的统一的中原王朝。这个过程中，汉人知识分子起到了重要的作用。这其中，赵孟頫的作用是不可小觑的。赵是宋王室的后裔，他的远祖可以追溯到宋朝的开国皇帝赵匡胤。他的降元以及元对他的极为重视，具有非同小可的意义。作为当时综合修养最高、最好的汉人学者，他在蒙元的汉化过程中发挥了重要的作用。赵孟頫的美学思想在一定程度上见出华夏美学在新的历史时期的重要转型，为华夏文化的发展、为中华民族的统一作出了重要贡献。

第一节　向往"自由"

赵孟頫为宋太祖第四子赵德芳的十世孙，南宋破灭前，仕官于宋。他的仕元，与元世祖访求南朝士人有着直接的关系。元立国后，世祖忽必烈深刻地认识到要想立国长久，必须以华夏文化立国，于是千方百计地访求汉人知识分子来朝做官。与赵孟頫仕元相关的是至元二十三年（1286）程钜夫的奉诏访贤。这次访贤，程钜夫举荐的人才中有赵孟頫。名单上的人，忽必烈都录用了。这些人中，忽必烈尤其喜欢赵孟頫。《元史・赵孟頫传》记载："孟頫才气英迈，神采焕发，如神仙中人，世祖顾之喜，使坐右丞叶李上，或言孟頫宋宗室子，不宜使近左右，帝不听。时方立尚书省，命孟頫草诏颁天下，帝览之，喜曰：'得朕心之所欲言者矣。'"[①] 赵孟頫是少有的为中国异族政权特别看重的汉人知识分子，《元史》说"入国朝，以孟頫贵"，最后官职为翰林学士承旨、集贤大学士，封为吴兴郡公，死后追封为魏国公。这种荣耀，在异族政权中可谓绝无仅有。

赵孟頫在元朝的贡献到底有哪些？从《元史・赵孟頫传》来看，他曾做过廷臣，也做过地方官，确有一些有关国家经济、法治、军事、文化、教育等方面的政绩，但最大的贡献，应该是他在绘画、书法、文学、学术、音乐等方面的著作，这些著作皆是用汉语写的，而且均是华夏传统。他在这方面的巨大成就，《元史・赵孟頫传》是这样评价的：

> 孟頫所著，有《尚书注》，有《琴原》《乐原》，得律吕不传之妙，诗文清邃奇逸，读之，使人有飘飘出尘之想。篆、籀、分、隶、真、行、草书，无不冠绝古今，遂以书名天下。天竺有僧，数万里求其书归，国中宝之。其画山水、木石、花竹、人马，尤精致。前史官杨载称孟頫之才颇为书画所掩，知其书画者，不知其文章，知其文章者，不知其经济之学。人以为知言云。[②]

如此评价也许是对的。赵孟頫在中国文化上多方面的造诣与贡献，在他在世时就为元世祖、元仁宗、元英宗所肯定。《元史》载："帝眷之甚厚，以字呼之而不名。帝尝与侍臣论文学之士，以孟頫比唐李太白、宋苏子瞻。

① 《元史・列传第五十九・赵孟頫》一三。

② 《元史・列传第五十九・赵孟頫》一三。

又尝称孟頫操履纯正，博学多闻，书画绝伦，旁通佛老之旨，皆人所不及。”① 这样，赵孟頫就以自己在华夏文化方面的成就为蒙元帝国的汉化工程起到了旗手的作用。

虽然在客观上，赵孟頫为蒙元汉化工程的元勋，但他自身的心理却并没有这份荣耀感。反过来，他有着巨大的精神压力。压力来自两个方面，一方面，因为他身为汉人，且为宋王室的后裔，在朝廷上，为众多蒙古族的官员所排挤，他们不断地向皇帝进谗言，离间他与皇帝的关系，甚至构陷各种罪名。虽然由于皇帝的保护，各种构陷与离间均没有发生实际的效果，但对于赵孟頫心理上的打击还是很大的。另一方面，就是诸多南宋的遗民对赵孟頫不理解，其中不乏赵孟頫的朋友。南宋画家郑思肖原为赵孟頫好友，南宋亡后，由于两人的政治立场之不同而决绝，《姑苏志》记载：

> 赵孟頫才名重当世，思肖恶其宗室而受元聘，遂与之绝。孟頫数往候之，终不得见，叹息而去。②

其实，赵孟頫对于仕元并不是心甘情愿的，他何尝不知道作为宋宗室的后裔仕元意味着什么。他接受元的召请，其心里的无奈与婉曲，并没有在文章中作出什么说明与解释，他的几首诗倒是透露了他的真实心情：

> 五年京国误蒙恩，乍到江南似梦魂。
> 云影时移半山黑，水痕新涨一溪浑。
> 宦途久有曼容志，婚娶终寻尚子言。
> 政为疏慵无补报，非干高尚慕丘园。
> 多病相如已倦游，思归张翰况逢秋。
> 鲈鱼莼菜俱无恙，鸿雁稻粱非所求。
> 空有丹心依魏阙，又携十口过齐州。
> 闲身却羡沙头鹭，飞去飞来百自由。③

---

① 《元史·列传第五十九·赵孟頫》一三。

② 王鏊：《姑苏志》卷五十五，台湾“商务印书馆”1980年版，第15页。

③ 赵孟頫：《至元庚辰有繇集贤出知济南暂还吴兴赋诗书怀》。

这两首诗写于他仕元五年之后，他有一个机会回乡。对于仕元，他认为是“误蒙恩”，自谦中含自遣，言外之意有无奈。“乍到江南似梦魂”，山水虽依旧，然江山换主，有惊梦之感，遗民之心态显露无遗。眼中的江南山水谈不上美，不是“半山黑”，就是“一溪浑”，对于现实之不满非常鲜明。然后，再三诉说对于“鸿雁稻粱”的不感兴趣，一心想带着家人回乡过普通人的日子。最后，点明他的人生理想：“闲身却羡沙头鹭，飞去飞来百自由。”是“闲身”，是“自由”而且是“百自由”。

回归山林做隐士是中国古代隐士共同的人生理想。但用意有种种不同：有的身在山林，心存魏阙。隐于山，为的是出山。有的看破红尘，故寄情山水，为心找一个安顿处，或为成仙，或为修佛。

赵孟頫的是哪一种呢？也许，都不是。这首诗更多地表达仕元的无奈。他说的“自由”只不过是逃脱元的身体上的控制，应该说，这里的自由缺少美学意味，虽然用了美学的比喻。

赵孟頫《渔父词二首》则有所不同：

> 仲姬题云：人生贵极是王侯，浮利浮名不自由。争得似，一扁舟，弄月吟风归去休。
>
> 渺渺烟波一叶舟，西风落木五湖秋。盟鸥鹭，傲王侯，管甚鲈鱼不上钩。侬住东吴震泽州，烟波日日钓鱼州。山似翠，酒如油，醉眼看山百自由。①

这里所表达的思想是具有美学意义的。它是无功利的，不慕王侯之高位，不管鲈鱼之上钩，他在乎的是眼前山水之美。而且，这种欣赏已经进入物我两忘的境地，这种物我两忘才是他所陶醉的“百自由”。

一辈子的“浮利浮名”，在别人是荣华富贵，而在赵孟頫是“不自由”，他要的是“弄月吟风”的自由。

赵孟頫有首《题商德符学士桃源春晓图》，在倾情描绘此图的种种美景

① 赵孟頫：《渔父词二首》。

之后，他吟道："何处有山如此图，移家欲向山中住。"① 这大概是赵孟頫真实的向往。

第二节 崇尚"古意"

关于绘画，赵孟頫强调他的美学主张是"有古意"。在《自跋画卷》中，他说：

> 作画贵有古意，若无古意，虽工无益。今人但知用笔纤细，傅色浓艳，便自为能手。殊不知古意既亏，百病横生，岂可观也。吾所作画，似乎简率，然识者知其近古，故以为佳，此可为知者道，不为不知者说也。②

中国文化史上，尚古是一个重要的传统，因尚古，故有复古。至少春秋时期起，复古就有了，孔子明确地说"克己周礼"。西汉时期，扬雄仿《论语》作《法言》，仿《易经》作《太玄》，这是复古；唐朝早期，陈子昂痛斥齐梁文风，高扬魏晋风骨，希望"正始之音复观于兹"③。唐朝李白高吟"大雅久不作，吾衰竟谁陈"，"大雅思文王，颂声久崩伦，安得郢中质，一挥成风斤。"④ 这也是复古。唐朝中期，以韩、柳为代表的古文写作，以先秦散文为楷模，提出"师古圣贤人"，同样是复古。而在宋朝，苏轼等的古文写作，对于由唐朝韩、柳开始的古文运动，既是继承又是复古；宋朝山水画、书法也有复古主张。有明一朝，文学复古思潮多达三次；绘画方面，或复唐，或复宋，或复元，论说甚多。清代，仍然有着各种复古之声，虽未形成思潮，但渗透到文化领域的各个方面。

中国文化史上的复古之声大概有两种情况：第一，强调传承，以祖宗家法为制；第二，打着传承的旗号，实行革新。赵孟頫的"作画贵有古意"是

① 赵孟頫：《题商德符学士桃源春晓图》。

② 赵孟頫：《自跋画卷 大德五年三月十日》。

③ 陈子昂：《与东方左史虬修竹篇序》。

④ 李白：《古风五十九首》。

哪种情况呢？

笔者认为，赵孟頫的复古理论包括这两者而又新添政治上的深意。

据著名的海外汉学家、绘画理论研究学者李铸晋的研究，赵孟頫创作上曾出现一个追慕古意的时期。这一时期始于1295年，这一年，自京城回吴兴探亲，并顺访江南山水，此时赵孟頫仕元已经五年。赵孟頫并不是心甘情愿服务于元朝的，作为赵宋宗室的一员，作为汉人，他的心中，有着两个祖国情结：一是赵宋王朝，二是华夏文化。在当时元朝统治者的高压之下，明确地表现出留恋或忠于赵宋王朝，无异于自找死路；而华夏文化，元朝统治者还是给予充分承认的。赵孟頫的“作画贵于古意”，这古意，从政治上来说，主要是华夏文化精神。华夏文化精神，在赵孟頫看来唐朝是体现得最为突出的。具体是哪一种华夏文化精神，赵孟頫可能没有深思，但是，唐朝的雄强在赵孟頫的心中，无疑是最具有震撼力的，宋亡之后，追思宋的繁荣只能徒增哀思与痛苦，而追慕唐朝的雄强，则能给饱经摧残的心灵些许安慰，或许还能增添某种兴国的希望。这一切，在赵孟頫对于唐朝画马名家韩幹的追慕与学习中体现得最为突出。韩幹马画之好，是社会公认的，赵孟頫对于韩幹的认同，不会引起任何怀疑。在《重题人骑图》中，赵孟頫言道：

> 吾自小年便爱画马，尔来得见韩幹真迹画卷，乃始得其意云。[①]
>
> 画固难，识画尤难。吾好画马，盖得之于天，故颇尽其能事。若此题，自谓不愧唐人。世有识者，许渠具眼。[②]

赵孟頫的《人骑图》画了一位穿着红袍的汉族官员骑着骏马，缓缓前行。人的神态气定神闲，此图画的人物与赵孟頫自画像[③]颇相似，故有人认为此人即赵孟頫。

赵孟頫自认他画的马“不愧唐人”。此既是自诩，更是示意。他画的不是一般的马，不是胡马，而是唐马。

画马是中国画的重要题材。它不仅兴起于唐朝，而且在唐朝达到巅峰。

---

① 赵孟頫：《作人骑图自题　元贞二年》。

② 赵孟頫：《重题人骑图　大德三年》。

③ 《故宫博物院院刊》1984年第23期刊赵孟頫两幅肖像。

韩幹是唐朝画马的杰出代表，也是整个中国古代历史上画马的杰出代表。韩幹的马雄壮、威武、华丽、优雅，是唐朝精神标志，也是华夏文化的标志。

赵孟頫明确点明他画的唐马，也就意味着他向世人宣告华夏文化在他心目中的神圣地位。

赵孟頫的画马，遭到过责备，有人题诗云："黑发王孙旧宋人，汴京回首已成尘。伤心忍见胡儿马，何事临池又写真。"① 其实，这是误解。首先，赵孟頫画马有两个特点：一是马均雄壮；二是画中人物均为汉人而不是胡人，而且他明确说，他是学唐朝韩幹的。基于这两个特点，我们倒是有理由认为，赵孟頫的马图，体现的是对以唐朝为代表的华夏文化的自豪，传达的是对复兴华夏文化的期望。

证明赵孟頫复古的真实心理为复兴华夏文化，还有赵孟頫的《跋刘松年便桥见虏图》。此文曰：

> 突厥控弦百万，鸱张朔眼，倾国人寇。当时非天可汗免胄一见，几败唐事。读史者至此，不觉肤栗毛竖。于以见太宗神武戡定之勋，蛮夷率服之义，千古之后，画史图之，凛凛生色。此卷为宋刘松年所作，便桥渭水，六龙千骑，俨然中华帝王之尊，虽胡骑充斥而俯伏道傍，又俨然砻服听从之态，山川烟树，种种精妙，非松年不能为也。孟頫少时，曾观于临安之睦宗院，兹复瞻对于普花平章之宅。回首三十年，感慨系之矣！敬题其后。②

刘松年是南宋画家，他所画的《便桥见虏图》是唐太宗在便桥渭水降服突厥大军的情景。此画的主题是"太宗神武戡定之勋，蛮夷率服之义"。画是刘松年创作的，但对于画的主题的阐述是赵孟頫做的。赵孟頫对于此画的赞赏，已经完全忽视这种评论可能产生的严重后果。好在没事，赵孟頫幸甚！

在做此文的前两年大德三年，赵孟頫还为《宋高宗书孝经马和绘画》写

---

① 李铸晋：《鹊华秋色——赵孟頫的生平与画艺》，生活·读书·新知三联书店2008年版，第60页。

② 赵孟頫：《跋刘松年便桥见虏图　大德五年秋》。

跋。在文章中，他说："中兴皇上，非独以孝敬达于中国，而以奎画行于天下，遒劲婉丽，秾纤巨细，一崇格法，虽钟王复书，虞褚再世，未易过此。"没有涉及政治，但涉及马，让人自然联想到同一年他所画的马，不能说其间没有一种遗民的心理存在。

赵孟頫的诗文也有故国之思。其中有《岳鄂王墓》一首：

> 鄂王坟上草离离，秋日荒凉石兽危。南渡君臣轻社稷，中原父老望旌旗。英雄已死嗟何及，天下中分遂不支。莫向西湖歌一曲，水光山色不胜悲。①

虽然说的是金与南宋的冲突，不涉及元，但会让人联想到元灭掉了宋。正是宋少了岳飞这样的英雄，才造成"天下中分遂不支"的结果。回到杭州，虽风景依旧，但江山换主，赵孟頫的心情只能是"不胜悲"了。

如此感慨兴亡的句子，在赵孟頫诗中还有很多，如："北来风俗犹存古，南渡衣冠不及前"（《闻捣衣》）、"令人苦忆东陵子，拟问田园学种瓜"（《溪上》）、"少年风情悲清夜，故国山河入素秋"（《次韵子俊》）、"故国金人泣辞汉，当年玉马去朝周"（《钱塘怀古》）。

李铸晋先生对于赵孟頫的仿古有一个总体上的评价："赵孟頫在元初画坛上中，无论在画艺上或理想上，都居于领导地位。他提倡古意之说，主要是以为南宋晚年，画风过于浮薄，于是提倡古意，从古画中吸取古人写真实人物牛马山水精神，而再创出新的作用。"②

这个评价是得当的，但这只是从艺术角度来谈。如果能够进一步探视赵孟頫遗民心态，则不难发现，他对华夏文化情深意重。感于宋之弱，他认为宋朝尚不足以为华夏文化的代表，而唐则足以当之。因此，对华夏文化的爱则不能不钟之于唐。赵孟頫知道宋再也不能恢复了，但华夏文化不能不保存，也不能不弘扬，不能不壮大，他所能做的绝不是起兵复赵宋，而是挥毫兴华夏。好在元帝国承认华夏文化，而且也希望成为华夏国家，既如此，

---

① 赵孟頫：《岳鄂王墓》。

② 李铸晋：《鹊华秋色——赵孟頫的生平与画艺》，生活·读书·新知三联书店 2008 年版，第 83 页。

为什么不发挥自己所能，助元帝国真正成为华夏国家呢？如果从这个立场上看赵孟頫的仕元，那就会得出另一种结论：这不是失节，更不是叛国，而是在特殊时期最为恰当的一种爱国行为。

第三节 意在“天趣”

赵孟頫的绘画风格很特别。他标举“古意”，但不是模仿古人；他尚唐画，但其作品与唐画有着明显的区分。唐画，不论是山水，还是花鸟、人物、鞍马，大体上重气势，而赵孟頫的作品在气势上远不能与唐画相比。欣赏他的画作，感受到的不是气势，而是情趣。这一点，为其写行状的杨载发现了。他说：

> 他人画山水、竹石、人马、花鸟，优于此或劣于彼，公悉造其微，穷其天趣，至得意处，不减古人。①

杨载说赵孟頫的画，“悉造其微，穷其天趣”，符合赵孟頫画作的实际，也揭示了赵孟頫另一绘画美学思想。如果说“尚古意”，重在优秀人文传统的继承的话，那么，“穷天趣”，就重在自然山水中的审美意味了。

赵孟頫的山水画《鹊华秋色图》最为恰当不过地反映了赵孟頫的“天趣”美学观。

此图长 93.2 厘米、宽 28.4 厘米，现藏台北故宫博物院。此图画的是山东济南城外的两座山——鹊山和华不注山之间的风景。左为鹊山，浑圆的山脊，为面包形，一个整体；右为华不注山，三角形，相叠为两座山峰。两座山前及中间的地带，错落有致地布置着数处丛林。因为是秋天，树木有落叶的，也有不落叶的，枯枝与浓叶对比强烈。树枝大多朝上，但临水的丛林为柳林，枝条垂挂。鹊山脚下有茅舍，共两处，一处距山近，另一处距山远。近画面下方，有水面，水南临岸有渔船。林间藏有羊群，隐而不显。此画的

---

① 杨载：《大元故翰林学士承旨荣禄大夫知制诰兼修国史赵公行状》，见《赵孟頫集》，浙江古籍出版社 2015 年版，第 516 页。

主题是清楚的：隐士的秋天。

此图天趣盎然！

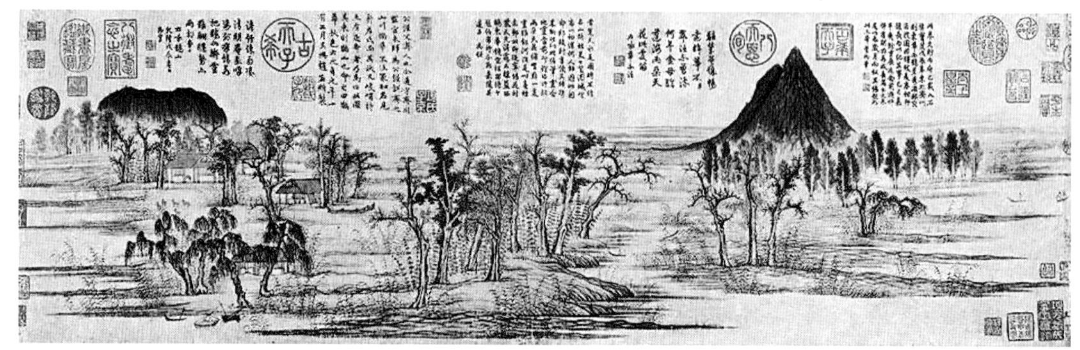

（元）赵孟頫：《鹊华秋色图》

（元）赵孟頫：《鹊华秋色图》（局部）

天趣在于两种元素的构成：一是自然，为天；二是人情，为趣。人之趣得之于天，天之趣来之于人。人从自然中感受到了某种快感，某种启迪，某种颖悟，故而生趣；自然因为得到人的认可，而形象鲜活，美妙生辉，可爱可亲。于是，天，人化了，成为人之天；而人，天化了，而为天之人。天趣，实质为人与自然的一种美妙的邂逅。

作为人工的作品，画的天趣，是人对于自然反映、描绘、变形、创造的结果。在这幅作品中，主要由四个方面体现出来：

其一，自然景物之间的关系：对比、反差和相呼、相应中见出天趣。先看是两座山的关系。它们分隔在画面的左右端，一低矮一高峻，一浑圆一尖拔，一憨厚一峥嵘。这恰好与两种人生相对应：一为隐士的生活，一为仕者的生活。有趣的是，两处隐士的茅舍尽在鹊山之下。

其二，是树林与山的关系。两座山前均有树林，然树林与山的关系有些不一样，左边的鹊山，山矮而浑圆，相应，它前面的树林消疏多红叶；右边的华不注山，山高而挺拔，相应，它前面的树林浓密而苍翠。这种设计其中是否有寓意？应该有。须知隐士的茅舍不在华不注山而在鹊山。华不注山更多荒野意味，鹊山更饶人间情趣。

其三，是树林与树林的关系。画面布置数片树林，树林相间而不相连。傍山两片，华不注山一片，鹊山一片。山前有三片，两山间一片，两山前各一片。另，还有零星孤树以及芦苇，点缀其间。每一片树林都有自己的特色，或浓密，或萧疏，或挺拔，或歪斜，或老迈，或青春，生意盎然，宛如大千红尘，芸芸众生，各逞姿态，饶多情趣。

其四，是天空、大地、湖水的关系。天空是干净的，无云而透明，这是秋天。大地是平缓的，宽厚而见沙渚，这是沼泽。湖水为画面底部，平静无波，上映蓝天，下啮坡地，水地相互穿插，整个画面波光粼粼，清柔和谐，画面情调：秋色明净，生趣盎然。自然之天趣，红尘之生趣，相互融会。

画面内容繁复庞杂，但画面又是开阔疏朗的，疏朗得甚至可以切割出好几幅画面来。

画面色彩丰富多变，但画面又是和谐统一的，蓝色与赭色为基本色，其中点缀着橘红色、金黄色，主要靠深浅变化见出层次。用颜色本身的视觉关系和物象的相互呼应，呈现出整体的协调与和谐。

从山水画的历史来看，《鹊华秋色图》具有重要的意义。

作为全景图，它不是开创性的。唐宋的全景图，都只是意味上的，有些图名为长江全景图，实际上只不过是江景而已，没有地理科学的意义。而《鹊华秋色图》所画的鹊山与华不注山却是真实的。据《山东通志》，鹊山在济南城北约 20 公里，华不注山在城东北约 15 公里，前者无峰，横展如帘幕；后者突出地面，耸立有峰，并且与其他的山不相连。华不注一名，“意指一枝秀拔的花茎独立漂浮水面”[①]。赵孟頫在画题上明确标明所画的山为鹊山与华不注山具有某种地理科学的意义。当时的鹊山与华不注山的基本形态就是这样。但是，赵孟頫并不是画地理图，他是在从事艺术创作。为了审美的需要，他不仅将两座山的距离拉近，将诸多景观做想象性的处理，更重要的是，他从自己的审美理想出发，表达出他自己对于自然、社会、人生的一种理解，一种追求，一种向往。

显然，选择这样两座山作为素材，将形状、风格不同的两座山移入同一画面，肯定是有他的想法的。天趣，诚然是他的想法，但天趣背后，是不是还有别的意义呢？笔者认为是有的，那就是归隐山林。画面左方，有三处茅舍。一处在鹊山山脚下；一处在离鹊山不远的地方，屋的右前方有一篱笆，屋宇的墙上斜挂着渔网；一处在临湖较近的柳荫之中。这三处茅舍正是赵孟頫的向往。

向往隐逸生活，是中国文人的生活理想之一，但不同的人物对隐士生活的向往意义不同。就赵孟頫来说，他对于隐士生活的向往有其时代的和他个人的原因。

南宋亡后，赵孟頫为元朝派往江南搜寻汉族文人的程钜夫所发现，带到元朝首都，为元朝皇帝忽必烈所看重，授以高官。然而，这并没有让赵孟頫感到高兴。于他，仕于元实在是不得已而为之，他真正向往的不是仕于元，而是隐于山林。他认为，在国亡之后，唯一能让他心稍安的地方，就是山林了。因此，他的《鹊华秋色图》所表现的天趣实是作为亡国之臣心灵的唯一归宿。他之所以将这鹊华秋色表现得如此宁静，如此温馨，如此恬淡，如此

---

① 李铸晋：《鹊华秋色——赵孟頫的生平与画艺》，生活·读书·新知三联书店 2008 年版，第 128—129 页。

美好，是因为这正是他的向往。于是，从画面的自然天趣中，我们读出了他的故国之思。

赵孟頫的这幅画画于 1295 年，是时他已经仕元十年，十年中，1292 年即他仕元第六年至 1295 年，他在山东济南为官。应该说，他观看过济南郊外的鹊山和华不注山，两山秀丽的风景给他留下深刻的印象，这是他能创作《鹊华秋色图》的前提之一。1295 年，赵孟頫被召回京师，获得了一个回家乡省亲的机会。在杭州见到一个名叫周密的画家兼鉴赏家。周密祖籍山东，山东为齐故地，故赵孟頫称他为“齐人”。赵孟頫的《鹊华秋色图》有个题跋。题跋中云：“公谨（周密的字），齐人也。余通守齐州（济南），罢官来归，为公谨说齐之山川，独华不注最知名，见于《左氏》，而其状又峻峭特立，有足奇者，用为作此图。其东则鹊山也。命之曰《鹊华秋色》云。”① 将这样一幅画送给周密，目的很鲜明，解周密故园之思。于周密是故园之思，而在赵孟頫乃故国之思。

第四节 妙在“心悟”

关于绘画的基本理论，赵孟頫有一段重要的言论：

> 粤自天地化工而人夺其巧，皆因权写其肖形于宇宙间耳，抑岂人为可以夺天工哉？亦存乎人而已。假使像貌乎人物，润色乎花草，点缀乎山水，虽各自成一家，而其中精微奥妙之外，又岂可以必自心悟而不假言传哉！此孟頫闲暇中以想。饱食无用心，多集画家纂要，开列有条，贻厥后昆，颇知其大略耳。虽不足为黼黻皇猷者之一助，亦不蹶踬于高明者之鄙云。②

这段话为《赵氏家法笔记》之跋。此书没有署撰写者，据《画诀》条第二段云：“因纂先子画题之下，间以所闻而注之。”《赵氏家法笔记》应为赵

① 赵孟頫：《鹊华秋色图并题》。

② 赵孟頫：《赵氏家法笔记跋》。

孟頫的儿子赵仲穆所编，内容一是来自赵孟頫画上的题跋，二是来自赵孟頫与人的谈话。赵孟頫为此书作的跋是一篇非常重要的理论文字，揭示他对绘画美学的基本观点。这段文字围绕“天工”与“人工”的关系展开。

（元）赵孟頫：《红衣天竺僧》

一、“夺天工”与“存乎人”

通常的观点是“天地化工而人夺其巧”，强调绘画的主体性与创造性。但是赵孟頫认为，这一观点是不完备的，严格说来，人不能夺天工之巧，所谓夺巧，只不过是“权写其肖形于宇宙间耳”，也就是说只是描绘了自然的皮毛而已，顶多只做到了“肖形”即像物。

赵孟頫认为绘画不能“夺天工”，只是“存乎人而已”。所谓“存乎人”就是表现人，特别是表现人的思想与情感。

二、“自心悟”与“假言传”

通常说的绘画，就是“像貌乎人物，润色乎花草，点缀乎山水”。“像貌”“润色”“点缀”在人看来，就是绘画的本事，其实，绘画的“精微奥妙之处”在两点：一是“自心悟”，二是“假言传”。“自心悟”，是画家本人内心的开悟，包括对所表现对象的形象神韵的深刻认识和画家自身所希望表现的思想情感的深刻体悟。“假言传”就是如何将“自悟”借助于物象而充分地表达出来。这实际是说，画面上的“人物”“花草”“山水”只不过是画家“自悟”的载体罢了。“心悟”在内，“言传”在外。

这“心悟”与“言传”的统一是绘画的精微奥妙所在。对于此种奥妙，赵孟頫说他一直在“闲暇中以想”。这本《赵氏家法笔记》有他的种种心得体会，“集画家纂要，开列有条，贻厥后昆”。

《赵氏家法笔记》一书已经失传，我们只能从现存的赵孟頫的有关绘画的题跋中窥探他的“心悟”与“言传”的奥妙了。

一、重视“天工”，熟悉对象，所画逼近真实

赵孟頫有《红衣天竺僧》图。画上的僧人高鼻深目，胡须满腮，虽然形象怪异，但面目和善。关于此画，李铸晋认为，“全画无论人物、衣饰、树石、均用勾勒法，其风格并非写实，全系仿古。”[①] 此话诚然有理，但是，赵孟頫更多的是直接反映现实。赵孟頫说：“余尝见卢楞伽《渡海罗汉像》，最得西域人情态，故优入圣城。唐时京师多有西域人，耳目所接，语言相通故也。……余仕京师久，颇与天竺僧游，每于罗汉像有得。”[②] 正是因为熟悉西域罗汉的形象，所以《红衣天竺僧》中的天竺僧逼近真实。

赵孟頫好画马，是中国古代为数不多的画马高手，虽然他说他画马向唐代画家韩幹学习不少，但是他也说“吾好画马，盖得之于天”[③]。这“得之于天”，就是熟悉马。

赵孟頫认为宋徽宗的《竹禽图》画得好，主要在于“动植之物无不曲尽其性，殆若天地生成，非人力所能及”[④]。这与宋徽宗熟悉所画的动植物有很大关系。

---

① 李铸晋：《鹊华秋色——赵孟頫的生平与画艺》，生活 · 读书 · 新知三联书店 2008 年版，第 78 页。

② 赵孟頫：《题宋李嵩画罗汉图》。

③ 赵孟頫：《重题人骑马》。

④ 赵孟頫：《跋宋徽宗竹禽图》。

二、重视“天工”，深知对象，所画生动传神

真实，重在外形，而传神，则重在内神。

赵孟頫认为“画人物以得其情性为妙”[①]，他对于宋徽宗所画的《唐人明皇训子图》评价甚高，主要在于人物画得好：“图中隐几而坐者，天颜肃穆，目力注视，奕奕有生气。童子媚好静秀，展卷畏笃。一武将拱立，丰下而谨，若不敢肆者，然可想其搴旗杀将之力。余一侍童，二介士，皆各得其意，风神态度，可与顾、陆争衡。”[②] 这些描写，足以见出宋徽宗这幅人物画是如何地生动传神。

画面生动，是赵孟頫重要的美学追求。不仅画人物要生动，画景物也要生动。他说“郭忠恕《雪霁江行图》神色生动，……诚可宝也”[③]。又，他在《绘白鹦鹉自识》中说他所画的鹦鹉“姿貌闲暇，峨冠墨喙，缟衣雪质”[④]，看重的也是生动，生动重在活力，活力重在内神。

三、重视“心悟”，所画妙在似与不似之间

绘画既是为“天工”写像，又是为“心悟”传意。为“天工”写像，强调真；为“心悟”传意，强调善与美。写真必须似，传心定不似。为了实现天工与心悟、客观与主观的合一，所画对象必然既似又不似。赵孟頫这样评价赵孟坚的《水仙图》：“吾自少好画水仙，日数十纸，皆不能臻其极。盖业有专工，而吾意所寓，辄欲写其似若水仙、树石以至人物、马牛、虫鱼、肖翘之类，欲尽其妙，岂可得哉！今观吾宗子固所作墨花，于纷披侧塞中各就条理，亦一难也，虽我亦自谓不能过子。”[⑤] 这里谈如何画水仙，他认为他之所以画得不够妙，主要在于过于求似，而赵孟坚在处理似与不似上比他做得好。

---

① 赵孟頫：《题东丹王人犬图》。

② 赵孟頫：《跋宋徽宗摹唐人明皇训子图》。

③ 赵孟頫：《题郭忠恕雪霁江行图》。

④ 赵孟頫：《绘白鹦鹉自识》。

⑤ 赵孟頫：《题赵孟坚水仙图》。

四、重视心悟，所画在于有意味

意味主要指画家独特的见解。画家作画，不只是为所画对象传神写照，也是为自己抒情致意。赵孟頫称赞他夫人管道升《梅竹卷》好，说是“超轶绝尘”，就在于“深得暗香疏影之致”。梅花千姿百态，管道升独钟暗香疏影，显然，是在表达她对于人格的一种追求。

画家有追求，以画面体现出来，欣赏者有追求，可以从画面中看出来。不同追求的画家可以画出不同的画来，而不同的欣赏者可以从画中看出不同的意味来。欣赏者所看见的画中的意味可以与画家的追求一致，也可以不一致。赵孟頫在唐代画家刘松年《便桥见虏图》中见出“中华帝王之尊”，虽然于画有据，但主要还是他内心一股挥之不去的故国之思所致。

赵孟頫思想具有某种代表性。失国的知识分子，对于新朝大体上有四种态度：第一种激烈地反抗，誓死效忠前朝；第二种消极地反抗，对新朝统治阶级取不合作的态度；第三种彻底地投降新朝，心甘情愿地做新朝的臣仆；第四种无奈地臣服于新朝，一方面为新朝服务，另一方面为光复弘扬中华文化而努力。赵孟頫属于最后一种。基于他绝大的才华与学养，也基于元朝统治者给予他最高的礼遇，他对光复弘扬中华文化所作的努力取得了绝大的成功。

基于蒙元统治者在政治上的高压以及对于汉族知识分子的防范，汉族知识分子在政治上更多地采取退让态度，而在心灵上向着弘扬华夏文化传统的方向发展；基于家国之情，坚守华夏本位立场，打着“崇尚古意”的旗号，以唐朝艺术为经典，融纳宋朝艺术，朝着气韵统一的方向发展；继承与发展中国古代绘画艺术写意传统，朝着尚意趣、尚象征的方向发展，朝着文人风味的方向发展，从而开启了中国绘画的新时代——文人画的时代。这种美学充分体现出华夏美学的本位性与通变性，见出华夏美学在新的历史时期的重要转型。

应该说，他弘扬光复中华文化的努力没有推翻新朝的目的，此举的客观效果既推动了异族统治者的汉化，推进了中华民族统一的伟业，同时也推进了中华文化的发展。

自先秦始，生活在中国大地上的民族是很多的，占据中原之地的是汉族，在生产方式上无疑走在诸民族之前面，由汉族创立的华夏文化成为先进的象征，为诸民族所心仪。随着汉民族政权与其他民族政权的争夺与合作，参与华夏文化构建的不只是汉族，还有其他民族。这种文化后来也称之为中华文化。于是，中华文化、中华民族、中国成为“三位一体”的概念，成为中国人心中的圣则。

元朝是中国第一个异族统治者的中央政权，忽必烈是元朝的第一位皇帝。忽必烈对赵孟頫的重视及合理重用，是赵孟頫之幸，也是元朝之幸，更是中华民族之幸。赵孟頫以其卓越的文艺方面的成就，为血腥的元帝国清洗出了一片湛蓝的天空。

第九章
丘处机道教美学思想

丘处机（1148—1227），字通密，号长春子，山东登州栖霞人。19 岁拜王重阳为师。王重阳是北宗全真派的首领，他手下有弟子马钰等七人，丘处机是最小的一个，后来，丘处机成为全真派的首领，被元朝皇帝钦定为全元道教的教主。道教起于汉，盛于唐，而在宋金分为南北二宗。南宗主要盛行于江南，在金灭宋后，就流行于南宋疆域，而北宗主要流行于中国的北部。南北宗对于道教理论及修行的方式均有一些差别，在道教修行理论——性与命的问题上，南宗先性，而北宗先命。由于元朝统治者对于丘处机的高度重视，全真派的影响深入江南，在一定程度上风头盖过南宗的正一派。道教的美学思想主要体现在神仙观念上，以出世为突出特色，而在全真派，却发生了一些重要变化，全真派对于世事特别是社会安定这样大事的关切，还有对于儒家的家国情怀的吸收以及对于佛教禅宗在修行方式上的酌取，使得它具有较之此前的道教广大多的视野与胸怀，因而在元朝初中期产生重要影响。直到元朝后期，由于上层道士的腐化，全真派开始衰落。

第一节　人格：“有为无为一也”

道教思想多取老子哲学为本，丘处机也这样，但是，他对老子哲学有新的阐述，其中最重要的是老子的“无为”观念。

老子主张无为，云：“为无为，事无事，味无味。”[①] 无为含义非常丰富，其中有一点即对现实少干预，甚至不干预。道教也吸取了这一点，道教人物一般对于世俗事务采取不干预的态度，特别是政治事务。但也有例外，唐朝终南山的道士司马承桢几度应唐王朝邀请而出山。不过，他最终还是不愿留在红尘享受高官厚禄，归隐而去。

丘处机在这件事情上，有点类似司马承桢，但他做得更好，首先，他对于老子无为的理论有新的阐发。他认为，无为并不是对现实少干预，甚至不干预。回避，是放弃了作为人应该担负的一部分责任。

他说：

> 舍己从人，克己复礼，乃外日用；饶人忍辱，绝尽思虑，物物心休，乃内日用。
>
> 先人后己，以己方人，乃外日用；清静做修行乃内日用。
>
> 常令一心澄湛，十二时中时时觉悟，性上不昧，心定气和，乃真内日用，修仁蕴德，苦己利他，乃真外日用。[②]

这里，他提出“内日用”与“外日用”两个命题。“内日用”即修身养性，主要为“性上不昧，心定气和”“忍辱”“绝尽思虑”“清静”等。这些做法，与一般道教徒无别。“外日用”即利民利国，主要为“修仁蕴德，苦己利他”。

内外两个“日用”中，最有他个人特色的是外日用，也正是这一点成就了丘处机。

在外日用上，他提出己与人的关系，既富道德性，又富哲理性：

> 先后：先人后己。
>
> 舍从：舍己从人。
>
> 方与被方：以己方人。

这种思想与儒家思想内在相通。儒家说：“己欲立而立人，己欲达而达

---

① 《老子·六十三章》。

② 丘处机：《长春丘真人寄西州道友书》。

人。”强调设身处地，为他人着想；更强调要有社会担当，要舍己为人，舍己为国，成就仁人、圣人的人生理想。

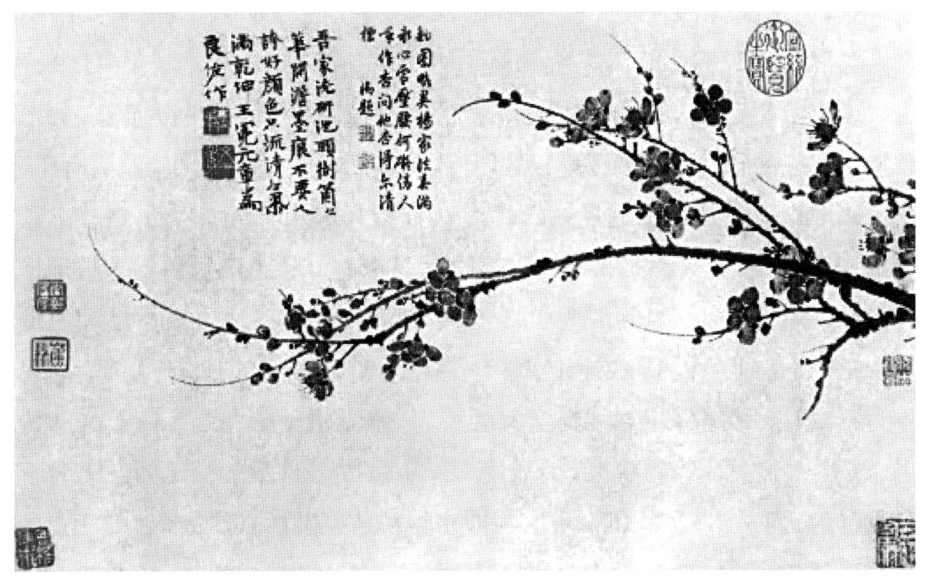

(元) 王冕:《墨梅图》

就人格来说，内日用，成就的是自然人格，即人作为物要尽量地实现其物之性。要尽可能地身体健康，尽可能地长寿，以尽做人这一物种之德。而外日用，成就的是社会人格。人不只是作为物，是自然中的一分子，而且也是作为人，是社会中的一员。他有自然本质，要尽“自然人”之性，更有社会本质，要尽“社会人”之性。

这样成就的人格，就是完美的人格。

这样做，又如何说明他仍然坚守的是道家的立场、讲的仍然是无为呢？他在《西江月十六首》中说：

> 莫把无为是道，须知有作方真。①
>
> 道本有为有作，原非枯坐空顽。②

---

① 丘处机:《西江月十六首》。

② 丘处机:《西江月十六首》。

丘处机的高徒尹志平对此解释说：

> 师父（丘处机）曰：有为无为一而已，于道同也。如修行人全抛世事，心地下功，无为也；接待兴缘，求积功行，有为也。心地下功，上也；其次莫如积功累行。二者共出一道，人不明此，则不能通乎大同。①

道家的“无为”，老子也曾解释为“无不为”。老子说：“为学日益，为道日损，损之又损，以至于无为。无为而无不为，取天下常以无事，及其有事，不足以取天下。”② 老子这里说的“学”不仅指人求知的认识活动，还指求利的功利活动，总起来都是人事，而“道”是自然。老子认为过多的人事是伤害自然、伤害道的。因此，“为学日益，为道日损”。反过来，人事活动尽量减少，一直达到“无为”的地步，即不伤害自然、不伤害道的地步，那就“无不为”了。这种解释仍然站在道家的立场，强调自然状态是宇宙最好的状态，人要想获得自然的状态，就需要“法自然”，法自然就是无为。无为不是不作为，而是不妄为，所谓不妄为即是不去从事破坏自然状态的作为。

丘处机说的“有为无为一也”，显然不在这个范围内。他说的“有为”不是“法自然”的作为，而是有利于社会的作为。他在训文中云：

> 发天地之正气，出尘世之冤愆，广施恩义，多行方便，只候三千功满，八百行圆……修桥补路，施茶奉汤，戒杀放生，存慈悲之心，舍药施财，绝悭贪之妄……③

丘处机的道教思想突出特点之一，就是入世与出世的统一。虽为出世之人，世情耿耿于怀，他说：“世情无断灭，法界有消磨。”④ 虽为出家人，应该天地为家，而他却念念不忘家乡：“万里游生界，三年别故乡，回头身已老，过眼梦何长。”⑤ “无限苍生临白刃，几多华屋变青灰。”⑥ “干戈犹未

① 丘处机：《清和真人北游语录》卷一。

② 《老子·四十八章》。

③ 丘处机：《丘祖训文》。

④ 丘处机：《以四颂示远方道人》。

⑤ 丘处机：《宣德州朝元观题诗》。

⑥ 丘处机：《龙阳作诗以写意》。

息，道德偶然陈。”[①]“日中一食哪求饱，夜半三更强不眠。”[②] 这念世情怀又明确地表现为济世的行动。丘处机所处的时代真正称得上天下大乱，金朝统治者的腐败兼之严重的天灾，百姓生活极为艰辛。丘处机虽为出家人，却也在诗文中对于统治者的暴政进行抨击：“今之曷故多灾障，盖为人心胡纵放。”“皇天后土皆有神，见死不救知何因。”“美食鲜衣器用毕，狂朋怪侣邪淫王。”是时，丘处机在山东传教，他率领他的徒众，济贫拔苦，救死扶伤，斋醮神灵，禳灾除祸，做过不少善事，深为百姓拥戴，号称为“神仙”。

丘处机的“有为无为一也”就反映了他出世与入世的统一。按他的理解，这两者不矛盾，它反映了成仙的两翼：一是心地上用功夫，即淡泊名利，致精入神；二是在事功上下功夫，即积功累德，济民安邦。当代中国美学家朱光潜提出“要有出世的精神，才可以做入世的事业”，其思想渊源可以追到丘处机。

中国人的人生理想，主要有三：圣、仙、佛。圣是儒家的观念，圣入世，仙佛均为出世。在丘处机看来，仙、佛统一为仙，那么，就只剩下圣与仙。圣与仙的合一，是中华民族人生理想的极致，而这种合一，在丘处机的道教思想中得到充分的体现。

丘处机的“有为无为一也”思想，是丘处机道教思想中最富创造性的地方，关于这一点，丘处机的高徒尹志平也有评论。他说：“丹阳师父以无为为主教，长生真人无为有为相半，至长春师父有为十之九，无为虽有其一，犹存而勿用焉。”[③] 也正是这种“有为十之九”的道教观，让丘处机超越了宗教的局限，而位于中华民族圣人之列，他的人格美学思想成为中华民族美学中的瑰宝。

---

① 丘处机：《书教语一篇示众》。

② 丘处机：《故宫题诗二首》。

③ 丘处机：《清和真人北游语录》卷二。

第二节 社会："欲罢干戈致太平"

丘处机济世观念及其实践在横绝沙漠朝见成吉思汗达到顶点。事情的发生与当时社会的动荡有着直接关系。宋（北宋，960—1127；南宋，1127—1279）时期，中国北方存在着辽、金、西夏、蒙古多个少数民族的国家政权。先是辽、金、西夏与宋并存。1125年，金灭辽。1206年蒙古族铁木真建立蒙古国，称成吉思汗。1209年，蒙古攻西夏，西夏请降，西夏灭亡。于是，中国版图上，存在的国家政权就只剩下金、蒙古和南宋。这三个政权彼此争战不断，无数百姓葬身战火，尸骨遍野，田地荒芜，十室九空，惨不忍睹。在这种背景下，丘处机和他的全真道极力施展宗教的威力，影响金、宋、蒙古三方政权，企望停止战争，实现社会和平，让饱经战乱之苦的百姓得以生息。

一、与金的关系

由于全真道主要在金国属地活动，与金政权有些联系，丘处机及其全真道的政治性的宗教活动首先在金国实行。在丘处机之前，金世宗曾经宣召丘处机的师兄王处一进京垂询养生及治国之道。王处一答："惜精全神，修身之要；端拱无为，治天下之本。"然而金世宗昏聩，听信妖僧之言，以试验王处一本领为由，让王处一饮鸩酒，差点毒死王处一。虽然金世宗为此后悔不已，然王处一已飘然离去，再也找不着了。无奈，他又宣召丘处机入京，丘处机同样以"寡欲，修身之要；保民，治国之本"回应。金世宗对丘处机极为尊敬。这为全真道在金国的发展壮大创造了极好的条件。丘处机也极为得意，他在诗中吟道："乍出皇都外，高吟野兴驰。开笼鹦鹉俊，展翼凤凰奇。白马翩翩骤，青山隐隐移。长安一片锦，指日到无疑。"然而，面对全真道在全国的蓬勃发展，昏聩的金世宗又一次对全真道下手了。有大臣上奏，全真道的发展需要提防，"惧其有张角斗米之变"，金世宗听信此言，对全真道采取罢黜的措施，丘处机只得退回到山东，等待新的机会。金章宗登基后，对于全真道的政策有所变化，全真道一度享受国教的礼遇，然不多时，金章宗的政策骤变，全真道遭到罢黜，丘处机还被官府杖打八十。又是几十年过去，章宗后，宣宗即位，朝廷对全真道的政策再次改变，贞祐三年（1215）金宣宗宣召丘处机入京。然而，丘处机对金国已经全然失望了。他没有应召，其理由就是："我循天理而行，天使行处无敢违也。"

二、与宋的关系

全真道主要活动区域山东原本是金的地面，但在金宣宗时期，金元帅张林带山东十二郡归附南宋。南宋政权对于丘处机也仰慕不已，金宣宗兴定三年（1219），南宋朝廷派人来莱州昊天观见丘处机，邀请他南下。虽然南宋是汉人政权，似乎丘处机没有理由不前往，但是他婉谢了。莱州官员不解，来问丘处机的真实想法。丘处机说："我之行止，天也；非若辈所及知。当有留不住时，去也。"其后，宋亦与金一样对丘有多次宣召，丘处机均不应。

三、与元的关系

而就在丘处机婉拒金、南宋的宣召的时候，远在大漠征战的蒙古国首领成吉思汗派大臣刘仲禄来请丘处机了。对于成吉思汗的宣召，丘处机竟然答应了，这又是为什么？丘处机口口声声地"循天理而行"，这"天理"难道应在成吉思汗身上？是的。在丘处机看来，唯一能使天下太平的希望就在成吉思汗身上。丘处机在写给成吉思汗的《陈情表》中说得很清楚：

> 前者南京（指金国当时的首都开封，金朝第八位皇帝完颜珣 1214 年迁此）及宋国屡召不从，今者龙庭一呼而至，何也？伏闻皇帝天赐智勇，今古绝伦，道协威灵，华夷率服。是故便欲投山窜海，不忍相违，且当冒雪冲霜，图其一见。①

丘处机认定成吉思汗会统一中国，只有他才能给中国带来停止战争、

① 丘处机：《陈情表》。

实现社会太平的希望。

丘处机历经三年的艰难旅程，穿越中国的大西北、吉尔吉斯斯坦，来到当时成吉思汗的位于现今乌兹别克斯坦的营地，终于见到了成吉思汗。见面时，成吉思汗问："他国征聘皆不应，今远逾万里而来，朕甚嘉焉。"丘处机回答："山野诏而起者，天也。"[①] 再一次回应了"天"的问题。当然，"天"是一个托词。丘处机的意思就是，蒙元统一中国是必然趋势。应该接受这一必然，让这一必然朝着有利于百姓、有利于社会的方向发展。

显然，丘处机没有将汉政权视为唯一正统政权的看法。他有一种大中华的理念，虽然没有明确的言论记载，在他的心目中，蒙元也是中华民族的一部分，蒙元有资格做正统中国的主人。

丘处机的良苦用心，在他西行途中写的两首诗中充分表达了：

水北铁门犹自可，水南石峡太堪凉。两崖绝壁搀天耸，一涧寒波滚地倾。夹道横尸人掩鼻，溺溪长耳我伤情。十年万里干戈动，早晚回军复太平。

自古中秋月最明，凉风届候夜弥清。一天气象沉银汉，四海鱼龙耀水晶。吴越楼台歌吹满，燕秦部曲酒肴盈。我之帝所临河上，欲罢干戈致太平。[②]

"太平"是中华民族最高的社会理想，也是一种审美理想！

第三节　政治："天道好生"

丘处机为成吉思汗正式论道三次，由太师耶律阿海用蒙语翻译，成吉思汗命令做好记录，写成汉字，嘱咐左右人员："神仙三说养生之道，我甚入心。使勿泄于外。"谈话的具体内容《长春真人西游记》略有记载，之所以略，是因为成吉思汗有交代"勿泄于外"，而据说为成吉思汗重要谋臣耶律楚材

① 李道谦：《全真第五代宗师长春演道主教真人内传》，见《丘处机集》，齐鲁书社 2005 年版，第 442 页。

② 李志常：《长春真人西游记》，见《丘处机集》，齐鲁书社 2005 年版，第 221 页。

整理的《玄风庆会录》则有比较详尽的记载，除此外，有关丘处机的传记、碑铭也有一些记载，所录不尽相同，但基本精神是一致的。

在成吉思汗看来，召丘处机前来的主要目的请教养生之道，但丘处机不远万里，不辞艰辛，历三年跋涉来见成吉思汗，绝对不是为了宣讲养生之道，他的目的或者说主要目的是向成吉思汗灌输政治理念。严格说，丘处机也不是政治家，于成吉思汗统一中国的大业，他提不出谋略，他所能做的，就是利用他的影响力，让成吉思汗尽可能地少杀生，宽待百姓，实现天下太平的社会理想。

丘处机的智慧充分体现在道教理论与太平理想的统一。

一、积善与成仙

道教的理想是成仙，成仙是所有人共同的理想。历来的道教着重阐发的成仙理论是炼丹，丹分内丹与外丹。内丹涉及修心，修心中的一部分可以立善念，而体现在行动上就是行善道。善道之最高层次是济世拯民。丘处机利用成吉思汗渴求成仙的心理，向他宣传行善的道理：

> 其富者、贵者，济世拯世，积行累功，更为异耳。但能积善行道，胡患不能为仙乎？……宜趣修真之路，作善修福，渐臻妙道。……帝王悉天人谪降人间，若行善修福，则升天之时，位逾前职。不行善修福，则反是。①

当行善与成仙联系起来，残暴的成吉思汗就不能不有所警觉，对自己的行为有所约束了。

二、炼神与去欲

统治阶级多骄奢淫逸，成吉思汗也不例外。丘处机应召去见成吉思汗之时，成吉思汗正在做选秀的事。丘处机见到成吉思汗之后，予以谏阻，他打的旗号是修道的“炼神”。他说：

---

① 《玄风庆会录》，见《丘处机集》，齐鲁书社 2005 年版，第 138、139 页。

“陛下本天人耳，皇天眷命，假手我家，除残去暴，为元元父母，恭行天罚……在世之间，切宜减声色，省耆欲，得圣体康宁、睿算遐远耳。庶人一妻，尚且损身，况乎天子多畜嫔御，宁不深损？陛下宫姬满座，前闻刘仲禄中都等，拣选处女，以备后宫。窃闻道经云：‘不见可欲，使心不乱。’既见之，戒之则难，愿留意也。人认身为己，此乃假物，从父母而得之者；神为真己，从道中而得之者，能思虑寤寐者是也。行善进道，则升天为之仙，作恶背道，则入地为之鬼。”① 人有身，有神，身为父母所得，乃假己；神为道所得，为真己。多御妻嫔损身伤神，没有一点好处。因此应该止住。丘处机将这样一件事提升到成仙与成鬼的高度，对成吉思汗是具有一定的震撼力的。

三、天道与止杀

丘处机见成吉思汗最大的意图是止杀。据《全真第五代宗师长春演道主教真人内传》载，尚在西行途中，听说成吉思汗不时亲自出征，他甚为不安，急不可待地“遣阿里鲜（迎送丘处机的蒙古官员）奉表谏上止杀、赦叛”②。而在见到成吉思汗以后，“每遇召见即陈以少杀戮之言，天下余生，实拜更生之赐”③。

丘处机如此屡劝成吉思汗不杀生，成吉思汗不解。

> 一日，上问曰：“师每言劝朕止杀，何也？”师曰：“天道好生而恶杀。止杀保民，乃合天心。顺天者，天必眷佑，降福到家。况民无常怀，惟德是怀；民无常归，惟仁是归。若为子孙计者无如布德推恩，依仁由义，自然六合之大业可成，亿兆之洪基可保。”④

丘处机的回答立足于“天道”，这种切入方式是再合适不过的了。成吉

① 《玄风庆会录》，见《丘处机集》，齐鲁书社 2005 年版，第 138 页。

② 李道谦：《全真第五代宗师长春演道主教真人内传》，见《丘处机集》，齐鲁书社 2005 年版，第 442 页。

③ 郭起南：《重修口口长春观记》，见《丘处机集》，齐鲁书社 2005 年版，第 447 页。

④ 李道谦：《全真第五代宗师长春演道主教真人内传》，见《丘处机集》，齐鲁书社 2005 年版，第 444 页。

思汗既然诚心求仙，自然不能不畏天道。作为蒙元帝国的开创者，他不仅自己想成仙，而且希望他所开创的“亿兆洪基”传承万年。不论于个人之私，还是于他家族之公，都必须遵天道了。

《长春真人西游记》中记有一事：成吉思汗狩猎时，遇上一头大野猪，正要射时，马惊失驭，而野猪也骤然立住不敢向前。成吉思汗只得放弃这次狩猎。丘处机得知此事后，向成吉思汗进谏：“天道好生，今圣寿已高。宜少出猎。坠马，天戒也；豕不敢前，天护之也。”① 虽然猎杀的是野兽，那也是生命，丘处机借此阐述“天道好生”的道理，让成吉思汗明白应该不杀人。

四、天威与警示

丘处机在成吉思汗营帐期间，一天，雷震，成吉思汗问，上天有何警示。丘处机对曰：“雷，天威也。人罪莫大于不孝，不孝则不顺乎天，故天威震动以警之。似闻境内不孝者多，陛下宜明天威，以导有众。”②

丘处机煞费苦心地讲道实际上是在讲政治，他对成吉思汗所说的养生学，实为政治养生学。养生是名，保国安民是实。

丘处机的政治养生学，虽然不能彻底停止成吉思汗的杀戮，但多少起到一定的制止作用。

第四节　山水：“心开天籁不吹箫”

自然界是人类审美的重要对象。自然有它的素质，包括外形及其内在性质，于是，对人形成多种关系，其中相对关注物的外形并侧重于与物情感上联系，就形成对于自然的审美关系。人类于自然物的审美有一定的共同性，因而自然审美具有较大的人类共同性，然而，由于人具有各自不同的修养、气质、性格、智商、情商以及诸多生理、心理上的不同，因而自然审美也

---

① 李志常：《长春真人西游记》，见《丘处机集》，齐鲁书社 2005 年版，第 223 页。

② 《元史・列传释老・丘处机》一五。

具有很大的个体差异性。

丘处机是道教思想家、旅行家、政治家，也是文学家、诗人。他的与山水相关的文字，亦如其他方面的文字一样，不仅展现出天地般辽阔的胸襟、珠玉般璀璨的思想光辉，而且显现出他对于自然山水的审美情怀。

从他与山水相关的文字中，我们看出于山水他显示出诸多不同的身份，正是这身份，影响到他山水审美的性质，既具有人类的共同性，也具有他不同身份的特殊性。

作为人，他对于山水的许多感受与他人无异，比如，对于春夏秋冬这一年四季的感受。丘处机有《望江南四首》。于春，他言道："红白野花千种样，间关幽鸟百般啼。空翠湿人衣。"于夏，他言道："修竹万竿金锁碎，飞流千尺玉帘垂。何处有炎曦。"于秋，他言道："白酒黄鸡新稻熟，紫茱金菊有清香。橘绿满林霜。"于冬，他言道："纸帐蒲团香淡碧，竹炉茶灶火深红。交袖坐和冲。"[①] 这些描写，真实亲切。之所以引起大家的共鸣，是因为它是人类共同的感受。这首诗，丘处机作为方外之人的特性不明显。其对于秋景的描写，突出的是丰收的景象，与农家几乎没有什么差别。

值得说明的是，丘处机的山水诗中，如上诗这样，完全以普通人的身份抒发对山水的感受，不是很多。更多的，还是能明显见出道人的身份。写诗是一种自觉的行为，诗人总是想要说明一点什么，丘处机也不例外。作为道人，基本的哲学观点是"道法自然"，因而，从自然山水中悟道，是他的社会本性，是他的身份标志。他在诗中说："手握灵珠常奋笔，心开天籁不吹箫。"[②] 因此，他笔下的自然山水无一不是天籁，无一不闪耀着道的光辉。试看这首《磻溪凿长春洞》：

> 峨峨峻岭接云衢，古柏参差一万株。瑞草不容凡客见，灵禽唯只道人呼。凿开洞府群仙降，炼就丹砂百怪诛，福地名山何处有，长春却是小蓬壶。[③]

① 丘处机：《望江南四首》。

② 丘处机：《赞丹阳长真悟道》。

③ 丘处机：《磻溪凿长春洞》。

峨峨峻岭、古柏参差，这些景观也许在普通人看来，有些让人恐惧，但在道人看来，这正是仙人的家，作为修道企盼成仙的道人，当然也是他理想的家。山的高峻，为的是隔开凡尘；柏的古老，正是岁月停止的象征。在这个家中，瑞草、灵禽，不是外人，而是仙人家中的一员。它们与仙人的关系是亲密的，但这种亲密只给予仙人，不给予凡人。应该说，这种风景其实是真实存在的，之所以让人感到奇幻而似不可信，是因为诗人给这景观播散了一种仙界的气氛：草，说成是瑞草；鸟，说成是灵禽；洞，说成是蓬壶。

为什么要在自然中修道？是因为道在自然之中。于是，游山就成了修道，赏景为的是悟道。丘处机在《自咏》中说：

> 自游云水独峥嵘，不恋红尘大火坑。万顷江湖为旧业，一蓑烟雨任平生。醉来石上披襟卧，觉后林间掉臂行。每到夜深云霁处，蟾光影里学吹笙。①

道教对自然物具有天然的感情，这种感情一方面遍洒于全体自然，另一方面也对一些自然物情有独钟。植物比如松、柏、菊、兰等，动物比如鹤、鹿等。丘处机有一首《鹤》：

> 一种灵禽体性高，丹砂为顶雪为毛。冥冥巨海游三岛，矫矫长风唳九皋。洒落精神超俗物，飞腾志气接仙曹。搏风整翮云霄上，万里峥嵘自不劳。②

与自然共处的生活，其实并没有那样浪漫，它是艰苦的。丘处机有一首《寄道友觅败布故履》令人心酸。诗前的一小序："余在西虢六年，未尝一新衣履，每至中秋，唯完补褐衲耳。"诗云："秋风忽起雨天凉，木叶萧疏草渐黄。褐衲悬鹑唯阙补，芒鞋伏兔不能狂。有身易著饥寒苦，无福难逃日月长。但愿诸公怀恻隐，扶持同步入仙乡。"③ 这里，丘处机又完全回复到普通人的思想境地了，无衣，无鞋，无食，眼看寒冬就要到来，这山林中日子如何过，在这样的情况下，山水也就变了模样，它不再令人喜，更不再令

① 丘处机：《自咏》。

② 丘处机：《鹤》。

③ 丘处机：《寄道友觅败布故履》。

人赞了。这个时候，盼望的就是有人动恻隐之心，来救救他了。

道教徒一般自恃清高，看轻世俗。丘处机不这样，他是一个真实生活着的道人。不仅如此，他还是一位有家国情怀、有社会担当的道人。成吉思汗宣召要见他，他深知这是一个难得的救民于水火的机会，他在诗中这样说："十年兵火万民愁，千万中无一二留。去岁幸逢慈诏下，今春须合冒寒游。"[①] 他也深知，此时他72岁了，实在是不适合横绝沙漠的长途旅行了，但他义无反顾，决定前行。在途中，他有诗寄燕京的道友："此行真不易，此别话应长。北蹈野狐岭，西穷天马乡。阴山无海市，白草有沙场。自叹非玄圣，何如历大荒？"是啊，他并非神仙，如何横绝茫茫的大漠呢？

丘处机在西游途中看到的景观与他在内地所看到的景观有同也有不同。同的，均是兵燹联结，生灵涂炭，田地荒芜，民不聊生。不同的是，内地多为青山绿水，气候温润，自然风景尚可称美；西行途中多为沙漠，天气奇寒，风景更为荒凉，而且人情风俗异于中原。不过，此时，有明确的使命支撑着他，这个时候，他笔下的山水诗就多了世俗的豪壮，而景观也在苍茫与雄浑中增加了几分亮色。如：

> 极目山川无尽头，风烟不断水长流。如何造物开天地，到此令人放马牛。饮血茹毛同上古，峨冠结发异中州。圣贤不得垂文化，历代纵横只自由。[②]

> 当年悉达悟空晴，发轸初来燕子城。北至大河三月数，西临积雪半年程。不能隐地回风尘，却使弥天逐日行。行到水穷山尽处，斜阳依旧向西倾。[③]

> 丘也东西南北人，从来失道走风尘。不堪白发垂垂老，又踏黄沙远远巡。未死且令观世界，残生无分乐天真。四山五岳都游遍，八表飞腾后入神。[④]

---

① 丘处机：《复寄燕京道友》。

② 丘处机：《西南乐驿路又行十日以诗叙其实》。

③ 丘处机：《以诗纪其行》。

④ 丘处机：《以诗自叹》。

造物峥嵘不可名，东西罗列自天成。南横玉峤峰连峰，北压金沙带野平。下枕泉源无极润，上通霄汉有余清。我行万里慵开口，到此狂吟不胜情。①

这样的诗很真实。首先，是自然风景真实：茫茫戈壁无穷无尽，皑皑雪山连绵起伏，风烟不断流水长流，斜阳西倾晚霞如血。其次，是人情风俗的真实：此地人峨冠结发，茹毛饮血，牧牛放马，过着自由无拘束的生活。而伫立其中的这位来自中州的老道人，须眉皆白，拄着拐杖，目送青天，狂吟诗歌，乐观、豪迈而又天真。实实是天之骄子！

山水与胸襟在丘处机的诗中，实现了完美的统一，正如他诗中所云“心开天籁”，还需要吹箫吗？不需要了，这山水，这胸襟早已奏起了一首无声之歌，震天撼地，动人心魄！

第五节　境界：“团团皓月挂虚空”

丘处机极为重视修道的心境。他的心境观主要有如下几个要点。

一、见性为体，养命为用

性命问题是儒、佛、道均极为关注的问题，以丘处机为代表的全真派在这个问题上的基本立场是：“见性为体，养命为用”②。性为本体，是最重要的。性是人之为人的性质，是本。那么，人之为人的性质是什么？丘处机没有细加阐述，但他提出一些品德，如“柔弱为常，谦和为德，慈悲为本，方便为门。在众者常存低下，处静者勿起尘情。所有尘劳，量力运用，不可过度，每一衣一食，不过而用之”等，认为这是需要加以培植的。因此，他说的“性”其实不是自然本性，而是社会德性。这种德性，基本上来自老子哲学，也有些内容来自儒家哲学。所谓“见性”就是弘扬优秀的社会德性；所谓“养命”

① 丘处机：《望大雪山之西有诗》。

② 丘处机：《全真清规》。

就是调养身体，延年益寿。二者关系，前者为体，后者为用。道教讲求长寿，以之为目的，但要做的是“见性”，只有“见性”，才能长寿。

性与命也可以作为功夫，性功修性，命功养命。作为功夫，它们的作用不同。丘处机说：“吾宗前三节，皆有为工夫，命功也。后六节，乃无为妙道，性学也。三分命功，七分性学。”① 这也足以见出丘处机对于性功的重视。

“性”为“神”，对“性”的看重，意味着对“命”的看轻。“命”涉及身体，涉及长寿。在丘处机看来，修道的目的不是永生，不是长寿，而是获性、得道，而获性、得道必然关注社会人生，必然有为于国家社会。因此，“性”与“命”关系问题直通“无为”与“有为”的关系问题。这是丘处机道教思想的精髓。

二、神统百形，形亡心存

形神是中国儒道讲得很多的问题，魏晋时代以至成为玄风的主题之一，影响所及不独于人生哲学，而达之于艺术创作，因而成为重要的美学命题。宋代不少大学者如苏轼、黄庭坚等都论述过书法、绘画、诗歌中的形神关系问题。基本观点是重神而不轻形，主张形神兼备，传神写照。

丘处机从论道的角度谈及神与形。他的基本观点是：“道涵天地，神统百形。生灭者，形也，无生无灭，神也，性也。”② 这样，神就成为本，形神问题从大小两个方面展开，大为天地，小为人。天地有“形”也有“神”，“有形皆坏，天地亦属幻躯，元会尽而未终，只有一点阳光，超乎劫数之外，在人身为性海，故世尊独修性学，炼育元神。”③

人身上的神在哪里？在心。“心能造形，心能留形。”“若心根伤坏，转眼便为冥途矣。”④ 所以，修道归之于修心，修心即炼神。“不向本命元神自发大愿，乃从仙佛乞灵，是舍本而求末矣。”⑤

① 丘处机：《邱祖全书 · 邱祖语录》。

② 丘处机：《邱祖全书 · 邱祖语录》。

③ 丘处机：《邱祖全书 · 邱祖语录》。

④ 丘处机：《邱祖全书 · 邱祖语录》。

⑤ 丘处机：《邱祖全书 · 邱祖语录》。

所以修长生，其实是修心。不必标榜修长生。丘处机说：“吾宗所以不言长生者，非不长生，超之也。此无上大道，非区区延年小术耳。”① 神形的问题，丘处机笃定地将神置于根本的地位，传统道教崇尚的身体不朽（长生）便改造成精神上的不朽。

三、三宝之旨，“炁”为关键

道教修道，讲“三宝”，“三宝”即精、炁、神。丘处机也这样讲。他说：“三宝者精、炁、神也。精，先天一点元阳也；炁，人身未生之初祖炁也；神即性也，天所赋也。此三品上药，炼精化炁、炼炁化神、炼神化道，三宝之旨也。”②

这里有三“化”，体现为一个过程：一是“炼精化炁”，“精”为先天元阳，来自自然。通过修炼，可以将精化成炁——人身未生之初祖。此为从天地至人。二是“炼炁化神”。“炁”为人的自然之元，神为性，应该是人的德性之元，此为由自然之元到德性之元。三是“炼神化道”。神在人，道在自然，在宇宙。此为由人至自然，至宇宙。这个逻辑的过程，反映出炼丹过程中自然与人能量的转化与交流。

“三宝”中“炁”的作用非常特殊。中国古人从人的呼吸中感受到炁。丘处机说“炁”“盖呼吸所从起者也”。进而说“呼为父母元炁，吸为天地正炁”③。这种说法，虽然不科学但很具有魅力，能抓住人。丘处机说，“炁”有多种，有在人体之中的，也有在自然之中的。人体中的“炁”会互相交流，交流的方式类五行中的相生相克。其中一种交流为交媾，“所谓交媾，只心肾二炁，循环于心下肾上之间，玄门指为洞房，循环百遍，交媾数足，自然落于黄庭（下丹田）相迎”④。丘处机说的自然之炁，有“真阳之炁”“日月之炁”“天地之炁”。它们自身有循环，还要与人体之炁产生交流。

“三宝”的作用就是所谓炼丹。

---

① 丘处机：《邱祖全书 · 邱祖语录》。

② 丘处机：《丘祖秘传大丹直指》。

③ 丘处机：《丘祖秘传大丹直指》。

④ 丘处机：《丘祖秘传大丹直指》。

所有这些过程，主要通过静心屏气来完成。静，最重要。“小静三日，中静五天，大静七日。静中自然生动，所谓‘大死再活’。”①

四、唯炼乎阳，阴消阳全

丘处机对于阴阳的看法与《周易》有异。《周易》说“一阴一阳之谓道”，阴阳一样也不可缺至于阴阳的尊卑问题，《易经》与《易传》有些不同。《易经》于阴阳无褒贬，《易传》则尊阳贬阴。丘处机则有全新的看法。他说：

> 道产二仪。轻清者为天，天，阳也，属火；重浊者为地，地，阴也，属水。人居其中，负阴而抱阳。故学道之人，知修炼之术，去奢屏欲，固精守神，唯炼乎阳，是致阴消阳全，则升乎天而为仙，如火之炎上也。②

前面说天阳地阴，人负阴抱阳，与《周易》是一致的，但后面说“固精守神，唯炼乎阳”就不属于《周易》，至于说“阴消阳全”则完全背离了“一阴一阳之谓道”。在这里，丘处机偷换了概念，他说的“阴”为“奢”和“欲”，“奢”与“欲”要去，“阴”也就要去了。

虽然丘处机在这里犯了一点逻辑上的错误，但他的意思是清楚的，也是正面的。他反对奢华与贪欲，也是对的。

五、清静气和，万行周圆

丘处机与所有的道徒一样，将他们的精神境界归结为清。他说：

> 《经》云：“人能常清静，天地悉皆归。”盖清静则气和，气和则神王，神王则是修仙之本，本立而道生矣。③

丘处机的清既有儒家的“清正”义，也有道家一般的“清真”义，但也有他自己独特的见解，这就是与“人道”相对立。他说：

> 仙道真实，人道贵华，仙道、人情直相返乐。诸恶可戒，诸善可修，

---

① 丘处机：《丘祖秘传大丹直指》。

② 《玄风庆会录》，见《丘处机集》，齐鲁书社 2005 年版，第 137 页。

③ 《玄风庆会录》，见《丘处机集》，齐鲁书社 2005 年版，第 145 页。

万行周圆。一身清洁，终身永效，不生退怠，抱道而亡，不亏志节。[①]

在丘处机看来，人道最大的问题是“贵华”，贵华必奢、必贪、必争，必争就会杀人越货，造出诸多邪恶。清静的实质是清洁，清洁即为守本分，持本色，如能这样，则“万行周圆”“终身永效”。

丘处机将他所追求的修道境界用清月来象征，在诸多的咏月诗中描绘道的境界：

脱洒圆明孤且洁，飘飘尘外不淹留。(《见月》)

空一轮明月，昭昭无著。(《月中仙》)

浮光蔼蔼，冷浸溶溶月。人间天上，烂银霞照通彻。(《无俗念》)

修道，主要是精神性的，心为主体，修道所要构造的心理世界，实为境界。境界有多种，有偏于道德上的，称为道德境界；有偏于艺术上的，称为艺术境界；有偏于宗教上的，称为宗教境界。丘处机所论的境界，为道教境界。不管哪种境界均具有审美上的意义。境界最高者揭示人生与宇宙的某种奥秘，让人洞触天开，此种境界称之为天地境界。

① 《玄风庆会录》，见《丘处机集》，齐鲁书社 2005 年版，第 145 页。

第十章

元朝藏传佛教及其艺术东传

藏族是中华民族不可分割的重要组成部分，西藏是中国不可分割的神圣领土。据汉文史籍记载，藏族为西羌人一支，西羌是生活在中国西北地区一个较大的种群，其中一支进入雅鲁藏布江一带，主要从事农牧生产。公元6世纪，雅隆部落首领做了部落联盟的领袖，建立的政权称为吐蕃。唐朝时，吐蕃首领松赞干布娶唐朝文成公主为妻，被唐高宗封为“驸马都尉”，后又晋封为“宾王”。由松赞干布与唐高宗奠定“甥舅亲谊”维系唐朝灭亡。9世纪吐蕃政权因内部纷争而瓦解，西藏地区陷入长期的分裂之中。松赞干布时代，佛教传入西藏，逐步形成具有自己特色的藏传佛教。1244年，蒙古宗亲阔端率军来到西藏，通过与活佛萨迦班智达结盟的形式取得西藏人的拥护。1271年，蒙古大汗忽必烈定国号为元，西藏正式成为大元帝国的一部分。明朝、清朝、中华民国直至中华人民共和国陆续继承对于西藏地方的国家主权。西藏艺术融入中华民族艺术的百花园，它的美学成为中华美学的重要组成部分。在藏族融入中华民族的历史进程中，元朝无疑是极为重要的阶段，此时的藏传佛教艺术对中原地区的进入，对于中华民族艺术和美学的发展有着重要的意义。

第一节 八思巴与忽必烈

藏族来自中国古老的民族“羌”。《新语·术事》:“大禹出于西羌。”这就是说创立夏朝的禹与藏族同一民族。炎帝姜姓,羌与姜互训,因此,羌也被视为炎帝的血统。羌有诸多分支,藏为其中一支。科学家运用遗传学材料对汉藏语系下的两个语族——汉语语族与藏语语族进行分析研究,发现大约在距今5900年前,汉语语族与藏缅语语族分流,那正是史前仰韶文化、马家窑文化时期,说明距今5900年前汉族与藏族系同一个民族。另,西藏昌都地区卡诺史前文化遗址发现有来自黄河流域的粟米、风格近似仰韶文化的彩陶、生产工具以及房屋。这些史料也印证了这两个民族的密切关系。

2012年,中国考古工作者在西藏阿里噶尔县故如甲木墓发现距今1800年来自内地的茶叶,还有带有“王侯”铭文的织锦,说明那个时代西藏与内地有着友好的交往。公元7世纪是西藏与内地关系最为密切的时期,唐朝对吐蕃采取和亲政策,唐文成公主远嫁吐蕃首领松赞干布,此后又有多位公主嫁去了西藏。和亲的意义,不仅在政治上让西藏成为唐朝的附属国,而且在文化上加强了藏汉文化的交流。内地的儒家经典、医药书籍、建筑工艺、天文历法、蔬菜种子、音乐绘画等通过汉朝就开辟的丝绸之路传入西藏。而吐蕃土特产、藏传佛教及其艺术也传入内地。

虽然西藏与中原的汉族中央政权一直保持着联系,但真正让西藏纳入中国版图,让藏文化融入中华文化的是元朝。这一伟大事业主要归功于两位人物:西藏的宗教领袖八思巴和元朝的开国皇帝元世祖忽必烈。

关于八思巴(1235—1280),《元史》有传,传云:

> 帝师八思巴者,吐蕃萨斯迦人,族款氏也。相传自其祖朵栗赤,以其法佐国主霸西海者十余世。八思巴生七岁,诵经数十万言,能约通其大义,国人号之圣童,故名曰八思巴。少长,学富五明,故又称曰班弥怛。岁癸丑,年十有五,谒世祖于潜邸,与语大悦,日见亲礼。中统元年,世祖即位,尊为国师,授以玉印。命制蒙古新字,字成上之……

自今以往，凡有玺书颁降者，并用蒙古新字，仍各以其国字副之。遂升号八思巴曰大宝法王，更赐玉印。①

这个介绍过于简要，也许编撰《元史》的明朝大臣宋濂等有所顾忌。八思巴几段重要的经历没有写入。八思巴一生事业中，有几个人物很重要：

第一个人物是他的伯父萨迦班智达（1182—1251），他是西藏佛教萨迦派的教主，学识渊博，是西藏佛教界最著名的学者。八思巴从幼年起，就跟随他学习文化和佛教经典。

第二个人物是蒙古皇子阔端，他是当时的皇帝窝阔台的儿子，奉旨处理西藏事务，以笼络西藏上层为主要策略，以图不战而取得西藏。萨迦班智达是主要争取对象。阔端的王府设在凉州，为商量西藏归顺蒙古计，阔端让人携诏书及礼品去萨迦寺诏请萨迦班智达去凉州。萨迦班智达携八思巴及他的弟弟前往，是年八思巴 12 岁。八思巴在凉州四年，与阔端结下深厚情谊，对于蒙古人有了好感，这段时期，他接触各界人士，有了一定的社会经验，为日后登上政治舞台打下基础。

第三个人物是忽必烈，当时他还不是皇帝，驻军甘肃六盘山。1251 年，忽必烈闻萨迦班智达大名，遣专使去凉州迎请萨迦班智达。萨迦班智达以年老有病未赴，让八思巴随阔端之子蒙哥都前往。忽必烈一见八思巴，就喜欢上了他，他们多次深入交谈，非常投缘。忽必烈尊八思巴为上师。此次会见，开启了八思巴不凡的政治与宗教生涯。也就在这年，萨迦班智达病逝于凉州，八思巴成为萨迦派教主。八思巴留在忽必烈军中，不时接受忽必烈的咨询。其后一段时间，八思巴为宗教事业亦曾离开军营，但与忽必烈多有书信来往，中间也有过重要的见面。

1260 年 3 月，忽必烈在开平府即蒙古大汗位，12 月封八思巴为国师，赐玉印，统领天下佛教。

必须强调指出，忽必烈有着强烈的中华正统观念，1260 年他即大汗位，

① 宋濂等：《元史·卷二百二·列传第八十九·释老》，中华书局 1976 年版，第 4517—4518 页。

建号为“中统”意即中原正统。忽必烈能即蒙古汗位，原因是多方面的，其中，最重要的是国家统一的观念，他要即的汗，不只是蒙古国的汗，而是全中国的汗。这个中国不只是蒙国人的国，是包括汉人在内的所有生活在中华大地上的诸民族的国，也就是中华民族的帝国。多年来，他为这一梦想努力着，不仅建立了赫赫的军功，而且积攒了极其雄厚的来自中华的人力与物力资源，八思巴能够与他合作成为他以及未来的元帝国的精神导师就是其中之一。

八思巴作为国师，他为大元帝国主要做了三件大事：

第一，将西藏完整地纳入元帝国的版图。此前，西藏地区教派林立，无所统属。阔端来到西藏以后，与西藏的宗教领袖萨迦班智达在凉州签订协议，西藏归顺蒙古帝国，但实际上，西藏成为阔端的封地。1251 年蒙古汗国由蒙哥即位后，情况发生了变化，蒙哥在西藏“括户”即调查户口，并着手将西藏分封给蒙古宗王贵族们，西藏的领主及宗教首领也开始着手控制自己的领地。这种情况很不利于全国的统一。1260 年忽必烈即位后，蒙哥的做法停了下来。1264 年，忽必烈派八思巴和其弟白兰王恰那多吉返回西藏，着手建立政教合一西藏行政体制，以彻底解决西藏的管理问题。

关于这件事，《元史》这样说：

> 元起朔方，固已崇尚释教，及得西域，世祖以其地广而险远，民犷而好斗，思有以因其俗而柔其人，乃郡县土番之地，设官分职，而领之于帝师。乃立宣政院，其为使位居第二者，必以僧为之，出帝师所辟举，而总其政于内外者，帅臣以下，亦必僧俗并用，而军民通摄。于是帝师之命，与诏敕并行于西土。①

这段话包含有丰富的内涵。其一，元世祖治西藏不是采取武力征服的手段，而是怀柔的手段；其二，元世祖治西藏既有官员行政的手段如宣政院，又有宗教行政的手段，但总领导为帝师，宣政院的副职为僧人，由帝师推荐；其三，帝师不只是管信徒，而是既管僧又管俗，既管军又管民。于是，

---

① 宋濂等：《元史 · 卷二百二 · 列传第八十九 · 释老》，中华书局 1976 年版，第 4520 页。

“帝师之命”与皇帝的“诏敕”并行于西土。基于帝师为皇帝指定，因此，实际上统一于皇帝的敕令。

八思巴携忽必烈的诏书，以国师身份，“为所有僧众之统领”，统管西藏所有事务。自此以后，西藏实现了前所未有的统一。

第二，制作了蒙古文字，改变了蒙古无文字的历史。有了文字，不仅便

(元) 刘贯道:《元世祖出猎图轴》

于更好地统治国家，而且有利于蒙古各种文化事业的开展。

第三，支持元帝国灭了南宋。《汉藏史集》有这样的记载："皇帝又对上师八思巴道：'如今遣伯颜攻打蛮子地方如何？'上师回答说：'彼足以胜任，我将为之设法，以求吉兆。'"[①] 事实上他也做了帮助元兵灭宋的事。他让人在涿州建了一座神殿，内塑护法摩诃葛剌（大黑神）主从之像，亲自为神像开光。神像的脸面朝着南方，意思是灭南，这就是所谓的"阴助"。在迷信的古代，这种"阴助"能产生效果。《佛祖历代通载》中的《胆巴传》中，就有"大黑神领兵西来"，而襄阳百姓望风归顺的记载。更重要的是，1275年，他在返藏的途中听到元兵渡江节节胜利的消息，专门给忽必烈寄信，予以祝贺。

如何看待这种行为？决定于立场，如果八思巴仅仅是站在蒙古族的立场上，这种对蒙古人的赞颂，自然应受到斥责。但如果他还站在江山统一的立场上，则又会是另一种评价。从八思巴的这封题名为《赞颂应赞颂的圣事》来看，他赞颂的事只是他认为应该赞颂的事。他在信中说："听闻陛下之功业威力者，莫不心动志摇，犹如受干渴煎逼之人，闻山雨欲来之风响。陛下之福德使社稷安宁，江山一统，奋转轮之威，合四洲为一。"[②] 这些话足以说明，他并不强调这场战争的民族性质，而着重强调这是一场实现江山一统的战争。自然，不管从八思巴个人与忽必烈的情分，还是从蒙古与西藏的利益关系来说，八思巴不可能没有蒙古的立场。

八思巴的成就不只是在政治上，还在文化上。他组织翻译汉、梵典籍为藏文。从汉文译成藏文的著作中有《星曜经》，原是梵文，是由唐玄奘从梵文翻译成汉文，再由八思巴组织的译经团队译成藏文；另有藏族僧人蔡巴贡噶多吉所著藏文著作《红史》，内容为唐朝与吐蕃的历史，材料主要译自《新唐书》。八思巴组织翻译的印度著作中，最重要的是《诗镜论》。这是一部诗学著作，作者为檀丁，印度宫廷诗人，译者是藏族僧人雄敦译师，他

---

① 达仓宗巴·班觉桑布：《汉藏史集》（藏文），四川民族出版社1985年版，第281页。

② 《萨迦五祖全集》，第15函，第385页。转引自陈庆英等：《西藏通史·元代卷》，中国藏学出版社2016年版，第88—89页。

是八思巴译经团队中的重要人员。此书的翻译是东方文化交流史上的大事。

八思巴也是一位才华横溢的诗人，他给忽必烈写过很多赞颂诗，其中献给忽必烈的很多，虽然内容为歌功颂德，但具有重要的历史价值和文学价值。

八思巴和忽必烈之所以能有如此亲密的友情，如此完美的合作，如此互相成就的伟大业绩，最根本的是他们有着共同的政治立场，这立场就是以中华文化为国家意识形态统一全中国。一是统一全国，二是以中华文化统一。八思巴和忽必烈的共同伟业就在这里，他们的伟大，不仅在于有这种立场，有这种梦想，而且能坚定地站在这一立场上，毫不犹豫地实现这一梦想。

族类最完全的中华民族的建立、幅员最辽阔的中华帝国的建立，成功于忽必烈和八思巴，这是历史的选择！

值得一说的是，忽必烈的中华帝国事业得到了他的子孙的继承与发展，其中贡献最大的是太子真金。真金 10 岁左右，忽必烈屯兵六盘山时，就让汉儒王恂指导真金学习儒家，真金辅佐忽必烈执政时，都注重坚持汉化的立场，积极倡导以汉法治国安邦。另外，真金非常重视元帝国与西藏的关系。1274 年，他奉命护送八思巴返回西藏，两年行程，他与八思巴朝夕相处，关系十分亲密。1277 年，在后藏曲弥仁莫这个地方以元世祖忽必烈的名义出席由八思巴主持的“曲弥大法会”，担任坛主，这一举动充分显示元帝国对于西藏的管辖权。1278 年八思巴在萨迦寺完成了专为真金讲述佛教精义而著的《彰所知论》。这本书后来有汉译本，它的重大意义不仅是佛教思想的有力宣扬，而且是中华民族团结精神、大一统精神的光辉彰显。

第二节　藏传佛教东传

藏传佛教原来只是在西藏及青海、甘肃一部分地区活动，大约在 8 世纪，开始向中原内地传播，至元朝，仰仗元帝国的支持，这种向中原内地传播的速度加快，规模加大。在中原内地传播的过程中，藏族文化与汉文化实现了一定的交流和融合，有利于中华民族的形成。

一、佛教与道教的论辩交锋

蒙古统治时期，佛教与道教均有发展。以丘处机为首的道教全真教因为受到过成吉思汗的召请，一度在华北迅速发展，丘处机的弟子尹志平、李志常到处宣讲丘处机西行向成吉思汗国布道的事情，认为这应了历史上“老子化胡”的谶语。他们将《太上混元上德皇帝明威化胡成佛经》《老子八十一化图》等刊布，在社会上影响很大，这就引起了佛教的严重不满。汉传佛教、藏传佛教都向蒙古汗国朝廷控告道教的行径，蒙古汗王蒙哥让忽必烈主持一场佛道大辩论，以辨佛道高下。辩论在开平府万安阁进行。佛道各派出17人做代表参与论战，道教界的代表有李志常、张志敬、樊志应等；佛教界代表有来自西藏的萨迦派教宗、帝师八思巴、资圣寺统摄至温、滦州开觉寺长老祥迈等。辩论的裁判为国师那摩、八思巴、尚书姚枢等。

辩论初始，八思巴没有发言，而当道教代表提出《史记》可以作为《老子化胡经》的来源时，八思巴上阵了，《至元辨伪录》对此有详尽的记载：

> 帝师辩的达拔合思八曰：“此谓何书？”曰：“前代帝王之书。”上曰：“今持论教法，何用攀援前代帝王。”帝师曰：“我天竺亦有《史记》，汝闻之乎？”对曰“未也。”帝师曰：“我为汝说，天竺频婆罗王赞佛功德，有曰：‘天上天下无如佛，十方世界亦无比。世界所有我尽见，一切无有如佛者。当其说是语时，老子安在？’道不能对。”……帝师又问：“汝《史记》有化胡之说否？”曰：“无。”帝师曰：“《史记》中既无，《道德经》又不载，其为伪妄明矣。”道者辞屈。尚书姚枢曰：“道者负矣。”①

这场辩论以道教失败而告结束。按照事前的规定，失败者樊志应等17人去龙光寺削发为僧，焚毁所谓的伪经45部，将道观霸占的佛寺地237区悉归还给佛寺。

八思巴为此次辩论写了一篇文章《调伏道教大师记》，文中说：“祈愿由

---

① 转引自陈庆英等：《西藏通史》元代卷，中国藏学出版社2016年版，第50页。

此善业，使世间众生不再追求虚空神仙而入于佛教正法！”①

这场论辩的评判结果其实也在预料之中，忽必烈倾向于佛教自不必说，帝师八思巴既是辩手，又是裁判。论辩最大赢家还不是汉传佛教而是藏传佛教，自此，藏传佛教进入中原毫无障碍。

值得一说的是，八思巴并没有否认道教的神威，也就在《调伏道教大师记》中，他说：“在汉地出生之太上老君，据说在母胎中住了八十二年，出生后性喜寂静，努力修定，获得预知世间及神幻等成就。”② 而忽必烈也并未采取禁绝道教的措施，道教只不过是地位排在佛教之后列第二位罢了，元朝道教仍然兴旺。

二、藏传佛教在元大都的传播

陈庆英等主编的《西藏通史》认为，“元朝的建立者对藏传佛教的了解，首先是在攻打西夏的过程中从西夏获得的。”“1227 年，蒙古人攻灭西夏，进入西北蒙区后才第一次全面接触藏传佛教及其艺术。”③ 这种说法是不是武断了些？蒙古兴起于中国北部，与中原政权、辽政权、西夏政权、金政权多有接触，这些地方早就流行佛教了，蒙古人不太会迟到攻灭西夏才全面接触佛教及其艺术。当然比较深入地了解佛教及其艺术，应该比较迟，可能 1239 年蒙古国派多达率兵进入西藏才开始。蒙古王族阔端可以说是第一位比较深入地了解藏传佛教的人。他驻军凉州，与萨迦班智达、八思巴家族关系很深。他向萨迦班智达、八思巴等高僧学习佛法，然后向蒙古汗王说明这种宗教，于是，蒙古汗王对藏传佛教产生了好感，也产生了好奇。

由于忽必烈与八思巴的特殊关系，忽必烈倾心于藏传佛教，他登上王位后将以萨迦派为首的藏传佛教定为国教，将八思巴封为大宝法王，为帝师。八思巴之后，帝师位置保留，终元一代共有 14 位佛教僧人担任此职，绝大多数为藏传佛教僧人。

---

① 转引自陈庆英等：《西藏通史》元代卷，中国藏学出版社 2016 年版，第 51 页。

② 转引自陈庆英等：《西藏通史》元代卷，中国藏学出版社 2016 年版，第 51 页。

③ 陈庆英等：《西藏通史》元代卷，中国藏学出版社 2016 年版，第 517 页。

由于元朝统治者重视藏传佛教，藏传佛教大规模地进入元大都，元大都成为全国藏传佛教的中心，有不少藏传佛教高僧来元大都进行传法活动，有萨迦派高僧，也有其他教派的高僧，如噶玛噶举派。这些高僧不仅从事宗教活动，有的还担任国家官职，从事政府管理工作。广智大师沙罗巴是八思巴的弟子，精通藏汉文，学识渊博，为忽必烈赐予“大辩广智”称号。他来到大都后，除了主持各种法事外，还从事译经事业，所译经有《彰所知论》。沙罗巴还被授以江浙等处释教都总统之职，管辖江南宗教事务。返京后，还担任光禄大夫、司徒等官职。

藏传佛教有密宗成分，也有一些原始的宗教成分，除了正常的说法、授戒、灌顶、消灾、祈福、念咒之外，还经常承担各种各样的预测活动，《元史》说“若岁时祝厘祷祠之常，号称好事者，其目尤不一。有曰镇雷阿蓝纳四，华言庆赞也。有言亦思满蓝，华言药师坛也……”[①] 种种名目，蒙语、汉语表述不一。成宗时期，著名国师胆巴曾在北京颐和园万寿山设道场祭祀摩诃葛剌神（大黑神），还用巫术和咒语为世祖、成宗治过病。

可以说，元朝大都的佛教活动，一片乌烟瘴气。它的积极意义，就是增强了中原文化与西藏文化的交流，增进了彼此的了解。

大都皇家寺院很多，主要的有：大护国仁王寺、西镇国寺、大圣寿万安寺、大兴教寺、大承华普庆寺、大方寿万宁寺、大崇福元寺、大能仁寺、大天源延圣寺、大承天护圣寺、宝集寺、大慈恩寺。这些寺院都汉、藏融合，成为藏族文化、汉族文化交融会聚的场所。

大都皇家寺院名为皇家，实际上不只为皇家服务，也是百姓们礼佛、休闲的重要场所，西镇国寺，经常举行大规模的游佛活动，这种活动，既是法事，也是娱乐，实际上也是庙会。

元大都的佛寺、法事对于全国的佛教活动具有示范作用，元帝国虽然存在时间只有数十年，但它对于佛教特别是藏传佛教的发展起到了巨大作用。通过宗教活动的开展，促进了中华民族各种文化的融合，加强了不同

① 宋濂等：《元史·卷二百二·列传第八十九·释老》，中华书局 1976 年版，第 4522 页。

民族人民的互相了解，中华大家庭的温暖气氛也许在中原地区的藏传佛寺中体现得更为充分。

三、藏传佛教在中国内地的传播

藏传佛教在中国内地的传播，不是均衡的，大体上为两条路线，一条路线是由西向东传播，路经青海、甘肃、宁夏、内蒙古、山西，来到中原。

这条路线中，凉州、五台山是重要节点。凉州是阔端的居地，他与萨迦班智达、八思巴的第一次会面就在凉州，其后八思巴也在这里活动过。噶玛噶举第四世活佛乳多必吉被邀请进入内地传法，曾在凉州一带居住三年，以适应内地水土，他在凉州建了薛贡摩伽惹大寺，还在这里建了一座释迦牟尼像。

五台山本是汉传佛教圣地，1257 年 5 月至 7 月，八思巴来到五台山，此番来五台山，其目的是为忽必烈祈福，因为是时，忽必烈遭到当时的蒙古汗王蒙哥的猜忌，处境比较艰难。也就在这里，他还做了弘扬藏传佛教工作。归来后，他写文章赞颂五台山，文章中以藏传佛教的五部经书来解释五台，将五台山比喻为密法金刚界五部佛的佛座，为五台山日后也成为藏传佛教的重要基地提供了理论上的根据。①

藏传佛教向内地传播，另一条路线为南向。此时蒙古大军已攻破南宋首都杭州，直下福建沿海讨平南宋抗元武装势力，藏传佛教在中原内地的发展则是以杭州为中心，杭州这一中心与北方大都这一中心恰好对应。

至元十四年（1277），元世祖忽必烈在杭州设置江淮诸路释教总统所，主管江南佛教事务。首任总统为西夏人杨琏真如，他在任期 15 年内为杭州建了诸多藏传寺院，他所选的建寺地为三类：毁坏的宫殿地、宋陵冢地、道观地。这种做法激起了江南人民的坚决反对，杨琏真如在杭州飞来峰为自己雕的像遭到杭州百姓摧毁。为了安抚百姓，元朝统治者撤了杨琏真如的职务，派八思巴的弟子沙罗巴出任江浙释教总统。沙罗巴秦州（今天水）

① 参见陈庆英等：《西藏通史》元代卷，中国藏学出版社 2016 年版，第 519 页。

人，元朝著名的佛经翻译家，他在任江浙释教总统期间，整顿佛教管理机构，尽力平息了民愤，为藏传佛教在江南的发展作出一定的贡献。

元朝时期，藏传佛教在江南留下的佛教胜迹很多，主要有：镇江过街塔、杭州飞来峰、宝石山和吴山宝成寺造像、泉州清源山、弥陀岩造像、武汉胜像塔。

另外，还有大量的佛寺，如杭州宋宫五寺：般若寺、尊胜寺、报国寺、兴元寺、仙林寺等。《西湖游览志》详细地记载了五寺，并重点介绍了瓶塔："杨琏真如发宋诸陵，建塔其上，其形如壶，俗称一瓶塔，高二百丈，内藏佛经数十万卷，佛菩萨像万躯，垩饰如雪，故又名白塔。"①

在藏传佛教东传过程中，不少藏传佛教的高僧也来到江南，除了上面说到的国师沙罗巴以外，还有同样是八思巴的弟子、国师胆巴。胆巴的传法主要是广东潮州一带。另有萨迦派的座主、昆氏家族传人、国师达尼钦波桑波贝。1280 年八思巴圆寂后，因继承人的问题，达尼钦波桑波贝得罪了忽必烈，忽必烈将其流放苏州，后又流放杭州，后经帝师扎巴沃色从中斡旋，元成宗将其从江南召回，返藏任萨迦寺座主。达尼钦波桑波贝在江南流放长达 16 年，还娶过一位汉族妻子。他在江南的大量活动，自觉或不自觉地为汉藏民族的文化交流作出了一定的贡献。

第三节　藏传建筑艺术东传

藏传佛教建筑艺术主要有寺庙建筑、宝塔建筑，随着藏传佛教东传，这些建筑样式也东传到中原内地，其中受影响最大的为五台山、北京、承德。

五台山藏传佛教兴起，始于元代。这与忽必烈和八思巴有着直接的关系。1256 年夏，八思巴受忽必烈的支持，前往五台山，5 月 17 日，在五台山写了《文殊菩萨名义赞》，又于朝拜五台山各山峰时写下《文殊菩萨固法轮赞》。7 月 8 日，在五台山写了《赞颂诗——花朵之蔓》，同月 21 日，又在

① 田汝成：《西湖游览志》卷七《南山胜迹》，上海古籍出版社 1998 年版，第 66—67 页。

五台山写了《文殊菩萨五台山赞颂——珍宝之蔓》，12 月，写了《嘲讽恶行》一文。① 如此密集的赞美诗文写作活动，充分说明八思巴对五台山的喜爱与敬崇，为日后藏传佛教在这里开展打下了良好的基础。

由于五台山特殊的地位，元代诸帝对于五台山的藏传佛教寺院修建特别关照。《清凉山志》载，元世祖忽必烈至元元年（1264）下诏曰："朕眷顾灵峰，大圣所宅。清修之士冥赞化机。官民人等，不得侵暴。"第二年造经一藏，敕送五台山善住院，令僧披阅，并修十二佛刹。元贞元年（1295），元成宗为皇后建佛寺于五台山，《元史·武宗本纪》载，至大元年（1308）十一月，元武宗"建佛寺于五台山"。至大元年二月，"发军千五百人修五台山佛寺"。至大三年（1310），又一次增派工匠军卒，"营五台寺，役工匠千四百人，军三千五百人"②。元代五台山新建、重建的寺庙有万圣佑国寺、大圆照寺、普恩寺、铁瓦寺、寿宁寺、西寿宁寺、护国寺、金灯寺、望海寺、温泉寺、石塔寺、清凉寺等。

五台山寺庙众多，鼎盛时期，佛寺超过百座，现存 50 座，位于灵峰顶的菩萨顶是全山规模最大的藏传寺庙。菩萨顶依山而建，山门前由 108 级台阶组成进庙的路。山门面阔三间，单檐歇山顶，三个拱券式门洞，山门覆金黄色琉璃瓦。大雄宝殿面阔五间，单檐歇山顶，金碧辉煌。菩萨顶是兼藏传佛教和汉传佛教两种建筑风格的寺庙。

塔是佛教建筑的标志性的形式。公元前 486 年，释迦牟尼灭度，其尸骸炼就成 84000 个舍利子，古印度阿育王用五金七宝铸成 84000 个舍利塔，分布于大千世界中，中国 19 座，五台山得其一。为了保存舍利子，获得舍利子的地方首先建塔，后来，没有舍利子的地方也建塔，而且也不一定与佛教相关，它可能拥有别的文化意义。

五台山的大白塔是五台山的标志，这是一座藏传佛教宝塔的建筑形式，此塔据说建于元大德六年（1302），由尼泊尔匠师阿尼哥设计建造，为覆钵

① 参见陈庆英：《帝师八思巴传·八思巴年谱》，中国藏学出版社 2007 年版，第 178 页。

② 宋濂等：《元史·卷二十三·本纪第二十三·武宗二》，中华书局 1976 年版，第 489、496、521 页。

式尼泊尔塔的风格。此塔最初为显通寺的塔院，明永乐五年（1407），永乐帝命太监重修此塔，并独立起寺。此塔塔基为四方形，环周 83.3 米，通高 75.3 米，通体洁白，身状如瓶，从底到顶，粗细相间，方圆变化，宛若绰约曼妙之少女。塔顶盖铜板八块，分别为乾、坎、艮、震、巽、离、坤、兑八个方位，八块铜板构成圆盘，圆盘上面是铜宝瓶，铜盘边缘吊着 36 块铜质垂檐，各垂檐下端悬挂三只风铃。大白塔周遭为腾挪起伏的山峦，顶上是白云悠悠的蓝天，风动之际，铜铃叮当，满天皆响，似觉天摇地动，景象极为壮丽。

北京的藏传佛教寺庙很多，元代所建并存留至今最为著名的是大圣寿万安寺（明代更名为妙应寺），寺中有一座白塔。它的风格与五台山的白塔相似，通高 51.9 米，比太和殿和台基加起来还要高出 16 米，是明清北京城最高的建筑，和清代兴建的北海白塔相比，万安寺的这座白塔还要高出 15 米左右。塔基上建复合式折形角须弥座，其上立圆瓶形的硕大塔身，塔颈为轮条状的圆锥形相轮，顶端有华盖，直径 9.9 米，其周边悬挂 36 个铜质透雕的流苏和风铃。华盖顶部正中央，是一座高约 5 米、重达 4 吨的空心铜鎏金的金塔刹。整个形象显得精致而又朴素。

大圣寿万安寺是元世祖忽必烈下诏修建的，并且亲自审定寺院四界，《佛祖历代通载》说："帝（元世祖）建大圣寿万安寺，帝制四方，各射一箭，以为界至。"于此可见，此寺院所具有的意义，它是元朝疆域的象征。此寺动工于 1279 年，1288 年完工，历时 9 年。此寺富丽堂皇，"佛像及窗壁皆金饰之"①。元世祖后，累朝多有增设，至元仁宗时寺内佛像达 140 余尊，规模极大，可惜的是 1368 年寺院遭雷击，除东西二影堂神主及宝院器物得免外，余皆焚毁，真正的元朝文物，只有白塔、三佛殿、七佛殿殿基之间的穿廊基。② 从各种文字资料可以得知，"当时的大圣寿万安寺是一座佛塔和寺院相结合的大型建筑，确切而言，是一座具有强烈尼泊尔、印度艺术风格的藏式佛塔与元代宫廷建筑相结合的大型建筑群"③。

---

① 宋濂等：《元史・卷五一・志第三下・五行二》，中华书局 1976 年版，第 1101 页。

② 参见宿白：《藏传佛教寺院考古》，文物出版社 1996 年版，第 336 页。

③ 陈庆英等：《西藏通史》元代卷，中国藏学出版社 2016 年版，第 536 页。

承德也是藏传佛教建筑比较集中的地方，但主要是清代的建筑，最为有名的是外八庙，这些建筑不仅保存着由元朝继承而来的中国藏汉民族、印度、尼泊尔建筑的某些元素，还吸收进蒙古族的建筑元素，在民族性的融合上做得更为出色。

藏传佛教建筑的东传离不开一位传奇性的建筑大师尼泊尔人阿尼哥。五台山的白塔、北京的白塔都是他的作品。阿尼哥出生于 1244 年，他的出生国名尼波罗国即今尼泊尔，尼波罗国曾属于吐蕃，这个国家的人擅长建筑、雕塑、绘画等工艺，阿尼哥从小受到这方面的良好的教育，主要用作建筑的《尺寸经》，他一听就记住了。元中统元年（1260），元世祖命八思巴在萨迦寺建黄金塔，并提出可以从印度、尼波罗国征集能工巧匠。结果，在尼波罗国选中 80 名，阿尼哥为其中之一，时年 17 岁，他自告奋勇，担任领队。阿尼哥受命在萨迦寺建金塔，一年而成，八思巴极为赏识，收他为徒，并推荐给元世祖。元世祖诏他进京，并命他修补一尊针灸铜人像。这件作品来自南宋，年久损坏，无人能修，阿尼哥奉命修补，终于修好，诸匠人为之折服，叹为天巧，阿尼哥因此而名满京都。元世祖成立一个机构，专管朝廷修建、绘像等事，让阿尼哥为总管。从此，阿尼哥在元朝建筑、艺术、工艺等事业中大展才华。

阿尼哥的主要作品可以分为两大类：一类是建筑工程，另一类是雕塑绘画。

关于建筑工程，按《凉国公敏慧公神道碑》的统计，阿尼哥 1306 年去世前，一共参与了 15 项大型建筑工程，“最其平生所成，凡塔三、大寺九、祠祀二、道宫一”①。其中最重要的是上都的大圣寿万安寺、五台山万圣佑国寺。其中所做的塔为：五台山大白塔、大圣寿万安寺白塔、西园玉塔。值得我们注意的是，至元二十八年（1291），他还“创浑天仪及司天器物”②。

① 程钜夫：《凉国公敏慧公神道碑・雪楼记》，见《钦定四库全书・集部一四一・别集类》卷一二零二，上海古籍出版社影印本，第 84—85 页。

② 程钜夫：《凉国公敏慧公神道碑・雪楼记》，见《钦定四库全书・集部一四一・别集类》卷一二零二，上海古籍出版社影印本，第 84—85 页。

关于雕塑绘画，不计其数，《元史》说，“凡两京寺观之象，多出其手”。其著名的有：大都护仁王寺之佛像、圣寿万宁寺千手千眼菩萨、大都和上都国学文庙孔子及十哲像、元世祖和察必皇后之织像、护国寺摩诃葛剌（大黑神）主从之像。

阿尼哥作品的重要意义不只在藏传佛教的东传，还在他为尼泊尔文化、印度文化与中华民族文化融合开拓了成功之路。他主持的大圣寿万安寺白塔是民族文化融合的典型范例。考古学家宿白先生曾经对此作品多民族文化的元素做了精细的分析，据研究，“白塔的造型具有浓郁的印度波罗艺术风格，塔瓶等建筑单元尼泊尔艺术特征显著，但塔基四方所开的四个塔龛则采用汉式建筑”①。

阿尼哥以其卓越的才华和勤奋的工作，获得了元朝廷的重用和赏赐，至元十五年（1278）诏命阿尼哥还俗，授光禄大夫、大司徒，兼领将作院。他死后追赠太师、凉国公。

重要的也许不是这些殊荣，而是他以自己对于中国、中华民族的爱心，架起了中尼文化友好的桥梁，开创了多民族文化融合的成功范例。

第四节 藏传佛教绘画雕塑艺术东传

藏传佛教绘画雕塑艺术有两类，一类是直接用于佛教活动，另一类用于世俗生活，只是具有佛教的色彩。

一、绘画

绘画中有一批系宫廷画像，主要为皇帝、皇妃以及宗王、贵戚的画像，其中有忽必烈、察必皇后像。此画像出自阿尼哥之手，原件藏于台北故宫博物院。

关于宫廷画像，《元代画塑记》有诸多记载：

---

① 陈庆英等：《西藏通史》元代卷，中国藏学出版社 2016 年版，第 553 页。

英宗皇帝至治三年（1323）十二月十一日，大傅朵解、左丞善生、院使明理董阿进呈太皇太后、英宗皇帝御容。大傅朵解、左丞善生、院使明理董阿即令画毕复织之。

天历二年（1329）二月十三日，（明宗）敕平章明理董阿、同知储政院阿木复：朕今绘画皇妣皇后御容，可诸色府达鲁花赤阿咱、杜总管、李肖岩提调速画之。

十一月八日，（明宗）敕平章明理董阿，汝提调重重文献皇后、武宗皇帝共坐御影。①

佛教绘画至尊贵者莫过于唐卡，存世的元朝唐卡极少，美国纽约大都会艺术馆藏有两件缂丝唐卡，一件画面为大威德金刚坛城。此作品长245.5 厘米、宽 209 厘米，绘有 142 身画像。中心为主尊大威德金刚，九面三十四臂十六足，浑身黑色，其形象与相关经典所载相吻合。画面最外层为方形，顶部和底部又分离出一个长方形的区域，顶部绘有十四尊画像，有金刚、大黑天神、萨迦派高僧贡却杰布、贡噶宁布等。画面底部为四身供养人像，这四位人物分别为元文宗图帖睦尔皇帝、元明宗和世琜皇子、八不沙皇后和卜答里皇后。②

另一件画面为须弥山。藏学专家陈庆英等认为，"此幅缂丝唐卡为汉藏艺术文化的典型代表作。四角的宝瓶和卷草纹的莲枝、八瑞物图案和整个画面的构图是典型的藏式画法，尽管卷草纹莲枝等造型还具有印度波罗艺术风格的明显痕迹；而日月的造型和代表四大洲、八小洲的 12 座山峰则为典型的汉族艺术风格。其中，日月的造型与居庸关过街塔券门顶部日月的造型完全相同。12 座山峰无论构图、透视、设色，还是其中的建筑纹样显然为内地青绿山水画派的风格，与此时期国画青绿山水作品一脉相承。"③

元代绘画还有版画，主要为佛经插图，有大都皇室成员施刊的，也有江南地区百姓施刊的。内容均为藏传佛教的故事，所画人物均为佛教中的人

① 《元代画塑记》，人民美术出版社 1964 年版，第 1—7 页。

② 参见陈庆英等：《西藏通史》元代卷，中国藏学出版社 2016 年版，第 563—564 页。

③ 陈庆英等：《西藏通史》元代卷，中国藏学出版社 2016 年版，第 565 页。

物，场面均为佛教的设施，但有意思的是，画面中也经常插入汉地人物与汉区风光。《碛砂藏》是一部佛经，插图中的佛、菩萨、高僧、胁侍弟子等，宿白先生认为“具 14 世纪萨迦寺院形象的特征”，但“四大天王等护法神的造型、服饰及其持物，背景中的云彩、部分树石纹样和释迦牟尼佛背光左右云端上的月兔和三足乌的造型则为典型的汉族造型。不仅如此，其中还出现了不少标准的汉装道士和汉装供养人的形象”①。元朝雕刻的西夏文大藏经《西夏藏》中，有一幅《大般若波罗蜜多经》，描绘的是释迦牟尼说法，此画也具有两种风格：汉式和藏式。学者发现，其汉式风格可以从元代永乐宫壁画中找到相同之处。这样的例子非常多。

元代大都皇室人员施刊的藏文佛经版画，与江南藏式风格的木刻版画在绘画风格上有所不同。“在题材上，江南版画多以释迦牟尼佛为中心，人物众多的说法图为主，而大都版画基本上为单尊佛像。风格上，江南版画体现出汉藏艺术水乳交融的显著特点。在藏式风格中，与大都藏文佛经中显著的尼泊尔风格因素相比，江南版画体现出更为浓郁的印度波罗风格因素。”②

在元朝，艺术的相吸性与包容性达到空前的高度，不管这种汉藏艺术之间的良好互动关系是否是在被迫的时代背景下形成的，它的走向却是积极的、正面的。故步自封、固守本体、固守家法是没有前途的，艺术就像大河，在行进的过程中总是接纳支流，以成就其大，如果仅仅是源头的那点水，行不了长远，就蒸发殆尽了。

二、雕塑

藏传佛教的雕塑，雕的多是佛教中的人物和动植物。

雕塑作品现在留存的，主要有北京居庸关过街塔云台券门浮雕、杭州飞来峰石窟造像、吴山宝成寺三世佛造像、泉州清源山和弥陀岩三世佛造

① 陈庆英等：《西藏通史》元代卷，中国藏学出版社 2016 年版，第 568 页。

② 陈庆英等：《西藏通史》元代卷，中国藏学出版社 2016 年版，第 569 页。

像等。

这些作品主要特色有二：

(一) 异域风情与华夏文化的融合

这里说的异域风情主要指印度的原始佛教故事，这种故事产生于古印度，对于中国人民来说，它具有一种陌生感、恐惧感，于是，就有必要做某些调整，附会上中华民族的神话、传说，增加了亲和感、可接受感，而淡化了陌生感、恐惧感。居庸关过街塔云台雕塑就具有这样的特色。雕塑为浮雕，主要分布在过街塔南北券门两侧。据陈庆英等描述，“券拱顶中心为迦楼罗（一译大鹏，一译金翅鸟），左右为龙王。迦楼罗为鸟首、人身、禽爪，头戴宝冠，上身裸露，双肩和胸部饰有蛇饰，双翼和双手张开，成欲飞行状，双爪分别踩踏着左右龙王的一只脚。同时在双翼上方分别刻有两个圆圈，其中右侧圆圈之内雕有一只兔子，左侧圆圈之内雕有一只三足乌鸦，分为月亮太阳，为典型的汉族文化母题。”①

过街塔有四大天王的雕塑。东壁为持国天王、增长天王；西壁为广目天王和多闻天王。

四大天王印度佛教中的神，本来应以印度人的模样来塑造，但这样的天王，汉族人民肯定难以接受，于是，雕塑家将其塑造成汉族的英雄形象，身着中国武士的锁子甲，怀抱中国的器物——琵琶、笏板、宝剑等，这样就完全没有距离感了。

(二) 佛教造像与自然环境的融合

杭州是一个风景城市，这里，有山有水，有故事有文化，早在唐宋就以景观秀丽、环境优美享誉海内外。元兵南下，灭掉了南宋朝廷，同样也看中了这片山水，藏传佛教拟在这里造像，选中了飞来峰，飞来峰山峦清丽，树木茂密，此山为石灰石地形，适合雕像。值得我们高度注意的是，此地的凿山造像没有取西北造石窟的模式，而是充分利用石山的形貌造像，以不破坏山形为前提，雕像主要沿着冷泉溪南岸的傍溪栈道一线及两侧的石洞展

① 陈庆英等：《西藏通史》元代卷，中国藏学出版社 2016 年版，第 555 页。

开。因为林木茂密，石像并不显得突出，整体感觉是佛在山中，山为佛居，使得飞来峰成为现实中的须弥山。

飞来峰的造像有体系，大小造像共116尊，其中藏传佛教风格的为46尊，汉式风格的为62尊，主要为密宗神灵，神灵之间构成体系。因为密宗不太为汉人所接受，此处造像又特意增加了深为汉人所喜爱的无量寿佛、观音菩萨、十八罗汉等。杭州佛教罗汉文化流行，宋代西湖景区就有罗汉造像，元代又增加了诸多罗汉造像。“值得一提的是，在北宋的十八罗汉中没有布袋和尚造型，而在（飞来峰）第68龛中心则出现了巨大的布袋和尚。此外，位于龙泓洞北侧的45龛也有一尊布袋和尚造型。”①

元朝的藏传佛教及其艺术对中华民族艺术和美学的影响应该是多方面的。概括起来主要有三：

一是丰富、完善中华民族佛教体系。佛教传入中国，数百年来，经诸多僧人和士人的努力，终于在唐朝完成了它的中国化，禅宗是佛教中国化的最高成果。但是，中华民族佛教的构建并没有完成，因为中国佛教的另一支——藏传佛教还偏在中国的西域，没有与汉传佛教实现融合。而到元朝，由于得到元朝统治者的大力扶植，藏传佛教得以有规模地东传并南下，从而使得汉传佛教和藏传佛教相互认同，相互吸收，实现融合。这在五台山的佛教体系中得到充分的体现。应该说，统一的中国佛教是在元朝才出现的。

二是丰富、完善中华民族的艺术体系。中华民族的艺术体系主要是汉族艺术体系，少数民族本也有着自己的艺术体系，虽然自先秦以来，少数民族的艺术也不断地融入中华艺术的总体系之中，但因为地域上的原因以及政治上的原因，少数民族中最为重要的藏族的艺术体系，没有能够为以汉族为主体的中华民族的艺术体系所很好地接受。藏传佛教艺术的东传并南下，对中华民族艺术体系的丰富、完善和统一起到了巨大的推进作用。

三是丰富、完善中华民族的美学体系。中华民族的美学体系同样是以

① 陈庆英等：《西藏通史》元代卷，中国藏学出版社2016年版，第561页。

汉族美学为主体的，在中华民族融合发展的过程中，少数民族的美学陆续地进入中华民族美学的总体系之中，魏晋南北朝时期，北方鲜卑族美学首先进入；唐朝则有以回纥族为代表的西域美学的创建；元朝又是一个少数民族美学进入中华民族美学的重要时期，这个时期主要有藏族、蒙古族美学进入。关于蒙古族的美学，我们在此编第一章、第二章有介绍，藏族美学主要体现在藏传佛教上。藏传佛教万物一体的生命意识以及主要来自密宗的神秘观念借佛教艺术有着充分的表达，这种美学与汉族美学相通又相异，相通建构共同的一体性，相异增加彼此的独立性。中华民族的美学体系至元代更加丰富、完善了，但是，它还没有完成，仍然在前进着、发展着。

第八卷

明朝编

导 语

历经长达近百年的少数民族政权统治，中华大地终于迎来了汉民族主持的国家政权——明朝。

明朝建立在元朝的基础之上，一方面，它继承元朝的文化遗产，在文化上采取开放包容的态势；另一方面，它极力弘扬华夏文化，不仅将元朝在这方面的欠缺全部补足，而且发扬光大，一点也不弱于宋朝。

这种以汉民族统治的政治局面维持了300余年，直至清兵入关、明政权灭亡为止。清兵入关具有某种机缘性、偶然性，也就是说，明政权其实完全可以将问题处理妥帖，不至于亡国于满族。但历史没有应该，只有现实。历史让人们反思，为什么明王朝会如此不幸。人们终于发现汉文化中原来存在着自毁长城的严重病毒。这病毒就是君主专制。君主专制非明独有，但明将这种制度恶劣的方面发展到了新水平。君主专制的严重危害在明朝已经达到极致，从另一个方面说明中国传统文化在明朝也达到了极致。

明朝美学成就非凡，应该说并不弱于宋。诗学方面，谢榛的“景乃诗之媒，情乃诗之胚”说、王廷相的“意象透莹”说、胡应麟的“兴象风神”说，将诗的意境理论发展到极致。戏曲方面，吴江派与临川派的斗争，将戏曲形式之美与情感之美推到了高峰，从而促使这两者的结合，实现了中国戏曲美学的终结。小说方面，长篇和短篇小说的空前繁荣带动了小说美学的兴盛。冯梦龙身兼小说作家与小说理论家双职，在古典小说美学的建构上前无古人，开启来者。绘画方面，流派纷呈，绘画艺术实现了空前的繁荣。文人画虽然肇始于宋元，然只有到明代，方称得上中国绘画的代表。明朝大画家董其昌的“南北宗”说，为中国文人画提出了理论纲领。至此，文人画美学方才真正建立。园林作为综合艺术，在明朝达到高峰，计成的专著《园冶》不仅是中国园林美学的最高总结，而且称得上世界第一部园林艺术专著。凡此种种，足以说明明朝是中国美学的辉煌时代。

文化达到极致是好事，但极致不能长久。于是，明朝出现了中国历史从来没有过的文化新思潮，这股思潮的突出特点是崇尚个性、崇尚自由。这种思潮与传统文化构成严重冲突，以至于有人要为它付出生命的代价，这股思潮的代表人物是李贽。

手工业与商贸让诸多小镇成为城市。于是，一个新社会阶层——市民——出现。他们的生活需求刺激了市民文化的产生。这种文化，在士大夫看来是俗，但是它强大的生命力，促使士大夫重视它的存在，并且心甘情愿地服务于它，投身于它。士大夫的积极参与，促使这种文化朝着雅的方向发展。原来的雅文化，服务于政治，以维护封建统治为最高使命；而当时的雅文化，服务于商业，以服务于有钱人为最高使命。

新的文化思潮必然带来新的文艺观、美学观。徐渭的绘画与书法美学，公安三袁的散文美学，冯梦龙的小说美学，计成的园林美学以及文震亨、张岱的生活美学均是这股思潮的反映。

特别值得指出的是，明朝的科学技术空前发达。宋应星的《天工开物》、徐光启的《农政全书》和李时珍的《本草纲目》都是世界级的科学技术专著，代表着当时世界上科学技术的最高水平。它们对于明朝美学有着直接或间接的重大影响。其中宋应星的《天工开物》将源自先秦的工匠美学发展到农业文明时代工匠美学的巅峰。

值得一说的是，明朝是比较富裕的时代，工商业的发达，为社会积累了大量财富，人们比较追求生活品位了。旅游开始发达，出现了徐霞客这样以旅游、科考为专业的旅行家，留下了数十万字的游记，具有多方面的价值。这个时期，主要用于生活的器物制作、居室建筑、装修都不只讲究功用，还讲究品位。园林一跃而成为中国富裕地区的热门艺术，以至出现了《园冶》《帝京景物略》这样的皇皇大著，也出现了文震亨、张岱这样的大玩家。生活美学发达了。

明朝文化很有特点：它没有苏轼这样顶尖的文化大家，然而，鸟瞰明朝文化全貌，翘楚、大师、泰斗触目皆是。明朝崇尚复古，多次复古，直至明终结；然而，新思潮涌动，各门艺术均有创新。某种意义上，它类似于古希腊的文艺复兴。从现象上看，明朝艺术花红果硕，灿烂辉煌，美不胜收，然而，又秋风萧瑟，寒意袭人。明朝就是这样一个既给人希望又让人迷茫的时代，它会走向何方，谁也说不清。

第一章
明朝心学与美学

明代前期，思想界占统治地位的仍然是程朱理学。到明代中期，王阳明的“心学”兴起，逐渐在思想界居主流地位，王阳明遂成为继朱熹之后中国封建社会的又一圣人。明末东林党领袖顾宪成曾慨叹：“正嘉以后，天下尊王子也甚于尊孔子。”

心学在中国思想史上具有十分重要的历史地位，它是长达数百年之久的宋明理学的终结。它使儒与佛、道达到了最高水平的融会，对中国封建社会后期异端思想的产生起到启蒙作用。

王阳明心学的内在精神通向美学，尽管它未直接谈及美学的问题。中国古典美学长期以来局限在艺术范围之内，很少涉及人生观的重大问题，宋明理学讨论人生哲学的基本问题时，将审美境界与人生境界贯通起来。这特别表现在“天人合一”的哲学思想上。王阳明的心学在宋代程朱理学与陆九渊心学的基础上，将“天人合一”这一中国哲学的传统命题推到新的思想高度。比之程朱陆的“天人合一”，王阳明的“天人合一”说更具美学意义。更为重要的是王阳明的“良知”说，为明代后期颇为盛行的自然人性说奠定了理论基础。李贽的“童心”说、公安三袁的“性灵”说、徐渭的“真我”说、汤显祖的“贵情”说均建立在这一基础之上。

王阳明心学的后学发展了王阳明的学说，其中王畿的“顿悟心体”说、王艮的“自然之乐”说与美学有着直接的关系。

第一节 王阳明：心外无物

王阳明（1472—1529），字伯安，浙江余姚人。官至南京兵部尚书。他是中国封建社会少有的文武全才，作为文人，他多次率兵平定内乱，屡建奇功。特别是仅以35天的时间平定宁王朱宸濠的叛乱，打败朱宸濠十万大军，三战生擒朱宸濠，在朝野赢得赫赫声名。但王阳明的成就主要还是在思想文化领域，他所创立的“心学”是宋明理学发展的终结。心学中所蕴含的革新意识不仅为明清之际的启蒙思潮兴起准备了理论条件，而且其影响直及五四运动。

王阳明像

王阳明心学的基本观点是“心外无理”“心外无物”。对美学影响最大的是“心外无物”。

王阳明说：

> 人者，天地万物之心也。心者，天地万物之主也。心即天，言心则天地万物皆举之矣。①

① 王阳明：《答季明德》。

王阳明这种思想显然是来自孟子“万物皆备于我”，但有重要发展，孟子说“万物皆备于我”，并未将此归结为心。王阳明认为，人为天地万物之心，那就是说人是天地万物之主。

万物是人之万物，人是万物之主。这种天人关系就不是将互不相干的二物拉在一起的关系，而是有机的关系、整体和谐的关系。这种天与人的合一就是有灵有肉的生命。“灵”就是人，“肉”就是“天”。中国的“天人合一”说为什么具有浓郁的审美意味，根本的就在于这种“天人合一”的整体和谐类似于生命。

王阳明将人看成天地万物的“心”，这“心”用的是比喻义。不过，他也在本义上运用“心”这一概念，并认为，即使从本义上运用“心”这一概念，人与物也是同体的。王阳明与他人有这样一段对话，将这个道理说得很清楚：

> 问：“人心与物同体，如吾身原是血气流通的，所以谓之同体；若于人便异体了，禽兽草木益远矣，而何谓之同体？”
>
> 先生曰：“你只在感应之几上看，岂但禽兽、草木，虽天地万物也与我同体的，鬼神也与我同体的。”①

“人心与物同体”这是讲人本身，人本身是灵与肉的统一体，“原是血气流通的”。禽兽草木等与人异体，又如何理解与人同体呢？王阳明提出应从“感应之几上看”。只要能从这个角度去看，天地万物就都是与我同体的，甚至子虚乌有的鬼神也是与我同体的，这是一个非常重要的观点。

何谓“感应”？何谓“感应之几”？

感应是主体与客体建立关系的基本方式。主体为“感”，客体为“应”，有“感”必有“应”。因有“应”，主体才成其为主体；因有“感”，客体才成其为客体。感应的过程既是主体改造、创造客体的过程，也是客体作用、影响主体的过程。正是因为有感有应，主客体就构成一个统一体，客体成了主体的客体，主体成了客体的主体。这个主客体感应的过程是微妙的、神

① 王阳明：《传习录·下》。

(明) 居节:《潮满春江图》

秘的,因而,说是“几”。

主体与客体是不可分的,无主体的客体与无客体的主体都是不存在的。问题是这种关系如何建立。通常有三种方式构建主客体关系:第一种是认识性的,这种方式以主客两分为前提,先两分后两合。即使是合,主客还是有所区别的。所谓“合”其意义就是主体对客体的理性认识。第二种是功利性的,它以认识为基础,以功利为目的,通过实践的手段,使用或改造客体,以实现主客体的统一。第三种是审美性的,它不以认识为目的,也不以功利为旨归,凭借直觉与客体建立起精神上的互相肯定的关系。三种主客“合一”有区别:认识性的合,合在对客体“真”的理解上;功利性的合,合在主体“善”(取广义)的需要上;审美性的合,合在超越“真”“善”的审美愉悦上。前两种合是以分为前提的,主客体并未达到真正的合,后一种合消释了主客体的区别，实现了真正的统一。

王阳明讲的主客合一比较接近审美的合。他说：

我的灵明，便是天地鬼神的主宰。天没有我的灵明，谁去仰他高？地没有我的灵明，谁去俯他深？鬼神没有我的灵明，谁去辨他吉凶灾祥？天地、鬼神、万物离却我的灵明，便没有天地、鬼神、万物了；我的灵明离却天地、鬼神、万物，亦没有我的灵明。如此，便是一气流通的，如何与他间隔得？①

"一气流通"，毫无"间隔"。这里的"心"，不是认识，不是理解，而是直觉，含有某种情感、情绪、体验的直觉。它根本不管对方"是什么""为什么"，而只管眼下"怎么样"。

王阳明强调的是"人心的一点灵明"，这"灵明"不是认识、思维，而是一种感悟。这种感悟到的东西是无须论证，也不能论证的。"真不真"对它没有意义，"善不善"也没有意义。他说得很清楚：

盖天地万物与人原是一体，其发窍之最精处是人心一点灵明。风、雨、露、雪、日、月、星、辰、禽、兽、草、木、土、石与人原只一体，故五谷禽兽之类皆可以养人，药石之类皆可以疗疾。只为同此一气，故能相通耳。②

"只为同此一气，故能相通耳。"这"同此一气"实际上是人心"一点灵明"的作用，是感悟的产物。

王阳明的这些说法都接触到了审美的一些本质性的特点，审美其实就是一种感悟、一种直觉，它不是认识、思维，而是一种情感性的体验。花是不是红的，可以论证，花是不是美的，是不可以论证的，它决定于主体的体验。

王阳明曾经有过这样一次经历：

先生游南镇，一友指岩中花树问曰："天下无心外之物，如此花树，

① 王阳明：《传习录·下》。

② 王阳明：《传习录·下》。

在深山自开自落，于我心亦何相关?”先生曰：“你未看此花时，此花与汝心同归于寂；你来看此花时，则此花颜色一时明白起来。便知此花不在你的心外。”①

王阳明说的是花。看来，他也承认有客观之物。不过，那不与人发生关系的客观之物，王阳明认为是没有什么意义的。犹如那在深山自开自落的花树，“于我心亦何关”？因此，王阳明区别两种物：客观之物、主观之物。用花作例，“未看此花时”，那花便是客观之物；“来看此花时”，那花便是主观之物。

王阳明将自己的研究范围划在主观之物，在人心中的也只是主观之物。实际上，王阳明认为，这世界万事万物有两种存在方式，一种是事实的存在，另一种是价值的存在。前一种存在与人不发生关系，后一种与人必发生关系。作为价值主体的人都生活在价值的世界里，与他发生关系的万事万物均进入价值圈，成为主体之物。离开价值主体，它的价值就不存在。王阳明讲“心外无物”不是讲心外无物的事实存在，而是讲心外无物的价值存在。进入主体心目中的物实际上已经染上了主体的情感色彩，不是原生的物，而是原生物与主体的心理相统一的产物了，换句话说，它已经成为一种主客观统一的意象或者说意境。如果将这种意象或意境用特定的媒介传达出来，就是艺术。其实不经传达，它也具有审美的性质，当然，这只能是对审美主体来说的。

王阳明喜爱山水，他在纵情山水时，所进入的就是这种物我一体、天人合一的审美境界。在《碧霞池夜坐》一诗中他吟道：

一雨秋凉入夜新，池边孤月倍精神。
潜鱼水底传心诀，栖鸟枝头说道真。
莫道天机非嗜欲，须知万物是吾身。
无端礼乐纷纷议，谁与青天扫宿尘？

“莫道天机非嗜欲，须知万物是吾身”。这就是王阳明对人生境界的理

① 王阳明：《传习录·下》。

解，而他的人生境界其实是审美的境界。

第二节 王畿：顿悟心体

王畿（1498—1583），字汝中，别号龙溪，浙江山阴人。官至兵部武选郎中。王畿是王阳明的大弟子，王阳明去世后，致力宣传王阳明心学，到处主持讲会，“讲舍遍于吴楚闽越，而江浙为尤盛，年至八十犹不废出游”。①

王畿与美学有关的哲学思想是他的“顿悟”说与“四无”说。此说的提出源自著名的“天泉证道”。

（明）文征明：《千林曳杖图》

王阳明晚年曾将自己的学说概括成四句话即“四句教”：

无善无恶心之体，有善有恶意之动，

知善知恶是良知，为善去恶是格物。

① 《龙溪王先生墓志铭》，见《龙溪王先生全集》卷首。

嘉靖六年（1527），王阳明去世的前一年，被任命去广西平息暴乱，临行的前一晚，应弟子王畿、钱德洪之请，在越城天泉桥阐述这四句话的思想。据《王阳明年谱》载：

是日夜分，客始散，先生将入内，闻洪与畿候立庭下，先生复出，使移席天泉桥上。德洪举与畿论辩请问，先生喜曰："正要二君有此一问，我今将行，朋友中更无有论证及此者。二君之见，正好相取，不可相病。汝中（王畿）须用德洪功夫，德洪须透汝中本体。二君相取为益，吾学更无遗念矣。"

德洪请问。先生曰："有只是你自有，良知本体原来无有。本体只是太虚。太虚之中，日月星辰，风雨露电，阴霾饐气，何物不有？而又何一物得为太虚之障？人心本体亦复如是。太虚无形，一过而化，亦何费纤毫气力？德洪功夫须要如此，便是合得本体功夫。"

畿请问。先生曰："汝中见得此意，只好默默自修，不可执以接人。上根之人，世亦难遇，一悟本体，即见功夫，物我内外，一齐尽透，此颜子、明道不敢承当，岂可轻易望人？二君以后与学者言，务要依我四句宗旨：无善无恶是心之体，有善有恶是意之动，知善知恶是良知，为善去恶是格物。以此自修，直跻圣位；以此接人，更无差失。"①

王阳明对德洪、王畿分别说的话是有针对性的。原来二位弟子对王阳明的学说在理解上各有侧重。王畿侧重于"本体"，因"心"作为"本体""无善无恶"，那么，作为"功夫"的"意""知""物"也应"无善无恶"。德洪侧重于"功夫"，他认为作为"功夫"的"意""知""物"既然有善恶之别，那么作为"本体"的"心"恐怕也应分出善恶，心体应以"至善无恶"为好。

王阳明认为"汝中（王畿）须用德洪功夫，德洪须透汝中本体"。主张二者结合、相取为益。按王阳明的观点，为学有两种方式，一种从"本体"入手，重在顿悟；另一种从"功夫"入手，重在渐修。一般人为学以采用第二种方式为宜。须是"上根之人"，方能"一悟本体，即见功夫，物我内外，

① 《阳明全书·年谱》卷二十四。

一齐尽透”。然“上根之人”是极少的，“世亦难遇”。因而，王阳明认为，渐修应是主要的为学方式。

王畿看来并未接受王阳明的意见，他还是坚持“四无”的观点。他说：

> 体用显微只是一机，心意知物只是一事，若悟得心是无善无恶之心，意即是无善无恶之物。盖无心之心则藏密，无意之意则应圆，无知之知则体寂，无物之物则用神。[①]

王畿坚持“体”“用”一致，“体”无善无恶，“用”也应是“无善无恶”。

从美学角度看他的观点，值得我们特别注意的是他对“无”的浓厚兴趣。他认为“无心之心则藏密”，这“无”是极为丰富的。无中生有，且有又趋向无限。这与老子的看法相近。只是老子认为作为宇宙本体存在的“无”是客观存在的物，而王畿则认为是主观存在的心。王畿将心的创造功能张扬到极致。这与中国古代的有关审美心胸的理论倒是相通的。梁萧子显说：“属文之道，事出神思，感召无象，变化不穷。俱为声之音响，而出言异句；等万物之情状，而下笔殊形。”[②] 刘勰亦说：“诗人感物，联类不穷，流连万象之际，沉吟视听之区。”[③] 又说：“文之思也，其神远矣，故寂然凝虑，思接千载；悄焉动容，视通万里；吟咏之间，吐纳珠玉之声；眉睫之前，卷舒风云之色。”[④] 这些言论都生动而又正确地描述了“寂然凝虑”的“心”具有极大的创造功能，它就是一个活的宇宙。

王畿说的“无意之意则应圆，无知之知则体寂”，说的是“心”之用，属于“功夫”，它是“无心之心”在其发动时的状况。“应圆”“体寂”说的是心发动时的圆活与空灵。“无物之物则用神”。这“物”，不仅指物件，而且也指事件，是心发动后的实践活动。说是“无物之物”不是说真的无物，而是说这物可以应“神”之变化而相应地变化，并无固定的、一成不变的形状。这“无物之物则用神”用来指艺术创造是很切合的。明代徐祯卿说：“若夫

---

① 王畿：《天泉证道记》，见《龙溪王先生全集》卷一。

② 萧子显：《南齐书·文学传论》。

③ 刘勰：《文心雕龙·物色》。

④ 刘勰：《文心雕龙·神思》。

妙骋心机，随方合节，或约旨以植义，或宏文以叙心，或缓发如朱弦，或急张如跃楛，或始迅以中留，或既优而后促，或慷慨以任壮，或悲凄以引泣，或因拙以得工，或发奇而似易，此轮匠之超悟，不可得而详也。”[①] 艺术家之心真是变幻莫测，与之相应，种种艺术形象也就波诡云谲，难以备述了。

（明）沈周：《落花诗意图》

王畿以“无”为心之本体，与之相应，对心之本体的认识，就只能靠悟。他说：

当下本体，如空中鸟迹，水中月影，若有若无，若现若浮，拟议即乖，趋向转背，神机妙应，当体本空，从何处识他？于此得个悟入，方是无

① 徐祯卿：《谈艺录》。

形象中真面目。[①]

王畿对“本体”的描述，使我们想到了严羽对艺术本体的描述。这种“若有若无，若现若浮”的状态正是它的审美魅力所在。王畿说这种本体“拟议即乖，趋向转背”，看来是不可用语言文字去描绘的，它不是逻辑思维的对象，这正如老子所说的“道可道，非常道”。另外，它也不是固定不变的、可以具体把握的对象，当你“趋向”它的时候，它就转背了。这亦如古希腊哲学家赫拉克利特所说的：“人不能两次走进同一条河流，因为新而又新的水不断地往前流动。”[②] 对于这样一种本体，应该如何去认识它？王畿提出只能“悟入”。只有“悟入”，方能见出“无形象中真面目”。王畿这里说的靠“悟入”把握心之本体的方式亦同样适用于审美。审美的方式就是“悟入”，它对审美客体的把握同样是不借语言文字，不借逻辑思维的。

“悟”有顿悟、渐悟两种，王畿是主顿悟的。他说：

> “涓流积至沧溟水，拳石崇成太华岑”，先师谓“象山之学得力处全在积累”，须知涓流即是沧海，拳石即是泰山，此是最上一机，不由积累而成者也。

陆象山说过“涓流积至沧溟水，拳石崇成太华岑”，认为对本体的认识靠的是平素积累。王畿则认为，“涓流即是沧海，拳石即是泰山”，“不由积累而成者也”。看来，陆象山主渐悟，王畿主顿悟。

王畿虽然自己主顿悟，但并不排斥渐悟。他认为顿悟、渐悟只是悟入的方法不同而已，“从顿入者，即本体为功夫，天机常运，终日兢业保任，不离性体，虽有欲念，一觉便化，不致为累，所谓性之也。从渐入者，用功夫以复本体，终日扫荡欲根，祛除杂念，以顺其天机，不使为累，所谓反之也。”[③] 王畿讲的“本体”与“功夫”是王阳明提出的概念，“本体”指心之本体，“功夫”指认识本体的具体实践过程。顿悟直接切入本体，即本体为功夫，渐悟则从功夫入手，通过实践而达到认识本体。两种方式一快一慢，效

① 黄宗羲：《明儒学案》卷十二，见《浙中王门学案二》。

② 转引自［美］梯利：《西方哲学史》上册，商务印书馆 1975 年版，第 33 页。

③ 王畿：《松原晤语》，见《龙溪王先生全集》卷二。

果是一样的。具体选择何种方式悟，则视悟道人的素质而定。王畿说：

本体有领悟、有渐悟，工夫有顿修有渐修。万握丝头一齐斩断，此顿法也。芽苗增长驯至秀实，此渐法也。或悟中有修，或修中有悟，或顿中有渐，或渐中有顿，存乎根器之有利钝，及其成功一也。①

王畿谈得很全面，的确，顿悟与渐悟是可以相结合的。悟中有修，修中有悟，顿中有渐，渐中有顿，这应该说是大多数的情况，纯粹的顿悟、渐悟是少数，而且许多顿悟正来自渐悟。

自中唐以后，受禅宗影响，中国古代诗论、文论、画论谈悟的文字甚多。悟，在艺术创作活动和日常的审美活动中即为审美直觉。直觉是美感的重要性质之一。顿悟，通常又称之为灵感。中国古代哲学和美学，对审美直觉和灵感很早就给予了注意，老子的“涤除玄览”说、庄子的“心斋”说，包含有审美直觉说与灵感说的萌芽。禅宗诞生后，以禅喻诗蔚成风气，禅悟与妙悟几不可分。禅僧以“悟”论禅，诗人以“悟”论诗。到宋明理学，理学家们又以“悟”来论道。“悟”成了中华民族重要的思维方式，广泛地运用到一切活动之中。

第三节 王艮：自然之乐

王艮（1483—1541），字汝止，号心斋，泰州人。王艮幼年家境贫寒，仅上过四年私塾，靠自学成才。他年轻时熟读儒家经典，达到“信口谈解”程度。如此长年累月“静思”“体道”，终于在一天夜里做了一梦：“天堕身，万人奔去求救”，他“举臂起之，视其日月星辰失次，复手整之”。醒后，“汗溢如雨，心体洞彻”。② 自此以后，王艮以圣人自居，以救民为己任。时值王阳明巡抚江西，王艮慕名前去请教，为王阳明的学说折服，请收为弟子。王阳明死后，王艮授徒讲学，开创中、晚明很有影响的泰州学派。

---

① 王畿：《留都会记》，见《龙溪王先生全集》卷四。

② 黄宗羲：《泰州学案一》，见《明儒学案》卷三十二。

王艮特别推崇王阳明心学重日常生活实践的长处，提出“百姓日用即道”①，据邹德涵《聚所先生语录》载：

往年有一友问心斋先生云：“如何是无思而无不通？”先生呼其仆，即应；命之取茶，即捧茶至。其友复问，先生曰：“才此仆未尝先有期我呼他的心，我一呼之便应，这便是无思无不通。”是友曰：“如此则满天下都是圣人了。”先生曰：“却是日用而不知，有时懒困著了，或作诈不应，便不是此时的心。”阳明先生一日与门人讲大公顺应，不悟，忽同门人游田间，见耕者之妻送饭，其夫受之食，食毕与之持去，先生曰：“这便是大公顺应。”门人疑之，先生曰：“他却是日用不知的，若有事恼起来，便失这心体。”②

王艮与客人这一段对话具体说明了“百姓日用即道”。像童子捧茶、农妇送饭这类日常生活，都可以有“道”，问题是这些日常活动，要出自自然，丝毫不勉强。如果不是这样，比如，先生呼童子送茶，童子“懒困著了”，“或作诈不应”，那就没有“道”了。王艮所举农妇送饭的事，也完全是顺理成章的日常生活，可以说是人伦之常。这就是“大公顺应”，就是“道”。

王阳明、王艮这种观点与禅宗的“担水劈柴，无非妙道”是很相似的。也许王阳明、王艮就是吸取了禅宗这一思想。

值得我们注意的是，王艮将这种顺理成章的日常生活与乐联系起来，这就富有美学意义了。王艮说：

天下之学，惟有圣人之学好学，不费些子气力，有无边快乐。若费些子气力，便不是圣人之学，便不乐。③

“圣人之学”就是他和王阳明所提倡的“心学”。“好学”是因为“百姓日用即是道”，又好学又能得道，自然就有“无边快乐”了。这种快乐，最大的好处在“不费些子气力”，顺应自然。

王艮还作《乐学歌》，歌云：

---

① 王艮：《年谱》，见《王心斋先生全集》卷二。

② 黄宗羲：《江右王门学案一 · 聚所先生语录》，见《明儒学案》卷十六。

③ 黄宗羲：《泰州学案一》，见《明儒学案》卷三十二。

人心本自乐，自将私欲缚。私欲一萌时，良知还自觉。一觉便消除，人心依旧乐。乐是乐此学，学是学此乐。不乐不是学，不学不是乐。乐便然后学，学便然后乐。乐是学，学是乐。呜呼！天下之乐，何如此学？天下之学，何如此乐？①

这首诗将快乐的原因、快乐的性质说得更清楚：这快乐，就性质来说，它植根于心，"人心本自乐"。这一点，王阳明也说过："乐是心之本体"②。心为什么乐？是因为得道。"乐是乐此学，学是学此乐。"这种悟道、得道的快乐是高层次的理性快乐，但它又不离日常生活，就在感性活动之中，因而又是感性之乐。换句话说，它是理性与感性相统一，感性中寓有理性，理性不脱离感性的快乐。王艮特别指出，这种快乐应以摆脱私欲的束缚为前提。它是超越功利的自由的快乐。

既顺应自然之理，又超越功利束缚，既具有理性内涵，又不脱离感性活动，这样一种快乐不是很像审美快乐吗?

王艮的儿子王襞进一步发挥了王艮的快乐观。王襞说：

舜之事亲，孔之曲当，一皆出于自心之妙用耳，与饥来吃饭倦来眠，同一妙用也。③

王襞将日常生活中的快乐提到可与"舜之事亲、孔之曲当"相比的高度，这是很有意义的。中国的儒家学说具有素朴的民主性。既承认圣贤的存在，以之作为理想的人格；又不将圣贤神秘化，看成高不可攀的顶峰，而是认为"人皆可为尧舜"。成就圣贤的道路就在脚下，"百姓日用即道"。

王襞还区分两种乐：

有所倚而后乐者，乐以人者也，一失其所倚，则慊然若不足也。无所倚而自乐者，乐以天者也，舒惨欣戚、荣悴得丧，无适而不可也。④

"有所倚而后乐者"，王襞说是"乐以人者也"。可能这种乐是倚仗具体

① 黄宗羲:《心斋语录》，见《明儒学案》卷三十二。

② 王阳明:《与黄勉之二》，见《阳明全书》卷五。

③ 黄宗羲:《泰州学案一》，见《明儒学案》卷三十二。

④ 黄宗羲《泰州学案一》，见《明儒学案》卷三十二。

（明）吴宏：《关山行进图》

对象而获得的，一旦对象失去，则快乐也就失去了。这种乐受到物的约束，是人为的快乐，它没有达到自由的境界，不是自由之乐。

"无所倚而自乐者"，王襞说是"乐以天者也"。这种快乐不受具体对象的约束，它是自乐，"以天"而乐，即庄子说的"天籁"之乐。因"咸其自取"，"无适而不可"，所以是自由之乐。

两种快乐都具审美性，而后一种快乐无疑是审美的最高层次。王艮曾写有《鳅鳝赋》，此文对我们进一步理解王艮的审美观很有帮助。文云：

道人闲行于市，偶见肆前育鳝一缸，复压缠绕，奄奄然若死之状。

忽见一鳅，从中而出，或上或下，或左或右，或前或后，周流不息，变动不居，若神龙然。其鳝因鳅，得以转身通气而有生意。是转鳝之身、通鳝之气、存鳝之生者，皆鳅之功也。

虽然，亦鳅之乐也，非专为悯此鳝而然，亦非望此鳝之报而然，自率其性而已耳。于是道人有感，喟然叹曰："吾与同类并育于天地之间，得非若鳅鳝之同育于此缸乎，吾闻大丈夫以天地万物为一体，为天地立心，为生民立命，几不在兹乎？"遂思整车束装，慨然有周流四方之志。

少顷，忽见风云雷雨交作，其鳅乘势跃入天河，投入大海，悠然而逝，自在纵横，快乐无边。四视樊笼之鳝，思将有以救之，奋身化龙、复作雷雨，倾满鳝缸，于是缠绕复压者，皆欣欣然而有生意。俟其苏醒精神，同归于长江大海矣。道人欣欣然就道而行。①

这是一篇妙文。文章内容是讲鳅之乐、鳝之乐、道人之乐，核心是鳅之乐。首先，是鳅与鳝对比。鳝"复压缠绕，奄奄然若死之状"；然鳅"周流不息，变动不居，若神龙然"。两相比较，明显可以看出，王艮说的乐是自由之乐，乐在自由。其次，王艮进一步指出鳅的自由活动，是"自率其性"，主观上是超越一切外在的功利目的的，尽管它的活动客观上给鳝带来了功利。再次，当鳅趁雷雨之际，"跃入天河，投入大海"，则"自在纵横，快乐无边"。可见，快乐还是分层次的。鳅在复压缠绕的鳝群中虽也能或上或下，或左或右，或前或后地活动，但这种活动的自由度很有限。因为主（鳅）客（鳝群）还是两分的。鳅的活动不能不顾及环境、条件，避实就虚，寻隙钻洞，将率性而动与顺理（规律、条件、环境）而动统一起来。换句话说，主观必须符合客观。而当鳅跃入天河，投入大海，环境对它极为有利。它在这种环境中活动，"自在纵横"，丝毫不必考虑什么。大海与它结为一体，甚至可以说，大海本就是它的身体，主客两合了，如王阳明所说的"人者，天地万物之心也，心者，天地万物之主也"。这里，"鳅"就是"人"，"大海"就是"天地万

① 王艮：《鳅鳝赋》，见《王心斋先生遗集》卷四。

物”。王艮的观点于此得以清楚地表露。他是说，那种人与天地融为一体，且人为天地之心的境界才是最高的境界，在这种境界中的快乐才是最高的快乐。鳅的两种快乐都建立在主客统一的基础上，然而统一的程度是不一样的，前一种统一，只是主观符合客观，主客还是两分的。后一种统一，则是主客的界限已经泯灭，客体主体化了，主体亦客体化了。由这两种不同的统一造就了两种不同的境界、不同的快乐。王艮说的这后一种境界和快乐是更符合审美的本质的。

第四节 自然人性

明代“心学”对美学最大的贡献是自然人性论。这一理论是明代中期以后所出现的浪漫主义文艺潮流的思想指导。中国古典美学自先秦以来直到明中叶一直以伦理为本位，崇尚以理节情，情理统一；对审美个性、对感性欲求虽不绝对排斥，但总是抑制的。到明中叶则发生了重要的变化。以李贽为旗手的浪漫主义文艺思潮高度肯定人的感性欲求，崇尚审美个性，对于情感在人的审美生活中所起的作用更是张扬到极致。所有这一切与传统美学大相径庭的美学观及创作实践诸如《牡丹亭》《金瓶梅》等作品的出现，都可以从自然人性论中找到理论依据。

明清之际影响颇大的自然人性论，导源于王阳明的“心学”之“良知”论。

“良知”这一概念首先出现于《孟子·尽心》。孟子说：“人之所不学而能者，其良能也。所不虑而知者，其良知也。孩提之童无不爱其亲者，及其长也，无不知敬其兄也。”从这一说法得知，良知是指与生俱来的道德意识、道德情感。

王阳明的“良知”说继承了这一观点，他说：“心自然会知，见父自然知孝，见兄自然知悌，见孺子入井自然知恻隐，此便是良知，不假外求。”①

① 王阳明：《传习录·上》。

王阳明的"良知"说与孟子的良知说有不同之处。第一个不同是"良知"在王阳明的学说中所处的地位特别重要，它是"心"之"本体"（"良知者，心之本体"①）。而"心"，在王阳明的学说中又是囊括"物"与"理"在内的宇宙，"心外无物"，"心外无理"。心的功能可谓大矣。"人心是天渊，心之本体无所不该"。②孟子也是主观唯心主义者，但他并没有明确地将"良知"作为心之本体，对心的作用也未张扬到王阳明所说的程度。

第二个不同也是最重要的不同，即王阳明的"良知"不只是道德理性，还兼有人的自然感性，它将二者融为一体，而孟子的"良知"并没有人的自然感性的含义。王阳明说：

> 心者，身之心也，而心之虚灵明觉，即所谓本然之良知也。③
>
> 耳目口鼻四肢，身也。非心安能视、听、言、动？心欲视听言动，无耳目口鼻四肢亦不能。故无心则无身，无身则无心。但指其充塞处言之谓之身，指其主宰处言之谓之心。④

王阳明将"心"与"身"联系起来，认为"无心则无身，无身则无心"。这个观点十分重要。"心"是精神，"身"是物质，精神与物质、灵与肉是统一的。王阳明进而谈到人的感知活动，认为这是与"心"密切联系、不可分割的。

> ……凡知觉处便是心。如耳目之知视听，手足之知痛痒，此知觉便是心也。⑤
>
> 汝若为着耳目口鼻四肢，要非礼勿视听言动时，岂是汝之耳目口鼻四肢自能勿视听言动，须由汝心。这视听言动皆是汝心。汝心之视，发窍于目；汝心之听，发窍于耳；汝心之言，发窍于口；汝心之动，发窍于四肢。若无汝心，便无耳目口鼻。所谓汝心，亦不专是那一团血肉。

---

① 王阳明：《传习录·下》。

② 王阳明：《传习录·下》。

③ 王阳明：《传习录·中》。

④ 王阳明：《传习录·下》。

⑤ 王阳明：《传习录·下》。

若是那一团血肉，如今已死的人，那一团血肉还在，缘何不能视听言动。所谓汝心，却是那能视听言动的。这个便是性，便是天理。①

不仅是人的感知活动，人的一切活动都是由心发出的。肯定心，必肯定身，肯定身的活动。反之亦然。王阳明这一观点就与朱熹将“天理”与“人欲”区分开来并提出“存天理，灭人欲”相左了。因为视听言动怎能不是人欲？既肯定人的道德理性，又肯定人的感性欲求，道德理性与感性欲求合而为一，成了“性”，成了“天理”。

王阳明这个观点就隐含了一个危机。本来王阳明建立他的心学亦如程朱建立他们的理学一样，是为了培育、塑造一种至善的人性，培植一种高尚的人格。为此不能不对人欲有所节制。然而一旦将“人欲”也纳进“天理”，这“内圣之学”就难以避免地要走向破裂。尽管王阳明并不主张脱离人心控制的欲自由发展，也曾批评过纵欲，认为“美色”“美声”“美味”“驰骋田猎”是“害汝耳目口鼻四肢”的。然而，理论的发展自有它的规律。王阳明学说中的这一内在矛盾必然导致自然人性论的产生，理性的统治必然逐渐变成感性的统治。

王阳明之后，由他的弟子王艮创立的泰州学派，将王阳明的心身统一说加以发展，而侧重于为身张目。他说：“安其身而安其心者，上也。不安其身而安其心者，次之。不安其身，又不安其心，斯其为下矣。”② 王阳明谈心身统一，重在“心”，强调“心”对“身”的统率作用，王艮则悄悄地做了重要改变，强调“安身”才能“安心”。将“心之本”，悄悄地移为“身之本”。他说：

修身，立本也；立本，安身也。安身以安家而家齐，安身以安国而国治，安身以安天下而天下平也。……不知安身，便去干天下国家事，此之谓失本也。③

① 王阳明：《传习录·上》。

② 王艮：《王心斋先生遗集》卷一。

③ 王艮：《王心斋先生遗集》卷一。

于是，“明哲保身者，良知良能也”①。由“保身”，王艮又谈到“爱身”，谈到自然安适的身心之乐。王艮实际上已背离了王阳明心学的主旨——崇尚道德理性的修养而走向了自然人性论。

王艮向自然人性论虽然迈出了重要的一步，但尚未做到彻底。在明代真正亮出自然人性论旗号的是“心学异端”的代表人物李贽。

李贽对“名为山人，而心同商贾；口谈道德，而志在穿窬”②的假道学进行猛烈的批判，锋芒直指理学的要害：“存天理，灭人欲”。李贽认为，“人欲”是人之本性，无可非议。他说：“穿衣吃饭，即是人伦物理，除却穿衣吃饭，无伦物矣。”③他将孔子搬出来，指出：即使是孔圣人也免不了要追求富贵享乐，尽管他口头不这样标榜。李贽说：

> 圣人虽曰：“视富贵如浮云”，然得之亦若固有；虽曰：“不以其道得之，则不处”，然亦曰，“富与贵是人之所欲”。今观其相鲁也，仅仅三月，能几何时，而素衣霓裘、黄衣狐裘、缁衣羔裘等，至富贵享也。御寒之裘，不一而足；裼裘之饰，不一而袭。凡载在《乡党》者，此类多矣。谓圣人不欲富贵，未之有也。④

李贽这段文字是相当犀利的，也很有说服力。李贽的“童心”说也是自然人性论。因为“童心者，心之初也”⑤即是人的自然本性。李贽认为这种童心最可宝贵的就是纯真。李贽将童心与孔孟之道相对立，明确指出后者“乃道学之口实，假人之渊薮”，“断断乎其不可以语与童心之言明矣”⑥。慨叹：“吾又安得真正大圣人童心未曾失者而与之一言文哉！”⑦

明代另外一位公开标举自然人性论的学者何心隐，也给予“人欲”以充分的肯定：

---

① 王艮：《王心斋先生遗集》卷一。

② 李贽：《焚书》卷二。

③ 李贽：《焚书》卷一。

④ 李贽：《李氏文集》卷十八。

⑤ 李贽：《童心说》。

⑥ 李贽：《童心说》。

⑦ 李贽：《童心说》。

性而味，性而色，性而声，性而安逸，性也。①

欲货色，欲也；欲聚和，欲也。②

自然人性论对明代的浪漫主义文艺潮流影响巨大。公安三袁、汤显祖、徐渭等都在不同程度上接受李贽的学说。钱谦益尝言：

袁氏中郎、小修皆李卓吾之徒，其指实自卓吾发之，稚圭与小修俱龙湖高足弟子……③

汤显祖也在文章中明确表示对李贽的尊敬。汤云："有李百泉先生者，见其《焚书》，畸人也。肯为求其书寄我骀荡否？"④"听以李百泉之杰，寻其吐属，如获美剑。"⑤明代大画家、画坛领袖董其昌也深为钦敬李贽，说："李卓吾与余以戊戌初一，见于都门外兰若中，略披数语，即评可莫逆，以为眼前诸子，惟君具正知见，某某皆不尔也，余至今愧其意尔。"⑥

在自然人性论的影响下，出现了一批在道学家眼中堪称离经叛道的文艺作品，最重要的要数汤显祖的《牡丹亭》和兰陵笑笑生的《金瓶梅》，前者为"情"唱出了一曲感天动地的颂歌，后者为"欲"描绘了一幅空前未有的赤裸裸的彩色长卷。其他如"三言""二拍"都以对自然人性的大胆率真的描写而为中国文学史写下新的一页。

新时代的曙光已经在天边泛出了虹彩。明人审美趣味的尚情尚欲与李贽们的自然人性论一道奏起了新时代的序曲。中国社会的车轮在风风雨雨之中蹒跚艰难地驶到了近代的城门口。

---

① 何心隐：《爨桐集》卷二。

② 何心隐：《爨桐集》卷二。

③ 钱谦益：《牧斋初学集》卷三十一。

④ 汤显祖：《寄石楚阳苏州》。

⑤ 汤显祖：《答管东溟》。

⑥ 董其昌：《画禅室随笔》卷四。

第二章
明朝复古运动美学

明代文学的复古运动是对明初以来思想文化高压政策和萎靡不振的诗风、文风的反动。它实际上是整个中国古典审美理想和古典诗歌审美特征发展的必然结果。明代复古文学运动中的“复古”是对唐代审美趣味的继承和发展，重“兴象”，重情感，重情理统一、礼乐统一，而对于宋代以理入诗、以理为诗则持明显反对态度。故而明代的文学复古运动并非简单的复古，而是以复古为形式切合明代文化现实的一种新型的文学思潮。

明代复古运动的滥觞是以李东阳为代表的茶陵派的出现。复古运动的第一次高潮是从明弘治五年（1492）到嘉靖十二年（1533），其间大约40年以李梦阳为首的前七子的文学运动；复古运动的第二次高潮是明嘉靖到万历年间亦历时40多年的以李攀龙、王世贞为代表的后七子的文学活动；明代文学复古运动的第三次高潮起于天启末、崇祯初，主要表现为复社等文学社团的文学活动。可以说，明代复古运动几与明代相终始。

第一节 情为诗本

明代复古派的一个基本立场是尊唐抑宋。尊唐抑宋的主要原因是唐诗主情，宋诗主理。对此，明代前七子的领袖人物李梦阳（1472—1530）说得最为清楚：

> 诗至唐，古调亡矣，然自有唐调可歌咏，高者犹足被管弦。宋人主理不主调，于是唐调亦亡。黄、陈师法杜甫，号大家，今其词艰涩，不香色流动，如入神庙，坐土木骸，即冠服与人等，谓之人可乎？
>
> 夫诗比兴错杂，假物以神变者也。难言不测之妙，感触突发，流动情思。故其气柔厚，其声悠扬，其言切而不迫。故歌之心畅，而闻之者动也。宋人主理，作理语，于是薄风云月露，一切铲去不为。又作诗话教人，人不复知诗矣。诗何尝无理，若专作理语，何不作文而诗为耶？①

李梦阳认为“宋人主理不主调”。何谓“调”，从他的论述来看，主要为二：一为“比兴”，二为“情思”。“比兴”的特点是“假物以神变”，即借助于自然形象将人的“难言不测之妙”委婉曲折地表现出来。“情思”是诗的灵魂，它“流动”于诗的整体形象之中，使诗充满生命的美妙。宋人之诗缺的就是这种“调”。“薄风云月露”，当然就缺少丰富生动的形象；“又作诗话教人”，那只能使人感到索然寡味。

李梦阳对宋诗的评价是否准确，那是另一个问题。就他拈出“比兴”“情思”作为诗美之本，应该说是很深刻的。

“比兴”“情思”二者，李梦阳又尤重情思。他说：“夫诗有七难：格古、调逸、气舒、句浑、音圆、思冲，情以发之。”② 诗的“七难”，以“情”为总，其他“六难”都要借“情”而得以发抒。情的作用可谓大矣。

中国诗论，到魏晋逐渐形成两种并不互相排斥的传统，一是“诗言志”，另一是“诗缘情”。后代的文论家从各自不同的需要、立场出发，或强调“诗言志”，如宋代的理学家；或强调“诗缘情”，如明代的复古派文学家。两种不同的论调代表两种不同的批评立场，一种是社会学的，另一种是美学的。很难说哪一种立场就是绝对正确的，因为事实上，诗既“言志”又“缘情”。正确的立场应该将两种结合起来。不过，亦不能将“言志”与“缘情”并重。

---

① 李梦阳：《缶音序》。

② 李梦阳：《潜虬山人记》。

诗作为人类审美活动的重要方式,“缘情”应是它的本质。诗诚然可以言志,事实上不含任何“志”的情恐怕也没有。问题是诗的“言志”要以审美的方式进行,不能如理学家们的高头讲章那样以“理语”的形式出现,而应化成“情语”,化成形象,让读者去领悟。就这点而言,明代的复古派文学家比之理学家是更懂得文艺的。

(明) 文征明:《江南春图》

李梦阳不仅认为诗离不开情，而且认为情为诗本。他说：

夫诗，发之情乎？声气其区乎？正变者时乎！①

天下有窍则声，有情则吟。窍而情，人与物同也。然必春焉者，时使之也。②

情者，动乎遇者也……故遇者物也，物者情也。情动则会心，会则契神，契者音所谓随寓而发者也……故天下无不根之萌，君子无不根之情。忧乐潜之中而后感触应之外，故遇者因乎情，诗者形乎遇。③

这些言论都充分说明李梦阳是将情看作诗之本的。尽管自《乐记》以来，强调艺术应情而生的言论不断，但李梦阳的论述还是有它的意义的。首先，它比较全面、完善。李梦阳认为情由物迁，辞以情发，情由物见。这“物”“情”“辞”三者的关系描述得相当准确。其次，它是针对宋元以来诗歌创作中理性化的倾向而说这些话的，希望为明代诗歌创作找一条健康的道路。

李梦阳的“情为诗本”说是中国古代“诗缘情”说的一个发展。在李梦阳的情感说中还有一些个别的观点亦相当精彩。

一、“诗者人之鉴”

李梦阳说：

夫诗者人之鉴也。夫人动之志，必著之言，言斯永，永斯声，声斯律。律和而应，声永而接，言弗暌志，发之以章，而后诗生焉。故诗者非徒言者也。是故端言者未必端思，健言者未必健气，隐言者未必隐情。谛情探调，研思察气，以是观心，无廋人矣。故曰：诗者人之鉴也。……是故后人于诗焉，疑诗者亦人自疑，雕刻玩弄焉毕矣。于是情迷调失，思丧气离，违心而言，声律乖而诗亡矣。④

---

① 李梦阳：《张生诗序》。

② 李梦阳：《鸣春集序》。

③ 李梦阳：《梅月先生诗序》。

④ 李梦阳：《林公诗序》。

李梦阳认为诗如其人，人如其诗，诗像一面镜子可以照出一个人的灵魂。诗为什么能鉴人呢？李梦阳认为，这是因为，只要你真正去写诗，势必把情感投放进去，情感是半点也假不了的。人可以“隐言”，说假话，掩盖其意，但“未必隐情”，情感是难以作假也难以掩饰的。对于有人做诗雕刻辞藻、玩弄声律、掩饰真情，李梦阳认为，其结果必然是：“情迷调失，思丧气离，违心而言，声律乖而诗亡矣。”

中国美学史上，文品与人品的关系问题是谈得比较多的。大多数学者认为文品与人品是一致的，但亦有少数学者认为文品与人品可以不统一。元好问就说过，潘岳的文与其人是不一致的，文好而人品很差。李梦阳从情感这一角度谈诗品与人品的关系，区分诗与文、情与言，提出“隐言者未必隐情”说，似较前人深入。

二、理主常，情主变

李梦阳对情与理的关系也有较为深刻的看法。他说：

> 李子既为结肠之操，嘉靖初，京口人陈鳌者来游于汴，而以其诗鸣之琴，著谱焉，结肠者是也。……陈生曰：“鳌闻之天下有殊理之事，无非情之音，何也？”理之言常也，或激之乖，则幻化弗测，《易》曰游魂为变是也。乃其为音则发之情而生之心者也。……感于肠而起音，罔变是恤，固情之真也。①

《结肠操》是李梦阳写的悼念亡妻的诗作，京口人陈鳌以琴演奏此诗，深受感动，由此悟出“天下有殊理之事，无非情之音”。这话得到李梦阳的赞同。情与理有统一的一面，这为许多人所接受；但情与理也有不统一的一面，这就不是许多人所能接受的了。李梦阳认为理只管常态，而情千变万化，不能都纳入理之中。李梦阳这种看法富有新意。

前七子中的徐祯卿著有文艺理论专著《谈艺录》。此书对诗歌的情感

---

① 李梦阳：《结肠操谱序》。

特征，从各个侧面进行了相当全面的论述。他认为“情者，心之精也”①。把情看作心灵的精华。这种看法也是前所未有的。他说：“情无定位，触感而发。”② 这说明，情是物对人的心理刺激所生发出来的。他还认为“情能动物，故诗足以感人”③，将诗之感染力归之于情感。这些观点都足以说明徐祯卿对情感的极端重视。

徐祯卿在情感问题上最主要的新贡献是提出了“因情立格”说。徐说：

> 夫情既异其形，故辞当因其势。譬如写物绘色，倩盼各以其状；随规逐矩，圆方巧获其则。此乃因情立格，持守圜环之大略也。若夫神工哲匠，颠倒经枢，思若连丝，应之杼轴，文如铸冶，逐手而迁，从衡参互，恒度自若。此心之伏机，不可强能也。④

诗是要讲究“格度”的。所谓诗的“格度”就是指诗的体裁、结构等基本的形式法则。“大匠之家，器饰杂出，要其格度。”⑤ 那么，这格度在诗中的应用又是怎样的呢？徐祯卿认为要以情为本，“因情立格”，“总心机之妙应，假刀锯以成功”⑥，不可死守固定的格度，一成不变。不仅格因情而立，调也应因情而定。徐祯卿说：“因情以发气，因气以成声，因声而绘词，因词而定韵。”⑦ 这声韵就是调。

在明代复古运动的前后七子中，谈“情”谈得最好的是谢榛。谢榛是后七子中的重要人物，他所作的《四溟诗话》代表明代诗歌美学的最高成就。其中关于情与景的关系，论述尤为精彩：

> 作诗本乎情景，孤不自成，两不相背。……诗有二要，莫切于斯者。观则同于外，感则异于内，当自用其力，使内外合一，出入此心而无间矣。景乃诗之媒，情乃诗之胚：合而为诗，以数言而统万形，元气浑成，

① 徐祯卿：《谈艺录》。
② 徐祯卿：《谈艺录》。
③ 徐祯卿：《谈艺录》。
④ 徐祯卿：《谈艺录》。
⑤ 徐祯卿：《谈艺录》。
⑥ 徐祯卿：《谈艺录》。
⑦ 徐祯卿：《谈艺录》。

其浩无涯矣。①

结合景来谈情，将景看成诗之“媒”，将情看成诗之“胚”。这个比喻很别致，也很深刻。谢榛实际上是将情看作诗的本体。谢榛还说：

诗乃模写情景之具，情融乎内而深且长，景耀乎外而远且大。当知神龙变化之妙：小则入乎微罅，大则腾乎天宇。②

情景的关系是一内一外。它们所构成的天地何等广阔，何等精微，何等神妙！

第二节 意象透莹

“意象”是中国古典美学的基本范畴。明前七子之一王廷相（1474—1544）对于意象理论做了重要贡献。他说：

夫诗贵意象透莹，不喜事实黏著，古谓水中之月，镜中之影，难以实求是也。《三百篇》比兴杂出，意在辞表；《离骚》引喻借论，不露本情。东国困于赋役，不曰天之不恤也，曰“维南有箕，不可以簸扬，维北有斗，不可以挹酒浆”，则天之不恤自见。齐俗婚废礼坏，不曰婿不亲迎也，曰“俟我于著乎而，充耳以素乎而，尚之以琼华乎而”，则婿不亲迎可测。不曰己德之修也，曰“余既滋兰之九畹兮，又树蕙之百亩，畦留夷与揭车兮，杂杜衡与芳芷”，则己德之美，不言而章。不曰己之守道也，曰“固时俗之工巧兮，偭规矩以改措，背绳墨以追曲兮，竞周容以为度”，则己之守道，缘情以灼。斯皆包韫本根，标显色相，鸿才之妙拟，哲匠之冥造也。若夫子美《北征》之篇，昌黎《南山》之作，玉川《月蚀》之词，微之《阳城》之什，漫敷繁叙，填事委实，言多趁帖，情出附辏，此特诗人之变体，骚坛之旁轨也。浅学曲士，志乏尚友，性寡神识，心惊目骇，遂区畛不能辨矣。嗟乎！言征实而寡余味也，情直致而难

① 谢榛：《四溟诗话》。

② 谢榛：《四溟诗话》。

动物也，故示以意象，使人思而咀之，感而契之，邈哉深矣，此诗之大致也。①

(明) 文嘉:《山水花卉图》

王廷相强调必须借“象”来显示，“不露本根”。他称赞这种手法是“鸿才之妙拟，哲匠之冥造”。重视“意象”是明代复古派美学的重要内容。前七子中的何景明说:“意象应曰合，意象乖曰离，是故乾坤之卦，体天地之撰，意象尽矣。”② 何景明只是强调意与象相应合，未能充分展示意象理论的深广内涵，王廷相则不只是谈意与象合，还深入地探讨意象理论的方方面面。

首先，王廷相将意象理论与严羽的“水月镜花”联系起来。说“诗贵意象透莹，不喜事实黏著，古谓水中之月，镜中之影”。“透莹”，空灵之谓也；“不喜事实黏著”，通脱之谓也。这里，王廷相不是在谈什么叫意象，而是

① 王廷相:《与郭价夫学士论诗书》。

② 何景明:《与李空同论诗书》。

在谈什么是理想的意象。意象能达到空灵、通脱的层次，这意象已升格为意境了。

王廷相还将他的意象理论与儒家诗论的比兴说、楚骚美学中的借喻说联系起来。为此，他举了好些《诗经》《离骚》中的例子。

我们知道，严羽的“水月镜花”说源自道家与禅宗的学说。王廷相将他的意象理论与中国美学的几个主要流派都联系起来，从而使他的意象理论带有很强的综合色彩。

王廷相激烈地批评了杜甫的《北征》、韩愈的《南山》、玉川的《月蚀诗》、元稹的《阳城》，说它们“漫敷繁叙，填事委实，言多趁帖，情出附辏”。这个批评显然是站在美学立场上的。王廷相实际上认为，诗主要是审美的，而不是记事的，诗不同于史。杜甫的《北征》、韩愈的《南山》、玉川的《月蚀》、元稹的《阳城》，热衷于记事，显然是捡了芝麻丢了西瓜。王廷相重审美必然重意象，而他对意象的理解又不只在意与象的统一上。从他批评缺少意象的作品“言征实而寡余味也，情直致而难动物也”来看，他所说的“意象”除了意与象的统一外，还具有这样几个要素：第一，余味无穷；第二，情不直致。要余味无穷必须是“境生象外”；要情不直致必须是借景抒情，情景交融。

对意象的欣赏，王廷相提出“思而咀之，感而契之”。这是说得很准确、很全面的。

意象是明代复古派比较喜欢论述的一个审美范畴。这是因为明代复古派是以唐诗为楷模的。他们不喜欢宋诗而喜欢唐诗，唐诗中又主要是盛唐的诗。他们认为盛唐的诗有形象，有情感，耐人品读。

明人谈意象往往侧重于象，显示出他们对艺术的形象性的重视。明人谈意象谈得比较早、影响较大的当推复古派的先驱茶陵派的首领李东阳（1447—1516）。李东阳说：

鸡声茅店月，人迹板桥霜。人但知其能道羁愁野况于言意之表，不知二句中，不用一、二闲字，止提掇出紧关物色字样，而音韵铿锵，意象具足，始为难得，若强排硬叠，不论字面之清浊，音韵之谐舛，而云我能写景用事，岂可哉。①

在李东阳看来，“意象具足”就是难得的好诗。“鸡声茅店月，人迹板桥霜”在艺术上之所以为人称道，就在于作者将他要表达的“羁愁野况”全融入形象之中，象外全无“一二闲字”。

晚于王廷相的后七子之一的胡应麟著有《诗薮》一书，书中对意象亦有精彩的论述：

> 宋人学杜得其骨，不得其肉；得其气，不得其韵；得其意，不得其象；至声与色并亡之矣。②
>
> 诗之筋骨，犹木之根干也；肌肉，犹枝叶也；色泽神韵，犹花蕊也。筋骨立于中，肌肉荣于外，色泽神韵充溢其间，而后诗之美善备。③

复古派重意象是针对宋代诗歌“专用意而废词”而言的，显示出复古派已经明确认识到诗之美在意与象的完善统一，而在这个统一中，复古派比较强调的是象，这并非对意的忽视，而是出于批评宋诗形象性不够的需要。

复古派对宋诗多有不满，对盛唐诗歌也不是全然肯定。其中对杜甫的诗非议较多。上面谈到王廷相的意象理论对杜甫《北征》就有批评。杜甫在宋代以后被尊为“诗圣”，他写于安史之乱前后的诗被宋人誉为“诗史”。对“诗史”这一称法，杨慎（1488—1559）就不赞成。他说：

> 宋人以杜子美能以韵语纪时事，谓之“诗史”。鄙哉！宋人之见，不足以论诗也。夫《六经》各有体，《易》以道阴阳，《书》以道政事，《诗》以道性情，《春秋》以道名分。后世之所谓“史”者，左记言，右记事，古之《尚书》、《春秋》也。若诗者，其体其旨，与《易》《书》《春秋》判然矣。《三百篇》皆约情合性，而归之道德也，然未尝有道德性情句也。《二南》者，修身齐家其旨也，然其言琴瑟钟鼓、荇菜芣苢、夭桃秾李、雀角鼠牙，何尝有修身齐家字耶？皆意在言外，使人自悟。至于“变风”、“变

① 李东阳：《怀麓堂诗话》。

② 胡应麟：《诗薮》内编卷四。

③ 胡应麟：《诗薮》外编卷五。

> 雅”，尤其含蓄。言之者无罪，闻之者足以戒。如刺淫乱，则曰“雝雝鸣雁，旭日始旦”，不必曰“慎莫近前丞相嗔”也；悯流民，则曰“鸿雁于飞，哀鸣嗷嗷”，不必曰“千家今有百家存”也。……杜诗之含蓄蕴藉者，盖亦多矣，宋人不能学之。至于直陈时事，类于讪讦，乃其下乘，而宋人拾以为己宝，又撰出“诗史”二字以误后人，如诗可兼史，则《尚书》、《春秋》可以并省。①

杨慎这个批评与李梦阳对宋诗“作理语”的批评可相媲美。一个重在批宋诗主事，另一个重在批宋诗主理。严格地说，杨、李的批评都有些偏颇。诗不能只有情而无理，只有象而无事。问题是情与理、象与事如何做到高度统一。

诗当然不能是史，但诗未必不能有史，关键是看如何写。以叙述的方式真实地记录下史实那是史书的写法，诚然不可取；然如果用艺术的手法通过创造审美意象反映一个时代的人情风俗，为那个时代人们的命运、悲欢留下生动可感的画面，则不仅允许而且值得推崇。杜甫那些被誉为“诗史”的作品有的的确不太成功，“填事委实”，如《北征》；然像《三吏》《三别》这样的作品，情感饱满，形象鲜明，又真切地为那个时代留下了可贵的记录，应该得到肯定。

第三节 兴象风神

明代复古派诗论最重要的贡献是胡应麟所提出的“兴象风神”说。

胡应麟（1551—1602），字元瑞，号少室山人，兰溪人。他是明代后七子复古运动后期的重要人物，“末五子”之一。他的《诗薮》共20卷，是明代重要的诗歌理论著作，内容非常丰富，重在阐述诗歌“体格声调”的起源、变迁。就在这部著作中，胡应麟提出了在中国诗歌美学史上具有重要影响的“兴象风神”说。

① 杨慎：《升庵诗话·诗史》卷十一。

“兴象风神”，胡应麟既将它作为一个完整的概念使用，又将它分为“兴象”“风神”两个不同的概念使用。我们先看看作为一个概念使用的“兴象风神”。胡应麟说：

> 作诗大要不过二端：体格声调，兴象风神而已。体格声调有则可循，兴象风神无方可执。故作者但求体正格高，声雄调鬯，积习之久，矜持尽化，形迹俱融，兴象风神，自尔超迈。譬则镜花水月，体格声调，水与镜也；兴象风神，月与花也。必水澄镜朗，然后花月宛然。讵容昏鉴浊流，求睹二者？①

胡应麟将“体格声调”与“兴象风神”作为对等的概念提出来，对此二者，他做了两个比较：

第一，“体格声调有则可循，兴象风神无方可执”。

第二，“体格声调，水与镜也；兴象风神，月与花也”。

尽管大体意思可以揣摩，“兴象风神”究系何指，仍难以说清。

如果说，“体格声调”是作诗的法则，那么，“兴象风神”则是灵活运用法则而创造出来的诗的形象。“体格声调”亦可说是诗的模式，凡诗都应具备这种模式，否则就不叫诗，然模式总是大体的规定，它是抽象的、一般的、单一的、固定的、死板的；然诗总是具象的、个别的、多样的、变化的、活泼泼的。

胡应麟是否在表达这样一个思想：诗是法则与创造的统一？

胡应麟借用严羽用过的比喻，说“体格声调”是“水与镜”，“兴象风神”是“月与花”。这个比喻既可表达法则与创造的关系，又可说明艺术形象具有真实性与虚幻性相统一的特点。概而言之，“兴象风神”不是别的，就是活生生的意象，“兴象”是它的外在形状，“风神”是它的内在灵魂，它是形与神的统一。

这是胡应麟对作为一个整体性概念的“兴象风神”的理解。“兴象”与“风神”也可分成两个不同的概念。在分别使用时，胡应麟又赋予它们不同

① 胡应麟：《诗薮》外编卷五。

的含义。

我们先看“兴象”：

胡应麟没有给“兴象”下定义，他的使用是这样的：

《十九首》及诸杂诗，随语成韵，随韵成趣，辞藻气骨，略无可寻，而兴象玲珑，意致深婉，真可以泣鬼神，动天地。①

盛唐绝句，兴象玲珑，句意深婉，无工可见，无迹可寻。乐府犹有句格可寻，而古诗全无兴象可执。②

从这些使用来看，胡应麟比较喜欢用“玲珑”来形容“兴象”，又说玲珑的“兴象”“句意深婉”。据此，我们可以大致这样理解胡应麟的“兴象”。这是一种空灵生动的艺术形象，它含意深邃，情致深婉。看来，这种“兴象”也就是王廷相说的“透莹”的“意象”。

我们知道，唐代的殷璠首次使用“兴象”这个概念。他在《河岳英灵集序》中用“兴象”去评论诗歌，如评陶翰诗“既多兴象，复备风骨”；评孟浩然诗“无论兴象，兼复故实”。殷璠说的“兴象”常与“风骨”“故实”相配，是与“风骨”“故实”同一类的概念，它不是指形象，很多学者将殷璠的“兴象”说成是一种“意象”是不对的。在殷璠那里，“兴象”是评价性的概念，相当于今天说的形象性加上情感性。当然，我们也可以将殷璠的“兴象”看成意象的萌芽。

在胡应麟这里，“兴象”就是一种意象了，而且是一种审美层次比较高的意象。

“风神”这个概念是胡应麟的创造。他在评论盛唐诗歌时喜欢用“风神”这个概念。比如：

初唐七言古以才藻胜，盛唐以风神胜，李、杜以气概胜，而才藻风神称之，加以变化灵异，遂为大家。③

---

① 胡应麟：《诗薮》内编卷二。

② 胡应麟：《诗薮》内编卷六。

③ 胡应麟：《诗薮》内编卷三。

唐文绮绘精工，风神独畅。①

中唐遽减风神，晚唐大露筋骨，可并论乎？②

学五言律……先取沈、宋、陈、杜、苏、李诸集，朝夕临摹，则风骨高华，句法宏赡，音节雄亮，比偶精严。次及盛唐王、岑、孟、李，永之以风神，畅之以才气。③

从以上引文来看，"风神"与"才藻""气概""绮绘""筋骨""风骨""句法""音节""才气"等概念并用，它应不是"才藻""风骨""气概"，但亦不能说它就与以上概念没有联系。胡应麟言"风神"喜欢用"高迈""超迈"来形容，这透露出，他所说的"风神"是一种宏大、高尚、超越世俗的精神，"神"前有"风"作修饰，这"神"又含风发的情致、空灵的韵味。

从胡应麟的评论涉及的诗人而言，作品能以风神取胜的诗人为李白、杜甫、王维、王昌龄、岑参、孟浩然。我们再看看他的具体评论，也许能帮助我们理解他所说的"风神"到底是什么：

唐人才超一代者，李也；体兼一代者，杜也。李如星悬日揭，照耀太虚；杜若地负海涵，包罗万汇。李惟超出一代，故高华莫并，色相难求；杜惟兼总一代，故利钝杂陈，巨细咸畜。④

"山随平野阔，江入大荒流。"太白壮语也。杜"星垂平野阔，月涌大江流"。骨力过之。"九衢寒雾敛，万井曙钟多。"右丞壮语也。杜"星临万户动，月傍九霄多"。精彩过之。"气蒸云梦泽，波撼岳阳城。"浩然壮语也。杜"吴楚东南拆，乾坤日夜浮"。气象过之。"弓抱关西月，旗翻渭北风。"嘉州壮语也。杜"北风随爽气，南斗避文星"。风神过之。⑤

胡应麟对盛唐李白、杜甫、王维、岑参、孟浩然的诗做了这样精彩的评

① 胡应麟：《诗薮》内编卷二。

② 胡应麟：《诗薮》内编卷六。

③ 胡应麟：《诗薮》内编卷五。

④ 胡应麟：《诗薮》内编卷四。

⑤ 胡应麟：《诗薮》内编卷四。

论，其中亦用到“风神”概念。

值得我们注意的是胡应麟在标举“风神”的同时，亦标举“清空”与“神韵”。关于“清空”，他说：

> 诗与文体迥不类：文尚典实，诗贵清空；诗主风神，文先理道。三代以上之文，《庄》《列》最近诗，后人采掇其语，无不佳者，虚故也。①

胡应麟并没有将“清空”与“风神”混为一谈，而是看作对等的两个概念。“清空”与“典实”相对；“风神”与“理道”相对。看来“风神”虽然“超迈”，但不是纯粹的抽象的“理道”，它具有形象性、情感性。这两性寄寓在“风”这个古老的诗歌美学概念之中。

胡应麟很欣赏“清”。他说：

> 诗最可贵者清，然有格清，有调清，有思清，有才清。才清者，王、孟、储、韦之类是也。若格不清则凡，调不清则冗，思不清则俗……
>
> 清者，超凡绝俗之谓，非专于枯寂闲淡之谓也……
>
> 靖节清而远，康乐清而丽，曲江清而澹，浩然清而旷，常建清而僻，王维清而秀，储光羲清而适，韦应物清而润，柳子厚清而峭……②

胡应麟对“清”的论述有助于我们对“风神”的理解。“清”在这里具有“超凡绝俗”的性质，成为诗的一种很高的品格。它含有审美超越性的含义：其一，是对反映对象——“实物”的超越，它虚，它幻，它空，然虚中见实，幻中见真，空中见灵；其二，对世俗包括功利的超越，明显具有道、禅的品格。

胡应麟无意将“风神”与“清”“清空”等同起来，然“风神”具有“清”“清空”的含义。

胡应麟也谈“神韵”。他说：

> 盛唐气象浑成，神韵轩举……
>
> 盖诗惟咏物不可汗漫，至于登临、燕集、寄忆、赠送、惟以神韵为主，

---

① 胡应麟：《诗薮》外编卷一。

② 胡应麟：《诗薮》外编卷四。

(明) 唐寅:《东篱赏菊图》

使句格可传，乃为上乘……

若神韵干云，绝无烟火，深衷隐厚，妙协《箫韶》，李颀、王昌龄故是千秋绝调……

昌黎有大家之具，而神韵全乖。故纷拏叫噪之途开，蕴藉陶镕之义缺。①

① 胡应麟:《诗薮》内编卷四。

胡应麟使用“神韵”这个概念有点类似于“风神”。但他并没有将“神韵”与“风神”等同起来。仔细比较这两个概念，“神韵”侧重于讲艺术形象的审美意蕴及它的审美魅力，而“风神”也涉及艺术形象的审美意蕴，但更多的是讲艺术品格。

尽管“风神”也不等同于“神韵”，但“风神”含有“神韵”的某些意义是显而易见的。概而言之，“风神”是清逸空灵、韵味深长而又丰赡可观的艺术品格。

第三章
明朝浪漫主义美学

明代的建立，使动乱的中国实现了安定、统一。很快，经济得到复苏，并走向繁荣，明朝国势大盛。永乐年间，奉皇上之命，郑和七次下西洋，历经 30 多年，虽然就明政府来说是出自政治上的考虑，但大大促进了海上贸易，为明中叶资本主义的萌芽创造了条件。自弘治、正德至嘉靖、隆庆年间，东南沿海一带，民营的纺织、冶铁、造纸、制瓷等手工业生产得到发展，商业资本活跃，资本主义生产关系正在逐步形成。与此相关，新兴的市民阶层正在扩大，成了与封建特权统治相对的势力。

时代的这一重大变化在意识形态上得到了反映。体现资本主义发展要求的启蒙思潮正在形成，以李贽为代表的异端思想兴起。这股异端思想的突出特点是对长期以来作为统治阶级思想统治工具的孔孟之道的批判，对个性、自由的倡导。在这种大的社会背景之下，出现了一股个性解放的思潮，这种思潮无疑对美学产生了巨大的影响。

文坛上，前后七子的复古运动虽对打击明初“台阁体”产生了积极作用，但弊端日益突出。“文必秦汉，诗必盛唐”在实际创作中已演化成生吞秦汉，活剥盛唐。文艺最可宝贵的“生机”遭到扼杀，作家的创造精神得不到发挥。于是一股反对复古主义的文艺思潮自明代中叶开始出现。先是唐宋派，继之是公安派和竟陵派。这三派中，公安派最为重要，影响也最大。

公安派标举“独抒性灵，不拘格套”成为新时代美学思潮的代表。

明代的浪漫主义美学就是以资本主义生产方式萌芽为背景，以启蒙思潮为动力，以崇尚个性、情感、兴趣为内容，以世俗、平易、服务广大市民为特色的美学。这是一种对传统美学有所继承但更多的是扬弃、破坏的新的美学。这一美学思潮在艺术上的突出体现则是戏曲与通俗小说的兴盛和新型的小品文的崛起。

第一节　徐渭:“真我”说

徐渭（1521—1593），字文长，别号田水月、天池山人、青藤道士，浙江山阴（今绍兴）人。

徐渭在晚明文坛艺苑是位极为杰出的人物。诗、文、书、画、曲均为那个时代的最高水平。袁宏道对他的诗文推崇备至，说是“当诗道荒秽之时，获此奇秘，如魇得醒”①，称他为“我朝第一诗人”②。黄宗羲赞许他的诗文“光芒夜半惊鬼神”，汤显祖十分欣赏他写的戏曲《四声猿》，说：“《四声猿》乃词坛飞将，辄为之演唱数通，安得生致文长，自拔其舌。”③ 他的书画更是为人激赏不已。郑板桥为了表达对他的崇拜，特刻一方闲章：“青藤门下走狗。”

徐渭诗文书画以“奇”著称，生活道路与个性亦堪称奇。他学富五车，然只考上一个秀才，终生功名上没有成就，一度被总督胡宗宪引为幕府，参与抗倭战争，出谋划策。胡宗宪的奏章多出自他手，还得到皇上欣赏。胡因事下狱，他忧愤成狂，引锥自杀未死。后又因击杀妻子，被捕入狱，狱中再次自杀未遂。徐渭倨傲狂放，目无礼教。自撰墓志铭云：“贱而懒且直，故惮贵交似傲，与众处不浼袒裼似玩，人多病之。”“渭为人度于义无所关

① 袁宏道:《徐文长传》。

② 袁宏道:《致吴敦之》，见《解脱集之四》。

③ 汤显祖:《玉茗赏牡丹亭序》。

时，辄疏纵不为儒缚，一涉义所否，干耻垢，介秽廉，虽断头不可夺。”①

徐渭为人为文都崇尚“真我”，崇尚个性。在《涉江赋》中，徐渭说：

> 人生之处世兮，每大已而细蚁。视声利之所在兮，水趋壑而赴之。量大块之无垠兮，旷荡荡其焉期，计四海之在天地兮，似礨空之在大泽，中国之在海内兮，太仓之取一稊。……爰有一物，无罣无碍，在小匪细，在大匪泥，来不知始，往不知驰，得之者成，失之者败，得亦无携，失亦不脱，在方寸间，周天地所。勿谓觉灵，是为真我，觉有变迁，其体安处？体无不含，觉亦从出，觉固不离，觉亦不即。

(明) 徐渭：《驴背吟诗图》

这段文章可以视为徐渭的宇宙观的概括。徐渭继承《易传》的“三才”说，认为人与天地是并立的，与《易传》所不同的是，徐渭不只是肯定作为群体的“人”的存在，还肯定作为个体的人——“真我”的存在。这是很了

① 徐渭：《自为墓志铭》。

不起的进步。在中国历史上,此前还未有人给予个体的人如此重要的地位。

"真我"是独立的,它"无罣无碍"。

"真我"是无限的,"在小匪细,在大匪泥"。"在方寸间,周天地所"。

"真我"是永恒的,"来不知始,往不知驰"。

"真我"是充满生意的,"体无不含,觉亦从出,觉固不离,觉亦不即"。

"真我"是至关重要的,"得之者成,失之者败"。

……

以"真我"作为观察事物、思考问题的出发点,这与以人作为观察事物、思考问题的出发点是不一样的。"真我"与"人"都是主体,但是两种不同的主体。"真我"是个体主体,"人"是群体主体。

在审美活动中,两种主体都是重要的,但个体主体似乎更为重要。因为审美活动都是以个体为本位进行的。面对同一审美对象,不同的审美个体往往会作出不同的审美评价,这是因为个体的主体性在发挥着特殊的作用。

徐渭在《牡丹赋》中谈到了这一点。他的友人滕仲敬种植牡丹于庭。牡丹在中国俗称富贵之花。滕仲敬以这种普遍的世俗的审美眼光看待它,担心这种富贵的浊气有损于自己的品格,徐渭不这样看。他说:

> 若吾子所云,将尽遗万物之浓而取其淡朴乎?将人亦倚物之浓淡以为清浊乎?且富贵非浊,贫贱非清,客者皆粗,主则为精,主常皭然而不缁,客亦胡伤乎随寓而随更?如君子怼富贵之花以为溷己,世亦宁有以客之寓而遂坏其主人者乎?纵观者之倏忽,尔于花乎何仇?①

徐渭首先是将人与物区分开来,物之浓淡与人之清浊没有关系,难道因为牡丹花色彩浓艳,种牡丹者就必为浊人么?所以"君子怼富贵之花以为溷己"是没有根据的。"主"与"客"不能混为一谈。只要"主常皭然而不缁","客"是无法伤害"主"之清白的。

徐渭这里谈的"主"还是群体的人,进而他又提出群体的人是分为许多

---

① 徐渭:《牡丹赋》。

个体的。每一个体都有自身的特点，不能以群体的一般性的认识取代个体的特殊性的认识。具体到对牡丹花的看法，就有种种区别：

> 一牡丹耳，世人多谓花如美妇，则前所援引诸姬群小之所象是也。使玄释之子观之，远嫌避讥，则后所援引大众群仙之所象是也，今此花长于学士之庭，在仲敬之宅，仲敬将谓此花申申夭夭，行行誾誾，佩玉琼琚，鼓瑟鸣琴，其仲尼七十子诸人乎？[①]

一般人将牡丹视为“美妇”，“玄释之子”则将牡丹比作“群仙”，而儒雅的滕仲敬又何尝不可以将牡丹看作“申申如也”“夭夭如也”的孔仲尼及其弟子呢？徐渭还指出，就是将牡丹视为美妇，也有不同的具体对象：“称烦则太姒始至，宫人欣欣，琴瑟钟鼓，乐而不淫乎？称简则二女湘君，寻帝舜于苍悟之野，宓妃盘姗，解佩环于洛水之滨乎？”[②]

徐渭强调审美活动中“真我”的主体作用，可谓抓住了关键。徐渭的“真我”说运用到艺术美的创造，则表现为重真、重真情、重个性、重本色。

重真，这是对审美对象而言的。运用到文艺创作，则是对创作的成品——文艺作品的要求。徐渭说：“夫真者，伪之反也。”这“伪”就是“人为”。过分的人工修饰只会掩盖甚至歪曲事物的本来面目。“视必组绣，五色伪矣；听必淫哇，五声伪矣；食必脆脓，五味伪矣。”[③]徐渭这种看法来自老子。因而在审美理想上他也与老子相同，主张恬淡朴素为真，亦为美：“故五味必淡，食斯真矣，五声必希，听斯真矣，五色不华，视斯真矣。”[④]徐渭重真反伪，是基于当时文坛复古派盛行剽窃活剥古人的现实而言的，他尖锐地指出：“予惟天下之事，其在今日，鲜不伪者，而文为甚。”

解决为文“真”的问题，关键在创作者要有真情，是为情作诗，而非为诗设情，非为当诗人而作诗，而是为抒发真情实感而作诗。徐渭说：

> 古人之诗本乎情，非设以为之者也，是以有诗而无诗人。追于后世，

① 徐渭：《牡丹赋》。

② 徐渭：《牡丹赋》。

③ 徐渭：《赠成翁序》。

④ 徐渭：《赠成翁序》。

(明) 徐渭:《墨葡萄图》

则有诗人矣。乞诗之目多至不可胜应，而诗之格亦多至不可胜品，然其于诗，类皆本无是情，而设情以为之。夫设情以为之者，其趋在于干诗之名，干诗之名，其势必至于袭诗之格而剿其华词，审如是，则诗之实亡矣，是之谓有诗人而无诗。有穷理者起而捄之，以为词有限而理无穷，格之华词有限而理之生议无穷也，于是其所为诗悉出乎理而主乎议。①

① 徐渭:《萧甫诗序》。

徐渭在这里比较了两条截然相反的创作道路。一条道路是：以情为诗之本，从情出发，因情而写诗，其目的不在做诗人而在诗，这叫作“有诗而无诗人”。另一条道路是：本无是情，设情而写诗，目的是“干诗之名”，获取诗人桂冠。这样写诗自然只能是“袭诗之格而剿其华词”，徒具诗的空壳，而无诗的生命。这样的诗当然不能叫作诗，故说“诗之实亡矣”。徐渭将这种创作路数叫作“有诗人而无诗”。当然，这样的诗人也只能是假诗人。

徐渭不仅批评了“设情”而写诗，而且还批评了“穷理”而写诗。这两种创作方式前一种是复古派的，后一种是理学家的。

徐渭的观点很鲜明，诗主情而且主真情。

徐渭很看重艺术个性，反对一味模仿古人，他说：

> 人有学为鸟言者，其音则鸟也，而性则人也。鸟有学为人言者，其音则人也，而性则鸟也。此可以定人与鸟之衡哉。今之为诗者，何以异于是。不出于己之所自得，而徒窃于人之所尝言，曰某篇是某体，某篇则否；某句似某人，某句则否，此虽极工逼肖，而已不免于鸟之为人言矣。①

徐渭并不反对向古人学习。但他反对丢掉自己的个性。诗文是“真我”的表现，应该有“真我”的个性。模仿古人，即使模仿得极工逼肖，如果丢掉了自己的个性，那也是极不可取的。在《胡大参集序》一文中，徐渭对“今世为文章，动言宗汉西京，负董、贾、刘、杨者满天下，至于词，非屈、宋、唐、景，则掩卷而不顾”的现象进行了尖锐的批评，认为这是一桩怪事。这种“言非身有”的诗文是毫无价值的。

徐渭也谈“本色”。“本色”在中国古典美学中大多是指文体的本色。徐渭也在这个意义上用过本色。不过他还用“本色”来说明艺术的真实性。比如，他在《西厢序》中说：

> 世事莫不有本色，有相色。本色犹俗言正身也，相色，替身也。替身者，即书评中“婢作夫人，终觉羞涩”之谓也。婢作夫人者，欲涂抹

① 徐渭：《叶子肃诗序》。

成主母而多插带，反掩其素之谓也。故余于此本中贱相色，贵本色，众人啧啧者我呴呴也。

徐渭这里说的是戏曲，戏曲的每个角色都有自己的身份、性格，这就是他们的“真我”，戏曲表演就是要演出角色的“真我”来，这也就是“本色”。徐渭尖锐地嘲笑“婢作夫人”式的虚假表演，认为这种“涂抹成主母而多插带”的拙劣修饰，只会是“反掩其素”。

徐渭的“真我”说是晚明浪漫主义美学思潮的重要组成部分，它与李贽的“童心”说异曲同工。中国古典美学经历数千年的缓慢发展，终于跨出了一大步。“真我”的发现，使中国古典美学开始实现从古代到近代的飞跃。

第二节　李贽：“童心”说

李贽（1527—1602）是明代晚期最进步的启蒙思想家，他对孔孟礼教、程朱理学进行了前所未有的猛烈批判，其论可谓“惊世骇俗”① “掀翻天地”②，封建统治阶级对他恨之入骨，攻击他为“异端之尤”。李贽并不为这种攻击所吓倒，他干脆以“异端”自居，说：“今世俗子与一切假道学共以异端目我，我谓不如遂为异端，免彼等以虚名加我。”③ 这种旗帜鲜明的战斗精神真是难能可贵。李贽遭受封建统治阶级的残酷迫害，最后自刎于狱中。

李贽思想中与美学关系最大的是他的“童心”说。何谓“童心”？李贽说：

夫童心者，真心也。若以童心以为不可，是以真心为不可也。夫童心者，绝假纯真，最初一念之本心也。若失却童心，便失却真心；失却真心，便失却真人。人而非真，全不复有初矣。④

① 沈瓒：《近事丛残》评李贽语。

② 黄宗羲：《明儒学案·泰州学案序》。

③ 李贽：《焚书·答焦漪园》。

④ 李贽：《童心说》。

李贽像

李贽认为"童心"即真心。它具有两个主要特点：第一，"绝假纯真"；第二，"最初一念"。李贽将真心看作未受任何污染的赤子之心，是有深意的。李贽深感在这个社会各种顶着美名的"道理""闻见"对人的灵魂的伤害，特别是儒家的各种义理之学对人的灵魂的伤害。他说："道理闻见日以益多，则所知所觉日以益广，于是焉又知美名之可好也，而务欲以扬之而童心失；知不美之名之可丑也，而务欲以掩之而童心失。"[①] 这"欲以扬之"的美名与"欲以掩之"的丑名又依据什么来判断呢？李贽说是"义理"，即儒家的义理，可见，正是儒家的义理让人失去真心而变得虚伪矫情。

"童心"对于为文亦具有重要意义。李贽认为"童心"是文艺的源泉。他说：

> 天下之至文，未有不出于童心焉者也。苟童心常存，则道理不行，闻见不立，无时不文，无人不文，无一样创制体格而非文者。[②]

根据这个基本观点，李贽认为复古主义是没有道理的。"诗何必古选，文何必先秦？"诗文随着时代的变化必然会有所变化："降而为六朝，变而为近体，又变而为传奇，变而为院本，为杂剧，为《西厢曲》，为《水浒

① 李贽：《童心说》。

② 李贽：《童心说》。

传》。”[①] 这个变化的过程中都有好文章产生，只要是真正“有感于童心者之自文也”。[②]

李贽强调“童心”与他强调“真情”是一致的。他认为文章要出自真情，方可有强烈的感染力。他说：“不愤而作，譬如不寒而颤，不病而呻吟也，虽作何观乎？”[③]

李贽反对为写文章而写文章。他说：“且夫世之真能文者，比其初皆非有意于为文也。其胸中有如许无状可怪之事，其喉间有如许欲吐而不敢吐之物，其口头又时时有许多欲语而莫可所以告语之处，蓄极积久，势不能遏。一旦见景生情，触目兴叹，夺他人之酒杯，浇自己之垒块；诉心中之不平，感数奇于千载。”[④] 李贽在这个问题上的观点与苏轼是一样的。无意于文，并非说写文章没有主旨，没有意图，而是强调作文的动力来自内部的情感。而情感的产生又是外物作用于心的缘故。情感是需要积累的，只有当情感积累到一定程度，“势不能遏”，非吐不可的时候，它才能转化成强烈的创作冲动。这个由外到内又由内到外的过程，需要量的积累。只有达到一定程度的量的积累才会有质的变化。

出自真情，亦即是“顺其性”。所谓“性”，李贽说：“性者，心所生也，亦非止一种已也。”[⑤] 他不同意“发乎情，止乎礼义”的儒家传统诗论，而认为“自然发乎情性，则自然止乎礼义，非情性之外复有礼义可止也”[⑥]。“情性”是自然的，“礼义”应在“情性”之内，也是自然的。因此，“发”与“止”都要听其自然。这种说法与苏轼的为文“常行于所当行，常止于不可不止”很相似，但李贽的说法具有一种对儒家诗教的批判精神，这是苏轼所没有的。

---

① 李贽：《童心说》。

② 李贽：《童心说》。

③ 李贽：《忠义水浒传序》。

④ 李贽：《杂说》。

⑤ 李贽：《论政篇》。

⑥ 李贽：《读律肤说》。

由自然人性论的基本立场出发，李贽强调艺术的个性。

李贽认为，艺术个性来自艺术家的个性。他说：

性格清彻者音调自然宣畅，性格舒徐者音调自然疏缓，旷达者自然浩荡，雄迈者自然壮烈，沉郁者自然悲酸，古怪者自然奇绝。有是格，便有是调，皆情性自然之谓也。莫不有情，莫不有性，而可以一律求之哉？①

虽然真情、顺性之说前人也有论述，但李贽的论述仍有其独特的意义，那就是，他实际上是在肯定、鼓吹具有时代特色的个性美。这是明代浪漫主义美学思潮的突出表现。

李贽的"化工"说，与他的崇尚自然人性、崇尚"童心"密切相关。

李贽认为戏曲创作有两种境界："画工"与"化工"。他说：

《拜月》、《西厢》，化工也；《琵琶》，画工也。夫所谓画工者，以其能夺天地之化工，而其孰知天地之无工乎？今夫天之所生，地之所长，百卉俱在，人见而爱之矣，至觅其工，了不可得，岂其智固不能得之欤！要知造化无工，虽有神圣，亦不能识知化工之所在，而其谁能得之？由此观之，画工虽巧，已落二义矣。文章之事，寸心千古，可悲也夫！②

按李贽的看法，"化工"是艺术的最高境界。它的特点是：虽是人作，宛若造化。正是因为它宛若造化，故虽由人工，人工之"工"不见了。"画工"是次一等的艺术境界。它也是一种美。它虽然"穷巧极工"，但未达到"夺天地之化工"的地步。体现"化工"艺术境界的代表作是《西厢记》《拜月记》，而当时名气很大，为理学家们吹捧不已的《琵琶记》，李贽认为只达到"画工"的境界。

两种不同的艺术境界实是两种不同的美：自然的美与人工的美。前一种美最可贵的在于"真"。它完全是"童心"的产物；后一种美虽不能说不

① 李贽：《读律肤说》。

② 李贽：《杂说》。

(明) 徐渭:《泼墨图》

真，但真没有达到最高层次，它主要是"善"，不能说是完全的"童心"的产物。

两种不同的美，其审美效果是不一样的。李贽说：

> 吾尝览《琵琶》而弹之矣：一弹而叹，再弹而怨，三弹而向之怨叹无复存者。此其故何耶？岂其似真非真，所以入人之心者不深耶！盖虽工巧之极，其气力限量只可达于皮肤骨血之间，则其感人仅仅如是，何足怪哉？《西厢》《拜月》，乃不如是。意者宇宙之内，本自有如此可喜之人，如化工之于物，其工巧自不可思议尔。①

李贽这里借《西厢记》《拜月记》与《琵琶记》的比较，将两种艺术美的审美效果讲得非常清楚。化工的美：自然，本真，和谐，流畅，若风行水上，

① 李贽:《杂说》，见《焚书》卷三。

自然成文，言有尽意无穷。画工的美：工巧，严密，整饬，“依于道理，合乎法度”，然而它的感染力只可达到“皮肤骨血之间”，言尽意尽。

李贽倡导真心、个性的美学观，体现晚明文学中自我意识觉醒的新趋势，是一种崭新的美学思想，它是明代中叶以来资本主义生产方式萌芽在美学上的反映。

李贽的美学思想对公安派的创作与批评产生过重大影响。袁氏兄弟标举的“性灵”与李贽的“童心”是相通的。

第三节 袁宏道：“性灵”说

“性灵”说是明代最为重要的美学理论。“性灵”说的提出者是晚明公安派的领袖人物袁宏道。

袁宏道（1568—1610），字中郎，号石公，公安人，万历二十年（1592）进士，官至吏部验封司郎中。其兄袁宗道，其弟袁中道并有才名，时称“三袁”。

公安派是晚明一个非常重要的文学流派。明代文坛一直穿串着复古与反复古的斗争，然在明代中叶以前，复古派占据上风。其间虽有以唐顺之、茅坤、归有光等为代表的唐宋派起来试图矫正李梦阳等一味强调文必秦汉之弊，然由于唐宋派基本立场也是复古，所以并没有给复古派以沉重的打击。直到万历年间，以“三袁”为代表的公安派兴起，复古派的势头才开始趋向颓败。

公安派的反复古是在启蒙思想的影响下进行的，这是一个非常重要的时代特点。袁宗道兄弟曾经专门去湖北麻城龙潭湖畔，拜访并请教著名的启蒙主义思想家李贽，留学龙潭三月有余。据袁中道为袁宏道写的“行状”云：

先生既见龙湖，始知一向掇拾陈言，株守俗见，死于古人语下，一段精光不得披露。至是浩浩焉如鸿毛之遇顺风，巨鱼之纵大壑。能为心师，不师于心；能转古人，不为古转。发为语言，一一从胸襟流出，

(明) 文征明:《桃源问津图》

盖天盖地,如象截急流,雷开蛰户,浸浸乎其未有涯也。[①]

李贽对袁氏兄弟亦颇为欣赏,"谓伯也稳实,仲也英特,皆天下名士也"[②]。袁宏道的"性灵"说,明显地受到过李贽"童心"说的影响。

"性灵"一词,由来已久,早在南北朝时已有人使用这一概念,如颜之推云:"文章之体,标举兴会,发引性灵。"[③]《梁书·文学传论》亦云:"夫文者妙发性灵,独抒怀抱。"这些地方说的"性灵"相当于"心灵",它只是一个词、一个概念,不成一个理论。明代前、中期,文学批评中很少见到"性灵"一词,中、后期之交,开始多起来了。王世懋、屠隆论文都用到"性灵"二字。

① 袁中道:《吏部验封司郎中中郎先生行状》。

② 袁中道:《吏部验封司郎中中郎先生行状》。

③ 颜之推:《颜氏家训·文章第九》。

特别值得注意的是与袁宏道同一时期的汤显祖在文论中大量地用到“灵”这一概念。如:“天下文章所以有生气者,全在奇士。士奇则心灵,心灵则能飞动,能飞动则下上天地,来去古今,可以屈伸长短生灭如意,如意则可以无所不如。”① “嗟,谁谓文无体耶?观物之动者,自龙至极微,莫不有体。文之大小类是,独有灵性者自为龙耳。”② 这些现象都说明,到明代晚期,由于启蒙主义的影响,文艺批评已经对审美主体情感意趣的创造性有所重视。袁宏道的“性灵”说就是在这种大背景下产生的。

袁宏道谈“性灵”的文字主要体现在为其弟袁中道(字小修)的诗集写的序言之中。在这篇文章中,袁宏道说:

> 弟小修诗……大都独抒性灵,不拘格套,非从自己胸臆流出,不肯下笔。有时情与境会,顷刻千言,如水东注,令人夺魄。其间有佳处,亦有疵处。佳处自不必言,即疵处亦多本色独造语。然予则极喜其疵处;而所谓佳者,尚不能不以粉饰蹈袭为恨,以为未能尽脱近代文人气习故也。③

从这段文字看,“性灵”即“本色”,即“真”,它与“粉饰蹈袭”是相对的。

自古以来,谈真的文字不少。袁宏道主真的观点有他的特色。袁宏道认为,真包括事物的全部,好的方面是真,不好的方面亦是真。袁中道的诗有写得好的,亦有不成功的。袁宏道认为,小修诗的可贵不仅在于佳处是其真性情的流露,而“疵处亦多本色独造语”。因此,这样一种真实是全体的真实,不加任何粉饰也不加人为选择的真实。

袁宏道对“真”的理解常与“性”联系起来,“真”即“性”。他说:“性之所安,殆不可强,率性而行,是谓真人。”④ 袁宏道这种看法与徐渭是一致的。徐渭说:“人有学为鸟言者,其音则鸟也,而性则人也。”⑤ 可见,性才是“本

---

① 汤显祖:《序丘毛伯稿》。

② 汤显祖:《张元长嘘云轩文字序》。

③ 袁宏道:《叙小修诗》。

④ 袁宏道:《识张幼于箴铭后》。

⑤ 徐渭:《叶子萧诗序》。

色”，才是不可移易的本质。每个人都有自己的性，人之不同各如其面，即使刻意模仿别人，也顶多只能做到形似，袁宏道基于对复古派的强烈不满，说：“大抵物真则贵，真则我面不能同君面。而况古人之面貌乎？”①

袁宏道也将“真”与“淡”联系起来，认为淡是文之“真性灵”“真变态”。他说：

> 凡物酿之得甘，炙之得苦，唯淡也不可造。不可造，是文之真性灵也。浓者不复薄，甘者不复辛，唯淡也无不可造；无不可造，是文之真变态也。风值水而漪生，日薄山而岚出，虽有顾、吴，不能设色也，淡之至也。②

袁宏道强调“淡”是文之真性灵、真变态，是因为“淡”是事物的本色，是未曾加工过的原生态。实际上，这“淡”应是“无”。袁宏道在这里的观点与老子是一致的。

袁宏道主张作文“一字一语、具见真切”，“至于诗，则不肖聊戏笔耳，信口而出，信口而谈”。他所推崇的“真”又往往与“露”联系在一起。他认为“诗但恐不达”，而不病“露”。在《叙小修诗》中他说：

> 盖弟既不得志于时，多感慨；又性喜豪华，不安贫窘；爱念光景，不受寂寞。百金到手，顷刻都尽，故尝贫；而沉湎嬉戏，不知樽节，故尝病；贫复不任贫，病复不任病，故多愁。愁极则吟，故尝以贫病无聊之苦，发之于诗，每每若哭若骂，不胜其哀生失路之感。予读而悲之。大概情至之语，自能感人，是谓真诗，可传也。而或者犹以太露病之，曾不知情随境变，字逐情生，但恐不达，何露之有？

“露”向来被视为诗歌创作的大忌。袁宏道则不这样看。他认为在“情至”之时，嬉笑怒骂，“发之于诗”，是完全可以的。这不能说是露，更谈不上是病。袁宏道还拉出《离骚》作论据：“且《离骚》一经，忿怼之极，党人偷乐，众女谣诼，不揆中情，信谗齌怒，皆明示唾骂，安在所谓怨而不伤

---

① 袁宏道：《与丘长孺》。

② 袁宏道：《叙呙氏家绳集》。

者乎?”①

袁宏道对情感直露给予有条件的肯定,对于儒家温柔敦厚、乐而不淫、哀而不伤的诗教来说是个不小的冲击。但袁宏道的立意还是在强调真。

特别难能可贵的是,袁宏道将他的审美视野扩大到民间文学,而认为“闾阎妇人孺子所唱”的《擘破玉》《打草竿》之类是“无闻无识真人所作”,“任性而发,尚能通于人之喜怒哀乐嗜好情欲,是可喜也”②。他将这类文学看得比那些复古派的作品高得多,因为它“多真声”。

袁宏道的“性灵”说的第二方面的内容是“不拘格套”,“不拘格套”除了有反对复古的意义外,还有创新的意义。袁宏道说:“曾不知文准秦、汉矣,秦、汉人曷尝字字学《六经》欤?诗准盛唐矣,盛唐人曷尝字字学汉、魏欤?秦、汉而学《六经》,岂复有秦、汉之文?盛唐而学汉、魏,岂复有盛唐之诗?”③ 可见,复古派的理论是根本站不住脚的,每一代有每一代的社会现实,每一代人有每一代人的喜怒哀乐,因而每一代也就有每一代的文学,“代有升降,而法不相沿,各极其变,各穷其趣,所以可贵”④。

“性灵”说的第三个方面的内容是“趣”。这主要体现在《叙陈正甫会心集》一文中。袁宏道在这篇文章中说:

> 世人所难得者唯趣。趣如山上之色,水中之味,花中之光,女中之态,虽善说者不能下一语,唯会心者知之。……夫趣得之自然者深,得之学问者浅。当其为童子也,不知有趣,然无往而非趣也。面无端容,目无定睛,口喃喃而欲语,足跳跃而不定,人生之至乐,真无逾于此时者。孟子所谓不失赤子,老子所谓能婴儿,盖指此也。趣之正等正觉,最上乘也。山林之人,无拘无缚,得自在度日,故虽不求趣,而趣近之。

审美离不开“趣”。中国美学对“趣”的注意虽上溯可达魏晋,但将“趣”作为一个审美范畴特别地加以论述却比较迟。宋代讲“理趣”,“趣”

---

① 袁宏道:《叙小修诗》。

② 袁宏道:《叙小修诗》。

③ 袁宏道:《叙小修诗》。

④ 袁宏道:《叙小修诗》。

只是“理”的一个修饰。明代的谢榛将“趣”单独提出作为一个与“兴”“意”“理”并列的审美范畴。说“诗有四格，曰兴，曰趣，曰意，曰理”[①]。那么，什么是“趣”呢？谢榛举例说明之：“陆龟蒙《咏白莲》曰：‘无情有恨何人见，月晓风清欲堕时。’此趣也。”从例子看，“趣”是一种出人意料的机智巧妙的说法。诗强调“趣”，正是强调审美的愉悦性。后七子的代表人物王世贞也讲“真趣”，“真趣”是对画的审美要求，亦可看成对诗的审美要求。

袁宏道谈“趣”与以上有所不同。首先，袁宏道是从审美主体的角度来谈“趣”的，趣是指主体的审美情趣，是性灵的一个组成部分。其次，袁宏道对“趣”做了最高的评价，认为是“山上之色，水中之味，花中之光，女中之态”，可说是事物的精华所在，最为难得。最后，对“趣”的解说袁宏道也有自己独特的深刻的看法。他认为，“趣”，“虽善说者不能下一语”。可见，“趣”是非理性的、非逻辑的，它不能用言语来表达。“趣”既是感性的，又是超感性的，是深层次的精神愉悦。另外，“趣”只能是个体的精神感受，它并不具有类似感官享受那样的普遍可传达性，只有“会心者知之”。

袁宏道还说：“今之人慕趣之名，求趣之似，于是有辨说书画、涉猎古董以为清；寄意玄虚、脱迹尘纷以为远，又其下则有如苏州之烧香煮茶者。此等皆趣之皮毛，何关神情？”[②]可见袁宏道要求的“趣”不是附庸风雅的清高，也不是故作玄虚的超脱，更不是等而下之的感官享受。那么，袁宏道到底要求什么样的“趣”呢？他强调两点：其一，“得之自然”。袁宏道认为“趣”是一种赤子之心的愉快，“当其为童子也不知有趣，然无往而非趣也”。袁宏道在这里谈的童子之趣与李贽的“童心”说是相通的。看来，“有童心”就有真趣。袁宏道认为像儿童那样一任本性而自由活动：“面无端容，目无定睛，口喃喃而欲语，足跳跃而不定”[③]，才是“人生之至乐”。其二，“趣”在

① 谢榛：《四溟诗话》卷二。

② 袁宏道：《叙陈正甫会心集》。

③ 袁宏道：《叙陈正甫会心集》。

自由。袁宏道认为赤子之心是最纯真的，故而赤子之乐是最高的快乐。这是他对趣与自由的一种理解。显然，袁宏道最看重的是“童子之趣”，是赤子之乐。其三，“山林之人，无拘无束，得自在度日，故虽不求趣而趣近之”。这也是一种快乐。

袁宏道认为，“理”是妨碍“趣”的。他说：“入理愈深，然其去趣愈远矣。”① 这种说法明显地见出禅宗的影响，同时又是对理学家以理为本说的一个批判。袁宏道的“性灵”说可说是启蒙思想、禅宗思想共同的产物。它以重个性、重感情、重创造为主要特征，表现出中国美学史从未有过的对审美愉悦的高度肯定。它如一股浩荡的清风给晚明文坛带来新鲜的气息与活泼的精神。

袁宏道也谈到了“性灵”如何在创作中实现的问题。江盈科为袁宏道《敝箧集》作叙，称引了他一段话：

> 诗何必唐，又何必初与盛？要以出自性灵者为真诗尔。夫性灵窍于心，寓于境。境所偶触，心能摄之；心所欲吐，腕能运之。心能摄境，即蝼蝗蜂虿皆足寄兴，不必《雎鸠》《驺虞》矣；腕能运心，即谐词谑语皆是观感，不必法言庄什矣。以心摄境，以腕运心，则性灵无不毕达。②

按袁宏道的看法，“性灵窍于心”，它通过“境”与“腕”两个途径与外面发生联系。“境”指外界事物包括自然景象与社会景象，主体的性灵在与它碰撞的过程中，形成主客观统一的意象。性灵就在这意象之中，这叫“寓于境”。这“境”与那“境”不一样，那境是物境，这境是心境。意象形成之后，又借“腕”运之。这样，“以心摄境，以腕运心，则性灵无不毕达”。

袁宏道这个概述，突出了“心”的主体作用，这与王阳明的心学又是相通的。

值得一说的是，在革新的基本立场上，袁宏道与前后七子的复古是一致的。复古派的复古，打的是复古的旗号，其实质还是革新。袁宏道打的

---

① 袁宏道：《叙陈正甫会心集》。

② 江盈科：《敝箧集叙》。

是心学的旗号，实质也是革新。对于心学，复古派并不排斥，同样，对于复古，袁宏道也不一概否定。对于古，袁宏道认为还是要学习、要继承的，但不能因袭，而必须革新。

袁宏道的“性灵”说影响极大。钱谦益说：“中郎之论出，王、李之云雾一扫，天下之文人才士，始知疏瀹心灵，搜剔慧性，以荡涤摹拟涂泽之病，其功伟矣。”① 《四库全书总目提要》在论及《袁中郎集》时，说：“其诗文变板重为轻灵，变粉饰为本色，致天下耳目于一新。”“性灵”说的影响也不只在明代。清代的性灵派首领袁枚、启蒙时期诗人龚自珍、资产阶级改良主义诗人黄遵宪都不同程度地受到袁宏道的“性灵”说及公安派创作的影响，可见，“性灵”说具有一种内在的冲决封建陈腐礼教束缚的革新精神。

第四节 汤显祖：“至情”说

汤显祖（1550—1616），字义仍，号海若、若士，江西临川人，晚明最有成就的戏剧家。

汤显祖像

① 钱谦益：《袁稽勋宏道小传》。

汤显祖在晚明浪漫主义的美学潮流中处于重要的地位。他的戏曲《牡丹亭》是最能代表浪漫主义美学潮流实绩的伟大作品。此戏在当时就影响极大。张琦评论："上薄风骚，下夺屈宋，可与实甫《西厢》交胜。"① 沈德符则说："家传户诵，几令《西厢》减价。"② 吴江派戏曲作家沈璟、吕玉绳等认为，此戏虽然在思想性和艺术性诸方面都取得了极突出的成就，然用韵多有不合声律之处，于是，擅自进行修改。有些修改伤害作品内容，不合剧中人物性格，引起汤显祖的强烈不满，他说："不佞《牡丹亭记》大受吕玉绳改窜，云便吴歌。不佞哑然笑曰：'昔有人嫌摩诘之冬景芭蕉，割蕉加梅，冬则冬矣，然非王摩诘冬景也。其中骀荡淫夷，转在笔墨之外耳。'"③ 并赋诗一首：

醉汉琼筵风味殊，通天铁笛海云孤。
总饶割就时人景，却媿王维旧雪图。④

汤显祖的观点很鲜明，不能因辞害义，不能为了服从声律而损害作品的思想。他说："自谓知曲意者，笔懒韵落时时有之，正不妨拗折天下人嗓子。"⑤ 另外，他认为每个作家都有自己的创作个性，有他对作品内容及形式的独特理解和处理。王维的雪中芭蕉图自有王维的思想情感、艺术个性在，别人擅自修改，那画也就不是王维的画了。

这场围绕《牡丹亭》修改的争论是两种文艺观、美学观的斗争，是复古派与浪漫派的斗争在戏曲上的反映。

汤显祖在哲学思想上是倾向于启蒙主义的。他说，给予他思想影响最大的是三个人："如明德师者，时在吾心眼中矣。见以可上人之雄，听以李百泉之杰，寻其吐属，如获美剑。"⑥ "明德师" 即著名的阳明后学泰州学派

---

① 见《汤显祖集·附录》。
② 见《汤显祖集·附录》。
③ 汤显祖:《答凌初成》。
④ 汤显祖:《见改窜〈牡丹亭记〉词者，失笑》。
⑤ 汤显祖:《答孙俟居》。
⑥ 汤显祖:《答管东溟》。

的重要人物罗汝芳。“李百泉”即李贽，“可上人”是著名禅僧紫柏老人，名达观。达观因“妖言”案，与李贽先后被统治者迫害致死。在文学思想上他倾向于公安派，与“三袁”有很好的交往。

汤显祖的美学思想很丰富，但核心的东西是“贵情”。

(明)唐寅:《牡丹人物图》

他有一个基本的思想，认为世界上一切事物均由三者决定，一是“理”，二是“势”，三是“情”。“理”“势”“情”三者鼎立，可以互相统一，也可以互相冲突，不存在谁囊括谁或谁统治谁的问题。他说：

今昔异时，行于时者三：理尔，势尔，情尔。以此乘天下之吉凶，决万物之成毁。作者以效其为，而言者以立其辨，皆是物也。事固有理至而势违，势合而情反，情在而理亡，故虽自古名世建立，常有精微要眇不可告语人者。①

“理至而势违”“势合而情反”“情在而理亡”。汤显祖概括出“理”“势”“情”三种矛盾的状况。通常的看法是理大于情，决定情；或者是势大于情，决定情。而汤显祖并不这样看。“势合而情反”，“情在而理亡”。“情”有它的独立性。这是对传统的情理观特别是儒家的情理观一个很大的冲击。

从这种基本思想出发，他认为，“情”不仅是人生的原动力，也是艺术的原动力。他说：

> 世总为情，情生诗歌，而行于神。天下之声音笑貌大小生死，不出乎是。因以憺荡人意，欢乐舞蹈，悲壮哀感鬼神风雨鸟兽，摇动草木，洞裂金石。其诗之传者，神情合至，或一至焉；一无所至，而必曰传者，亦世所不许也。②

> 人生而有情。思欢怒愁，感于幽微，流乎啸歌，形诸动摇。或一往而尽，或积日而不能自休。盖自凤凰鸟兽以至巴、渝夷鬼，无不能舞能歌，以灵机自相转活，而况吾人。③

诗、文、歌、舞、戏曲，在汤显祖看来都是由情而产生的，情是一切文艺之本。汤显祖肯定情是文艺之本，但并不排斥“理”。他说“情生诗歌，而行于神”，这里的“神”是指“理”。他主张“神情合至”，即情理合至。

如同明代许多文艺批评家喜欢谈“本色”一样，汤显祖也喜欢谈“本色”。汤显祖认为文艺的本色就是情。他说：

> 其填词皆尚真色，所以入人最深，遂令后世之听者泪，读者颦，无情者心动，有情者肠裂。④

> 抚事怆情，杂记中唯此为本色。⑤

---

① 汤显祖：《沈氏弋说序》。

② 汤显祖：《耳伯麻姑游诗序》。

③ 汤显祖：《宜黄县戏神清源师庙记》。

④ 汤显祖：《焚香记总评》。

⑤ 汤显祖：《续虞初志评语三十二则》。

这里说的“真色”亦即本色。本色为情，只有情真意切才能感人肺腑。文艺创作以情为本，以情引情，以情动情。离开情，哪里还有什么艺术的感染力呢？

值得特别注意的是，汤显祖不是谈一般的情，而是谈能体现艺术家个性的情。都以情投入创作，而且处理的是同一题材，然而由于作为创作主体的艺术家各自具有不同的艺术个性、不同的立场观点，因而也就有不同的情，这样，创作出来的作品就有所区别。汤显祖说：

> 志也者，情也……万物之情，各有其志。董以董之情而索崔、张之情于花月徘徊之间，余亦以余之情而索董之情于笔墨烟波之际。董之发乎情也，铿金戛石，可以如抗而如坠。余之发乎情也，宴酣啸傲，可以以翱而以翔。然则余于定律和声处，虽于古人未之逮焉，而至如《书》之所称为言为永者，殆庶几其近之矣。①

这里说的董即董解元。汤显祖认为，“万物之情各有其志”，而“志也者，情也”。董解元有董解元的情，他按他的情描绘并讴歌了崔莺莺、张君瑞的爱情故事；汤显祖说他自己亦有情，此情不同于董解元。设若由他来表现崔、张的爱情，定然别是一番光景。汤显祖认为，不仅情中之理，人皆不同，而且情的表现形式，也不一样。董解元的情，“铿金戛石，可以如抗而如坠”，看来以凝重见长；他汤显祖的情，“宴酣啸傲，可以以翱而以翔”，看来以飞动取胜。

汤显祖倡情是有他特殊的战斗意义的。他把情与理对立起来，以倡情来反对扼杀、摧残人的正常情欲的程朱理学。他说：

> 情有者，理必无；理有者，情必无，真是一刀两断语。使我奉教以来，神气顿王。谛视久之，并理亦无，世界身器，且奈之何。②
>
> 嗟夫，人世之事，非人世所可尽。自非通人，恒以理相格耳。第云理之所必无，安知情之所必有邪？③

---

① 汤显祖：《董解元〈西厢〉题词》。

② 汤显祖：《寄达观》。

③ 汤显祖：《牡丹亭记题词》。

汤显祖并不是不知道情与理是可以统一的，他执意说“情有者，理必无；理有者，情必无”是有深意的。他说的“理”，不是一般意义上的理，而特指主张“存天理，灭人欲”的程朱理学家们所说的“理”，即封建礼教。他对于社会上“恒以理相格”，勇敢地提出挑战：“第云理之所必无，安知情之所必有邪？”那就是说，既然情理各有自己的功能，为什么不可以“以情相格”呢？

汤显祖的许多戏曲表现的是“以情相格”，《牡丹亭》就是杰出的代表。汤显祖在《牡丹亭记题词》中这样说：

> 天下女子有情宁有如杜丽娘者乎？梦其人即病，病即弥连，至手画形容传于世而后死。死三年矣，复能溟莫中求得其所梦者而生。如丽娘者，乃可谓之有情人耳。情不知所起，一往而深，生者可以死，死可以生。生而不可与死，死而不可复生者，皆非情之至也。

情的伟大力量在《牡丹亭记》中可谓达到了前所未有的程度。情，战胜了人生实际上无可逾越的死亡。死者复生，不能说在此以前的文学作品中没有表现过①，但没有一部作品将死而复生的伟力定为情感。汤显祖对情感的歌颂可以说前无古人。卓越的艺术技巧保证了汤显祖创作意图成功地实现，正如王思任《批点玉茗堂牡丹亭叙》云：“情深一叙，读未三行，人已魂消肌栗。”

汤显祖如此重视写情，既出自反对程朱理学的需要，又出自美学上的考虑。汤显祖深知艺术的魅力在于以情感人。在许多文章中谈到了艺术的这种感染力，他在《点校虞初志序》中说：“《虞初》一书，罗唐人传记百十家，中略引梁沈约十数则，以奇僻荒诞、若灭若没、可喜可愕之事，读之使人心开神释，骨飞眉舞。”小说如此，戏曲更是如此：

> 一勾栏之上，几色目之中，无不纡徐焕眩，顿挫徘徊，恍然如见千秋之人，发梦中之事。使天下之人无故而喜，无故而悲……无情者可

① 爱情战胜死亡的主题在古典文学作品中屡见不鲜。例如南朝刘义庆《幽明录·买粉儿》、唐孟棨《本事诗·崔护》，还有对汤显祖创作《牡丹亭》启发很大的《汉谈生》。

使有情，无声者可使有声。寂可使喧，喧可使寂，饥可使饱，醉可使醒，行可以留，卧可以兴。鄙者欲艳，顽者欲灵……①

汤显祖的诗文中还记载了一个真实的故事：

娄江女子俞二娘秀慧能文词，未有所适。酷嗜《牡丹亭》传奇，蝇头细字，批注其侧。幽思苦韵，有痛于本词者。十七惋愤而终。②

汤显祖为此特赋诗二首，哭悼这娄江女子，诗云：

画烛摇金阁，真珠泣绣窗。
如何伤此曲，偏祇在娄江。
何自为情死，悲伤必有神。
一时文字业，天下有心人。③

当然像娄江女子这样的例子是个别的，但亦足以证明艺术的感染力量是何等地惊人。

汤显祖美学思想总体特色是强调以情为核心的“意趣神色”。作为一位伟大的作曲家、诗人，他既强调“曲意”与“情”的充分抒写，也要求曲辞富有文采，让曲情与文采结合起来。他在给曾擅改《牡丹亭》曲辞以便于俗唱的吕玉绳（即吕姜山）的信中说：

凡文以意、趣、神、色为主，四者到时，或有丽词俊音可用。尔时能一一顾九宫四声否？如必按字摸声，即有窒滞迸拽之苦，恐不能成句矣。④

“意、趣、神、色”是汤显祖首次提出的概念，指作品的意旨情趣、风神韵致。汤显祖认为这对于文学艺术来说是最重要的。过于考虑音律，以致因迁就曲律而损害“意、趣、神、色”不可取。

汤显祖对艺术境界的最高追求是“自然灵气”。这种“自然灵气”的获得应建立在破法以尽才、重情尚趣的基础上。在《合奇序》中，他说：

---

① 汤显祖：《宜黄县戏神清源师庙记》。

② 汤显祖：《哭娄江女子二首并序》。

③ 汤显祖：《哭娄江女子二首并序》。

④ 汤显祖：《玉茗堂尺牍卷四・答吕姜山》。

> 予谓文章之妙不在步趋形似之间。自然灵气，恍惚而来，不思而至。怪怪奇奇，莫可名状。非物寻常得以合之。苏子瞻画枯株竹石，绝异古今画格，乃愈奇妙。若以画格程之，几不入格。米家山水人物，不多用意。略施数笔，形象宛然。正使有意为之，亦复不佳。故夫笔墨小技，可以入神而证圣。自非通人，谁与解此。

汤显祖反对亦步亦趋的形似，而主张独抒性灵，哪怕是怪怪奇奇，几不入格，只要是自然灵气，纵意所致，都可以“入神而征圣”。苏轼的“枯株竹石”画、米芾的山水人物，如按“画格”要求，都不入格，然而它们都称得上“奇妙”，因为它们都是画家“自然灵气”的体现。汤显祖的“自然灵气”说与公安派的“性灵”说，基本精神是一致的，但比“性灵”说显得深刻、全面。

第四章
明代戏曲美学

入明以后，戏曲仍然繁荣。明初，皇室大多爱好戏曲。朱元璋的第十七子朱权就是个戏剧家，除了创作剧本外，还撰有戏曲理论著作《太和正音谱》。不过，原盛行于北方的杂剧逐渐走向衰微，南戏相应兴盛，最后发展成传奇。明代中叶，“三大传奇”（《宝剑记》《鸣凤记》《浣纱记》）陆续出现。明代戏曲遂出现新的高潮。

明代的戏曲研究成果丰硕，著作甚多，研究的对象大多为元杂剧，这种情况正如王国维所说的：“元杂剧之为一代之绝作，元人未之知也。明之文人始激赏之。”[①] 当然，也研究盛行于明的南戏、传奇。明代的戏曲研究较之元代不仅是量的超过，也是质的超过，已经注意到中国戏曲的许多深层次的理论问题了。

第一节　论“本色”

“本色”就艺术来说是指文体的美学风格。明代著名的戏曲理论家王骥德（1540—1623）说：“当行本色之说，非始于元，亦非始于曲，盖本宋严

① 王国维：《宋元戏曲史 · 元剧之文章》。

沧浪之说诗。沧浪以禅喻诗，其言：禅道在妙悟，诗道亦然。惟悟乃为当行，乃为本色。”① 其实，“本色”之说还要早。北宋陈师道《后山诗话》云：“退之（韩愈）以文为诗，子瞻以诗为词，如教坊雷大使之舞，虽极天下之工，要非本色。”“当行”亦即“本色”。金王若虚《滹南诗话》云：“（晁天咎）评山谷（黄庭坚）则云：词固高妙，然不是当行家语，乃著腔子唱好诗耳。”

明代戏曲家也用到“本色”这一概念。活动于明嘉靖年间的何良俊在其《曲论》中说：“《西厢》全带脂粉，《琵琶》专弄学问，其本色语少。盖填词须用本色语，方是作家。”何良俊这里用的“本色”看来不是谈文体本色，他批评“《西厢》全带脂粉，《琵琶》专弄学问”，是因为“全带脂粉”“专弄学问”有损于真情实感的率直表达。从他称赞王实甫《丝竹芙蓉亭》杂剧【仙吕】一套曲辞“通篇皆本色，词殊简淡可喜”来看，他所说的“本色”则是朴质天然。这在下面一段文字中说得更清楚：

> 夫语关闺阁，已是秾艳，须得以冷言剩句出之，杂以讪笑，方才有趣；若既着相，辞复太过，岂如靓装素服，天然妙丽者之为胜耶！②

明小说家兼戏曲家凌濛初的看法与何良俊一致。他说：“曲始于胡元，大略贵当行不贵藻丽。其当行者曰‘本色’。盖自有此一番材料，其修饰词章，填塞学问，了无干涉也。”③

在明代，真正从文体意识出发谈戏曲本色，且谈得比较深刻的是大画家、大戏曲家徐渭（1521—1593）。徐渭的《南词叙录》是一部专论南戏的理论著作。在这部著作中，他谈到了在明代颇为盛行的南曲（南戏）的本色：

> 南曲固是末技，然作者未易臻其妙，《琵琶》尚矣，其次是《玩江楼》《江流儿》《莺燕争春》《荆钗》《拜月》数种，稍有可观，其余皆俚俗语也；然有一高处：句句是本色语，无今人时文气。

何谓“本色语”？何谓“时文气”？

徐渭说：“夫曲本取于感发人心，歌之使奴、童、妇、女皆喻，乃为得体；

① 王骥德：《曲律·杂论第三十九上》。

② 何良俊：《曲论》。

③ 凌濛初：《谭曲杂札》。

经、子之谈，以之为诗且不可，况此等耶？直以才情欠少，未免辏补成篇。吾意：与其文而晦，曷若俗而鄙之易晓也。”①

从这段话我们得知，徐渭所认为的曲之本色，主要有二：一是以“感发人心”为本；二是通俗易懂。第一条可以说是文学艺术共同的美学品格，以之作为曲的本色也是应该的。第二条主要是针对词而言的。词本出自民间，然后又脱离民间，追求高雅，不仅不适合于演唱，而且也因某些词人大量使用典故，也不易被人读懂。②曲与词同源，但曲坚持了通俗易懂、便于演唱这一品格。到宋末，词的发展走到尽头，曲因受到广大人民的欢迎而得到蓬勃发展。徐渭在这里强调了曲的这一本色。

关于时文气，指时下流行的以八股文宣扬程朱理学的风气。这种“文”重理轻情，矫揉造作，扭曲人性，味同嚼蜡。徐渭批评的戏曲《香囊记》就属于这类。徐渭说：“《香囊》如教坊雷大使舞，终非本色……至于效颦《香囊》而作者，一味孜孜汲汲，无一句非前场语，无一处无故事，无复毛发宋、元之旧。三吴俗子，以为文雅，翕然以教其奴婢，遂至盛行。南戏之厄，莫甚于今。”③《香囊记》是个什么戏？为何徐渭认为“其弊起于《香囊记》”呢？《香囊记》的作者为邵灿，其剧表演的是张九成兄弟、夫妻在宋金战争期间如何分散，又如何恪守忠孝节义，最后团聚，成就美名的故事。剧本中有一支《风流子》，对剧情与主题思想做了这样的概括：

> 兰陵张氏，甫兄和弟，夙学自天成，方尽子情，强承亲命，礼闱一举，同占魁名。为忠谏忤违当道意，边塞独监兵。宋室南迁，故园烽燹，令妻慈母两处飘零。
>
> 九成遭远谪，持臣节，十年身陷朝廷。一任契丹威制，不就姻盟。幸遇侍御，舍身代友，得离虎窟，画锦归荣，孝名忠贞节义，声动朝廷。

这样一个竭力宣传忠孝节义的戏，如果能做到情节合理，以情动人，语言生动活泼，也许当不致为徐渭所鄙弃如此。问题是：这个戏不仅观念陈

---

① 徐渭：《南词叙录》。

② 参见本书“宋词的审美理想”一章。

③ 徐渭：《南词叙录》。

腐，而且情节系沿袭、拼凑而成，缺乏真实性；语言又一味追求骈俪，卖弄学问；真情实感根本谈不上。

徐渭这种美学观在他评论《西厢》《昆仑奴》等剧目中也表现出来了。比如，他评《西厢》就明确批评“婢作夫人者欲涂抹成主母而多插带，反掩其素”① 的忸怩作态。又如，在评《昆仑奴》中，他说：“凡语入紧要处，略着文采，自谓动人，不知减却多少悲欢，此是本色不足者乃有此病，乃如梅叔造诣，不宜随众趋逐也。点铁成金者，越俗越雅，越淡薄越滋味，越不扭捏动人，越自动人；务浓郁者如脔杂牲而炙以蔗浆，非不甘旨，却头头不切当，不痛快，便须报一食单。”②

徐渭重情，以动情为戏曲本色的观点与明代大戏曲家汤显祖的看法一致。汤显祖是主情派，他说：“世总为情，情生诗歌，而行于神，天下之声音笑貌大小生死，不出乎是。”③ 戏曲也是情感的产物，他谈《牡丹亭》就说是“因情成梦，因梦成戏”④，反过来，“因戏生情”。情，在汤显祖看来，就是曲的本色。

与汤显祖看法相左的是沈璟。在明代万历年间的剧坛上，沈璟是吴江派的领袖，汤显祖是临川派的领袖。汤显祖主情，实际上认为动情是曲的本色，沈璟则主曲律，实际上认为合律才是曲的本色。“纵使词出绣肠，歌称绕梁，倘不谐律吕，也难褒奖”⑤。

与沈璟、汤显祖处同一时代而稍后的王骥德对戏曲本色的看法兼取沈、汤而偏向汤。

王骥德说：

> 临川之于吴江，故自冰炭。吴江守法，斤斤三尺，不欲令一字乖律，而毫锋殊拙。临川尚趣，直是横行，组织之工，几与天孙争巧；而屈曲

---

① 徐渭：《西厢记题辞》。

② 徐渭：《题昆仑奴杂剧后》。

③ 汤显祖：《玉茗堂文之四 · 耳伯麻姑游诗序》。

④ 汤显祖：《玉茗堂尺牍之四 · 复甘义麓》。

⑤ 沈璟：《词隐先生论曲》。

聱牙，多令歌者齚舌。吴江尝谓：宁协律而不工，读之不成句而讴之始协，是为中之之巧。曾为临川改易《还魂》字句之不协者，吕吏部玉绳以致临川，临川不怿，复书吏部曰：彼恶知曲意哉！余意所至，不妨拗折天下人嗓子。其志趣不同如此。郁蓝生谓临川近狂而吴江近狷，信然哉。①

到底什么是戏曲的本色，吴江派与临川派的观点是对立的。吴江派“守法”“宁协律而不工”，重形式，而且主要重戏曲的音乐形式，将这看成是戏曲的“当行”；临川派“尚趣”，为了曲意，“不妨拗折天下人嗓子”，重内容，而且主要重内容中的情趣，将这看作是戏曲的本色。王骥德将这种戏曲观的不同归结到沈璟与汤显祖的志趣，认为沈“近狷”，汤“近狂”。

王骥德按其师承应属吴江派，他的剧作以“精于曲律”著称，每每“于宫韵平仄，不错一黍”②。他对沈璟十分尊崇，奉之为“词林之哲匠，后学之师模”③，但对沈璟过于恪守声律，“欲世人共守画一”也提出过批评。对汤显祖，王骥德则多有称誉，认为汤显祖为“今日词人之冠”，说：“于本色一家，亦惟是奉常一人——其才情在深浅、浓淡、雅俗之间，为独得三昧。”“临川汤奉常之曲……可令前无作者，后鲜来哲，二百年来，一人而已。”④ 这样高的评价，王骥德没有给过沈璟，所以实际上，王骥德更近汤。他说：“快人情者，要毋过于曲也。”⑤ “作闺情曲而多及景语，吾知其窘矣。此在高手，持一‘情’字，摸索洗发，方挹之不尽，写之不穷，淋漓渺漫，自有余力……世之曲，咏情者强半，持此律之，品力可立见矣。”⑥ 但总的来说，王是综合派，既主张“守法”，又主张“尚趣”。他认为，王实甫的《西厢记》堪谓“法”“趣”结合统一的典范，应定为神品。

① 王骥德：《曲律·杂论》。

② 祁彪佳：《远山堂剧品》。

③ 王骥德：《曲律·杂论》。

④ 王骥德：《曲律·杂论》。

⑤ 王骥德：《曲律·杂论》。

⑥ 王骥德：《曲律·杂论》。

王骥德对戏曲本色的认识，除了认为应包含“法”“趣”二者统一这一点外，还有一些重要的见解。王将曲与诗、词进行比较，认为曲既不同于诗，也不同于词，“诗人而以诗为曲也，文人而以词为曲也，误矣，必不可言曲也”①。这种不同主要在：一是“曲以婉丽俏俊为上”②，曲尚美。二是曲对音韵有独特要求，王骥德说有些诗人写曲由于不谙曲律，“一搦管作曲，便非当家”③。三是曲特别强调易懂。“世有不可解之诗，而不可令有不可解之曲。曲之不可解，非入方言，则用僻事之故也”④。

王骥德是明代对戏曲“本色”认识最深刻，也最富有辩证法的一位戏曲家。他重本色，又不唯本色，而主张将本色与创造性发展结合起来，“纯用本色，易觉寂寥，纯用文调，复伤雕镂”⑤。艺术效果的检验对于戏曲是最根本的，王骥德拈出一个“妙”字，以之作为戏曲美的最高标准：“意新语俊，字响调圆，增减一调不得，颠倒一调不得，有规有矩，有色有声，众美具矣！而其妙处，政不在声调之中，而在句字之外。……不在快人，而在动人。此所谓‘风神’，所谓‘标韵’，所谓‘动吾天机’。不知所以然而然，方是神品，方是绝技。”⑥

王骥德看来不只是综合了吴江、临川二派，而是在综合之中又超越了二派，对戏曲的审美规律提出了更高的理论概括。

第二节　论“传奇”

明代前期，南戏向传奇演化，这种演化，对于戏曲的体裁形式是种提高、完善。比如，原来的南戏采用民间曲子演唱，不受严格的宫调限制，而传奇

① 王骥德：《曲律·杂论》。
② 王骥德：《曲律·杂论》。
③ 王骥德：《曲律·杂论》。
④ 王骥德：《曲律·杂论》。
⑤ 王骥德：《曲律·论家数》。
⑥ 王骥德：《曲律·论套数》。

则需按宫调填词；又如南戏一般纯用南曲，而传奇则往往南北曲并用。

(明) 张龙章:《胡人出猎图》

除此以外，戏剧家们对戏曲的情节也更重视了。茅暎在《题牡丹亭记》中说:“传奇者，事不奇幻不传，辞不奇艳不传。其间情之所在，自有而无，自无而有。不瑰奇愕眙者亦不传。”倪倬《二奇缘小引》亦云:“传奇，纪异之书也。无传不奇，无奇不传。”

强调戏曲情节奇特，吸引人，这是明代戏曲的一个重要方面。

明代戏曲家剑啸阁主人（袁于令）评论传奇《焚香记》云:

> ……然又有几段奇境不可不知。其始也，落魄莱城，遇风鉴操斧，一奇也；及所联之配又属青楼，青楼而复出于闺帏，又一奇也。新婚设誓奇矣，而金垒套书，致两人生而死，死而生，复有虚讣之传，愈出愈奇，悲欢沓见，离合环生。读至卷尽，如长江怒涛，上涌下溜，突兀起伏，不可测识……

这段评论着重论奇。奇的重要特点就是超出常规，令人“不可测识”。

这正适应了人们的好奇心。戏曲的魅力大半出自这里。

要奇，就要超出常规，而超出常规又有可能造成虚假。虚假是艺术美之大敌。要怎样才能做到既奇又真，这是戏曲创作的一大难题。明代许多戏曲理论家对此各自做出了回答：

谢肇淛说：

> 凡为小说及杂剧、戏文，须是虚实相半，方为游戏三昧之笔。亦要情景造极而止，不必问其有无也。……岂必真有是事哉？近来作小说，稍涉怪诞，人便笑其不经，而新出杂剧，若《浣纱》《青衫》《义乳》《孤儿》等作，必事事考之正史，年月不合，姓字不同，不敢作也。如此，则看史传足矣，何名为“戏”？①

谢肇淛提出一个如何看待戏曲、小说的真实性的问题。艺术的真实是不同于历史的真实的。如果用历史的真实去衡量艺术，“事事考之正史”，则艺术就没有存在的价值了，“看史传足矣，何名为‘戏’？”这个观点非常重要。戏曲情节要奇，奇当然可以来自生活，但生活未必有那样的奇事，而戏曲则应可以创造出来。如果不能正确地看待艺术的真实性，则戏曲无法出奇。《十错认》由十件误会组成全剧情节，虽生活中常有误会，但这么多的误会集中在一起，恐怕未必符合生活的真实吧！《窦娥冤》六月飞雪，《牡丹亭》人死复生，按生活的真实都是不可能的，然而在特定的戏曲情境之中，它们却能够被观众所接受。而且这两个戏的震撼人心之处又恰在这两个不合事理的奇事、怪事之中。谢肇淛虽然没有具体谈如何使戏曲情节做到既奇又真，但他提出的这个如何看待艺术真实的观点却是解决奇真结合问题的前提。

明代大散文家张岱提出既要出奇又要合于情理的观点可谓解决奇真统一的关键。张岱是在《答袁箨庵》（袁箨庵即袁于令）一文中提出这一观点的。袁于令的传奇《合浦珠》情节怪诞不合文理，张岱对之提出了批评。他的另一作品《西楼》情节虽奇，却在情理之中，故张岱又给予赞赏。张岱说：

---

① 谢肇淛：《五杂俎》。

传奇至今日怪幻极矣！生甫登场，即思易姓；旦方出色，便要改妆。兼以非想非因，无头无绪，只求闹热，不论根由，但要出奇，不顾文理。……吾兄近作《合浦珠》亦犯此病。

兄作《西楼》，只一情字，讲技，错梦，抢姬，泣试，皆是情理所有，何尝不闹热？何尝不出奇？何取于节外生枝，屋上起屋耶？总之，兄作《西楼》，正是文章入妙处。……汤海若初作《紫钗》，尚多痕迹。及作《还魂》，灵奇高妙，已到极处。《蚁梦》《邯郸》，比之前剧，更能脱化一番。①

从张岱这篇文字来看，当时的传奇追求怪幻已达极点。张岱并不反对怪幻，只是要求怪幻而又合于情理，他信中谈到汤显祖的几个传奇，如《还魂》《蚁梦》《邯郸》都是情节怪幻的：以梦为真死而复生，即所谓“以虚而用实”。然而因为合于情理，不仅能够为观众接受，而且感人至深。情理是两个概念，它们可以统一，也常有分离的情况出现。合情不一定合理。对于实际生活来讲，合理也许比合情更重要，但在艺术中，合情比合理更重要。为了突出强调某一至性至情，取得最大的艺术效果，艺术往往冲破“理”的限制，比如可以让人死而复生，可以将梦境变成现实，自然也可以编织天堂、地狱的神话。在这一点上，汤显祖无疑做得最好，他的《牡丹亭》堪称世界上第一流的浪漫主义诗剧。他在《牡丹亭记题词》中说：

天下女子有情宁有如杜丽娘者乎。梦其人即病，病即弥连，至手画形容传于世而后死。死三年矣，复能溟莫中求得其所梦者而生。如丽娘者，乃可谓之有情人耳。情不知所起，一往而深，生者可以死，死者可以生。生而不可与死，死而不可复生者，皆非情之至也。梦中之情，何必非真。天下岂少梦中之人耶？必因荐枕而成亲，待挂冠而为密者，皆形骸之论也。

汤显祖在这里宣布了他的艺术真实观：艺术的真实贵在情真。情至，“生者可以死，死者可以生”，反过来，“生而不可与死，死而不可复生者，皆

---

① 张岱：《琅嬛文集·答袁箨庵》。

非情之至也”。梦亦如此，梦中之事虽非实，但梦中之情却可真。只要情真，又何妨把梦中之虚幻改成生活之现实？

汤显祖是明代浪漫主义美学思潮的卓越代表。在艺术真实问题上，他的看法是很正确的，代表了中国古典美学在此问题上的最高水平。明代传奇多喜欢写梦，也许梦以其“虚实相半”、真幻混同而特别富有美学魅力吧！汤显祖就是写梦的高手。他在《异梦记总评》中说：

> 从来剧园中说梦者，始于《西厢·草桥》。《草桥》，梦之实者也。今世复有《牡丹亭》。《牡丹亭》，梦之幽者也。复有《南柯》《黄粱》。《南柯》《黄粱》，梦之大者也。复有《西楼·错梦》。《错梦》，梦之似幻实真，似奇实确者也。然总未异也。既曰梦，则无不奇幻，何异之足云！若此传之环佩诗笺，醒时俱灿然在手，斯足异矣。

汤将剧中说梦分成几类，但不管哪一类，它的特点都在奇与真的统一，幻与实的统一。关于这一点，明代许多学者几乎形成了共识。冯梦龙云：“梦者，魂之游也。”“事所未有，梦能造之；意所未设，梦能开之。其不验，梦也；其验，则非梦也。梦而梦，幻乃真矣；梦而非梦，真乃愈幻矣。”① 袁宏道也很欣赏写梦。他在批点《牡丹亭》时就指出：“真里说梦，梦里说真，颠颠倒倒，怪怪奇奇。”

第三节　论悲剧

中国古典戏曲有没有悲剧、喜剧，国内外学术界至今还没有定论。中国古代的戏曲理论没有悲剧、喜剧概念，但中国的古代戏曲亦有不少论悲、论喜的文字，它对于我们正确认识中国古代戏曲的审美形态大有帮助。

悲和喜是人的两种基本的情感，戏曲表现人的故事，不外乎悲、喜两境，而引起观众的情感波澜，亦不外乎悲、喜或悲喜交集。这一点，明代的戏曲理论家讲得很明确。比如，祁彪佳在批评《完福记》的缺点时说：“事出意创，

① 冯梦龙：《情史》“情幻类”卷末评语。

于悲欢两境，俱无入髓处。"[①] 陈继儒则从戏曲审美效果角度谈悲喜，说："读《西厢》令人解颐，读《琵琶》令人酸鼻。"[②] 陈继儒谈的是整出戏，王骥德则从戏中某一片段谈悲喜："摹欢则令人神荡，写怨则令人断肠。"[③]

中国的古典戏曲有偏重于表现人生悲惨的，也有偏重表现人生欢乐的，也有二者结合的。对于那种偏重于表现人生悲惨的戏曲，我们姑且将它也称之为悲剧。对于这种悲剧，明代的戏曲理论家有着深刻的认识。

关于悲剧的意义，明末戏曲家卓人月是这样看的：

> 天下欢之日短而悲之日长，生之日短而死之日长，此定局也，且也欢必居悲前，死必居生后。今演剧者必始于穷愁泣别，而终于团圞宴笑，似乎悲极得欢，而欢后更无悲也；死中得生，而生后更无死也。岂不大谬耶！[④]

卓人月是从人生哲学的角度来谈悲剧的意义的。这种浸透人生悲凉的生命意识分明来自中国的道家学说。在中国诸多文人的诗文中我们不难听到类似的悲歌。[⑤] 卓人月是主张表现悲剧的，因为人生本就是悲剧。他反对当时剧坛盛行的"必始于穷愁泣别，而终于团圞宴笑"的模式。因为这会给观众带来错觉，以为"悲极得欢，而欢后更无悲也，死中得生，而生后更无死也"。鲁迅曾经尖锐地批评过中国古典戏曲、古典小说热衷于大团圆的结局："中国人的心理，是很喜欢团圆的，所以必至于如此。大概人生现实底缺陷，中国人也很知道，但不愿意说出来。因为一说出来，就要发生'怎样补救这缺点'的问题，或者免不了要烦闷，现在倘在小说里叙了人生的缺陷，便要使读者感到不快。所以凡是历史上不团圆的在小说里往往给他团

---

① 祁彪佳：《远山堂曲品・具品》。

② 陈继儒：《陈眉公批评音释琵琶记》。

③ 王骥德：《曲律・论套数》。

④ 卓人月：《新西厢序》。

⑤ 如曹操《短歌行》："对酒当歌，人生几何？譬如朝露，去日苦多。"王羲之《兰亭集序》："当其欣于所遇，暂得于己，快然自足，曾不知老之将至。……每览昔人兴感之由，若合一契，未尝不临文嗟悼，不能喻之于怀，固知一死生为虚诞，齐彭殇为妄作。"

(明) 唐寅:《嫦娥执桂图》

圆,没有报应的,给他报应,互相骗骗。"① 卓人月反对悲剧大团圆的模式,也是为了不让观众受到误导。生活的结局不一定都是美好的,应该敢于正面苦难,正面悲剧。只有把握住现在,才能把握住未来。卓人月的悲剧观无疑蕴含革命的性质,但卓人月并未将它导向反抗的方向,对于悲剧的社会意义,他最后这样说:

夫剧以风世,风莫大乎使人超然于悲欢而泊然于生死。生与欢,

① 鲁迅:《中国小说史略 · 附录:中国小说历史的变迁》,见《鲁迅全集》第九卷,人民文学出版社 1981 年版,第 316 页。

天之所以鸩人也；悲与死，天之所以玉人也。第如世之所演，当悲而犹不忘欢，处死而犹不忘生，是悲与死亦不足以玉人矣，又何风焉？[①]

“风世”即“风教”，卓人月认为“风莫大乎超然于悲欢而泊然于生死”，这是卓人月的创见。而能实现这种“超然于悲欢”“泊然于生死”的最好途径，在卓人月看来又莫过于悲剧了，因为“悲与死”乃“天之所以玉人”。

对悲剧能持如此深刻看法的，在中国古代别无他人。

卓人月对悲剧意义的认识侧重于个体人格的完善，悲剧是完善个体人格、实现最高人生境界（这种境界在卓人月看来就是“超然于悲欢而泊然于生死”）的手段。这与西方悲剧观不一样。亚里士多德认为悲剧的意义在于“借引起怜悯与恐惧来使这种情感得到陶冶”[②]。亚氏对悲剧的认识主要是生理学、心理学和伦理学意义上的。黑格尔认为，悲剧是两种“普遍力量”的冲突，悲剧的意义在于它以主人公的苦痛、受难来显示“永恒正义”的胜利。这种认识主要是社会学意义上的，而卓人月的认识才真正是哲学意义的。

关于悲剧的结局，中国古代的戏曲理论家有两种不同的看法。占主流的意见是“大团圆”。清代的李渔就明确表示，结局应有“团圆之趣”[③]，明代戏曲家李梅实编的《精忠旗》，写的是岳飞被秦桧陷害的悲剧，而结局是岳飞全家被斩之后，冤案终于平反，秦桧死后被打入十八层地狱。为什么要这样处理？该剧第一折《家门大意》【蝶恋花】作了说明：

发指豪呼如海沸，舞罢龙泉，洒尽痛心泪。毕竟含冤难尽洗，为他聊出英雄气。

千古奇冤飞遇桧，浪演传奇，冤更加千倍。不忍精忠冤到底，更编纪实《精忠旗》。

“不忍精忠冤到底”，“为他聊出英雄气”，这就是为什么要编造一个光明尾巴的原因。这，很能反映中华民族的心理。中华民族既是务实的民族，

---

① 卓人月：《新西厢序》。

② ［古希腊］亚里士多德：《诗学》，见《诗学 诗艺》，人民文学出版社1962年版，第101页。

③ 李渔：《闲情偶寄·大收煞》。

又是富有理想的民族。善良的本质使她总是相信“善有善报，恶有恶报，不是不报，时候未到”。因此，为悲剧安排一个大团圆的结局与其说是中华民族“中和”美学观使然，还不如说是中华民族这种深信天道公平的善良意愿使然，乐天知命的人生观使然。

值得特别指出的是，中国古代的戏曲理论家也不是都赞同悲剧的大团圆结局的。卓人月就是一个。他明确地说：“今演剧者必始于穷愁泣别，而终于团圞宴笑……岂不大谬耶？”他所创作的传奇《新西厢》就没有袭用大团圆的模式，而让张、崔的爱情以悲剧告终。

除卓人月外，对悲剧的大团圆结局模式不同程度地表示不满的还有一些戏曲理论家。这集中表现在对《西厢记》结局的评论上。《西厢记》的作者是关汉卿还是王实甫抑或是两人合作在明代一度引起过争论，最后总算搞清楚：王实甫写到第四本《草桥惊梦》为止，第五本《张君瑞庆团圆》为关汉卿所续。关汉卿续书的用意很明显，是为张、崔爱情加上一个大团圆的结局。对关汉卿的续作，明代戏曲理论家屠隆是赞赏的，胡应麟虽指出关的续书“藻丽神俊大不及王”，但还是接受大团圆结局的。但徐复祚、祁彪佳、槃薖硕人等人的看法就不同了。

徐复祚说：“《西厢》后四出，定为关汉卿所补，其笔力迥出二手，且雅语、俗语、措大语、自撰语层见叠出，至于‘马户’‘尸巾’云云，则真马户尸巾矣！且《西厢》之妙，正在《草桥》一梦，似假疑真，乍离乍合，情尽而意无穷，何必金榜题名、洞房花烛而后乃愉快也？”① 徐复祚主要是从艺术角度认定《西厢记》的结尾结在《草桥惊梦》最好，关汉卿的续作是失败的。祁彪佳、槃薖硕人的看法与徐差不多。祁彪佳说：“传情者，须在想象间，故别离之境，每多于合欢。实甫以《惊梦》终《西厢》不欲境之尽也。至汉卿补五曲，已虞其尽矣。”② 槃薖硕人说：“《西厢》原非实事，通一部是个梦境，王实甫作此而以梦结之，盖令人悟色空之意也，设意甚妙。关汉卿扭于常套，

① 徐复祚：《曲论》。

② 祁彪佳：《远山堂剧品 · 雅品》。

必欲以荣归为美，不免太泥。且后续数折，才华俱不逮前。”[①]

祁彪佳与槃薖硕人虽然多从艺术上着眼否定关汉卿的续作，但不主张悲剧都以大团圆为结局的意思也是显然的。槃薖硕人直指大团圆结局为“常套”，其不满溢于言表。他对《西厢记》以梦为结非常欣赏，认为“盖令人悟色空之意”。“色空之意”，这是佛教的观点，当然是种悲剧意识。

从以上的介绍来看，中国古代的悲剧理论并不都持大团圆结局说。卓人月等人的理论虽然未能对创作产生更大的影响，但亦值得特别珍惜。他们代表了中国古典悲剧理论的最高成就。

关于悲剧的审美特点、戏剧冲突，中国古典戏曲理论没有系统的论述，大多是片言只语。不过，也颇为精辟。如高则诚说：“读传奇，乐人易，动人难。”[②] 祁彪佳也说过类似的话：“传奇取人笑易，取人哭难。有杜秀才之哭，而项王帐下之泣千载再见；有沈居士之哭，即阅者亦唏嘘欲绝矣。长歌可以当哭，信然。”[③] “哭”是悲剧最重要的审美特点，但要让观众哭是很不容易的。“哭”不像“笑”。笑，一般来说思想内涵较浅，而哭却富有比较深的人生感慨。明代的戏曲理论家认为“乐人易，动人难”，“取人笑易，取人哭难”，包含有他们对悲剧社会意义的高度评价。

第四节　论表演

中国的戏曲是以唱为主，融唱、念、做、打为一体的表演艺术。表演是戏曲塑造人物、陈述故事、娱乐并教育观众的主要手段。

中国戏曲的角色行当是类型化的。宋杂剧的角色行当共有末泥、戏头、引戏、副净、副末、装孤、装旦、次贴等八种。其中末泥、副末、副净、装旦、次贴是五种角色的专称，后来直接为南戏、北剧所继承。据明代徐渭《南词叙录》，南戏的角色有：

---

① 槃薖硕人：《词坛清玩・增改定本西厢记》。

② 高则诚：《琵琶记》第一出《副末开场》。

③ 祁彪佳：《远山堂剧品・妙品》。

生　即男子之称，史有董生、鲁生，乐府有刘生之属。

旦　宋伎上场，皆以乐器之类置篮中，担之以出，号曰“花担”。今陕西犹然。后省文为“旦”……

外　生之外又一生也，或谓之小生。外旦、小外，后人益之。

贴　旦之外贴一旦也。

丑　以墨粉涂面，其形甚丑，今省文作“丑”。

净　此字不可解。或曰：“其面不净，故反言之，”予意即古“参军”

（明）陈洪绶：《晞发图》

二字，合而讹之耳。优中最尊。其手皮帽，有两手形，因明皇奉黄幡绰首而起。

末 优中之少者为之，故居其末。手执搕爪，起于后唐庄宗。古谓之苍鹘，言能击物也。北剧不然，生曰末泥，亦曰正末；外曰孛老；末曰外；净曰俫，亦曰净，亦曰邦老；老旦曰卜儿；其他或直称名。

徐渭介绍的这几种角色行当，基本上保存在中国现代的戏曲之中。将戏曲中的各种人物按其性别、年龄、身份、品性等分成若干类型，每一类型有其相对固定的装扮，这是中国戏曲艺术的一大特点，它属于中国戏曲程式化的部分。它说明中国戏曲是一种类型化的艺术、象征性的艺术。虽然是类型化，但又不将类型绝对化，在类型中表现出个性。同是旦，《牡丹亭》中的杜丽娘与《西厢记》中的崔莺莺，性格有异。中国的戏曲艺术注重类型与个性的统一。作为演员，既要有深厚的艺术功底，能熟练地掌握扮演某一类型人物的技巧，又要有一定的生活阅历和洞察人物内心的灵慧，因而能深入地体会所扮演的某一个别人物的心理活动，将其个性充分地表现出来。

徐渭在上引的文字中也谈到角色行当的脸部化妆。这种脸部化妆也是类型化的，兼具象征性、概括性、审美性。看来中国戏曲的脸谱由来已久，至少在杂剧、南戏中就已具雏形。

徐渭还谈到南戏表演的一些格式，如“题目”“宾白”“科”“介”“诨”“打箱”“开场”等，这是每出戏都少不了的。今日的戏曲也大体上保留了这些格式。

由于中国戏曲以唱为主，因而在元代、明代的戏曲理论中研讨曲律与唱法的论著很多。元代有燕南芝庵的《唱论》，明代有朱权的《太和正音谱》、何良俊的《曲论》、王世贞的《曲藻》、王骥德的《曲律》、魏良辅的《曲律》、沈宠绥的《度曲须知》等等。其中有许多涉及音韵美的具体论述，难以备述。

在众多论述戏曲声乐的论著中，魏良辅的《曲律》虽文字不足 2000 字，但论述精辟，尤值得注意。魏良辅对于戏曲声乐既注重音韵自然形式的美，强调“五音以四声为主，四声不得其宜，则五音废矣”[①]；又注重演唱者对腔调的理解，情感灌注。他说，“生曲贵虚心玩味，如长腔要圆活流动，不可太长；短腔要简径找绝，不可太短”[②]，“曲须要唱出各样曲名理趣”[③]。他总结曲的演唱有“三绝”“两不杂”“五不可”“五难”“两不辨”等，这些都是很重要的演唱技巧。比如，“曲有三绝：字清为一绝；腔纯为二绝；板正为三绝。”[④] 可以视为声乐的金科玉律，直接关系音乐形式美的创造。

明代的戏曲理论专门论述演员表演技巧（声乐除外）的不是很多，有突出建树主要是汤显祖、潘之恒、冯梦龙三人。

一、关于表演之道

汤显祖《宜黄县戏神清源师庙记》说：

> 汝知所以为清源祖师之道乎？一汝神，端而虚。择良师妙侣，博解其词，而通领其意。动则观天地人鬼世器之变，静则思之。绝父母骨肉之累，忘寝与食。少者守精魂以修容，长者食恬淡以修声。为旦者常自作女想，为男者常欲如其人。其奏之也，抗之入青云，抑之如绝丝，圆好如珠环，不竭如清泉。微妙之极，乃至有闻而无声，目击而道存。使舞蹈者不知情之所自来，赏叹者不知神之所自止。若观幻人者之欲杀偃师，而奏《咸池》者之无怠也。若然者，乃可为清源祖师之弟子，进于道矣。

“清源祖师之道”就是表演之道。上引这段文字几乎可以看成是表演概论。汤显祖认为，表演就是以演员的歌唱与形体动作创造审美形象。“为旦者常作女想，为男者常欲如其人”，其目的就是为了让自己所要塑造的人物真实、生动地出现在观众面前。这是最重要的，但仅止于此还不行。戏曲人物不仅要真，具有认识价值，还要美，具有观赏价值，能给人以美的享

① 魏良辅：《曲律》。

② 魏良辅：《曲律》。

③ 魏良辅：《曲律》。

④ 魏良辅：《曲律》。

(明) 唐寅:《孟蜀宫妓图》

受。因而演唱不能不动听,“抗之入青云,抑之如绝丝,圆好如珠环,不竭如清泉”,舞蹈、动作、念白不能不讲究形式美。总而言之,要将观众带入一个情动心迷的艺术境界,“赏叹者不知神之所自止”。要做一个优秀演员,不能不加强文化修养、提高文化水平,以“博解其词,而通领其意”;不能不注重观察、思考生活,“动则观天地人鬼世器之变,静则思之”;不能不专心致志,有献身艺术的牺牲精神,“绝父母骨肉之累,忘寝与食”;不能不注重容貌嗓音保养,“少者守精魂以修容,长者食恬淡以修声”。

汤显祖的这段话对表演之道的认识是非常深刻的。

二、关于演员的素质

潘之恒是明代优秀的戏曲表演评论家,他的《鸾啸小品》涉及大量的戏曲表演问题,其中不乏精辟之见,关于演员的素质,他提出很有特色的“才”“慧”“致”三字说。潘之恒认为,

人之以技自负者,其才、慧、致三者,每不能兼。有才而无慧,其才不灵;有慧而无致,其慧不颖;颖之能立见,自古罕矣。杨之仙度,其

> 超超者乎！赋质清婉，指距纤利，辞气轻杨，才所尚也，而杨能具其美，一目默记，一接神会，一隅旁通，慧所涵也，杨能蕴其真。见猎而喜，将乘而荡，登场而从容合节，不知所以然，其致仙也，而杨能以其闲闲而为超超，此之谓致也。①

潘之恒说的“杨”是一位女演员，因其卓越的表演，潘之恒给她取名为“仙度”②，又更名“超超”。潘认为她具有“才”“慧”“致”三种优秀的素质。“才”是指她的表演天赋和天生丽质，潘之恒用“具其美”来评价；“慧”是指她的记忆能力、理解能力、联想能力、感悟能力，潘之恒用“蕴其真”来评价；“致”是指她在表演时的自由境界；“见猎而喜，将乘而荡”，情感生发均有所本。“登场而从容合节，不知所以然”，是说动作自然得体，毫不做作，能够很好地进入角色，在表演中达到自如的境地。

“才”“慧”“致”三者，既可以是演员努力追求以期获得的三种优秀的素质，又可以说是评价演员表演水平的三个尺度。事实上，潘之恒就用这三个尺度来评价演员。他说：“蒋六、王节才长而少慧，宇四、顾筠具慧而乏致，顾三、陈七工于致而短于才，兼之者流波君、杨美，而未尽其度。”③ 看来，三者兼有而又能尽其度，是很不容易的。

三、关于表演法则

关于表演的法则，潘之恒提出“度”“思”“步”“呼”“叹”“节”等六个一般法则与“神合”这个最高法则。

“度”，潘提出“尽其度”。就是要演得充分、饱满，让演员的才能、智慧、风致最大限度地发挥。“思”，即思考。潘提出“字字皆出于思”。演员对自己的唱词、动作均要有深刻的理解，这样才能很好地塑造人物。“步”，专指戏曲的表演动作。潘要求“无不合规矩应节奏”。“呼”，潘说：“曲引之有呼韵，呼发于思，自赵五娘之呼蔡伯喈始也，而无双之呼王家哥哥，西施

① 潘之恒：《鸾啸小品》卷二。

② 潘之恒说：“仙乎，仙乎！美无度矣！而浅之乎？余以‘度’字也。”《鸾啸小品》卷二。

③ 潘之恒：《鸾啸小品》卷二。

之呼范大夫，皆有凄然之韵，仙度能得其微矣！”这“呼”可能是指演唱中的某一种表达情感的方式。潘要求它能细致准确地传达人物的情感，适合人物的身份。“叹”，潘说是“白语之寓叹声”，可能是指念白中表达情感的方式。潘要求“缓辞劲节，其韵悠然”。“节”即表演要有所节制。“节”又分“淡节”“亮节”。“淡节者，淡而有节，如文人悠长之思，隽永之味，点水而不挠，飘云而不滞，故足贵也”。“亮节者，亮而有节”。①

“神合”是表演的最高法则。何谓“神合”？潘之恒从一个欣赏者的角度来解释。他说：

> 技先声，技先神，神之合也，剧斯进已。……其少也，以技观，进退步武，俯仰揖让，具其质尔，非得嘹亮之音，飞扬之气，不足以振之。及其壮也，知审音，而后中节合度者，可以观也。然质以格囿，声以调拘，不得其神，则色动者形离，目挑者情沮。微乎！微乎！生于千古之下，而游于千古之上，显陈迹于乍见，幻灭影于重光，非旃、孟之精，通乎造化，安能悟世主而警凡夫。所谓以神求者，以神告，不在声音笑貌之间。令垂老，乃以神遇。然神之所诣，亦有二途：以摹古者远志，以写生者近情。要之，知远者降而之近，知近者溯而之远，非神不能合也。②

潘之恒谈自己观剧有三个阶段：年少时，“以技观”，尚是外行，可以说是看热闹；年纪稍大，“知审音”，已经是内行了，可以说是看门道；到老年，“乃以神遇”，这就进入很高的境界了，可以与剧中的神韵相沟通。具体又可分为两种情况。对于表现远古题材的戏曲，能够使古“降而之近”，与古人心理相沟通；对于表现近现代题材的戏曲又能够“溯而之远”，追寻它的历史渊源，以反思现在。如此观剧，就是“神遇”。

潘之恒将观剧的感受移用来说戏曲表演。戏曲表演也可分为三个阶段：低级阶段，以技术取悦观众；第二阶段，能够理解剧情了，知道如何塑造人物；第三阶段，则进入出神入化的境界，这是最高层次。

① 以上引文均出自《鸾啸小品》卷二。

② 潘之恒：《鸾啸小品》卷二。

四、关于塑造人物

对戏曲表演来说，塑造人物是最为重要的。就这点而言，与小说是一致的。冯梦龙作为小说家兼戏曲家对这点尤为注重。强调扮演人物，要抓住人物的性格特征和在特定情景下情绪的微妙变化。比如他评《酒家佣》一戏说："演李固全要见刚直气象，与平常冤囚不同。"① "演固之死，宜愤多而悲少。"② 如他评《风流梦》第二十三折"设誓明心"眉批："此折生（指柳梦梅）不怕（指不怕杜丽娘鬼魂）恐无此理，若太怕则情又不深，多半痴呆惊讶之状方妙。"③

冯梦龙还很注意舞台上人物的配合。比如，他评《梦磊记》第五折"石间定婿"说："外背唱时，生随意作赞叹园不语，方不冷淡。"④ 又比如评《永团圆》第八折"逼写离书"说："此处虽都是贾宦把持，江老亦须步步着意，不可呆立坐视。"⑤

中国的戏曲美学至明代已基本上构成一个完整体系，到清代，经李渔等人的进一步丰富、完善，遂告终结。戏曲是最具大众化的艺术，上至皇帝大臣，下至平民百姓，莫不喜欢戏曲。从某种意义上讲，戏曲是中华传统文化最集中的体现。

① 冯梦龙：《墨憨斋定本传奇》，《酒家佣》第十一折"李固陷狱"眉批。
② 冯梦龙：《墨憨斋定本传奇》，《酒家佣》第十六折"李固自裁"眉批。
③ 冯梦龙：《墨憨斋定本传奇》，《风流梦》第二十三折"设誓明心"眉批。
④ 冯梦龙：《墨憨斋定本传奇》，《梦磊记》第五折"石间定婿"眉批。
⑤ 冯梦龙：《墨憨斋定本传奇》，《永团圆》第八折"逼写离书"眉批。

第五章
明朝绘画书法美学

明代市民经济得到发展，市民阶层开始形成，这些新兴的市民阶层具有相当可观的经济实力，相应地在审美上也提出新的要求。以绘画为生的民间职业画家出现，与之相关，适应市民审美情趣的文人画得到了长足发展，同时，与文人画相关的绘画理论得到了总结。

明代的绘画最发达的仍然是山水画，除王履等少数画家主张师造化外，多数画家趋向摹古。不过，有作为的画家，往往以复古为创新，这种情况类似文学的复古运动。明代山水画一个突出成就是文人画的长足发展，代表性的画家为董其昌。明代画派颇多，其变异大抵是：明初以戴进、吴伟为代表的浙派山水占优势，此派画法取法马远、夏珪，宗南宋院体画。明中叶，以沈周、文征明为代表的吴门画派占优势，此派远宗北宋，取法董源、巨然，兼取元代赵孟頫及“元四家”。沈、文之后的吴派，死守家法，专摹文、沈，渐见衰落。此时有董其昌从吴派中脱颖而出。董其昌提出“以天地造化为师”，行万里路，读万卷书，将师造化与师古人结合起来，在笔墨技法上有新的创造。他巧妙地运用笔线的粗细疾徐润涩与墨色的浓淡干湿，将江南层峦叠嶂、嘉木葱茏、云气氤氲的景象表现得淋漓尽致。董其昌地位显赫，官至南京礼部尚书，诗书画独步一时，宗之者成风，遂成新的画派——松江画派。此画派取代吴派而在晚明画坛占据优势，其影响直达清代以至近现代。

第一节　南北二宗

“南北宗”说是明代大画家董其昌提出来的。董其昌（1555—1636），字玄宰，号思白，华亭（今上海松江区）人，官至南京礼部尚书，谥文敏。董其昌毕生致力于“士人”山水画，是明代文人画最主要的代表人物。著有《画旨》《画眼》《画禅室随笔》三部论画著作，系语录体，互有异同。

（明）董其昌：《高逸图》

在绘画美学上，董其昌的最大贡献是提出“南北宗”说。他的“南北宗”说虽然经不起历史事实的推敲，却是文人画的宣言，其影响不可低估。

董其昌说：

> 禅家有南北二宗，唐时始分。画之南北二宗，亦唐时分也。但其人非南北耳。北宗则李思训父子着色山水，流传而为宋之赵幹、赵伯驹、伯骕，以至马、夏辈，南宗则王摩诘始用渲淡，一变钩斫之法。其传为张璪、荆、关、董、巨、郭忠恕、米家父子以至元之四大家，亦如六祖之后有马驹、云门、临济儿孙之盛，而北宗微矣。要之摩诘所谓云峰石迹，迥出天机，笔意纵横，参乎造化。东坡赞吴道子、王维画壁云：“吾与维也无间然。”知言哉！①

董其昌这段话也见之于莫是龙的《画说》。莫是龙是董其昌同时代的著名画家，《明史·文苑传》莫是龙传附于董其昌传内，上引的文字到底谁是原作者已难确考。不过，即使是莫是龙首创，董其昌将它录入自己的文集，说明他是赞同、接受这个观点的。

对董其昌这段话批评甚多，归纳起来主要是两点：一是不符合事实，比如，说青绿山水是北宗，水墨渲淡为南宗，但画史证明不少画家是二法兼用的；二是崇南贬北，对李思训、夏珪等列入北宗的画家评价过低。

这些批评都有道理，但这些批评都否定不了“南北宗”说的重要价值。董其昌对自唐以来的绘画发展线索的清理虽然于事实并不完全切合，但就主流和基本精神来说，它是符合历史的。青绿山水、水墨渲淡是两种不同的绘画技法，也是两种不同的美学风格、美学精神。董其昌崇尚的“士人”画或者说文人画其基本的艺术风格是“简”“雅”“拙”“淡”“偶然”“纵恣”“奇崛”等②，这种艺术风格体现出来的美学精神则是崇尚个性、崇尚自由、崇尚自然。应该说这样的美学精神、艺术风格是可以通过多种绘画技法得到表现的，但毋庸讳言，水墨渲淡是最适当的技法，将王维推为文人画

① 董其昌：《画禅室随笔》。

② 此采用伍蠡甫先生的观点，见伍蠡甫：《中国画论研究》。

的始祖，就是因为他最早为这种美学精神找到了最合适的表现形式。王维，还有列入南宗的许多画家可能都画过青绿山水，同样，列入北宗的许多画家未必没有画过水墨画。这都不重要，构不成推翻南北二宗说的理由。

另外，用禅宗分南北二宗来套画家分派，也被不少人认为牵强，不伦不类。当然，这种套用法的确不很得体，但这也不是大问题，董其昌明明告诉你这只是套用，一个比喻。问题是：自中唐以来中国绘画是不是存在简淡与繁富、空灵与充实、纵恣与板细这样相对立的艺术风格；在美学精神上是不是也有重主观个性、尚笔墨情趣与重客观写真、尚画面内涵的不同。如果承认的确有这种对立的艺术风格、美学精神存在，那么，董其昌的南北二宗说大致未错。

在明代，赞成南北二宗说的还有陈继儒、沈颢等著名画家。陈继儒说："李（思训）派板细无士气，王（维）派虚和萧散，此又慧能之禅，非神秀所及也。"[①] 沈颢说："禅与画俱有南北宗，分亦同时。气运复相敌也。南则王摩诘裁构淳秀，出韵幽澹，为文人开山。若荆、关、宏、璪、董、巨、二米、子久、叔明、松雪、梅叟、迂翁，以至明之沈、文，慧灯无尽。北则李思训，风骨奇峭，挥扫躁硬，为行家建幢。若赵幹、伯驹、伯骕、马远、夏珪，以至戴文进、吴小仙、张平山辈，日就狐禅，衣钵尘土。"[②] 沈颢不用青绿山水与水墨渲淡来区分南北二宗，而是用风格来分：南宗"出韵幽淡"，北宗"风骨奇峭"。虽然也不是很全面，但亦指出：南北二宗实是艺术风格、美学精神的区别。

明代的大文学家王世贞在《艺苑卮言》中也持与董其昌类似的看法：

> 二李辈虽极精工，微伤板细。右丞始能发景外之趣，而犹未尽。至关仝、董源、巨然辈，方以真趣出之，气概雄远，墨晕神奇，至李营丘成而绝矣。

王世贞强调的是有无"真趣"。这也是南北二宗的区别。关于文人画的发展脉络是一个复杂的问题，董其昌理出的脉络虽然不是很准确，但是，

① 转引自王伯敏：《中国绘画史》，上海人民美术出版社 1982 年版，第 537 页。

② 沈颢：《画尘》。

他最早理出这一脉络，其开创之功不可没。

第二节 画与诗书

文人画有个重要特点，就是融诗、书入画。明代的绘画美学于这一点有比较深刻的论述。

一、关于画中有诗

苏轼最早提出“诗中有画”“画中有诗”，并说这是从品味王维的诗画之中得出来的感受。苏轼此说一出，后世赞成者甚众。文人画的形成与苏轼此说大有关系。

宋代画院喜欢以诗句为题让画家去画，明代的画论对此津津乐道。杨慎的《画品》就记载了不少这方面的故事。董其昌好游山水，在游山玩水时，经常自觉不自觉地将眼前的山水与他熟悉的诗句相融合。他说：“古人诗语之妙，有不可与册子参者，唯当境方知之。长沙两岸皆山，予以牙樯游行其中，望之地皆作金色，因忆水碧沙明之语。又自岳州顺流而下，绝无高山，至九江则匡庐兀突，出樯帆外，因忆孟襄阳所谓‘挂席几千里，名山都未逢。泊舟浔阳郭，始见香炉峰。’真人语千载，不可复值也。”[①] 董其昌因山水悟

(明) 文征明：《兰竹图卷》

① 董其昌：《画禅室随笔》。

诗又由诗悟画，将山水之境与诗境、画境合为一体，这是他创作的一个重要特点。他喜欢说“读万卷书，行万里路”[①]，认为这是“为山水传神”的前提。

诗对于提高画的文学品位，增加画的精神内涵的确有很大作用，文人画强调这一点原是不错的，但强调过分，混淆了诗与画的界限，一味追求画中有诗则反而不利于画的发展。明代大文学家张岱对此有深刻的见解：

> 弟独谓诗中有画，画中有诗，因摩诘一身兼此二妙，故连合言之。若以有诗句之画作画，画不能佳，以有画意之诗作诗，诗必不妙。如李青莲《静夜思》诗：“举头望明月，低头思故乡”，有何可画？王摩诘《山路》诗：“蓝田白石出，玉川红叶稀”，尚可入画。“山路原无雨，空翠湿人衣”，则如何入画？又《香积寺》诗：“泉声咽危石，日色冷青松。”泉声、危石、日色、青松，皆可描摹；而“咽”字、“冷”字则决难画出。故诗以空灵才为妙诗，可以入画之诗，尚是眼中金银屑也。画如小李将军，楼台殿阁，界画写摹，细入毫发，自不若元人之画，点染依稀，烟云灭没，反得奇趣。由此观之，有诗之画，未免板实，而胸中丘壑，反不若匠心训手之为不可及也。[②]

张岱不愧为大文学家，他深刻地看到诗与画毕竟是两门不同的艺术，各有其活动范围，各有其擅长之处。诗与画可以相通，但相通是有限度的，而且相通之处未见得就是诗之妙处、画之妙处所在。张岱此论虽个别地方措辞未免过重（如“可以入画之诗，尚是眼中金银屑也”），但总的来说是正确的，对于一味追求画中有诗的诗人画家来说无异于浇了一瓢冷水。

二、关于画与书

画与书的关系，元人有许多很好的论述。明人的论述虽很多，但并无多少新意。

值得一提的是唐寅、董其昌、张岱的言论。

① 董其昌：《画禅室随笔》。

② 张岱：《琅嬛文集·与包严介》。

唐寅是吴派的重要画家，评者谓其画“远攻李唐，足任偏师；近交沈周，可当半席”[①]。他对画与书通的心得是：“工画如楷书，写意如草圣，不过执笔转腕灵妙耳。”[②] 唐寅将工笔画与写意画的画法分别类同于楷书、草书的写法，这是画种与书体的相通。董其昌则云：“士人作画当以草隶奇字之法为之。树如屈铁，山如画沙，绝去甜俗蹊径，乃为士气。不尔，纵俨然及格，已落画师魔界，不复可救药矣。若能解脱绳束，便是透网鳞也。”[③] 又说：“下笔须有凹凸之形，此最悬解。吾以此悟高出历代处，虽不能至，庶几效之，得其百一，便足自志，以游丘壑间矣。”[④] 董其昌对书画相通有他个人的独特体会，他重在“以草隶奇字之法”作画。“奇”，从他的理解来说，主要是指骨力，这骨力又是通过枯、涩、曲、拙等笔势体现出来的，而在行笔之中又须“有凹凸之形”。董其昌说，这种用笔之法“最悬解”，即最能给人带来自由感与乐趣。董其昌对书画相通的理解侧重于笔势，的确是深刻的。

张岱是文学家，他对书画的关系做了一个言简意赅的概括：

> 唐太宗曰：“人言魏徵倔强，朕视之更觉妩媚耳。”倔强之与妩媚，天壤不同，太宗合而言之，余蓄疑颇久。今见青藤诸画，离奇超脱，苍劲中姿媚跃出，与其书法奇崛略同。太宗之言，为不妄矣！故昔人谓摩诘之诗，诗中有画；摩诘之画，画中有诗。余亦谓青藤之书，书中有画；青藤之画，画中有书。[⑤]

张岱比较了解徐渭的书与画，认为两者风格相同，但张岱毕竟不是画家，他不注重笔法的比较，只注重风格神韵的比较。由此，他得出结论：“书中有画”“画中有书”。此说是可以与“诗中有画”“画中有诗”相并提并论的。

另外，元代画家蒋乾亦有相同的提法。《式古堂书画汇考》引蒋乾《虹

---

① 沈子丞：《历代论画名著汇编》，文物出版社 1982 年版，第 224 页。

② 唐寅：《论画用笔用墨》，《历代论画名著汇编》。

③ 董其昌：《画禅室随笔》。

④ 董其昌：《画禅室随笔》。

⑤ 张岱：《琅嬛文集 · 跋徐青藤小品画》。

桥论画》云："夫书称魏晋，画擅宋元，此人人皆知，至于书中有画，画中有书，人岂易知哉！"①

第三节 意趣为宗

宋及宋以前论画都不太讲意趣娱乐。绘画被看作是一件很严肃很重要的事，唐代张彦远说，"宣物莫大于言，存形莫善于画"，"夫画者，成教化，助人伦，穷神变，测幽微，与六籍同功。"② 宋代的郭熙、郭思父子也将画赋予或实现"林泉之志"或图画圣贤形象"指鉴贤愚、发明治乱"③ 的作用。他们都认为"画之为用大矣"④。宋元时，文人画兴，就开始注重绘画的意趣了，不太讲绘画严肃的教化作用。米芾的《画史》评董源的山水画，说是"峰峦出没，云雾显晦，不装巧趣，皆得天真"，"余家董源雾景横披，全幅山骨隐显，林梢出没，意趣高古"。又评巨然画，云："少年时多作矾头，老年平淡趣高。"⑤

元代讲意趣增多，到明代就相当普遍了。明代画论讲意趣主要体现在五个方面：

一、关于作画的宗旨

明代的文人画家讲作画的宗旨公然挑出"自娱"的旗号，他们不愿赋予绘画过重的社会教化功能。文征明说："古之高人逸士往往喜弄笔作山水以自娱，然多写雪景，盖欲假此以寄其岁寒明洁之意耳。"⑥ 文征明说古代的高人逸士"喜弄笔作山水以自娱"，其实他自己也是如此。董其昌说得更明确：

---

① 转引自王伯敏：《中国绘画史》，上海人民出版社 1982 年版，第 539 页注①。

② 张彦远：《历代名画记》。

③ 郭熙、郭思：《林泉高致》。

④ 邓椿：《画继》。

⑤ 米芾：《画史》。

⑥ 文征明：《论画》，见《历代论画名著汇编》。

> 画之道，所谓宇宙在乎手者，眼前无非生机，故其人往往多寿。至如刻画细谨，为造物役者，乃能损寿，盖无生机也。黄子久、沈石田、文徵仲皆大耋。仇英知命，赵吴兴止六十余。仇与赵虽品格不同，皆习者之流，非以画为寄，以画为乐者也。寄乐于画，自黄公望始开此门庭耳。①

此条亦出现于莫是龙《画说》，到底是谁所说，难以确定，也许可以看作两人共同的看法。董其昌是从有益于生命的角度来谈作画之乐的。他谈得很有深度，他认为“画之道，所谓宇宙在乎手者，眼前无非生机，故其人往往多寿”。宇宙的生机与人的生机，借绘画作中介相呼应，相贯通。这可以说也是一种天人合一。

二、关于笔墨的情趣

明代的文人画家于这点谈得最多，他们把绘画看作“墨戏”。屠隆说：“意趣具于笔前，故画成神足，庄重严律，不求工巧，而自多妙处。”② 所谓“意趣具于笔前”，就是说本是抱有求意趣之心来作画的，这意趣也就会自然流于笔端。沈颢则大谈在欣赏过程中，那笔意、那墨韵所给予他的审美感受和创作上的启迪：

> 米襄阳用王洽之泼墨，参以破墨、积墨、焦墨，故融厚有味。予读天随子传，悟飞墨法，轮廓布皴之后，绡背烘熳，以显气韵沈郁，令不易测。题曰：驨然鼓毫，瞪目失绡，岩酣瀑呼，或臛所都。一墨大千，一点尘劫，是心所现，是佛所说。
>
> ……一日从晋人渴笔书得画法，题曰：树格落落，山骨索索，溪蒙草茸，云秀其中。卒笔怳顾，妄穷真露。古人云：画无笔迹，如书家藏锋。若腾觚大埽，作山水障，当是狂草，笔迹不计。③

文人画家用书法之笔入画，讲究用笔的生、涩、拙、活，反对邪、甜、俗、

① 董其昌：《画禅室随笔》。

② 屠隆：《屠隆论画》，见《历代论画名著汇编》。

③ 沈颢：《画尘》。

赖，认为这才是苍古，才是清雅，才是高逸，才有无限的乐趣。

屠隆认为："意趣具于笔前。"这只是出发点，由于笔墨技巧不同，落笔之后所得的情趣也就有别，有"物趣"也有"天趣"。"不求工巧而自多妙处"，所得就是"天趣"；"刻意工巧，有物趣而乏天趣"。①

屠隆非常推崇"天趣"，说是"布置笔端，不觉妙合天趣，自是一乐"②。

顾凝远大谈"画求熟外生"，"工不如拙"，"既工矣，不可复拙，惟不欲求工而自出新意，则虽拙亦工，虽工亦拙也"，③这种熟练巧妙地掌握熟与生、工与拙的辩证法而创造出的情趣，顾凝远称之为"天趣"。

三、关于意境的情趣

文人画家对意境的追求有其特色。他们在审美理想上崇尚"简""淡""雅""拙""纵恣"，讲究文学情趣、哲理意味。与之相关，他们喜欢画的景象大多是：气象萧疏，烟林清旷，溪桥渔浦，洲渚掩映，云雾缥缈，荒寺古庙……另外在花鸟画方面则是梅、兰、竹、菊、松等。

李日华云：

> 绘事必以微茫惨淡为妙境……正此虚淡中所含意多耳。④

董其昌云：

> 画家之妙，全在烟云变灭中。米虎儿谓王维画见之最多，皆如刻画，不足学也，惟以云山为墨戏。⑤
>
> 朝起看云气变幻，可收入笔端，吾尝行洞庭湖，推篷旷望，俨然米家墨戏。⑥
>
> 郭河阳论画，山有可望者，有可游者，有可居者。可居则更胜矣，

---

① 屠隆：《屠隆论画》，见《历代论画名著汇编》。

② 屠隆：《屠隆论画》，见《历代论画名著汇编》。

③ 顾凝远：《画引》。

④ 董其昌：《画旨》。

⑤ 董其昌：《画旨》。

⑥ 董其昌：《画旨》。

(明) 唐寅:《落霞孤鹜图》

令人起高隐之思也。

这样的境界有一个共同的特点:既在红尘之中又超越红尘。说在红尘之中,是指所画的山水分明是可游可居的场所,中国的山水画不管画面如何荒寒,总有人活动的痕迹,或茅舍,或酒旗,或溪桥,或小径,或渔舟,或寺庙,或亭阁……说是超越红尘,则是说画面透出的精神高蹈远引,超尘绝俗。

这样的境界,与其说是现实的境界还不如说是画家心中的境界,或者说他心中的理想境界。那样的高雅,那样的飘逸,那样的清寂,那样的神秘,然而又是那样的温馨，那样的迷人，“令人起高隐之思”。

文人画追求的就是这份雅趣、逸趣。儒耶？道耶？禅耶？似乎都有，而又不仅于此。

四、不求形似求生韵

徐渭（1521—1593），字文长，号天池山人、青藤居士，他是明代水墨写意花鸟画集大成者。徐渭才气横溢。他自说：“吾书第一，诗二，文三，画四。”然很多评论家认为他的画成就最大。他的书画奇崛横放，苍劲而又姿媚。后世不少画家对他十分崇拜。

徐渭作画重情感的自由抒发，不太注重形似，他有一题跋，云：“牡丹为富贵花，主光彩夺目，故昔人多以钩染烘托见长，余以泼墨为之，虽有生意，终不是此花真面目。”① 另外，在《画百花卷与史甥，题曰漱老谑墨》中，他说：

> 世间无事无三昧，老来戏谑涂花卉。藤长刺阔臂几枯，三合茅柴不成醉。葫芦依样不胜揩，能如造化绝安排。不求形似求生韵，根拔皆吾五指栽。胡为乎区区枝剪而叶裁？君莫猜，墨色淋漓雨拨开。

在这首诗中他明确提出“不求形似求生韵”。这“生韵”，不仅是指事物的生意，而且也是指画家的意趣。

徐渭论画颇强调“生动”。他针对时下作画讲究用墨，说：“吴中画多惜墨，谢老用墨颇侈，其乡讶之。观场而矮者相附合，十几八九。不知画病不病，不在墨重与轻，在生动与不生动耳。”②

徐渭作画用笔恣肆狂放，泼墨汪洋淋漓，尤善大写意。他画青藤、葡萄、荷花、牡丹、螃蟹堪称一绝。他总结自己的创作体会，说：“百丛媚萼，一干枯枝，墨则雨润，彩则露鲜，飞鸣栖息，动静如生，悦性弄情，工而入逸，斯为妙品。”③ 这里提出“工而入逸，斯为妙品”，非常精辟。“工”讲的是法度，“逸”讲的是自由。“工而入逸”即为合乎法度又化法度为自由，这正是审美

① 徐渭：《虚斋名画录》。

② 徐渭：《书谢叟时臣渊明卷为葛公旦》。

③ 徐渭：《与两画史》。

中常说的合规律性与合目的性的统一。

徐渭是位主观性极强的画家，且生活道路十分坎坷，因而他的画情感性极强，往往具有撼人心魄的艺术效果。他有一首诗可以见出他画风之一斑，同时又可见出他的美学观：

送君不可俗，为君写风竹。君听竹梢声，是风还是哭？若个能描风竹哭，古云画虎难画骨。①

五、“画似真”，“真如画”

杨慎（1488—1559），字用修，号升庵，明朝文学家。杨慎不以画名世，但他对于画有深刻的见解。他的文集中有这样一段记载：

慎少时，先太师与瑞红、龙崖二叔父看画。因问二叔父曰：“景之美者，人曰似画，画之佳者，人曰似真，孰为正？”慎对曰：“元微之有诗云：‘颠倒世人心，纷纷乏公是。真赏画不成，画赏真相似。丹青各所尚，工拙何足恃。求此妄中情，哀哉子华子。’”龙崖曰：“诗亦未见佳，慎，尔可试作之。”遂呈稿曰：“会心山水真如画，名手丹青画似真。梦觉难分列御寇，影形相赠晋诗人。”②

“画似真”，“真如画”。这命题是很耐品味的。“画似真”，这必然是师造化的产物。中国的绘画美学向来有师造化、师心两派。上面谈的徐渭是师心派，杨慎看来是师造化派。师造化派比较喜欢谈“真”，谈“似”，谈“工”；师心派喜欢谈“意”，谈“韵”，谈“神”。两派虽相对，但并不相斥，只是侧重点不同。

说“真如画”，这牵涉到对自然的审美观问题了。按照杨慎的观点，对自然的审美其最高境界不是视真为真，而是视真如画。欣赏的过程也是创造的过程，实际上，当你在观赏美丽的山水风景时已在心中不自觉地将它创造成一幅山水画了。这个心理过程，杨慎说是“会心”——与山水进行

---

① 徐渭：《附画风竹于箑送子甘题此》。

② 杨慎：《总纂升庵合集·画似真，真似画》。

情感的交流。

第四节 书法美学

明朝的书法美学集中在复古与革新之间展开，这种情况，与明朝中期以王阳明心学为旗帜的整个文化思潮相关，也与主要体现在诗歌创作中的复古运动相关，同时也与明朝绘画推崇文人气质、道禅趣味相关。

一、文征明

文征明（1470—1559）是明朝中叶最重要的书法家，也是吴门画派的代表性画家之一。文征明的书法突出特点刚柔相济，端庄流丽，一派儒雅之气，他的小楷尤其精妙。谢肇淛评他的小楷："极意结构，疏密匀称，位置适宜，如八面观音，色相俱足。"① 文征明的儿子文嘉说他父亲的诗："诗兼法唐宋，而以温厚和平为主，或有以格律气骨为论者，公不为所动，为文醇雅典则，其谨严处一字不苟。"文征明的书法风格与诗歌的风格相一致，也是以温厚和平为主。

这种书风反映出他的书法美学思想基本上还是崇古而不泥古。崇古意味着要讲究法度，法度是古人制定的，后人要遵守。遵守不是不能改造，不能新创；不泥古，就是说，必须有自己的个性，有自己的创造。

他在《跋李少卿帖》中说：

> 自书学不讲，习成流弊，聪达者病于新巧，笃古者泥于规模。公既多阅古帖，又深诣三昧，遂自成家，而古法不亡。尝一日阅某书有涉玉局（苏东坡）笔意，因大咤曰："破却功夫，何至随人脚肿？就令学成王羲之，只是他人书耳。"②

书学不讲，不知他指何时，也许是泛指，但明朝社会，受心学及启蒙思

① 王世贞：《弇州山人续稿》。

② 文征明：《跋李少卿帖》，见《文征明集》，上海古籍出版社 1991 年版，第 521 页。

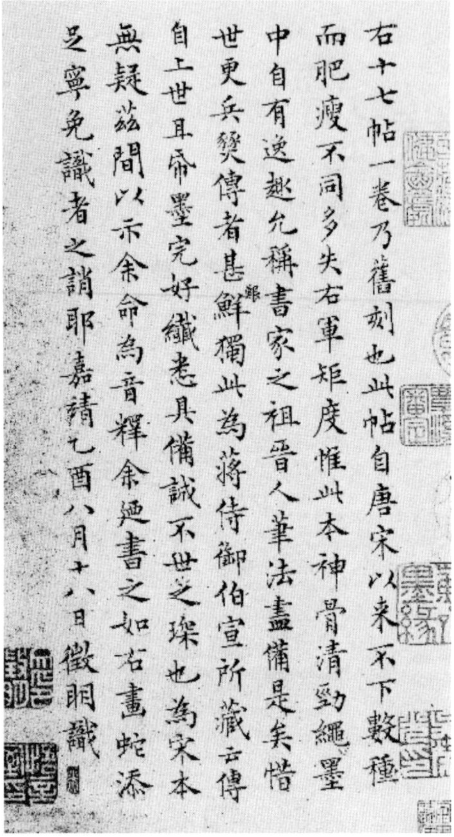

(明) 文征明书法

潮影响，确有一些书者抛弃传统书学，一味标新立异，崇尚个性。文征明说“习成流弊”，显然是不赞成这种做法。这里，它揭示了两种书者亦即两种书法美学观念的对立：一为革新者即新巧者崇尚个性；一为笃古者讲究规模即法度。文征明认为，李少卿不属于这两者，他融会古今，自成一家。

创新与学古两者，创新才是目的，学古是手段。重要的是“深诣三昧”，就是说，深懂古人书的精神、精髓、关键，以为己用。学王羲之，不能变成王羲之，就算是很像王羲之，也只不过为王羲之的模板，没有任何意义。

二、徐渭

徐渭（1521—1593）是晚明文坛上最重要的文人，他的成就是多方面的，他自称书第一，其实，最有影响的是画，虽然画最有影响，未必书的成就一定要排在画之后。他的书法最佳者为草书，极度张狂而法度谨严，天纵其性，难见师承。徐渭的书法美学思想散见在他所写的各类文章中，其中主要有：

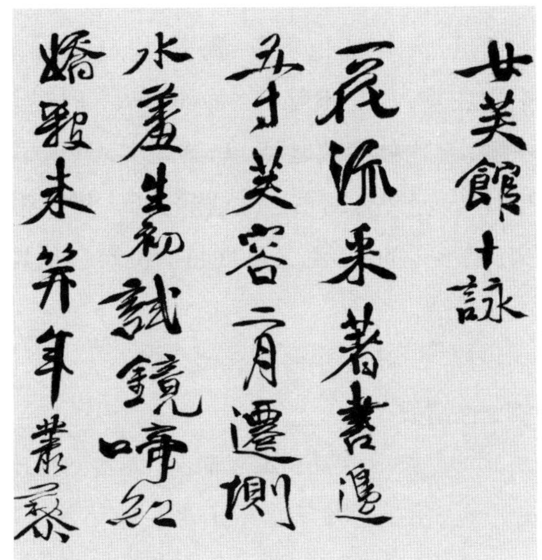

(明) 徐渭书法

(一)“真我面目”说

徐渭强调写字是书家精神风貌的显现，即使模仿他人笔迹，也难掩个人的品性。他在《书季子微所藏摹本兰亭》中说：

> 非特字也，世间诸有为事，凡临摹直寄兴耳，铢而较，寸而合，岂真我面目哉？临摹《兰亭》本者多矣，然时时露己笔意者，始称高手。予阅兹本，虽不能必知其为何人，然窥其露己笔意，必高手也。优孟之似孙叔敖，岂并其须眉躯干而似之耶？亦取诸其意气而已矣。①

是的，世间上凡是临摹之类的事，都只是寄兴罢了。哪里会锱铢必较，要求一一相合呢？就是优孟扮演孙叔敖，也不过是取其意气相似而已。古往今来，临摹《兰亭序》的本子多极了，哪一个本子不露出自己的笔意呢？

说这样的话，徐渭的意思是，写字就是个体精气神的显露，写自己的真

---

① 徐渭：《书季子微所藏摹本兰亭》，见《徐渭集》二，中华书局 1983 年版，第 577 页。

面目，才会有好书法。

真面目，不止一种面目，他说“论书者云，多似其人”，这多似其人，原则上不错，但是，人有各种面目，不能只一种面目论，书法只是展现人的一种面目，这一种面目未必与通常人们所看到的面目一致，他说：“苏文忠人逸也，而书则庄。”逸，飘逸；庄，庄重。苏文忠给人的印象为飘逸，而其书法庄重，这是不是与“书如其人”的观点相左？徐渭的意思是“文忠书法颜，至比杜少陵之诗，昌黎之文，吴道子画，盖颜之书，即庄亦未尝不逸也”①。苏文忠的书法效法颜真卿，做得很到位，比得上杜甫的诗、韩愈的文、吴道子的画，都是真面目的流露。从真面目言之，颜真卿的书，庄未尝不也是逸。

（二）“始于学终于天成”说

徐渭说：

> 夫不学而天成者尚矣，其次则始于学，终于天成，天成者非成于天也，出乎己而不由于人也。敝莫敝于不出乎己而由乎人，尤莫敝于罔于人而诡乎己之所出，凡事莫不尔，而奚独于书乎哉！②

徐渭这里提出，成为书法家，必“始于学终于天成”。关于天成，他认为，不是成于天，而是成于自己。所谓成于己，就是说，凡书者，要想有所创新，必须真出乎自己。他认为，这样的事，敝莫敝乎不出乎自己而一味剽窃别人，尤其是本来不出乎自己却对外骗人，说是自己创新。

徐渭说这样的话，是有针对性的。当时社会有些书家，“诡其道以为独出乎己”。这些人漠视传统，漠视古人，表面上讲创新，实际上，要么是胡来，要么是剽窃。徐渭是崇尚个性的，也是崇尚创新的，但是他反对没有继承的创新，没有章法的个性。他针对当时一些书者攻击张东海的书法是“俗笔”，为张东海的草书张目，说“余所谓东海翁善学而天成者”，“数种法，皆臻神妙，近世名书所未尝有也”。

---

① 徐渭：《大苏所书金刚经石刻》，《徐渭集》二，中华书局 1983 年版，第 575 页。

② 徐渭：《跋张东海草书千文卷后》，《徐渭集》四，中华书局 1983 年版，第 1091 页。

(三)“真行始于动，中以静，终以媚”说

明朝时，元朝赵孟頫的书法受到尊重，但说法不一样，徐渭是从真书的本质来评论赵孟頫的真书和行书的。他说：

古人论真行与篆隶，辨圆方者，微有不同。真行始于动，中以静，终以媚。媚者盖锋稍溢出，其名曰姿态，锋太藏则媚隐，太正则媚藏而不悦……赵文敏师李北海，净均也，媚则赵胜李，动则李胜赵，夫子建见甄氏而深悦之，媚胜也……①

书法基本上有两条路子。一条路子为以王羲之所开拓的姿媚一路；另一条路子为唐朝欧阳询、柳公权、颜真卿所开拓的刚劲一路。赵孟頫属于前者。徐渭论赵书，不从风格流派上着手，而从字体运笔入手。他认为，真书、行书就应该像赵孟頫这样写：始于动，中以静（通净），终以媚。徐渭将赵孟頫与李北海进行比较，在“净”这一点上，两人的书法是一样的，但在媚这一点上，赵胜李；在动这一点上，李胜赵。

媚，是一种审美形态，它是一种以清淡而有深致的美，清淡，见出静，而亲于人；深致，见于奥，而迷于人。是时徐渭正在品评赵孟頫的书法作品《洛神赋》，因而就势说，媚就是曹植心上人甄氏的美，让人“深悦”之美。这种美也体现在赵孟頫的墨迹之中。

徐渭欣赏赵孟頫书法的“媚”之美，但他的书法完全是相反的路子，他的书不以媚取胜，而以诡奇怪诞取胜。

三、董其昌

董其昌是明朝画坛领袖，也是书坛领袖，他的书法美学思想主要体现在崇尚“淡”上。他说：

作书与诗文同一关捩。大抵传与不传，在淡与不淡耳。极才人之致，可以无所不能，而淡之玄味，必由天骨，非钻仰之力、澄练之功所可强入。萧氏《文选》，正与淡相反者，故曰“六朝之靡”，又曰“八代之衰”。

---

① 徐渭：《书赵文敏墨迹洛神赋》，见《徐渭集》二，中华书局 1983 年版，第 579 页。

韩柳以前此秘未睹。苏子瞻曰:“笔势峥嵘,辞采绚烂,渐老渐熟,乃造平淡”。实非平淡,绚烂之极。犹未得十分,谓若可学而能耳。《画史》云:“若其气韵,必在生知”,可为笃论矣。①

这里说的“淡”含意丰富,它有形式上的恬淡、平淡、清淡之感,但更多的是指内容上的本色、本味、本真之意。正是形式上的浅,寓含着内容上的深。色彩学上,它有以少胜多、以无寓有、计白当黑之妙。哲学上它具道家的天地自然之理。淡来自“天骨”,来自道,所以,淡为“玄味”。没有通天悟道之力,没有出神入化之功,是无法获得的。从功夫的锻炼来说,它有一个从形式上绚烂化为平淡的过程,而这个形式上的平淡,却实非平淡,而是绚烂之极。

董其昌谈学米芾的体会:

三十年前参米芾,无一实笔,自谓得诀,不肯学习,今犹故吾,可愧也。米云:“以势为主。”余病其欠淡,淡乃天骨带来,非学可及。②

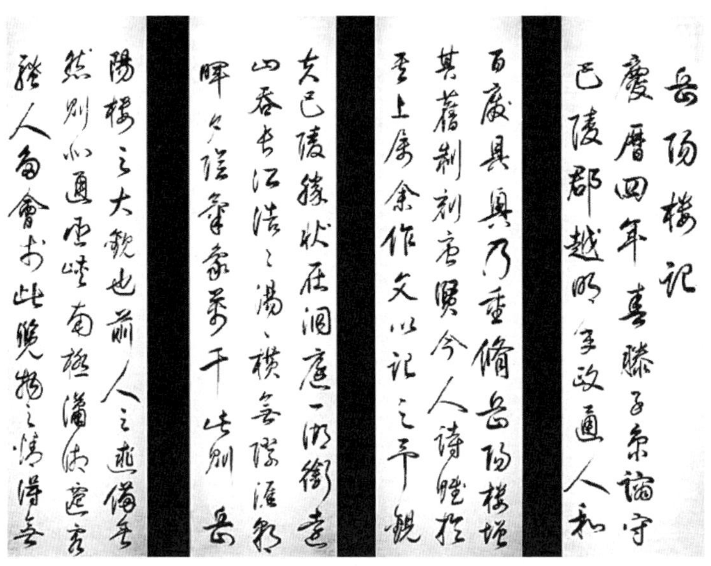

(明)董其昌:《书法岳阳楼记》

① 董其昌:《魏平仲字册跋》,见《容台别集》卷一。

② 董其昌:《容台别集》卷二《书品》。

所谓“参米芾”就是观赏米芾书法。三十年前，参的结果，是米芾“无一实笔”。他自认为获得了米的真谛，不肯再努力学习，结果是没有长进，为此感到羞愧。其实，米芾的书法也还是有欠缺的，米芾过于强调势，对于淡，不甚注意。董其昌认为，对于书法来说，“淡”才是最重要的，而淡，是学不来的，这就是他三十年学米芾没有长进的原因所在。

那么，“淡”从哪里来？他强调“淡乃天骨带来”。“天骨”，指天性，既指物的天性，也是人的天性。两者的结合才能创造“淡”。

董其昌笃信佛禅，他不仅将禅引入画，而且将禅引入书。他说：

> 大慧禅师论参禅云：“譬如有人，具万万赀，吾皆籍没尽，更与索债。”此语殊类书家关捩子。米元章云：“如撑急水滩船，用尽气力，不离故处。”盖书家妙在能合，神在能离。①

这来自禅宗的“合”与“离”，在书法中的体现具有重要意义，耐人寻味。笔画之力多在正反的张力中形成。“合”与“离”只是表现之一。

董其昌认为学字也有顿悟、渐悟。他说到王羲之的《官奴帖》对他的影响：

> 兹对真迹，豁然有会，盖渐修顿证，非一朝夕。假令当时能致之，不经苦心悬念，未必契真。怀素有言：“豁焉心胸，顿释凝滞”，今日之谓也。②

董其昌认为，渐修、顿证，都非朝夕之功，不经过苦心悬念，未必能真有启发。这是至理。

四、项穆

项穆，字德纯，号贞元，浙江嘉兴人。他有《书法雅言》一篇，为书法专论。此篇从书法起源谈起，涉及书法创作、鉴赏、品评诸多方面，论述比较全面深刻，是清代刘熙载之前最为重要的书论专著。这里，试择两个问题，

---

① 董其昌：《画禅室随笔》，见《历代书法论文选》下册，华正书局 1997 年版，第 508 页。

② 董其昌：《容台别集》卷二《书品》。

略做介绍：

(明) 祝枝山书法

（一）古今

凡学，均强调师法古人，但又强调革新创造，于此，古今的关系问题就成了一个永久性的话题，以致成为书学史中的核心话题。项穆的基本立场：肯定学古，反对泥古，主张创新。他说："不学古法者，无稽之徒也，专泥上古者，岂从周之士哉？""从周"行吗？项穆说，"夫夏彝商鼎，已非污尊坏饮之风，上栋下宇，亦异巢居穴处之俗"。时代不同了，不可能回到过去，既然不能回到过去，泥古就是一条死路。不泥古，不等于反古，他说："矧夫生今之时，奚必反古之道？"正确的态度是什么？就是吸收古人之长，开拓新的局面。"是以尧、舜、禹、周皆圣人也，独孔子为圣之大成。"书法也如此，"史、李、蔡、杜，皆书祖也，惟右军为书之正鹄"①。

项穆的古今观念，与明朝的启蒙思潮、复古思潮相一致。

（二）神化

神是中国美学的重要范畴。唐朝的张怀瓘评书，设神妙能三品，神品为上。达到神品的书家有杜度、崔瑗、张芝、钟繇、皇象、索靖、王羲之、王献之等。项穆论书法中的神，不取品评角度，而取论述创作心态的角度。

---

① 项穆：《书法雅言》，见《历代书法论文选》下册，华正书局 1997 年版，第 479 页。

他认为，好的书家，当其进入创作巅峰时，均会进入一种美妙的境界，这种境界，他名之为“神化”：

书之为言散也，舒也，意也，如也。欲书必舒散怀抱，至于如意所愿，斯可称神。书不变化，匪足语神也。所谓神化者，岂复有外于规矩哉？规矩入巧，乃名神化，固不滞不执，有圆通之妙焉。况大造之玄功，宣泄于文字，神化也者，即天机自发，气韵生动之谓也。……人之于书，形质法度，端厚和平，参互错综，玲珑飞逸，诚能如是，可以语神矣。世之论神化者，徒指体势之异常，毫端之奋笔，同声而赞赏之，所识何浅陋者哉。约本其由，深探其旨，不过曰相时而动，从心所欲云尔。①

言书散也、舒也、意也、如也，是传统的观点，散的舒的都是意，而意通常也称之为神。因此，从主体心理抒发角度论述书法的本质，是一种传统的立场。项穆在此基础上论“神化”。“神化”是项穆独创的概念，他对神化的论述有几个意思：

（1）“规矩入巧”。当一种操作在运用规律方面达到出神入化的地步就叫作巧。如果说，规矩的正确运用，仅意味着成功的话，那么，规矩入巧，就意味着“神化”。

（2）“圆通之妙”。这是“规矩入巧”的效果。圆，因为有规矩在约束，而规矩的约束化为了自由，它就是通了。这种妙即“圆通之妙”。

（3）“天机自发，气韵生动”。天机，指自然，此处的自然指的是人的天性。当人的天性自然而发，体现在书法上，此书法必然“气韵生动”。

（4）“相时而动，从心所欲”。“相时而动”，“时”指客体包括规矩，“相时而动”，主体遵循规矩，尊重客体，相向而动。如《周易》所云“时行则行，时止则止”。这样做达到熟练地步，就可能出现创造性。客体规矩化成了主体本能，于是就“从心所欲”了。

① 项穆：《书法雅言》，见《历代书法论文选》下册，华正书局 1997 年版，第 479 页。

第 六 章

明朝小说美学

元末明初,《三国演义》《水浒传》等长篇历史章回小说兴起,明中叶又出现神魔小说《西游记》。这三部小说以其卓越的思想价值和艺术成就震撼中国文坛。此外,又有《金瓶梅词话》《封神演义》《三宝太监西洋记通俗演义》等一大批优秀长篇小说出现。文言短篇小说则有瞿佑的《剪灯新话》等。特别值得指出的是白话短篇小说的蓬勃兴起。由著名通俗文学家、短篇小说作家冯梦龙（1574—1646）所编纂的三部白话短篇小说集《警世通言》《醒世恒言》《喻世明言》和由同样优秀的白话短篇小说作家凌濛初编纂的《初刻拍案惊奇》《二刻拍案惊奇》风行整个读书界。白话小说空前繁荣,实为明代文化奇观。

中国的文学长期以来以韵文学为主,诗是主流。这种艺术其美学品格是内省性的,侧重于表现,尽管在抒情言志上有它的长处,但在反映生活的广度、深度上就难免捉襟见肘了。它的艺术容量毕竟有限。长篇小说而且是白话长篇小说的出现一下就将艺术的容量和它的接受对象扩大了。艺术由少数文人雅士的玩赏品成为广大的人民群众的审美对象。因为是白话,粗通文墨的人可以看,不识字的人通过说书人的讲述也可以获得审美享受。在中国所有的文学艺术作品中,没有哪一首诗、哪一幅画、哪一曲戏,能像《三国演义》《水浒传》《西游记》这样赢得最广大的阅读者。

特别值得指出的是，中国的长篇小说一出现就显露出艺术技巧的卓越、叙事方式的成熟。《三国演义》《水浒传》《西游记》，还有清代出现的《红楼梦》亦如古希腊的荷马史诗，简直是无可企及的艺术高峰。作为长篇小说，它们永远具有经典的意义。在世界长篇小说之林，只有少数几部作品堪与之相提并论。

长篇小说的成熟与大批优秀短篇小说的涌现，在中国美学史上的意义是巨大的。它标志着中国自先秦以来的以诗为本位的美学传统发生了根本性的变化。叙事艺术（除小说外，还有戏曲；明代戏曲亦很繁荣）成为中华民族审美生活的主要方式。与之相关，审美风尚由内省转向外展，艺术创作由注重表现转向注重再现。广阔的社会生活日益成为艺术家最感兴趣的描绘对象。巴尔扎克说的“法国社会将要作为历史家，我只能当它的书记”①也完全适合罗贯中、施耐庵、吴承恩、曹雪芹、高鹗这些中国优秀的小说家。他们当之无愧地是中国历史、中国社会的“书记”。

充分认识中国长篇小说出现的伟大意义以及评论它们的美学价值是一个永远做不完的研究课题。明代的理论家、文学家在这方面的研究也许谈不上充分，在当时也还没有一本研究小说的专著出现，理论家与文学家的评论方式大多是评点或序跋，这影响了他们充分地、系统地表达自己的观点。这在今日看来，未免令人感到遗憾。但明代理论家、文学家对小说的评点以及他们为小说写的序跋仍然有许多可贵的美学思想，值得我们去总结。它反映了那个时代对小说审美价值、审美创造的认识水平。

第一节　审美特性论

“小说”一词最早见于《庄子·外物》：“饰小说以干县令，其于大达亦远矣。”庄子将“小说”与“大达”对称，是瞧不起小说的。当然，此处说的“小说”还不是作为文学体裁的小说。汉代已有文学性质的小说流行。班

① ［法］巴尔扎克：《人间喜剧·序言》。

固的《汉书 · 艺文志》对“小说”作了一个界定:“小说家者流,盖出于稗官,街谈巷语,道听途说者之所造也。”“稗官”是周初或周以前设置的一种小官,他们的任务是在民间采访风俗,调查社会情况,报告给政府。政府据此了解民情。这些报告来自“街谈巷语,道听途说”,也颇有点故事性。最早的小说就出于稗官们的这种创造。后来,稗官制度虽废弃了,但“小说”还存在。“小”即不重要的意思,“说”通“悦”。所谓小说就是讲一些不很重要的笑话、故事以供人娱乐。汉以前的小说有些散见在经史子集的著作之中,也有专门的书。班固在《汉书 · 艺文志》中将西汉以前的小说开了一个目录,总共有15部,1380篇。可惜的是这些小说都未能保存下来。

自西汉至隋,可称之为小说且保存下来的著作有刘向辑录的《说苑》《新序》《列女传》《世说》《百家》,晋太康二年从汲郡魏襄王墓中发现的不知何人所作的《穆天子传》,干宝的《搜神集》,葛洪的《神仙传》,刘义庆的《世说新语》等。这些古小说给人总的感觉是与一般记事文没有区别,内容芜杂,或史或仙或怪,故事结构、语言都不太讲究,有些仅是简短的语录。显然,作为一种文学体裁还没有成熟。

唐代的短篇小说称为“传奇”①。宋陈师道《后山诗话》云:“范文正公为《岳阳楼记》,用对语说时景,世以为奇。尹师鲁谈之曰:‘传奇体尔。’《传奇》唐裴铏所著小说也。”可见,“传奇”原系裴铏所著小说的题名,后来成为唐代小说的通称。传奇是用文言写的短篇小说。每篇均有一个故事,且情节比较离奇,故事中的人物不外乎神仙、妖怪、才子、佳人、武士、侠客。传奇已开始注重结构技巧,语言大多华美。应该说,作为文学体裁的“小说”已经形成。

宋元,随着说唱文艺的盛行,则出现供“说话”即说书用的“话本”,话本即白话小说。宋灌园耐得翁《都城纪胜》云:“说话有四家:一者‘小说’,

① 明清戏曲亦称“传奇”,它与唐代作为叙事文学体裁的“传奇”是不同的。不过,它们也有些关系,比如都讲究故事性,而且明清戏曲传奇的许多题材采自唐代传奇。

(明) 赵麟:《汉钟离》

谓之‘银字儿’，如烟粉、灵怪、传奇；‘说公案’，皆是朴刀、杆棒及发迹、变泰之事；‘说铁骑儿’，谓士马金鼓之事；‘说经’，谓演说佛书；‘说参请’，谓宾主参禅悟道等事；‘讲史书’，讲说前代书史文传、兴废争战之事。最畏小说人。盖小说者，能以一朝一代故事，顷刻间提破。”宋代“说话”的题材看来非常丰富。对小说的发展作用最大是四类小说：“讲史书”历史故事；“银字儿”，言情及神怪故事；“说公案”，人生遭际故事；“说铁骑儿”，武侠故事。

明代的小说创作，占主流且成就最大的是继承宋元“说话”传统的话本小说；也有仿唐人传奇的文言小说如瞿佑的《剪灯新话》，但成就不大。

自宋代起，小说作家、文学批评家、出版家就开始对小说主要是话本小说的审美特性进行研究了。

宋元之际的罗烨在《醉翁谈录》中对话本小说题材作了这样的概括："讲历代年载废兴，记岁月英雄文武，有灵怪、烟粉、传奇、公案，兼朴刀、杆棒、妖术、神仙，自然使席上风生，不枉教座间星拱。"他认为，小说具有最大的感染力：

> 说国贼怀奸从佞，遣愚夫等辈生嗔；说忠臣负屈衔冤，铁心肠也须下泪。讲鬼怪令羽士心寒胆战；论闺怨遣佳人绿惨红愁。说人头厮挺，令羽士快心；言两阵对圆，使雄夫壮志。①

罗烨谈的是小说的感染力，但实际上包含有对小说审美性质的认识：小说不是历史，但它可以历史为题材；小说重塑造活生生的人物形象，具有强大的艺术感染力；小说可以寓有善恶是非的教育，但它首在以情感人，善恶是非之理尽在情中；等等。

明代的小说理论对话本小说审美性质的认识较之宋元有所深入，主要集中在三个问题上。

一、通俗

绿天馆主人（即冯梦龙）在为《古今小说》作的序中说：

> 大抵唐人选言，入于文心；宋人通俗，谐于里耳。天下之文心少而里耳多，则小说之资于选言者少，而资于通俗者多。试令说话人当场描写，可喜可愕，可悲可涕，可歌可舞；再欲捉刀，再欲下拜，再欲决脰，再欲捐金；怯者勇，淫者贞，薄者敦，顽钝者汗下。虽小诵《孝经》《论语》，其感人未必如是之捷且深也。噫，不通俗而能之乎？

通俗在中国美学史上向来地位不高，然随着戏曲和小说的兴起，通俗的地位人为提高了。绿天馆主人认为通俗是小说的重要性质。通俗的好处在于可以拥有最多的听众，而且由于通俗可以最大限度地做到生动，这

① 罗烨：《醉翁谈录·舌耕叙引》。

种“当场描写，可喜可愕，可悲可涕，可歌可舞”，艺术的感染力自然大大增强了。

特别有意思的是，绿天馆主人将小说与《论语》《孝经》相比，直率地说：“其感人未必如是之捷且深也”。

袁宏道对小说的通俗也给予高度的肯定：“予每检《十三经》或《二十一史》，一展卷，即忽忽欲睡去，未有若《水浒》之明白晓畅，话语家常，使我捧玩不能释手者也。”[①]

二、奇特

小说不拒绝荒诞，小说欢迎奇特。这是小说重要的审美属性。对这一点，明代的小说理论家多有论述。

王圻说：“读罗《水浒传》，从空中放出许多罡煞，又从梦里收拾一场怪诞，其与王实甫《西厢记》始以蒲东遘会，终以草桥扬灵，是二梦语，殆同机局，总之，惟虚故活耳。”[②]王圻提出“惟虚故活”的论点，这是一个很重要的美学命题。张无咎（有人疑为冯梦龙）认为“小说家以真为正，以幻为奇”[③]，将真与幻、正与奇构成辩证的关系，非常深刻。幻中有真，奇中有正，用张无咎的话来说：“有原有委，备人鬼之态，兼真幻之长。”[④]谢肇淛也认为，“小说野俚诸书，稗官所不载者，虽极幻妄无当，然亦有至理存焉”[⑤]。

这就提出一个很重要的标准——“理”，事可以不真，然理必须真。无碍居士（疑为冯梦龙）将这点说得非常清楚：

> 人不必有其事，事不必丽其人。其真者可以补金匮石室之遗，而赝者亦必有一番激扬劝诱、悲歌感慨之意。事真而理不赝，即事赝

① 袁宏道：《东西汉通俗演义序》。

② 王圻：《稗史汇编》卷一百三《文史门·尺牍类·院本》。

③ 张无咎：《批评北宋三遂新平妖传叙》。

④ 张无咎：《批评北宋三遂新平妖传叙》。

⑤ 谢肇淛：《五杂俎》。

(明) 吴伟《东方朔偷桃图》

而理亦真，不害于风化，不谬于圣贤，不戾于诗书经史，若此者其可废乎？①

无碍居士此说的缺点是将“理”仅理解成圣贤之理，有很大的片面性，不如叶昼将“理”理解成“人情物理”。

三、极摹人情世态

这是明代话本小说又一个很重要的特点。笑花主人在《今古奇观序》中有一段深刻的论述：

墨憨斋（冯梦龙）增补《平妖》，穷工机变，不失本末，其技在《水浒》《三国》之间。至所纂《喻世》《警世》《醒世》三言，极摹人情世态之歧，备写悲欢离合之致，可谓钦异拔新，洞心骇目，而曲终奏雅，归

① 无碍居士：《警世通言叙》。

于厚俗。

这段话中的“极摹人情世态之歧，备写悲欢离合之致”，虽然是针对“三言”而说的，但适用于一切小说。这两句话的核心就是通过刻画人物来反映社会。而刻画人物又重在写人物的悲欢离合，即写人物的命运。这的确是小说的长处。在这一点上它与戏曲相同，但较之戏曲它更自由，因为它不受舞台的限制，而且小说还可在表现人物命运、世态变化的过程中由小说家出面，自由地评论小说中涉及的各种事件，从而使小说具有别的文体难以具备的理性色彩。

小说巨大的艺术容量以及它在反映生活方面的种种优越性，亦被元明的小说理论家所注意。罗烨说：“世间多少无穷事，历历从头说细微。”① 明代的陈继儒说小说是“宇宙间之一大账簿”，“虽与经史并传可也”。②

第二节　审美价值论

中华美学传统非常重视诗文的社会价值，由孔子奠定的“诗教”说，既为诗赋予了重大的伦理、政治使命，又为诗争得了崇高的社会地位。唐代一度以诗赋取士，诗成了知识分子进身的阶梯。包括史书在内的文章也同样受到统治者的重视，曹丕说：“盖文章，经国之大业，不朽之盛事。”③ 在中国封建社会，大部分官吏就是通过考试写文章选拔出来的。

元明之际兴起的话本小说首先面临的问题就是争取社会的承认，不仅要广大老百姓承认，而且要统治者也承认。老百姓承认这方面看来是不成问题的了，广大群众都喜欢听说书，也都喜欢读话本，而要统治阶级承认就不能不为话本小说的社会价值做一番论证。

我们发现，明代的小说理论，谈小说社会价值的言论甚多。按观点大体可以分成四类：

---

① 罗烨：《醉翁谈录 · 舌耕叙引》。

② 陈继儒：《叙列国传》。

③ 曹丕：《典论 · 论文》。

一、以补正史说

中国历代统治者都很重视修史。修史的目的不只是为了记录下史实让人明了前人的事迹，还为了以史为鉴，以正今日之得失。这正如明代小说批评家庸愚子（即蒋大器）所说："夫史，非独纪历代之事，盖欲昭往昔之盛衰，鉴君臣之善恶，载政事之得失，观人才之吉凶，知邦家之休戚。"[①] 可见史书是非常重要的。

那么，历史小说呢？明代的小说批评家为了给历史小说争取到较高的社会地位，提出"以补正史"说、"羽翼信史"说、"以代史鉴"说等观点。

"以补正史"说提出者为林瀚，成化进士，官至吏部尚书、国子监祭酒，称得上是统治阶级中的上层人物了。他在《隋唐志传通俗演义序》中自述"退食之暇，遍阅隋唐诸书"，撰就《隋唐志传通俗演义》一书，其目的是："以是编为正史之补。"他希望"后之君子"，"勿第以稗官野乘目之"。

"羽翼信史"说提出者为修髯子（即张尚德），他在《三国志通俗演义引》中批驳《三国志通俗演义》对于已有史书"几近于赘"的观点：

> 史氏所志，事详而文古，义微而旨深，非通儒夙学，展卷间，鲜不便思囤睡。故好事者以俗近语，檃括成编，欲天下之人入耳而通其事，因事而悟其义，因义而兴乎感，不待研精覃思，知正统必当扶，窃位必当诛，忠孝节义必当师，奸贪谀佞必当去，是是非非，了然于心目之下，裨益风教，广且大焉，何病其赘耶？

说完这番话，修髯子让与他对话的客人发表评论：

> 客仰而大嘘曰：有是哉！子之不我诬也，是可谓羽翼信史而不违者矣……

修髯子的意思是：历史书"事详而文古，义微而旨深"，不便于广大群众接受，因而历史书只能在一个相当小的社会层面发生作用。而历史小说，由于它通俗，又由于它充满情趣，故而影响可达最下层。就此而言，历史小

---

① 庸愚子：《三国志通俗演义序》。

说不是起到“羽翼信史”的作用吗？

“以代史鉴”说的提出者是庸愚子，他的观点与修髯子差不多。他也认为：“史之文，理微义奥”，而《三国志通俗演义》，“文不甚深，言不甚俗，事纪其实，亦庶几乎史”。[①]“庶几乎史”就是说与史相近，故而它能代史。

李贽的“发愤”说，大体也可归于此类。他认为：“《水浒传》者，发愤之所作也。……施罗二公身在元，心在宋；虽生元日，实愤宋事。是故愤二帝之北狩，则称大破辽以泄其愤；愤南渡之苟安，则称灭方腊以泄其愤。”这当然只是他个人的观点，未必合乎施、罗二公的意旨。不过，这也可以说是历史小说对当今作用的一种方式。李贽高度评价《水浒传》的忠义主题对统治阶级的教育作用：

> 故有国者不可以不读，一读此传，则忠义不在水浒而皆在于君侧矣。贤宰相不可以不读，一读此传，则忠义不在水浒，而皆在于朝廷矣。兵部掌军国之枢，督府专阃外之寄，是又不可以不读也，苟一日而读此传，则忠义不在水浒，而皆为干城心腹之选矣。否则，不在朝廷，不在君侧，不在干城心腹，乌乎在？在水浒，此传之所为发愤矣。[②]

看来李贽不把《水浒传》看作历史小说，而看作影射小说。借历史故事影射现实，而其目的还是为了有益于现实。与庸愚子、修髯子侧重于历史小说对下层人民作用不同，李贽则侧重于历史小说对统治者的教育作用。

二、“劝善惩恶”说

“劝善惩恶”说具有更普遍的意义，这是小说基本的社会功能，适用于各种类型的小说。《剪灯新话》的作者瞿佑陈述作这部文言小说的目的：“今余此编，虽于世教民彝，莫之或补，而劝善惩恶，哀穷悼屈，其亦庶乎言者无罪，闻者足以戒之一义云尔。”[③]《百川书志》的作者高儒称赞文言小说

---

① 庸愚子：《三国志通俗演义序》。

② 李贽：《忠义水浒传叙》。

③ 瞿佑：《剪灯新话序》。

《效颦集》:“言寓劝戒,事关名教,有严正之风,无淫放之失。”① 《金瓶梅》是明代一部奇书,因书中有大量的淫秽描写,一直被视为淫书而多遭封禁。《金瓶梅》作者的朋友欣欣子则为此书辩护,认为这本书其实也是劝善惩恶的。他说:

> 凡一百回,其中语句新奇,脍炙人口,无非明人伦,戒淫奔,分淑慝,化善恶,知盛衰消长之机,取报应轮回之事,如在目前,始终如脉络贯通,如万系迎风而不乱也,使观者庶几可以一哂而忘忧也……其他关系世道风化,惩戒善恶,涤虑洗心,无不小补……至于淫人妻子,妻子淫人,祸因恶积,福缘善庆,种种皆不出循环之机……②

(明) 尤求:《人物山水图》

欣欣子对《金瓶梅》的评论是不是准确,那是另一回事,但他认为小说应起到劝善惩恶的作用无疑是对的。欣欣子对《金瓶梅》的评论中有一些

① 高儒:《百川书志》。

② 欣欣子:《金瓶梅词话序》。

很值得注意的观点。比如，对于房中事，他就认为可以在小说中表现。他说："人非尧舜圣贤，鲜不为所耽。"从人性的角度肯定情欲的地位，不把它简单地看成恶。这种观点非常可贵。它是明代新的人文思潮的一种体现。

可一居士（疑为冯梦龙）为《醒世恒言》写的序中大谈"醒"与"醉"，认为小说可以起到"导愚""醒人"以至于"醒世""醒天"的作用，在文末，他说："以《明言》《通言》《恒言》为六经国史之辅，不亦可乎？若夫淫谭亵语，取快一时，贻秽百世。夫先自醉也，而又以狂药饮人，吾不知视此三言者得失何如也。"① 将小说的作用提到"六经国史之辅"，这已是相当高了。不过，这有一个前提，就是内容一定要健康，不可以"淫谭亵语"毒害读者。那种"淫谭亵语"，虽"取快一时"，然"贻秽百世"，断不可充斥于作品之中。

三、"情教"说

我们以上谈到的关于小说的教化作用虽也涉及审美，但并不突出，这可说是个缺点。然詹詹外史（疑为冯梦龙）的《情文叙》提出"情教"说，则显然强调艺术特有的以情感人的作用，詹詹外史说：

> 六经皆以情教也。《易》尊夫妇，《诗》首《关雎》，《书》序嫔虞之文，《礼》谨聘奔之别，《春秋》于姬姜之际详然言之，岂非以情始于男女？凡民之所必开者，圣人亦因而导之，俾勿作于凉。于是流注于君臣父子兄弟朋友之间，而汪然有余乎？异端之学，欲人鳏旷，以求清净，其究不至无君父，不止情之功效亦可知已。
>
> 是编也，始乎贞，令人慕义；继乎缘，令人知命。私爱以畅其悦，仇憾以伸其气，豪侠以大其胸，灵感以神其事，痴幻以开其悟，秽累以窒其淫，通化以达其类，芽非以诬圣贤，而疑亦不敢以诬鬼神。辟诸《诗》云，兴观群怨，多识种种。具足或亦有情者之朗鉴，而无情者之磁石乎？②

---

① 可一居士：《醒世恒言序》。

② 詹詹外史：《情史叙》。

詹詹外史说“六经皆以情教”，是为小说“以情教”寻找理论根据。其用意不在六经，而在小说。詹詹外史说的“情”不限于男女之情。詹詹外史认为：“凡民之所必开者，圣人亦因而导之。”可见“情”是“民之所必开者”。圣人的高明，就在于通过“情”这一心理通道对人的心理——文化结构作整体的塑造。《易经》从夫妇之情入手，《诗经》从男女之情入手，都是“情教”的具体体现。詹詹外史进而讲到小说。小说对人的心理—文化结构的塑造亦应从情入手：“始乎贞，令人慕义；继乎缘，令人知命。”“义”“命”都是理，是人的心理—文化结构中比较深层次的东西。要怎样树立人们正确的义命观？詹詹外史的看法是从“贞”“缘”这类情感性的活动开始。人的情感是极为丰富，又极多变化的。像“私爱”“仇憾”“痴幻”“灵感”“豪侠”“秽累”“通化”这些情感活动形式均可起到对人的教化作用。

从情入手，以情感人，以情教人。这就是詹詹外史所主张的小说“情教”说。

四、“消遣”说

小说理论家对小说的消遣作用也给予了肯定。天都外臣（有人疑为汪太函，明戏曲家，官至兵部侍郎）说：“小说之兴，始于宋仁宗。于时天下小康，边衅未动。人主垂衣之暇，命教坊乐部，纂取野记，按以歌词，与秘戏优工，相杂而奏。是后盛行，遍于朝野。盖虽不经，亦太平乐事，含哺击壤之遗也。”[①] 明代文学批评家郎瑛也有类似的看法：“小说起宋仁宗。盖时太平盛久，国家闲暇，日欲进一奇怪之事以娱之，故小说得胜头回之后，即云：‘话说赵宋某年’。”[②] 这种说法也许是事实，但它的重要意义还不在于宋仁宗时话本小说得到了皇帝的重视，而是说明话本小说从一开始就具有娱乐的性质，是一种“太平乐事”“含哺击壤”之类的游戏。

---

① 天都外臣：《水浒传叙》。

② 郎瑛：《七修类稿》。

酉阳野史说："夫小说者，乃坊间通俗之说，固非国史正纲，无过消遣于长夜永昼，或解闷于烦剧忧愁，以豁一时之情怀耳。"[①] 这样一种说法似乎是贬低了小说，其实不然。小说作为一种审美方式，具有娱乐功能是题中应有之义，小说的教化作用正是通过娱乐来完成的。甄伟说得很清楚："始而爱乐以遣兴，既而缘史以求义，终而博物以通志。"[②] 小说的魅力其实也就在这里。

第三节 审美创造论

明代小说评论亦大量涉及小说的审美创作问题，只是因大多系对小说的评点，仅就具体描写出发，缺乏较高的理论概括，也比较零碎，不很系统。现将这些言论做大体的归纳，从中我们还是能够大体看出明代小说批评家对小说创作规律的深刻认识。

一、关于小说创作的"真"

托名"怀林"实为明代重要的小说批评家叶昼所写的《水浒传一百回文字优劣》[③] 云：

> 世上先有《水浒传》一部，然后施耐庵、罗贯中借笔墨拈出。若夫姓某名某，不过劈空捏造，以实其事耳。如世上先有淫妇人，然后以杨雄之妻、武松之嫂实之；世上先有马泊六，然后以王婆实之；世上先有

---

① 酉阳野史：《新刻续编三国志引》。

② 甄伟：《西汉通俗演义序》。

③ 此文见于明容与堂刻本《李卓吾先生批评忠义水浒传》的卷首。这部书的评点，国内外学术界大多认为出自叶昼之手。由于李贽身后巨大的声望，托名他评点的小说甚多，此是书商促销的一种手段。除此书外，署名为李卓吾评点的《水浒传》尚有：明末杨定见增编的袁无涯刻本《李卓吾评忠义水浒全传》、芥子园刻本《李卓吾评忠义水浒传》。这两本书的评点基本上出自李卓吾之手，但亦有可能有杨定见的评点掺入。"怀林"是李卓吾的侍者，系沙弥。他不太可能写出《水浒传一百回文字优劣》这样的文章，故也可能出自叶昼之手。

家奴与主母通奸，然后以卢俊义之贾氏、李固实之。若管营、若差拨、若董超、若富安、若陆谦，情状逼真，笑语欲活，非世上先有是事，即令文人面壁九年，呕血十石，亦何能至此哉？此《水浒传》之所以与天地相终始也。与其中照应谨密，曲尽苦心，亦觉琐碎，反为可厌。至于披挂战斗、阵法兵机，都剩技耳，传神处，不在此也。更可恶者，是九天玄女、石碣天文两节，难道天地故生强盗而又遣鬼神以相之耶？决不然矣。读者毋为说梦痴人前其可。

(明) 佚名:《明宣宗坐像》

生活是艺术之源，没有生活就没有艺术。这一铁的美学规律在叶昼这段话中得到了强调。叶昼认为，“非世上先有是事”，不可能写出是事；非世上先有是人，也不可能写出是人。叶昼是坚定的反映论者。不过，据此认为叶昼反对艺术的想象、创造，那也不合事实。叶昼反对的只是“劈空捏造”。在评点中他说：“《水浒传》事节都是假的，说来却似逼真，所以为妙。”①

① 容与堂本《李卓吾先生批评忠义水浒传》第一回评点。

可见他认为小说中的人物事件是可以虚构的。虚构有个基本原则就是要合乎“人情物理”。在评点九十七回时，他说：“《水浒传》文字不好处只在说梦、说怪、说阵处。其妙处都在人情物理上。”① 他批评“九天玄女”“石碣天文”两节，就是因为它们不合乎人情物理。

叶昼是从反映论的角度论述了小说创作必须“真”：从真事出发，合乎人情物理。这是以客观生活作参照系来反观艺术。五湖老人对“真”的论述角度有所不同，他在《忠义水浒全传序》中说：

> 夫天地间真人不易得，而真书亦不易数觏。有真人而后一时有真面目，真知己；有真书而后千载有真事业，真文章。
>
> 虽然，其人不必尽皆文周孔孟也，即好勇斗狠之辈，皆含真气；其书亦不必尽皆二典、三谟、周诰、殷盘也，即嬉笑怒骂之顷，俱成真境。故真莫真于孩提，乃不转瞬而真已变，惟终不失此孩提之性则真矣。真又莫真于山川之流峙，烟云之变化，乃一经渲染而真已失。

五湖老人强调的“真”是从创作主体这一角度说的，他认为只有“真人”，才能写出“真书”，而“有真书而后千载有真事业，真文章”。何谓“真人”，五湖老人说“故真莫真于孩提”。显然，五湖老人说的“真人”就是具有赤子之心的人。从小说创作而言，五湖老人希望作家以真诚的态度来从事创作，不蒙骗读者，不虚饰生活，对读者负责，对社会负责，也对自己负责。

倡导“真心”“真情”“真人”是明代浪漫主义文艺思潮的突出特点。李贽、袁宏道、汤显祖都是这种思想的积极主张者。

将叶昼的观点与五湖老人的观点统一起来，我们发现，明代的小说批评家对小说创作中主客观的关系，真与善的关系已有相当深刻的认识。

二、关于小说情节的奇幻

小说是要讲故事的，但小说的故事与一般的故事不同，除了要求有一定的教育意义外，小说的故事要求奇，要求幻。只有奇、只有幻才能产生巨

---

① 容与堂本《李卓吾先生批评忠义水浒传》第九十回评点。

大的艺术魅力，引起读者兴趣。

吉衣主人［即袁于令（1592—1674），明代戏剧家、小说家］说：

史以遗名者何？所以辅正史也。正史以纪事：纪事者何，传信也。遗史以搜逸：搜逸者何，传奇也。传信者贵真：为子死孝，为臣死忠，摹圣贤心事，如道子写生，而奇逼肖。传奇者贵幻：忽焉怒发，忽焉嘻笑，英雄本色，如阳羡书生，恍惚不可方物。①

吉衣主人认为"正史以纪事"，功能是"传信"因而"贵真"；小说是传奇，功能是动人，因而"贵幻"。这个观点很深刻，抓住了小说的本质。这里说的"幻"包括艺术的虚构、夸张以及想象等种种浪漫主义的创作手法。

神魔小说尤其讲究奇幻，但这种奇幻是不是就根本没有真？幔亭过客（亦是袁于令）的看法是这样的：

文不幻不文，幻不极不幻，是知天下极幻之事，乃极真之事；极幻之理，乃极真之理。②

幻与真本是对立的，然在幔亭过客看来，经过小说家成功创造的"幻"，实质是"真"。而且"极幻"即"极真"。幔亭过客在这里评论的对象是我国最伟大的神魔小说《西游记》。的确，《西游记》是"极幻"与"极真"的高度统一。

神魔小说主要在处理好幻与真的关系，做到"幻中有真"。对于历史小说来说，则主要是处理史实与虚构的关系。

首先，要树立一个观点："小说不可紊之以正史"③，"小说与本传互有同异"④。其次，"大要不敢尽违其实。"⑤就是说，历史小说虽不等同于正史，但基本的东西是应该符合历史的。

谢肇淛的看法也许最有代表性：

---

① 吉衣主人：《隋史遗文序》。
② 幔亭过客：《西游记题辞》。
③ 熊大木：《新刊大宋演义中兴英烈传序》。
④ 熊大木：《新刊大宋演义中兴英烈传序》。
⑤ 可观道人：《新列国志叙》。

凡为小说及杂剧戏文，须是虚实相半，方为游戏三昧之笔。亦要情景造极而止，不必问其有无也……近来作小说，稍涉怪诞，人便笑其不经，而新出杂剧，若《浣纱》《青衫》《义乳》《孤儿》等作，必事事考之正史，年月不合，姓字不同，不敢作也。如此，则看史传足矣，何名为戏？①

“虚实相半”也许可以视为历史小说处理历史事实与艺术真实关系的基本原则。不过，吟啸主人对此有不同的意见。他说：

或曰：风闻得真假参半乎？子曰：“苟有补于人心世道者，即微讹何妨。有坏于人心世道者，虽真亦置。”②

吟啸主人是《平虏传》的作者，《平虏传》描写的是明崇祯年间袁崇焕保卫京城抵御清兵的悲壮故事。所写也是真假参半。吟啸主人认为历史小说可以稍许虚构。但虚构有个前提：“有补于人心世道”。这一点至关重要。在吟啸主人看来，写作历史小说，在处理善与真的关系问题上，应将善摆在第一位，一切以善为转移。吟啸主人的观点有可取之处，缺点是忽视了审美。

三、关于小说的人物塑造

注重人物个性的塑造是明代小说美学的重要成就，这一点在容与堂本《李卓吾先生批评忠义水浒传》中多有提及。如第三回评点：

《水浒传》文字妙绝千古，全在同而不同处有辨，如鲁智深、李逵、武松、阮小七、石秀、呼延灼、刘唐等众人，都是急性的，渠形容刻画来各有派头，各有光景，各有家数，各有身分，一毫不差，半些不混。读者自有分辨，不必见其姓名，一睹事实就知某人某人也……③

此书批评者评论《水浒传》中的人物，不仅注意到了同类人物个性上的区别，而且也注意到了同类事件中不同人物行动上的区别。比如，他分析武松打虎与李逵打虎的不同：

---

① 谢肇淛：《五杂俎》。

② 吟啸主人：《平虏传序》。

③ 容与堂本《李卓吾先生批评忠义水浒传》第三回评点。

> 人以武松打虎，到底有些怯在，不如李逵勇敢也。此村学究见识，如何读得《水浒传》？不知此正施、罗二公传神也。李是为母报仇不顾性命者，武乃出于一时不得不如此耳。①

这个分析是正确的。

四、关于小说的审美效应

中国最早出现的话本小说，原是说书的脚本。说书直接面对听众，可以与听众进行直接的情感交流，又由于说书特别注重吸引听众，因而说书的内容包括文字是否有趣就至关重要了。

容与堂本《李卓吾先生批评忠义水浒传》运用了“趣”这一批评标准。这是当时文论界广泛使用的一个概念，很能见出明代文艺批评的特色。批评者在《水浒传》第五十三回的批语中说：“有一村学究道：李逵太凶狠，不该杀罗真人；罗真人亦无道气，不该磨难李逵。此言真如放屁。不知《水浒传》文字当以此回为第一。试看种种摹写处，哪一事不趣？哪一言不趣？天下文章当以趣为第一。”②

袁无涯本《李卓吾评点忠义水浒全传》的评点也很精彩。批评者很看重小说情节的“趣”和“奇”：

> 趣，甚趣，谑得趣……③
>
> 此篇有水穷云起之妙，吾读之而不知其为《水浒》也。张顺渡江而杀一盗，杀一淫，此是极奇手段。作此传者，真是极奇文字，及请安道全，忽出神行太保迎接上山，此又机变之法，不可测识者也。嘻，奇哉。④

“奇”在这里也可归入“趣”。我们在前面谈到，明代的浪漫主义诗学重视“趣”，袁宏道的“性灵”说就有“趣”论。对“趣”的普遍重视，反映审美在明代的文学艺术中占有重要地位。在某种程度上，儒家的“教化”说有所

---

① 容与堂本《李卓吾先生批评忠义水浒传》第二十三回评点。

② 容与堂本《李卓吾先生批评忠义水浒传》第五十三回评点。

③ 袁无涯本《李卓吾评点忠义水浒全传》第四十三回评点。

④ 袁无涯本《李卓吾评点忠义水浒全传》第六十五回评点。

旁落，而这，正见出明代浪漫主义美学思潮的重要性质。主要由儒家意识形态支撑的思想大坝已是千疮百孔，而主要体现市民审美需求的文学艺术如雨后春笋遍布大江南北。“山雨欲来风满楼”，文学艺术向来是时代的晴雨表。一场影响中华民族发展前途的社会大变革似乎来到了。

第 七 章

明朝生活美学

明朝在中国历史上具有重要意义。在文化上出现一些鼓吹自然人性，重视个性发展的思想言论，在文学艺术上，市民们的审美文化争得了与贵族文化并驾齐驱的地位。其突出代表，一是主要为市民服务的章回小说出现；二是戏曲、说书、街头杂耍盛行，不仅极受市民欢迎，而且也为贵族所认可并进而为一些人所喜爱。不少未能入仕的知识分子热衷于此项事业，并不把它视为不入流。其中突出代表有小说家冯梦龙。自古以来被视为正统的礼乐文化受到冷落，仅仅在宫廷生活中装点门面。儒家独尊的地位实际上不存在了，贵族文化主流地位也不存在了。学界认为，这种思潮具有某种思想启蒙的意义。明朝一方面基于社会安定与经济的繁荣，另一方面也基于知识分子对于这方面的更为关注，于是，出现了一些有关生活品位的著作与文章。其中，最重要的有文震亨的《长物志》。“长物”，取自《世说新语・德行》篇。文中王恭说：“恭作人无长物。”所谓无长物，那就是没有多余的东西，生活只求温饱而已。而如果有长物，那就意味着生活讲究质量了，有着功利之外的追求了。这功利之外的追求，主要是审美的追求。除了文震亨的《长物志》外，张岱的《琅嬛文集》《夜航船》、袁宏道兄弟的散文中也有一些属于生活质量方面的文字。注意生活质量，这是时代的进步，是美学发展的必然趋势。

第一节　雅：生活品位

对于生活品位，中华民族一直是比较讲究的，这种讲究，在唐以前主要为礼制，这在青铜礼器的运用上可以见出。青铜器主要为生活用器，既用在祭祀之中，也用在日常生活之中，唐以后，礼在生活中的作用没有先秦、汉那样重要，青铜器也基本退出了日常生活，陶器的作用得以凸显，为了取得更好的色彩上的审美效果，陶器的用釉及烧制更为讲究，到宋朝瓷器的地位超过了陶器，宋朝人较之唐朝人对于生活更为注重生活品位了。

(明) 张路：《听琴图》

明朝，适应市民社会的需求，社会上对于生活质量的最高要求，不是礼，而是雅。这，当然是士人的要求，普通百姓难以达到，因而也不可能作为生活目标，但不能因此而否定雅具有社会的普遍性。

关于生活品位，文震亨提出“雅”。他没有专论何谓雅，但他在他谈生活的著作《长物志》中处处谈到雅，讲居室，他说道：“门庭雅洁，室庐清靓，亭台具旷士之怀，斋阁有幽人之致。”[①] 谈琴室，他说：“地清境绝，更为

① 文震亨：《长物志 · 室庐》。

雅称耳。”[1] 说到花木，他用了“温雅”概念。说到禽鱼，他又用上了“雅洁”一语。

雅，是中国文化中的重要概念，它的出现与《诗经》有重大关系。孔子编辑周朝的民歌，分为“风”“雅”“颂”三大类。雅是西周王畿一带通用的乐调名。雅又分为“小雅”与“大雅”，朱熹认为“小雅”是贵族朝会所用的乐调，大雅是朝会之乐。《毛诗序》重新解释雅，说：“雅者，正也，言王政之所由废兴也。政有大小，故有小雅焉，有大雅焉。”[2] 此处的“正”为王政废兴之所由，那就是道，道分天道和人道，而其实质为儒家所阐述的治国之道，不外乎仁政爱民之类。因此，“雅”原初为政治上的正道。但“雅”在后来的发展过程中，也为道家所看重，道家以“清”释“雅”。“清”，含义很多，其中之一是对红尘的超越，即出世。出世，或为隐，或为仙。

在儒家的“以正释雅”，道家的“以清释雅”之外，还有一种融会两者于其内的“以文释雅”即“文雅”。文雅重在文，文在这里主要指知识、学问，因而，这是知识分子的品位，与文雅相对是粗俗。粗，含野蛮义，与文明包括知识、学问相对。俗为普通、大众。基于绝大多数人不识字，没有知识，因此，粗俗就是劳苦大众的生活品位。

文震亨的“雅”，属于文雅，为知识分子的生活品位。

文震亨（1585—1645），字启美，苏州人。文震亨曾祖文征明是著名书画家。祖父文彭，官至国子监博士，亦善书画、篆刻。父文元发，官至卫辉同知。兄文震孟，官至礼部尚书、东阁大学士。可以说，文家为典型的书香门第、世代簪缨。文震亨兼儒家、道家两家的人生旨趣：他出仕，曾官至中书舍人。顺治二年（1645），苏州为清兵攻陷，是时他避地阳澄湖畔，闻剃发令而投湖自尽，救起后，绝食六日而亡，可以说，文震亨是儒家所推崇的气节之士。此外，文震亨也崇奉道家理想，他因声援东林党，几度获罪，

---

① 文震亨：《长物志·室庐》。

② 北京大学哲学系美学教研室：《中国美学史资料选编》，中华书局 1981 年版，第 131 页。

无奈，隐居山林，渔樵生涯，也乐在其中。正是因为这样，他的审美情趣兼有儒家的雅正、道家的清雅和知识分子文雅。因为《长物志》所谈的均是日常生活，不涉及政治，也少涉及人生观，所以，显示出来的生活品格更多的是文雅。

在文章中，文震亨对于“雅”的论述，有四个突出特点：

一、立足科学

文震亨谈的一些生活情趣，相当一部分有科学知识为基础。比如种竹，他就谈了诸多的知识：“种竹宜筑土为垄，环水为溪。”“种竹有疏种、密种、浅种、深种之法”，说得很具体，简直就是种竹匠人。

关于竹欣赏问题，既需要有审美修养作指导，也需要有一定的科学知识作依靠。他说：

> 竹取长枝巨干，以毛竹为第一，然宜山不宜城；城中则护基笋最佳，竹不甚雅。粉筋斑紫，四种俱可，燕竹最下。慈姥竹即桃枝竹，不入品。又有木竹、黄菰竹、箬竹、方竹、黄金间碧玉、观音、凤尾、金银诸竹。忌种花栏之上，及庭中平植；一带墙头，直立数竿。至如小竹丛生，曰潇湘竹，宜于石岩小池之畔，留植数枝，亦有幽致。①

如此细致具体，融审美与科学于一体，实在难得。

又如饮水问题。饮水是人的基本需求，可以是纯功利性的，但可以兼有审美，让此种生活高雅起来，但是，它需要有一定的科学知识作基础。科学饮水第一。关于水源，文震亨分“天泉”“地泉”两部分。关于“天泉”，他说：“秋水为上，梅水次之，秋水白而洌，梅水白而甘。”天泉中有雪，关于饮雪，文震亨说：“雪为五谷之精，取以煎茶，最为幽况，然新者有土气，稍陈用佳。”② 关于“地泉”，他说：“乳泉漫流如惠山泉为最胜，次取清寒者。泉不难于清，而难于寒。”“瀑涌湍急者，勿食，食久令人有头疾。如庐山水

---

① 文震亨：《长物志・花木》。

② 文震亨：《长物志・水石》。

帘，天台瀑布，以供耳目则可，入水品则不宜。温泉下生硫黄，亦非食品。”① 这些，似是知识分子的矫情，却是实践经验的科学总结。似是文雅，却是功利，关乎健康。

二、生态意味

文震亨所谈的一些自然景观也涉及生态问题，在他看来，还是生态多样性景观最好。他说到禽鱼：“语鸟拂角以低飞，游鱼排荇而径度，幽人会心，辄令竟日忘倦。顾声音颜色，饮啄态度，远而巢居穴处，眠沙泳浦，戏广浮深，近而穿屋贺厦，知岁司晨啼春晓噪晚者，品类不可胜纪。”② 这“品类不可胜纪”正是生态多样性的显示，更重要的是它们的生命状态，都处于它们本然的生命过程之中，或飞或游，或眠或泳，或饮或啄，或穿屋或贺厦，或司晨或噪晚。四维时空的生命的审美具有无穷的意味，这意味深处是生态的。生态无美丑。在文震亨所描绘的花木中，既有美得让人惊叹的牡丹、芍药，也有平淡得让人不屑的苔藓、小草。然而它们各自有着自己的意味，不是一个“美”字可以概括得了的。

三、道家情趣

道家情趣，主要见之于两点：

(一) 崇尚自然

比如关于山野如何用水的问题，他说有“蓄水于山顶，客至去闸，水从空直注者，终不如雨中承溜为雅，盖总属人为，此尤近自然耳”③。又如听鸟，许多人喜欢听笼鸟，文震亨对此不否定，但是他说：“当觅茂林高树，听其自然弄声，尤觉可爱。”④ 道家尚自然，不是为了审美，而是为了悟道。道即自然，自然即道。这种审美唯高人雅士才能有之。

---

① 文震亨：《长物志 · 水石》。

② 文震亨：《长物志 · 禽鱼》。

③ 文震亨：《长物志 · 水石》。

④ 文震亨：《长物志 · 禽鱼》。

(明) 张宏:《西山爽气》

(二) 隐士视角

谈及各种景观,他常取隐士的视角。比如,他说到室庐:“虽居山水间者为上,村居次之,郊居又次之。吾侪纵不能栖岩止谷,追绮园之踪,而混迹廛市,要须门庭雅洁,室庐清靓,亭台具旷士之怀,斋阁有幽人之致。”① 居室以居在山水间为上,住在乡村里为次,住在城市之郊又次之,这种居住原则就是隐士的原则。文震亨说,他不能算隐士,因而不能追踪“商山四皓”中绮里季的足迹,露宿山野,而只能混迹于城市。但是,在室庐的设计与装饰上,不能不有旷士、幽人的情趣。旷士、幽人就是隐士。

又比如,花木欣赏,他说:“桃花如丽姝,歌舞场中,定不可少。李如女道士,宜置烟霞泉石间,但不必多种耳。”② 这种对李花的赞美,也完全取道家的立场。

四、文人情趣

文震亨的生活情趣,不只是道家情趣,还是文人的情趣。道家尚道,文

① 文震亨:《长物志·室庐》。
② 文震亨:《长物志·花木》。

人尚文，这两者可以叠合，但不是一回事。它有两个特点：

（一）重书画琴

文人的文与书画有不解之缘。书画，一是创作，这方面，文震亨谈了诸多自己的体会。二是赏鉴。文震亨说："看书画如对美人，不可毫涉粗浮之气。"① 三是收藏。文震亨对于书画收藏非常看重。他说："金生于山，珠生于渊。犹为天下所珍惜。况书画在宇宙，岁月既久，名人艺士，不能复生，可不珍秘宝爱？一入俗子之手，动见劳辱，卷舒失所，操揉燥裂，真书画之厄也。"② 于是，他谈了如何收藏，如何识鉴，如何阅玩，如何装裱，等等。凡此，在他人看来烦琐不堪，而在文人，却乐此不疲。

琴，在中国古代文化中简直就是君子的标志。文人没有不崇君子的，

（明）唐寅：《吹箫图》

① 文震亨：《长物志·书画》。

② 文震亨：《长物志·书画》。

也没有不弄琴的。文震亨认为："琴为古乐，虽不能操，亦须壁悬一床。"①

(二) 重古、朴、俭

在室庐的设计上，文震亨主张"宁古无时，宁朴无巧，宁俭无俗。至于萧疏雅洁，又本性生"②，朴、俭为道的性质，崇尚朴、俭的生活方式，就是尚道。"古"则不只是道家的崇尚，还是文人的崇尚。虽然不是所有的文人都

(明) 唐寅：《东篱赏菊图》

① 文震亨：《长物志·器具》。

② 文震亨：《长物志·室庐》。

崇古,但大多数文人崇古,这与儒家崇祖尚宗有很大关系。文震亨对于生活的设计尚古,表现在诸多方面,不在室庐的设计,还表现在几榻的设计上。他说:"古人制几榻,虽长短广狭不齐,置之斋室,必古雅可爱……今人制作,徒取雕绘文饰,以悦俗眼,而古制荡然,令人感叹实深。"①

雅,作为美学范畴,虽早已有之,但它主要用于文学艺术的品评之中,用在生活之中,最早出现在南北朝的《世说新语》之中,但主要用在论人上,如:"谢幼舆曰:'友人王眉子清通简畅,嵇延祖弘雅劭长,董仲道卓荦有致度。"②"王丞相与书曰:'雅流弘器,何可得遗!'"③生活上诸多方式,实际上可用"雅"品评之。文震亨的《长物志》自觉地用"雅"来谈一种属于文人的生活方式。这是文震亨的贡献。

在生活上追求雅的品位,在明朝是一种具有时代特征的审美现象,这是经济发展的必然,是市民社会出现的必然,是平民社会出现的必然。

第二节 生活艺术化

雅致的生活,集中体现在生活艺术化。生活本为功利,当生活成为艺术,它的性质就发生了重要的变化:生活不只是为了功利,而是为了审美。

生活艺术化是明人生活的时尚,明人的诸多著作中都有所表现,而集中体现在《长物志》和《髹饰录》。两本著作都侧重于介绍生活器具及其制作,《长物志》比较全面,而《髹饰录》则专谈髹漆工艺,对于生活的基本观点,二书相通。

一、别种生活:闲适、游戏

在《长物志》,生活的艺术化,它的表述是"闲适游戏"④。"闲适",一是

---

① 文震亨:《长物志·几榻》。

② 刘义庆:《世说新语·赏誉》。

③ 刘义庆:《世说新语·赏誉》。

④ 文震亨:《长物志·序》。

"闲"，有时间，有钱财，不为衣食犯愁。因此，"闲"可以提升为对于功利的超越，这是审美发生的前提。二是"适"。"适"，适身适心，身心愉快，这意味着审美发生。

"游戏"同样具有"闲适"的两个特点：超功利性和愉悦性。与"闲适"不同的是，"闲适"只是说审美的感受，而"游戏"则具体地说明审美的形式，这是一种"戏"，它不是真实的生活存在，而是生活的一种模仿，生活是功利的，而生活的模仿则可以是超功利的。而之所以需要"戏"，是因为，戏能够让人进入"游"的状态。游既是身体的，更是心理的，它的实质是自由。

生活的闲适化和游戏化，可以用艺术来比喻。它不是艺术，但具有艺术的特点，因此，生活的闲适化和游戏化，就是生活的艺术化。因为这种活动的意义是获得审美享受，所以，也可以说是生活的审美化。

二、生活器具：精致、精妙

生活艺术化，体现之一是生活器具的精致化。在明人，生活器具不只是满足基本的生活功利，还需要满足审美功能。在更多情况下，基本的生活功能只是一个基础罢了。比如舟车，众所周知，只是交通工具，然而如果用于游览，则"要使轩窗阑槛，俨若精舍，室陈夏飧，靡不咸宜"[①]。再比如，绣物，作为有钱人的专利品，其作用就不是一般功利，它具有很高的审美价值，因此，它不能不讲究做工精巧，不能不讲究花色生动。文震亨说："宋绣，针线细密，设色精妙，光彩射目，山水分远近之趣，楼阁得深邃之体，人物具瞻眺生动之情，花鸟极绰约嚵唼之态。"[②]

生活器具的精致化，也在漆器上有突出体现。《髹饰录》中详尽介绍各种髹漆技艺所带来的审美效果，其《质色第三》专谈漆的颜色。其中说到朱髹、黄髹、绿髹：

> 朱髹，一名朱红漆，一名丹漆。即朱漆也，鲜明明亮为佳。揩光者

---

① 文震亨：《长物志 · 舟车》。

② 文震亨：《长物志 · 书画》。

其色如珊瑚，退光者朴雅。又有矾红漆，甚不贵。

黄髹，一名金漆。既黄漆也，鲜明光滑为佳。揩光亦好，不宜退光。其带红者者美，带青者恶。

绿髹，一名绿沉漆，即绿漆也。其色有浅深，绿欲沉。揩光者忌见金星，用合粉者甚卑。①

这里，不仅强调髹漆的工艺要达到怎样的水平，而且说，这不同的色调代表着不同的审美品位以及政治的道德的格调。

髹漆，有些工艺相当精致，以至于产生极精妙的审美效果，如“镌甸”：“镌甸，其文飞走、花果、人物、百象，有隐现为佳。壳色五彩自备，光耀射目，圆滑精细，沉重紧密为妙。”②

三、生活作为：考究、精洁

生活艺术化，另是体现在生活的作为上。这可以分为三类：

第一类为艺术生活，如书画、抚琴。关于书画，他谈得最多，因为他出身书画世家，自己也是画家、书法家。关于弹琴，他也谈到了。他说：“夏月弹琴，但宜早晚，午间则汗易污，且太燥，脆弦。”③ 对于如何识琴，如何挂琴，如何护琴以及如何挑选琴桌，他都谈了许多体会。

第二类为休闲生活，与功利基本上没有关系，主要为精神上需要，如养金鱼。在《长物志》中，文震亨专谈了养金鱼事。他对金鱼做了细致的分类，并对鱼缸、鱼盆都做了详尽的介绍，可见他乐在其中。

第三类为考究生活。这类生活有物质功利上的用途，但不是重要的，重要的是精神上享受。如闻香品茗。文震亨具体地描绘了闻香品茗的生活：

香、茗之用，其利最溥。物外高隐，坐语道德，可以清心悦神；初阳薄暝，兴味萧骚，可以畅怀舒啸；晴窗拓帖，挥麈闲吟，篝灯夜读，可

① 黄成：《髹饰录 · 乾集》。

② 黄成：《髹饰录 · 坤集》。

③ 文震亨：《长物志 · 器具》。

以远辟睡魔；青衣红袖，密语谈私，可以助情热意；坐雨闭窗，饭余散步，可以遣寂除烦；醉筵醒客，夜语篷窗，长啸空楼，冰弦戛指，可以佐欢解渴。①

这里，也谈到了闻香品茗的一些功利，如清心悦神、远辟睡魔、佐欢解渴之类，但都不是重要的，重要的，它有一种文化品位，是一种高品位的精神生活，它的作为，有环境上的、程序上的、用料上的以及主人身心准备上的诸多要求，以致形成茶道、香道。

四、生活文化：礼制、雅趣

生活是人性的具体显示，生活即人性或者说人性即生活。人性可以分成诸多层面，有共性，也有个性，因而五光十色，不一而足，于是形成生活文化。

生活文化的高级层面主要为政治性的礼制生活和文人性的雅趣生活。无论是礼制生活还是雅趣生活均以生活的艺术性作为支撑，如：

（一）衣饰

人类生活最主要的部分为衣食。当人类从动物进化为人类时，生活上的进步，也许首先是为身体披上一件衣服，这衣服可以是兽皮，也可以是草编如蓑衣之类；稍后就是戴上一顶帽子。衣与帽均有护体御寒的作用，可以说它的意义首先是功利性的。但逐渐地衣帽寄寓了精神性的内涵，于是见出文化上包括审美上的意义。穿衣戴帽这样的日常生活就具有了某种文化与艺术性。

衣饰礼制的建立最早见于文献的为周朝，《周礼》于衣饰礼制有诸多具体的规定。《长物志》也谈到衣饰。文震亨说，着装有时代性，不同的时代有不同的服装，“蝉冠朱衣，方心曲领，玉珮朱履之为汉服也；幞头大袍之为隋服也；纱帽圆领之为唐服也；檐帽襕衫，申衣幅巾之为宋服也；巾环襈领、帽子系腰之为金元服也；方巾团领之为国服也”。他提出着装“必与

① 文震亨：《长物志・香茗》。

时宜”。另外，他还提出“被服娴雅，居城市有儒者之风，入山林有隐逸之象”，要见出身份。他说：“若徒染五采、饰文缋，与铜山金穴之子，侈靡斗丽，亦岂诗人粲粲衣服之旨乎？”这里的意思就是要见出诗人的高贵气质与个性特色。

（二）饮食

饮食本也是人最重要的基本生活，但如果吃不只是填饱肚子，也不只是营养，而是吃出诸多文化来，那就是另一种饮食了。

《长物志》也谈到饮食：

> 田文坐客，上客食肉，中客食鱼，下客食菜，此便开千古势利之祖。吾曹谈芝讨桂，既不能饵菊术，啖花草；乃层酒累肉，以供口食，真可谓秽吾素业。古人蘋蘩可荐，蔬笋可羞，顾山肴野蔌，须多预蓄，以供长日清谈，闲宵小饮；又如酒鎗皿合，皆须古雅精洁，不可毫涉市贩屠沽气。①

这里谈到的饮食均为文化饮食，有这样几种：

1. 级别饮食

孟尝君食客的饮食就是如此，在他的府上，养了许多能人，级别不同，食物也不同。“上客食肉，中客食鱼，下客食菜”。此为贵贱饮食。孟尝君府上的食客有等级之别，社会上的人物也有成文或不成文的贵贱之别，这会影响到他们的食物的享受。

级别饮食可推到礼制饮食。周礼有明确规定，国君是九鼎八簋，诸侯是七鼎六簋，大夫是五鼎四簋，士是三鼎二簋。这里，最重要的是鼎的使用，数量有规定，装的食品也有规定。九鼎中装的肉食有牛、羊、豕、鱼、腊、肠胃、肤、鲜鱼、鲜腊，七鼎较九鼎少了鲜鱼、鲜腊，五鼎就只有羊、豕、鱼、腊、肤，三鼎为豕（或豚）、鱼、腊，一鼎就只有豚。以上的规定用于祭祀，生活中的饮食也有规定，虽然周朝以后，礼制用食不那么严格了，但仍然存在。特别是在皇家。

① 文震亨：《长物志·蔬果》。

2. 药用饮食

有一种饮食，为“饵菊术，啖花草”，即吃菊花、白术等药材，这属于药用饮食。

3. 饕餮饮食

此种饮食，纯粹或为抖富，或为抖狠，即“层酒累肉”。这种饮食，充满着“市贩屠沽气”，是俗食之典型。

以上饮食，文震亨均不赞成，他所赞成的是文雅饮食。食材以蘋、蘩、蔬、笋为主，因而为素食；规模不是大餐，而是小饮；食桌上“谈芝讨桂”，均为高雅之事；时间没有约束，可以长日清谈，尽兴方可。

此种饮食，虽然食材、食法各有不同，但“皆须古雅精洁，不可毫涉市贩屠沽气”。

（三）漆器

在生活器具的使用上，礼制的主导作用非常突出。《髹饰录》的作者黄成为明朝隆庆年间（1567—1572）的一名漆工，他的书虽然没有直接说到漆器礼制，但生活在明天启年间的杨明在为此书写的序中说：

> 漆之为用也，始于书竹简。而舜作食器，黑漆之。禹作祭器，黑漆其外，朱画其内，于此有其贡。周制于车，漆饰愈多焉。于弓之六材，亦不可阙，皆取其坚牢于质，取其光彩于文也。后王作祭器，尚之以着色涂金之文，雕镂玉珧之饰，所以增敬盛礼，而非如其漆城、其漆头也。然复用诸乐器，或用诸燕器，或用于诸兵仗，或用诸文具，或用诸宫室，或用诸寿器，皆取其坚牢于质，取其光彩于文。①

这里，叙述漆器的历史。从举例来看，主要是礼制用器。有舜的食器，禹的祭器，周的车具、兵器、乐器、寿器、宫室，等等，这些使用，都取自漆器的艺术性，即“坚牢于质”“光彩于文”。正是生活器具的艺术性，支撑着礼的可能性与现实性。史前时期，普通素陶是不会成为礼器的，而彩陶则有可能，因为彩陶具有很高的艺术性。

---

① 黄成：《髹饰录·杨明髹饰录原序》。

也许，雅趣是漆器艺术更重要的功能。为了满足文人们在生活上雅趣的追求，漆器有着诸多的技术上的革新与艺术上的创造，如“断纹”。《髹饰录》说：

> 断纹。髹器历年愈久而断纹愈生，是出于人工而成于天工者也。古琴有梅花断，有则宝之；有蛇腹断次之；有牛毛断又次之。他器多牛毛断。又有冰裂断、龟纹断、荷叶断、縠纹断。凡揩光牢固者多疏断，稀漆脆虚者多细断，且易浮起，不足珍赏焉。
>
> 补缀。补古器之缺，剥击痕尤难焉！漆之新古，色之明暗，相当为妙。又修缀失其缺片者，随其痕而上画云气，黑髹以赤、朱漆以黄之类，如此五色金钿，互异其色，而不掩痕迹，却有雅趣也。①

生活艺术化是社会进步的表现。虽然文震亨的生活艺术化充满着知识分子的优越感，但不能不认为在当时社会它具有一定的先进性，显示出时代文明的新高度。生活艺术化具有永久的意义。今天的时代虽然不同于明代，但生活艺术化仍然是社会文明的一种体现，只是今天的生活艺术化具有不同的内涵。

第三节 生活艺术的精粹（一）：园林

园林在明朝有很大发展，主要体现在私家园林蓬起。官宦人家继续着唐宋的传统，在家乡筑别墅，为退隐、休闲之用。许多发了财的商人更是热衷于造园，一是享受，二是显摆。苏州、杭州、扬州这些江南城市，因自然条件优越，更兼本就是人文荟萃之地，就成为建园的首选之区。一大批文人参与其事，或为自己造园，更多地为别人家造园。他们将文人的精神带入园林的建造之中，因此，中国的私家园林不管园主是不是文人，园林的性质均为文人园。明朝出现了一些有关园林建造与欣赏的文献，最重要的为计成的《园冶》。文震亨的《长物志》、张岱的《陶庵梦忆》、谢肇淛的《五杂

① 黄成：《髹饰录 · 坤集》。

组》、袁中道的一些散文作品均有关于园林的记载。计成的《园冶》当另作专章论述，此处，主要论述文震亨等人的园林美学思想。

一、山水

中国的园林以自然山水为优。之所以如此，主要是满足文人的隐士癖，隐士多住在山林之中。宋代欧阳修说，人有两种快乐，一种为富贵者之乐，一种为山林者之乐。两者难以得兼。他说的富贵者之乐就是做官，山林者之乐就是做隐士。隐士虽然不富贵，但高雅，也为知识分子所喜爱。不管是真隐假隐，反正有隐的意味就好。为了富贵者之乐与山林者之乐两者得兼，按士人的理想做园林就必须有足够的山林。袁中道（1570—1623）为晚明著名文人，万历进士，官至南京礼部郎中，以文名天下，与其兄宗道、宏道并称“三袁”。本来他是热闹场中的人物，但有隐士癖，于是就在家乡做了一座园林，园子有三十亩大，以竹木野趣为其特色，他撰《清荫台记》，描写园中的自然景观，他在文中说：

> 虽无奇峰大壑，而远冈近阜，郁郁然攒浓松而布绿竹，举凡风之自远来者，皆宛转穿于万松之中，其烈焰尽而后至此，而又和合于池上芰荷之气，故虽细雨而清泠芬馥。至日暮，着两重衣乃可坐。俯观鱼戏，仰听鸟音，予意益欣欣焉。乃大呼客曰：“是亦不可以隐乎！”①

如此美好的风景，为的就是营造出一个隐居的仙界来，故而他高呼客人曰：这里是不是可以隐居呀？其自得之情，跃然纸上。

正是因为以隐为园林的主题，因此，就不能不讲究景的幽静。张岱说西湖北路的玉莲亭的景观特色就是幽静，因而最适合隐者。他说：“东去为玉凫园，湖水一角，僻处城阿，舟楫罕到。寓西湖者，欲避嚣杂，莫于此地为宜。园中有楼，倚窗南望，沙际水明，常见浴凫数百出没波心，此景幽绝。”②

---

① 袁中道：《袁小修小品·清荫台记》。

② 张岱：《西湖梦寻·西湖北路·玉莲亭》。

二、室庐

园林是主人的别墅，是另一个家，因而建筑是不可少的。园林的建筑应该有什么样的特点？文震亨提出一个总原则：

> 虽山水间者为上，村居次之，郊居又次之。吾侪纵不能栖岩止谷，追绮园之踪，而混迹廛市，要须门庭雅洁，室庐清靓，亭台具旷士之怀，斋阁有幽人之致。又当种佳木怪箨，陈金石图书，令居之者忘老，寓之者忘归，游之者忘倦。①

(明) 仇英：《四季仕女图》

这里提出几种居：上者为山水居，次之为村居，再次之为郊居。文震亨说他不能追踪“商山四皓”中绮里季的足迹，去深山老林去做真隐士，只能混迹于闹市中做假隐士，只不过清雅还是需要的，襟怀应该与旷士、幽人一样。总之，是一个幽雅的处所，一个能让人住得下来、游得有味的处所。

这段文字中，“令居之者忘老，寓之者忘归，游之者忘倦”，应该是园林室庐的基本品位。

园林中有几座建筑是不可少的：一是堂，二是书斋，三是琴室。文震亨说：“堂之制，宜宏敞精丽。前后须层轩广庭，廊庑可容一席。”堂，是园

① 文震亨：《长物志 · 室庐》。

主办大事、接待贵客的地方，不可不讲究宏敞精丽，这是礼制的体现。书斋是园主读书的地方，文震亨说："山斋，宜明净，不可太敞，明净可爽心神，太敞则费目力。"这书斋是私密之地，只用来读书，故只要明净就可，不可太敞。书斋的庭院可种花木以爽目。因书斋不大，微景观也可欣赏，故台阶上的苔藓也"绿褥可爱"。琴室在园林中也是必需的，除了幽静外，可以考虑音响效果，古人在室内埋一缸，以增加琴音的共鸣。如今不必这样，琴室最好设在一个木制的空间中，"盖上有板，则声不散。下空旷，则声透彻"。

三、花木

园林宜种植一定数量的花木，增加视觉美感。基本原则有：(1) 考虑时令，让四季皆有花木可赏，这叫作"取其四时不断，皆入图画"。(2) 考虑观景观特点："桃李不可植于庭除，似宜远望。红梅、绛桃，俱借以点缀林中，不宜多植。梅生山中，有苔藓者，移置药栏，最古。杏花差不耐久，开时多值风雨，仅可作片时玩。蜡梅冬月最不可少。他如豆棚、菜圃，山家风味，固不自恶，然必辟隙地数顷，别为一区。"[①] (3) 力求丰富多彩，但还是要见出文人趣味，像梅、兰、竹、菊等不可少，因为它们是君子的象征。

四、水石

文震亨说："石令人古，水令人远，园林水石，最不可无。"[②]

关于水，有各种形态，有池，有瀑布，有天泉，有泉，还有雨水、雪。各种不同形态的水均有它们独特的审美趣味。拿雨水、雪来说，文震亨将它们称为"天泉"。他说："秋水为上，梅水次之。秋水白而洌，梅水白而甜。春冬二水，春胜于冬。"[③] 关于雪，他说："雪为五谷之精，取以煎茶，最为幽

① 文震亨：《长物志 · 室庐》。

② 文震亨：《长物志 · 水石》。

③ 文震亨：《长物志 · 水石》。

况。然新者有土气，稍陈乃佳。”[①] 这种用雪体现出知识分子特有的清雅，其实于健康未必有益。

关于石，文震亨说“石以灵璧为上，英石次之”。他说：“灵璧石出凤阳府宿州灵璧县，在深山沙土中，掘之乃见，有细白纹如玉，不起岩岫。佳者如卧牛、蟠螭，种种异状，真奇品也。”[②] 另外，他还论述过英石，这是产于广东英德的一种奇石，文震亨说它“最为清贵”。关于太湖石，他也有论述。他强调太湖石“面面玲珑”，这些石都是园林的主要景观石，现在也还如此。

谢肇淛的《五杂俎》对园林用石有更多论述。他对石的欣赏同样侧重于雅趣，但论述更有感染力。他说：“山中石，掘置池畔草间，自与世间传玩诸石气色不同。盖深山之中，受雾露、日月之精，不为耳目之娱，每至树木茂密，烟霭凝浮，一种赏心，非富贵俗子所可与也。”[③]

五、禽鱼

园林也养鱼养鸟。文震亨的介绍中，最引人注意的是，对于鹤的描绘，他说：“相鹤但取标格清奇，唳声清亮，颈欲细而长，足欲瘦而节，身欲人立，背欲直削。蓄之者当筑广台，或高冈土垄之上，居以茅庵，邻以池沼，饲以鱼谷。……空林别墅，白石青松，惟此君最宜。”[④] 这里充分体现出道家的审美趣味，与清代园林相比，清代园林更多儒家的礼制情调，而明朝的园林更多道家的自然情调。

中国古代的园林集中国士大夫文化之萃，某种意义上，园林是中华传统文化的代表，它不仅是士大夫身体上的家园，还是他们精神上的家园。而明代的园林，又当得上中国园林的代表。

---

① 文震亨：《长物志 · 水石》。
② 文震亨：《长物志 · 水石》。
③ 谢肇淛：《五杂俎》。
④ 文震亨：《长物志 · 禽鱼》。

第四节　生活艺术的精粹（二）：茶道

茶道艺术发展到中国的明代（1368—1644 年），已是非常精致了。

其中，有两位人士关于茶道艺术的论述尤其值得注意，一是徐渭，二是张岱。

一、徐渭

徐渭有《煎茶七类》，录之如下：

一人品

煎茶虽微清小雅，然要须其人与茶品相得，故其法每传于高流大隐，云霞泉石之辈，鱼虾麋鹿之俦。

二品泉

山水为上，江水次之，井水又次之。井贵汲多，又贵旋汲，汲多水活，味倍清新；汲久贮陈，味灭鲜冽。

三烹点

烹用活火，候汤眼鳞鳞起，沫浡鼓泛，投茗器中，初入汤少许，候汤茗相浃，却复满注。顷间，云脚渐开，浮花浮面，味奏奏全功矣。盖古茶用碾屑团饼，味则易出，今叶茶是尚，骤则味亏，过熟则味昏底滞。

四尝茶

先涤漱，既乃徐啜，甘津潮舌，孤清自萦。设杂以他果，香味俱夺。

五茶宜

凉台静室，明窗曲几，僧寮道院，松风竹月，晏坐行吟，清谈把卷。

六茶侣

翰卿墨客，缁流羽士，逸老散人，或轩冕之徒超然世味者。

七茶勋

除烦雪滞，涤醒破睡，谈渴书倦，此际策勋，不灭凌烟。①

徐渭将饮茶之雅说得极为透辟。他认为人品与茶品要相得。如果说，人有雅俗，那么，茶也有雅俗。只有雅人才能品出茶之雅，具体来说，就是“翰卿墨客，缁流羽士，逸老散人，或轩冕之徒超然世味者”。这里，关键是“超然世味”。喝茶，需要一种心境，这种心境就是“超然”，至少暂时须得将种种功利之念、是非之念放下，专注于茶之味，进入一种物我相忘的境界。这是于主体而言，而就客体即茶本身以及茶室，也有具体的要求。于是，饮茶就成为审美，成为一种高雅的生活方式了。

二、张岱

文人、士大夫讲究品茶，有些文人还将这品茶之乐写成文章，本来这“品”已是不凡，经过生花放彩的文字描绘，越发光彩夺目，越发魅力无穷了。

明代著名作家张岱的《闵老子茶》就是这样一篇文章。文章不长，录之如下：

周墨农向余道闵汶水茶不置口。戊寅九月至留都，抵岸，即访闵汶水于桃叶渡。日晡，汶水他出，迟其归，乃婆娑一老。方叙话，遽起曰：“杖忘某所。”又去。余曰：“今日岂可空去？”迟之又久，汶水返，更定矣。睨余曰：“客尚在耶！客在奚为者？”余曰：“慕汶老久，今日不畅饮汶老茶，决不去。”汶水喜，自起当炉。茶旋煮，速如风雨。导至一室，明窗净几，荆溪壶、成宣窑磁瓯十余种，皆精绝。灯下视茶色，与磁瓯无别，而香气逼人，余叫绝。余问汶水曰：“此茶何产？”汶水曰：“阆苑茶也。”余再啜之，曰：“莫绐余！是阆苑制法，而味不似。”汶水匿笑曰：“客知是何产？”余再啜之，曰：“何其似罗岕甚也？”汶水吐舌曰：“奇，奇！”余问：“水何水？”曰：“惠泉。”余又曰：“莫绐余！惠泉走千里，水劳而圭角不动，何也？”汶水曰：“不复敢隐。其取惠水，必淘井，静夜候新泉至，

① 徐渭：《徐渭集·煎茶七类》。

旋汲之。山石磊磊藉瓮底，舟非风则勿行，放水之生磊。即寻常惠水犹逊一头地，况他水耶！”又吐舌曰：“奇，奇！”言未毕，汶水去。少顷，持一壶满斟余曰：“客啜此。”余曰：“香扑烈，味甚浑厚，此春茶耶？向瀹者的是秋采。”汶水大笑曰：“予年七十，精赏鉴者，无客比。”遂定交。①

这篇文章写了一个故事。故事着重介绍一个名闵汶水的人，其茶道精绝。故事译成白话，是这样的：

周墨农向我说起闵汶水的茶来话不停口。戊寅年的九月我就去留都，到岸即去一个名桃叶渡的地方访闵汶水，到闵家正是申时（下午三点至五点）时分，闵汶水外出。等到他归来，发现这是一位老者。正坐下要说话，闵汶水马上站起来，说：“我的拐杖忘在某个地方了。”又去寻找。我想，今天怎么能无所得而去呢，于是继续等，等了好久，闵汶水回来了，这已是更定（晚八点）时分，闵汶水眯着眼睛看着我说：“客人还在啊，客人等这么久为何呢？”我说：“仰慕汶老您已久，今天不畅饮闵老的茶，我是坚决不回的。”闵汶水很高兴，亲自支起炉子烹茶。茶叶在容器中沸腾，飞速旋转，速如风雨。

闵汶水领我们进入一室，此屋明窗净几，摆放着荆溪紫砂茶壶、成化宣窑的瓷瓯十多种，都极为精美。

在灯下观看茶色，清绿，成化宣窑的瓷瓯没有区别，茶香浓烈逼人。我叫绝，问闵汶水：“此茶制法出自哪里？”汶水说：“这是阆苑茶。”

我再啜一口，说：“别骗我，是阆苑的制法，但味不像。”闵汶水笑问：“客人您可知是哪里的茶？”我再啜一口，说：“怎么这样像罗芥（长兴一带）茶！”闵汶水吐着舌头，说：“不简单，不简单！”我问这水是哪里的水。闵汶水说是惠山泉。我又说：“不要骗我。惠山的泉水由无锡运到南京来，路途很远，水应是疲劳了，然看不出一点痕迹。这又为何呢？”闵汶水说：“不敢再隐瞒了。取惠泉的水，必须淘井，静夜听到新的泉水涌出来了，立刻去汲水。有诸多石子放进盛水用的瓮底。正如舟无

① 张岱：《陶庵梦忆·闵老子茶》。

风则不能行走，没有石子这水就没有生气。平常的惠泉水也赶不上它，何况其他的水！”我不禁吐舌称奇，言未毕，闵汶水就去了。一会儿，他拿壶为我斟满茶，说：“客人请喝这茶。”我说：“香喷喷的，味醇厚，这是春茶，刚才喝的茶是秋茶。”闵汶水听了后大笑，说：“我今年七十，说到对茶的精赏评鉴，没有人能跟先生您相比的。”

这段文字透出茶道的一个关键——水。

茶好，水非常重要。关于水与茶的关系，茶道有专门的讲究。明代文人张大复在《梅花草堂笔谈》中说：“茶性必发于水，八分之茶，遇十分之水，茶亦十分矣；八分之水，试十分茶，茶只八分耳。”近代学人徐珂的《清稗类钞》“饮食类”有“烹茶先试水”一说。

中国著名的小说《红楼梦》将水对茶的作用，相当地美学化了。《红楼梦》第23回有这样一段：

……妙玉执壶。只向海内斟了约一杯，宝玉细细地吃了，果觉轻浮无比，赞赏不绝。……黛玉因问：“这也是旧年蠲的雨水？”妙玉冷笑道：“你这么个人，竟是大俗人，连水也尝不出来。这是我五年前在玄墓蟠香寺住着，收的梅花上的雪，共得了鬼脸青的花瓮一瓮，总舍不得吃，埋在地下，今年夏天才开了。我只吃过一回，这是第二回了。你怎么尝不出来？隔年蠲的雨水哪有这样轻浮，如何吃得？”

《红楼梦》中有许多用雨水、雪水烹茶的情节，也不是故弄玄虚。古代就有这样做的，唐代诗人陆龟蒙《煮茶》一诗中就有“闲来松间坐，看煮松上雪”的诗句。当然，古人用的雨水、雪水都是很干净的，如今的雨水、雪水因为污染，可能不好用了。

张岱文章中说到的闵老子茶，其用的水是惠山泉水。这惠山泉水是泡茶的珍品。相传唐代陆羽评定了天下水品二十等，惠山泉被列为天下第二泉。随后，刘伯刍、张又新等唐代著名茶人均推惠山泉为天下第二泉，所以人们也称它为二泉。中唐诗人李绅曾赞扬道：“惠山书堂前，松竹之下，有泉甘爽，乃人间灵液，清鉴肌骨。漱开神虑，茶得此水，皆尽芳味也。”宋徽宗时，此泉水成为宫廷贡品。元代画家兼书法家赵孟頫专为惠山泉书写了

“天下第二泉”五个大字，至今仍完好地保存在泉亭后壁上。

惠山在无锡，距闵老子所在地南京有点距离，不过也不太远，一天工夫足够。尽管如此，这水因运输之故，也会有些不新鲜。所以，张岱断然否定它是惠泉水。闵老子则肯定说是惠山泉水。不过，他特别说明，这不是一般的惠泉水，经过保鲜了的惠泉水。闵老子说，要取惠山泉水，一定要淘新井。取水宜于静夜，这水应是刚刚涌出的新泉水。这样取来的水，应该是净水了。尽管如此，还有一个保鲜问题。为了保鲜，在盛水的瓮中放入一些干净的小石子，这样做，为了创造一个适宜于泉水的生态。按闵老子的说法，经过这样处置的泉水，普通的惠泉水是赶不上的，别的水更不消说了。

茶道重道，道是一种精神，什么精神？超尘绝俗的精神。超尘绝俗在这里指仙境。闵老子强调说他制的茶为“阆苑茶”，阆苑又名阆风苑，传说中在昆仑山之巅，是西王母居住的地方。东晋葛洪《神仙传》载：“昆仑圃阆风苑，有玉楼十二，玄室九层，右瑶池，左翠水，环以弱水九重。洪涛万丈，非飙车羽轮不可到，王母所居也。”《红楼梦》称赞林黛玉是“阆苑仙葩”，就是仙女。饮茶能饮出仙境的意味来，那可是最高境界了。

关于茶道，没有固定的说法，各家看法不一样，由于饮茶是一种普遍的生活方式，将它提升到哲学层面，就分属于各个不同的哲学流派了，因此，就有了仙茶、禅茶、儒茶之分。由于中国的道、禅、儒是相通的，因此，茶道有共同之处。这共同之处：一在静。静，不只在境，更在心。心静在于摈弃杂念，超越红尘的功名利禄。二在清。体现为气清，志清，神清。清，一为心地纯洁，二为精神兴旺。虽然三种哲学流派均认同茶道具有静、清两个本质性的特点，但是，如果究茶道的源头，应是道家，因为道家在静、清两个方面，其理论最为透彻。道教作为中国的宗教主要以道家理论为基础，道教于道家的最大发展是提炼出“神仙”这一概念，为中国人提出了一种人生理想——成仙。茶，在道教实也是修炼成仙的一种手段，所以，茶在道教中有“仙茶”之说。“茶圣”陆羽，中唐时人，著有《茶经》一书。《茶经》虽然没有过多地论述茶道，但涉及茶道，其中多涉及道家理论和道教的某些教义，还引述了一些仙家的故事，较少涉及释家和儒家，故后来有人称陆羽为“茶仙”。煮茶高手闵老子称自己的茶为“阆苑茶”，而张岱也肯定此茶制法为“阆苑制法”，说明张岱心目中的茶道实为仙道。

茶学中，除了茶道一说外，还有茶艺一说。茶艺是什么？茶艺是烹茶、饮茶的方式，由于这种方式很美，因而称之为茶艺。茶艺与茶道不在一个层次，茶道属于精神层次，茶艺属于技术层次。在行使茶艺的过程中如果有茶道精神的渗入、主导，这茶艺就成为通向茶道的途径。

茶艺是讲究方式的，有诸多心理上、道具上、程式上的要求，这些要求均是为了创造一种美的氛围，有助于茶艺融入茶道的精神，以致成为通向茶道的途径。

张岱这篇文章也涉及茶艺。

茶艺实施，一是茶的准备。茶要好。茶好，除味道纯正外，还有色、香。张岱的文章中说到“灯下视茶色”。为何要强调“灯下视茶色”？因为饮茶多是晚上，文章强调“灯下视”，显然对茶色有更高的追求。另就是“香”，文章说闵老子茶“香气逼人”，可见香也达到了很高水准。

二是茶具准备。茶具要好。茶具很多，这篇文章着重提到荆溪壶、成宣窑瓷瓯。荆溪，旧县名，1912 年并入宜兴。荆溪壶即赫赫有名的宜兴紫砂壶。紫砂壶在茶具中独擅胜场。明代学者周高起在《阳羡茗壶系》中说：“近百年中，壶黜银锡及闽豫瓷，而尚宜兴陶。”为何独钟宜兴紫砂壶？原来宜兴紫砂壶泡茶之佳，在于能尽得茶之色香味。紫砂壶本为茶壶，后来发展成相对独立的艺术，成为装饰品，不独用来饮茶了。

三是茶室的准备。这茶舍要好。茶舍好，主要是“明窗净几”。这种室称之为雅室。只有这样的雅室，才能营造一种轻松的、宁静的氛围，让人更好地进入茶道的境界。

张岱的茶学，还不只这些。以上所说仅只是从《闵老子茶》一文中提炼出来的。张岱还著有《茶史》一书，在为此书写的序言中，他又讲了闵老子茶这个故事，可见闵老子茶在他心目中具有重要地位，是他茶学的实践支撑。

关于张岱，还需稍许介绍一下。张岱，字石公，号陶庵，山阴人，生于明万历二十五年（1597），卒于康熙二十八年（1689）。他出身富贵人家，高

（明）徐渭：《若耶溪畔人家》

祖、曾祖、祖父三代均是进士，曾祖还是隆庆五年的状元。父亲虽然科第不是很得意，也中了一个副榜，做过明鲁献王的右长史。张岱晚年总结自己的一生，回忆早年的生活是："少为纨绔子弟，极爱繁华，好精舍，好美婢，好娈童，好鲜衣，好美食，好骏马，好华灯，好烟火，好梨园，好鼓吹，好古董，好花鸟，兼以茶淫橘虐，书蠹诗魔。"[①] 从这个自述可以看出，他早年的生活是相当放荡的，当然，这是文人的放荡，并不是堕落，准确地说是一种风雅。

第五节　生活艺术的精粹（三）：旅游

旅游与出门远行不是一回事。出门远行是办事，而旅游主要是放松身心，当然，它也可以兼有别的功能，比如科学考察，但主要或突出的是审美。旅游，本质上，它是一种审美的生活方式。作为审美生活方式的旅游始于何时，恐怕难以考证。《世说新语》对于旅游倒是有多条记载：

---

① 张岱：《琅嬛文集・自为墓志铭》。

> 顾长康从会稽还，人问山川之美，顾云："千岩竞秀，万壑争流，草木蒙笼其上，若云兴霞蔚。"①
>
> 王子敬云："从山阴道上行，山川自相映发，使人应接不暇，若秋冬之际，尤难为怀。"②

南北朝时的诗人谢灵运特别喜欢游览山水，《宋书》云："出为永嘉太守，郡有名山水，灵运素所爱好，出守既不得志，遂肆意游遨。"这无疑也是旅游的记载了。

虽然旅游古已有之，但明朝有新的发展。

一、游冶之盛

不仅旅游的人多了，而且产生了天下著名的旅游目的地，如杭州、苏州、桂林。

明朝著名文学家袁宏道（1568—1610）在《荷花荡》一文中说：

> 荷花荡在葑门外，每年六月廿四日，游人最盛，画舫云集，渔刀小艇，雇觅一空。远方游客，至有持数万钱，无所得舟，蚁旋岸上者。舟中丽人，皆时妆淡服，摩肩簇舄，汗透重纱如雨。其男女之杂，灿烂之景，不可名状。大约露帏则千花竞笑，举袂则乱云出峡，挥扇则星流月映，闻歌则雷辊涛趋。苏人游冶之盛，至是日极矣。③

苏州荷花荡旅游之热真是超出今人想象。湖面上，画舫云集，各种游船早就雇空。远方来的游客持数万钱想雇一船，也无济于事。旅游经济何等发达！值得我们注意的还有游客状况：男女混杂，花团锦簇，笑语喧哗，从一个侧面也反映了明朝苏州市的繁华。

二、旅游组团

晚明文人张岱不仅善茶道，善艺事，而且喜欢旅游。张岱游山玩水好

---

① 《世说新语·言语》。

② 《世说新语·言语》。

③ 袁宏道：《袁宏道集·荷花荡》。

结伴，他曾拟《游山小启》：

幸生胜地，鞋靸间饶有山川，喜作闲人，酒席间只谈风月，野航恰受，不逾两三，便榼随行，各携一二。僧上凫下，觞止茗生。谈笑杂以诙谐，陶写赖此丝竹。兴来即出，可趁樵风，日暮辄归，不因剡雪，愿邀同志，用续前游。

凡游以一人司会，备小船、坐毡、茶点、盏箸、香炉、薪米之属，每人携一篚一壶二小菜。游无定所，出无常期，客无限数。过六人则分坐二舟，有大量则自携多酿。约 × 日 × 游 × 舟次 × 右启。某老先生有道。司会某具。

这可能是中国最早的旅游广告，也是最早的旅游组团了。

三、注重赏景

旅游重景观。于是，如何欣赏风景就成了一门大学问。这门学问可以称为“景观学”。景观与风景不是同一概念。风景是自然的审美概念。重在山水本身的素质。景观，既有山水的景观，也有人工景观。人工景观中有楼台亭阁景观，也有人群所构成的景观。景观，既重景，也重观。景在客体，观在主体。客体的审美潜质固然重要，但需要主体的审美发现。没有审美发现，就没有审美景观。

审美发现决定于主体的审美修养。袁宏道的弟弟袁中道同样爱好旅游，游毕也常写游记与诗歌。在这些文字中，透出他对于自然风景独到的发现。比如，他游太和山，敏锐地发现石与水构成一种绝妙的关系，从而创造出一种奇巧的美：

乃行涧中。两山夹立处，雨点披麻斧劈诸皴，无不备具，洒墨错绣，花草烂斑，怪石万种，林立水中，与水相遭，呈奇献巧。……以水洗石，水能予石以色，而能为云为霞，为砂为翠。以石捍水，石能予水以声，而能为琴为瑟，为歌为呗。①

① 袁中道：《游太和记》。

这“水能予石以色”“石能予水以声”不能不说是一个精彩的发现！

这样精彩的发现还见之于他的《游岳阳楼记》。岳阳楼立在长江、洞庭交汇口，对面是君山，君山坐落于洞庭湖中，是一座有着优美神话传说的绿色小岛。古往今来，不少文人游览过岳阳楼，写过诗歌和文章，将他们对于此地景观的发现表达于文字之中。袁中道来游，能有新的发现吗？有。他在《游岳阳楼记》中说：“岳阳楼峙立于江湖交会之间，朝朝暮暮，以穷其吞吐之变态，此其所以奇也。楼之前为君山，如一雀尾垆，排当水面，林木可数。……此楼得水稍诎，前见北岸，政须君山妖蒨，以文其陋。况江湖于此会，而无一山以屯蓄之，莽莽洪流，亦复何致？故楼之观，得水而壮，得山而妍也。”[①] 袁中道发现岳阳楼与水、与君山构成一种奇妙关系：“得水而壮，得山而妍”，从而让岳阳楼更为美丽、辉煌。

张岱于自然风景也称得上知音。他曾作《西湖梦寻》一书，将西湖之景，分为“西湖总记”“西湖北路”“西湖西路”“西湖中路”“西湖南路”“西湖外景”诸部分，对西湖诸多名景一一评点。自古以来，关于西湖的风景，诗文不啻汗牛充栋，但只要读读《西湖梦寻》，则不能不认为张岱对西湖之美颇多创见。比如，他说：

> 余弟毅孺，常比西湖为美女，湘湖为隐士，鉴湖为神仙。余不谓然。余以湘湖为处子，眠娗羞涩，犹及见未嫁之时；而鉴湖为名门闺淑，可钦而不可狎；若西湖则为曲中名妓，声色俱丽，然倚门献笑，人人得而媟亵之矣。……余尝谓：善读书无过董遇三余，而善游湖者，亦无过董遇三余。董遇曰：‘冬者，岁之余也；夜者，日之余也；雨者，晴之余也。’雪巘古梅，何逊烟堤高柳；夜月空明，何逊朝花绰约；雨色空濛，何逊晴光滟潋！[②]

虽然将西湖比作美女，发明权不是张岱，而是张岱的弟弟，但张岱在弟弟的启发下，将美女的比喻拓展，提出湘湖为处子，鉴湖为闺淑，西湖为名

① 袁中道：《游岳阳楼记》。

② 张岱：《西湖梦寻·西湖总记·明圣二湖》。

妓的说法，也很有创意。名妓的比喻不是贬低西湖，只是说明西湖的美更富有开放性与大众性。“三余”说来自董遇，董遇的“三余”本说的是读书，而张岱将“三余”说用于游湖，强调雨中游湖、雪中游湖、月夜游湖别有情趣，也属创见。

第八章

《园冶》的环境美学思想

中国造园的历史，有文字记载的，可追溯到商、周的“囿”和“圃”。殷墟出土的甲骨卜辞云：“乙未卜，贞黍在龙囿。”[①]“在圃渔，十一月。”[②]其后又出现“园”“苑”等文字。据《说文解字》“种菜曰圃”，“园，所以种果也”。又见《周礼·天官·大宰》：“园圃，毓（育）草木。”郑玄注“种果蓏曰圃，园其樊也”。可见园圃在功能上也分得不明显，但“园”有垣樊。“囿”和“苑”都是用来养禽兽的。《周礼·地官·囿人》云：“掌囿游之兽禁，牧百兽。”又《说文解字》云：“苑，所以养禽兽。”“囿”与“苑”的区别，据《吕氏春秋·慎小》高诱注：“大曰苑，小曰囿。”从以上介绍，看来“圃”与“园”还不能算作艺术范畴的园林，因为它重在实用的物质价值，只有“囿”与“苑”才可以说是古典园林艺术的滥觞。[③]

春秋战国时，各国君主为了享乐，已盛行造园了。汉代的园林不论在规模上、气势上都远胜于战国，汉武帝造的“上林苑”方圆竟达三四百里[④]，

① 罗振玉：《殷墟书契》四·五三，四。

② 罗振玉：《殷墟书契后编》上三一，一。

③ 以上资料与观点取自金学智先生的《中国园林美学》，特致谢。

④ 《三辅黄图》引《汉宫殿疏》：“方几百四十里。”《长安志》引《关中记》：“上林延亘四百余里。”

这样大面积的园林当然不只是用来赏景，还要用来打猎。魏晋南北朝，玄学盛行，隐逸山林成为许多士大夫的一种风雅之趣。与之相关，山水美获得前所未有的肯定。为了变相地实现所谓“林泉之志”，富有的贵族也就醉心营造以山水风景为主的山水园林。这是中国园林发展的一个重要阶段。唐代著名园林很多，特别是原为宋之问所有的蓝田别墅，后为王维购得改名为辋川别业的园林，因为王维许多诗画均以它为题材，在中国文化史上享有盛名。宋元，江南由于经济的繁荣及良好的自然环境，园林的发展超过了中原。杭州、苏州、扬州成为中国园林最胜处。宋词、元曲所表现的内容多与园林有关，成为词、曲一大特点。受文人画的影响，宋元园林注重文学趣味，讲究高雅、含蓄、飘逸，具有浓郁的诗情画意，中国园林遂又进入另一个重要的发展阶段。明代园林在宋元园林已形成的美学风格基础上，进一步成熟。在这种背景下，园林美学开始形成体系。明代的建筑家计成所撰写的《园冶》是我国古代最完整的一部园林学专著，也是中国最早的园林美学专著。

《园冶》是一部关于造园的著作，它兼有理论研究与应用技术两个方面，此书的价值向来被定位在中国园林理论的构建上，殊不知由于造园本立基于哲学，因此，实际上，它是中国传统哲学思想在造园上的具体体现。人类造园与做艺术不一样，造园的目的是建造一个供人类生活的环境，具有强烈的实用性，而做艺术则是建造一个主要满足人类精神需要的产品，具有强烈的超实用性。园林既是人生活的环境，又是人欣赏的艺术，因此，它兼有环境观念与艺术观念，二者结合则是关于环境的美学思想。《园冶》作为中国古代造园的代表作，充分体现中国古代的环境美学思想。

第一节　园为家居之所

《园冶》从头到尾都在突出一个字——“主”。主是谁，主是人。作为世界观与方法论的哲学，它讲的人是抽象的人、大写的人。人与世界发生关系，这关系从大的方面言之，可以分为人与自然的关系、人与神鬼的关系、人与社会的关系。前两者，中国传统哲学将其概括为人与天的关系。中国传统哲学中人与天的关系，表面上看来，重视的是天，是人与天合，人合于天，但就其实质来看，重视的是人，人是目的，以人为本，故是天合于人。

中国古代的环境观念正是如此。《园冶》讲造园，处处突出的是人这一主题。《园冶》中说的人，有两种意义：一是住园之人，二是造园的人。从造园的目的来说，《园冶》强调的是第一种意义的人即住园之人；而就造园的过程来说，它强调的是第二种意义的人即造园之人。基于园造成后毕竟要交付给园主人让园主人来享用的，因此，园是不是适合园主人使用则是一切问题的根本。

《园冶》题词的作者郑元勋说：

古人百艺，皆传之于书，独无传造园者何？曰："园有异宜，无成法，不可得而传也。"异者奈何？简文之贵也，则华林；季伦之富也，则金谷；仲子之贫也，则止于陵片畦；此人有异宜，贵贱贫富，勿容倒置也。

他这话，强调的是园为人所设，人的身份地位有别，造园就要切合园主人的身份。简文帝是南北朝时梁朝的第二代皇帝，名萧纲，因他地位尊贵，故有华林园这样瑰丽的园林与之相配。季伦即晋代著名的富豪石崇，因他富可敌国，故能拥有"柏木万株，江水周舍，观阁池沼游鱼仙禽毕具"名之为"金谷"的园林。陈仲子是战国时齐国的义士，孟子称赞他"诚廉士哉"。陈仲子贫穷，故只能拥有一小片菜畦了。同样是园，差别竟如此之大！造成园林千差万别的原因是很多的，郑元勋这里仅只说了人的地位与财富这一种原因，其实，学识修养特别是审美趣味对园林品位的影响之大，绝不亚于地位与财富。

园虽然有具体的主人，园为具体主人所用，但园某种意义上也是公共财富，它在相当程度上体现了一定时代、一定社会、一定文化传统的人类共同的审美诉求，因此，园在多大程度上体现了这一定时代、一定社会、一定文化传统人类的审美诉求，就成为此园品位高低的重要评判标准。关于这一点，没有人比《园冶》作者计成更清楚的了。计成说：

凡结林园，无分村郭，地偏为胜。开林择剪蓬蒿，景到随机，在涧共修兰芷。径缘三益，业拟千秋，围墙隐约于萝间，架屋蜿蜒于木末。山楼凭远，纵目皆然。竹坞寻幽，醉心即是。轩楹高爽，窗户虚邻，纳千顷之汪洋，收四时之烂漫。梧阴匝地，槐荫当庭；插柳沿堤，栽梅绕屋，结茅竹里，浚一派之长源……凉亭浮白，冰调竹树风生；暖阁偎红，雪煮炉铛涛沸。渴吻消尽，烦顿开除。夜雨芭蕉，似杂鲛人之泣泪；晓风杨柳，若翻蛮女之纤腰。移竹当窗，分梨为院；溶溶月色，瑟瑟风声；静扰一榻琴书，动涵半轮秋水，清气觉来几席……①

(明) 徐贞：《峰下醉吟图》

① 计成：《园冶·园说》。

从这些生动的描述来看，园需具有以下的功能。

首先是居。居需要一些什么条件呢？计成说“地偏为胜”。为什么要强调“偏”？因为园作为别墅，是主人空余休闲度假的处所，既然是空余休闲度假的处所，就宜取静，就不宜建在闹市之中。空余休闲，不可无书，所以，“一榻琴书”是不可少的。如果园有“萧寺为邻”，园主人得便访访高僧，谈谈佛理，当是一桩雅事。当然，既然是休闲之居所，屋室必须雅洁，“轩楹高爽”，若开窗即景，又庭院即画，“梧阴匝地”“槐荫当庭”那是最好不过的了。

其次是游了。这游是在自己住处游，与去外地的旅游区别很大。其一，是游的规模小，所以，园林中的景观设置不能不讲究密度，步步有景，移步换景，一景多用，互为借景，但又不能过于人工，“景到随机”方妙。其二，居游合一。要做到这一点，这供人居住的建筑就必须有所讲究了。一是力求不破坏景观，而且能融入景观，“围墙隐约于萝间，架屋蜿蜒于木末”。二是方便观景，“移竹当窗，分梨为院”，“紫气青霞，鹤声送来枕上”，“山楼凭远，纵目皆然；竹坞寻幽，醉心即是”。这样，即使在屋子中，也能赏景，相当于“卧游”了。

园林是主人特殊的生活环境。环境与自然有一个根本的不同，自然是可以离开人的，而环境却不能离开人。环境与人的关系是多重的，最基本的，环境是人的生活场所，生活是环境的本质。好的环境必然是宜于人生活的，只有宜于人生活的环境才称得上美的环境。

《园冶》强调园林对于人的生活全面的肯定，触及了环境是人的家这一根本问题。《园冶》的《相地》一节明确地提出了“便家”① 的概念。园林作为园林主人之家，当然就应有家的温馨感。

家的温馨感涉及诸多方面的设置，除了适宜的人气外，自然景观的设置是有讲究的。园林中有诸多的自然景物，在园林中可以欣赏自然景观，同时，在园林中赏景与在园外赏景大有不同。园外的景观也许胜于园中的

---

① 《园冶·相地》云：“村庄眺临，城市便家。”

景观，但这两种景观有一个根本的不同。园外的景观再好，难有温馨感，园林中的景观，即使有些平凡，那一草一木也让人温馨。

计成说“涧户若为止静，家山何必求深”。这话的意思是，园中设的涧户只要能给人静谧感就可以了，园中的山林也不必过于冷僻幽深，言外之意是千万不要给人以恐怖感。

第二节 园以可人为上

封建社会的园林除了寺庙园林、祠堂园林等公共园林外，都是私家园林，私家园林的拥有者均是具有一定经济实力的人。一般来说，园林外，他还有一所正宅，这正宅中也可能具有一些园林因素，但在功能上与专门的园林完全区分开来。正宅也是主人的生活场所，但主人一般也在此处理某些（当然不一定是全部）与职业上相关的事务，凡体现主人身份地位的礼仪活动一般只能在正宅举行，所以，正宅的建造尺度与宅内的各种设置较园林更注重礼制。与之相应，主人在正宅中的生活相对来说不能过于放任。园林则不同了，作为主人的别墅，是主人私密生活的场景，只要与重要的礼制不相违背，它的建造尺度和园内的各种设置可以由主人自行其是。与之相应，主人在园林中的生活则较正宅自由得多了。从某种意义上讲，园林这种环境较正宅更切合人性，更具有审美价值。

计成对于园林的审美价值有足够的认识，他从不同层次上区分园林的审美功能。大体上，有三个层次：

一是适人。适人即宜人，它适于人的生活与赏景。上面引文说的“凉亭浮白，冰调竹树风生；暖阁偎红，雪煮炉铛涛沸。渴吻消尽，烦顿消除”，应该属于此一层次。人对天气是敏感的，太热、太冷均不适于人。园林较之正宅在这方面有它的优越性，由于园林多建在自然风景较好的地方，树多，或是水面大，因此，夏天它较正宅凉快。冬天，园林中有暖阁，因此，也比较好过。园林“地偏为胜”，环境清幽，风景佳胜，空气新鲜，对于那些平素公务繁冗的人来说，园林实在是消除疲劳、调节心理的好场所。计成在

《园说》一节说，“清气觉来几席，凡尘顿远襟怀”，难得的就是这“凡尘顿远襟怀”。

当然，园林的适人是筑基于园林的功能上的，它只是人的主要活动的一种补充，它适的是人在主要活动中不能得到满足的那一部分人性。《园说》一节中说的主人在园林中的“藏春”“养鹿”“种鱼”，这些都不是主人的主要生活。但主人在自己主要的生活之余，需要这些生活，这些生活在园林之外难以得到满足，而园林满足了他。

二是随人。随人比适人高于一个层次，适人，是景恰合于人，随人，则是景随顺于人。适人的景，似是景与人的偶遇；随人的景，似是景通晓人意，主动地为人呈景、送景。《园冶》不少处说到这种“随”人之景：

> 景到随机，在涧共修兰芷。①
>
> 纳千顷之汪洋，收四时之烂漫。②
>
> 山楼凭远，纵目皆然。③
>
> 紫气青霞，鹤声送来枕上。④

景之适人，虽然包含生活与审美两方面，但更多地注重于生活方面；景之随人，同样包含生活与审美两个方面，但更多地注重于审美方面。由于景随人心，这随人之景就具有更高的审美价值，更受到人的青睐。

三是可人。可以之景又高一个档次，可人之可指得人的欢心。随人之景只是随顺人意，这随顺人意是就人一般的身心需要而言之的，如“窗牖无拘，随宜合用”，“山楼凭远，纵目皆然”，“鹤声送来枕上”，“清气觉来几席”。这都是就人的一般生活需要与审美心理而言的，它具有一般性。

可人，则不一样，可人这可的是人更高的审美需求或者说特殊的审美需求，它具有个体性、针对性。就是说，这景不一定是所有的人喜欢或最喜欢的，然而与园主人或某些客人，那是他们最喜欢的。这里，可以区分为两

---

① 计成:《园冶 · 园说》。

② 计成:《园冶 · 园说》。

③ 计成:《园冶 · 园说》。

④ 计成:《园冶 · 园说》。

(明) 陆治:《花溪渔隐图》

个方面:

其一是计成说的“合志”,合志,强调景观的境界。不同的人有不同的思想境界,因此,决定了他对景观有不同的喜欢,比如,有的人特别喜欢牡丹,有些人则偏爱翠竹,还有些人特别喜欢在屋前屋后植松。辛弃疾的别墅就是如此,他在词中描绘这松林:“龙蛇影外,风雨声中”。在他,耽爱此中的境界。计成作为造园大师,只是突出园中的景观设置要有境界,要合志,并没有强调一定要建设成什么样的境界。

其二是有趣。趣有公众性也有个体性，较之合志，它的公众性更多一些。《园冶》谈景观建造，处处强调“趣”，说：“涉门成趣，得景随形”。能让人生趣的景，一是肯定不一般，具有奇警性，它须具有出人意外的特殊性，能逗发人的好奇心，产生奇妙的审美效果，激发人的超出常规的快乐心理。二是能理解，它具有天然性：“自成天然之趣，不烦人事之工”。

关于“趣”，中国古代美学有诸多论述，明代社会尤其注重情趣，不仅园林讲究情趣，其他生活方面也讲究情趣。名重当代的大文学家袁中道说：“凡慧生流，流极而趣生焉。天下之趣，未有不自慧生也。山之玲珑而多态，水之涟漪而多姿，花之生动而多致，此皆天地间一种慧黠之气所成，故倍为人所珍玩。”[①] 袁中道强调趣生于慧，自然有慧黠之气，故能生趣。

适人、随人、可人，三个不同层次，体现出三种不同的审美质量。适人重身，随人重意，可人重趣。重身以人的物质生活最低要求为衡量标准，随人兼顾人的心志需求，但要求并不是太高；唯可人将人的精神上的无限追求视为最高标准，园林以趣为上，趣最为难得。趣无定则，不能模仿，不能重复，重在机要，贵在偶得。

第三节 园重文人雅趣

虽然享受园林多为富人，富人未必雅，但富人均追求雅，更何况做园的人多为具有很高文化修养的知识分子，所以，在追求趣的基础上，又提出了“林园遵雅”[②] 的审美原则。这种雅，基本上属于知识分子的生活情趣，诗书琴画必须入园，按计成的描绘，园林的生活应该是：

> 客集征诗，量罚金谷之数。多方题咏，薄有洞天。常余半榻琴书，不尽数竿烟雨。……宅遗谢朓之高风，岭划孙登之长啸。探梅虚蹇，煮雪当姬，轻身尚寄玄黄，具眼胡分青白。[③]

---

① 袁中道：《刘玄度集句诗序》。

② 计成：《园冶·门窗》。

③ 计成：《园冶·傍宅地》。

这几句话中谈到的几位古人都是以雅著称的。一是石崇，他是晋代巨富，又是当时的文人领袖，石崇筑金谷园，常邀请文人来此园聚会，他的《金谷诗序》云："或不能者罚酒三斗。"显然，金谷园聚会的目的不是赏景，而是吟诗。二是谢朓，他是南北朝时代著名的诗人，好游览，多登临，诗风清丽，甚得李白赞赏。三是孙登，魏晋时的隐士，与竹林七贤之一的阮籍过从甚密，阮去访他，行至半岭，闻孙登长啸，声若凤凰。四是孟浩然，"探梅虚蹇"用的是他的典，据说早春时节孟浩然骑着驴去寻访梅花。五是陶穀，宋代雅士，据《清异录》："陶穀买得党太尉家姬，遇雪，取雪水烹团茶，谓姬曰：'党家应不识此。'姬曰：'彼粗人，但于销金帐中低斟浅酌羊羔美酒耳。'"这种取雪水烹茶的雅趣当然是销金帐中大碗喝酒大块吃肉无法比的。六是阮籍，据《晋书》："阮籍不拘礼教，能为青白眼。见礼俗士，则以白眼对之；嗣见嵇康，乃具青眼。"《园冶》说"轻身尚寄玄黄，具眼胡分青白"，意思是虽然不做官，但能获得大地的青睐，举目尽是美好的自然，没有什么俗人与雅士的区分，因此阮籍的青白眼在此就不必了，全用青眼得了。

以知识分子的生活情趣为园林的基本价值取向，是中国私家园林的突出特点。中国知识分子的思想大体上儒道释三者兼备，儒一般为主心骨，体现在入世上，道与释则为儒之调节与补充，体现在出世上。园林作为别业或别墅，在某种意义上，是为满足园主人的出世之志而营造的，因此，道家与释家的思想占据上风。在中国，释家实际上是穿了袈裟的道家，在诸多方面，二者是合流的。体现在园林思想上，也许更多地见出道家的意味。《园冶》在这方面，也体现得极为突出。具体来说，主要见之于两点：

第一，对自然美的特别推崇。本来，道家的基本思想——"道法自然"，其"自然"并不专称自然物，而是指人和物的本性，然而，先秦道家之后，"自然"更多地衍化为自然物。魏晋以后，由于种种复杂的社会原因，知识分子对自然山水一往情深，以至于山水诗、山水画十分兴旺，长盛不衰，逐渐地，它竟成为中国文化的一种传统，而且将它与出世之志联系起来，似乎出世的一大标志就是遁迹山林。既然园林作为出世的住处，自然就要更多地营造自然风景，让人生出世之感。这样，相地就显得特别重要了。一般来说，

（明）唐寅：《杏花茅屋图》

城市较少自然风景，所以，要获得较好的自然风景就不能不将园林建在郊外。《园冶》说："园地惟山林最胜。"① 为什么呢？山林地自然风景最为丰富。在山林地建园林，可以说得天独厚。

第二，对仙境的着意营造。神仙思想是中华民族独有的审美理想。神仙的突出特点就是在红尘中实现超越，它是中国人特有的出世与用世的统一。一方面，神仙也是人，因为他能尽情地享受人世间的荣华富贵；另一方面，神仙不是人，因为他没有任何红尘的苦累与麻烦，他超越了生死，可以

① 计成：《园冶·山林地》。

长生不老。这两个方面，都是人间至尊至贵的帝王无法比拟的。神仙的生活场所称为仙境，中国的园林作为出世之志的寄托场所，将仙境的营造作为其最高追求。

计成明确地说："莫言世上无仙，斯住世之瀛壶也。"① 这就是说，他造园的指导思想，就是想将园林建造成人世间的仙境。按照仙境的要求，计成将各种有关神仙的故事，安排进园内。《园冶》说：

> 漏层阴而藏阁，迎先月以登台。拍起云流，觞飞霞伫。何如缑岭，堪谐子晋吹箫；欲拟瑶池，若待穆王待宴。寻闲是福，知享是仙。②

王子晋这样的仙人当然不是容易遇见的，但是在园林中弹奏一曲，将自己想象成王子晋那些人是完全可以的。周穆王访问过的瑶池，没有谁能找到，因为它压根儿就不是实存之物，而是人想象的产物，但是，我们可以在自己的园林做一个瑶池，自我感觉这就是仙境，自己就是周穆王。归根结底，是要知道如何享受，当然，重要的前提是要善于营造一个人间的仙境。

当然，不管园林如何善于营造出世之境，它毕竟生根于红尘，因此，园林的出世之境更多地具有精神性，而红尘则坚实地成为一切出世之境的物质基础。园主人及他的客人在园中可以尽情地体会与享受这来自现实与来自想象的两个方面的生活。这正如计成在《园冶》中所说的：

> 高原极望，远岫环屏，堂开淑气浸入，门引清流到泽。嫣红艳紫，欣逢花里神仙，乐圣称贤，足并山中宰相。……兴适清偏，怡情丘壑。顿开尘外想，拟入画中行。林阴初出莺歌，山曲忽闻樵唱。风生林樾，境入羲皇。幽人即会于松寮，逸士弹琴于篁里。红衣新浴，碧玉轻敲。看竹溪湾，观鱼濠上。山容蔼蔼，行云故落凭栏。……凭远高台，骚首青天哪可问；凭虚敞阁，举杯明月自相邀。冉冉天香，悠悠桂子，但觉篱残橘晚，应探岭暖梅先。先系杖头，招携邻曲，恍如林月美人。③

① 计成：《园冶·池山》。

② 计成：《园冶·江湖地》。

③ 计成：《园冶·借景》。

在这些描绘中，你可以看到很世俗的生活，所谓“红衣新浴，碧玉轻敲”，也可以看到很出世的生活，所谓“幽人即会于松寮，逸人弹琴于篁里”。其间，有“乐圣称贤”的人间理想，也有“怡情丘壑”的世外寄托。有自我安慰——“山中宰相”；有权托李白——举杯邀月；有附庸庄子——“观鱼濠上”；有效法屈子——骚首问天；有意仿渊明——招邻共杯；更有白日做梦——“林月美人”。凡此种种，全融合在园林之中，可以说，园林是寄托人生各种理想的虚拟之境，又是完成人生各种世俗生活的现实之境。

第四节 园崇自然生态

《园冶》对自然美的推崇，向着两个维度纵深展开，一是将自然环境营造成仙境，二是特别看重自然环境中的生态意味。

生态是与人工相对的，生态强调的是自然物的自然状态。

《园冶》描绘园林中的自然物均突出其自然状态：

悠悠烟水，淡淡云山，泛泛鱼舟，闲闲鸥鸟。①

当然，烟水之悠悠，云山之淡淡，是自然本身提供的，它不会依人的意志而改变，这种生态是天然的、客观的，但“闲闲鸥鸟”这样的生态却是人造就的，人不去干扰鸥鸟的生活，鸥鸟才得以“闲闲”。“泛泛鱼舟”的“泛泛”透露出来的更多的是尊重自然、随顺自然的状态。

从尊重生态维度看园林的建造，这因地制宜是最为重要的，因地制宜，讲的是对自然环境的尊重，《园冶》于此提出一系列重要的理论，主要是“因借”的原则。

园林巧于因借，精在体宜。愈非匠作可为，亦非主人能自主者，须求得人，当要节用。“因”者，随基势之高下，体形之端正，碍木删桠，泉流石注，互相借资；宜亭斯亭，宜榭斯榭，不妨偏径，顿置婉转，斯谓“精而合宜”者也。“借”者，园虽别内外，得景则无拘远近，晴峦耸秀，

① 计成：《园冶·江湖地》。

绀宇凌空，极目所至，俗则屏之，嘉者收之，不分町畽，斯所谓“巧而得体”者也。①

这段文字可以从诸多的维度解读，而从生态的维度看，突出体现出对生态的尊重。这里，关键词是“因”，因的是什么？主要是地形、地势、地貌。园造在大地上，在设计上要充分尊重它原有的状态，根据它原有的状态，顺着它的态势，在不伤害自然骨架的前提下，做适当的修饰、改造，包括斫去妨碍观景的树枝，疏浚拥塞的泉流，等等。园林不能不建一些房，这房建成什么样子，也不能不因地制宜，需要建亭且能建亭的地方就建亭，需要建榭且能建榭的地方就建榭。园林中不能没有路，园林中筑路，不能一味求直，求便捷，“不妨偏径”，随地势而婉转，这样做，不只是有利于生态的保护，还能获得特别的审美享受。关于“因”，《园冶》又用“依”“随”这样的概念来表示，依的、随的均是地形地貌。

“借”是在因的基础上产生的，比之于因，借对自然环境更为尊重。因，对自然环境多少还有一些改造，虽然这改造是有限的，不伤筋骨的；借，就完全不需对自然有什么实质性的功作了，它需要的只是一种审美的视界，一种审美的心态，只要有这种视界、这种心态，有限的园林就可能产生无限的景观，不说别的借，就是光借天空的云霞、水中的倒影，就能美不胜收了。

“体宜”是因借的产物，“体”是整个园林的体制、规划、意图、境界，这需要根据因借来制定，而所有这一切又归结到一个字：“宜”。宜包含有诸多的统一，其中就有生态的平衡。

生态的核心——人与自然的和谐相处，一是人与有机自然的友好相处，具体来说，与动物还有植物的友好相处。《园冶》写道：

秀色堪餐。紫气青霞，鹤声送来枕上；白苹红蓼，鸥盟同结矶边。看山上个蓝舆，问水拖条枥杖……一湾仅于消夏，百亩岂为藏春。养鹿堪游，种鱼可捕。②

① 计成：《园冶·兴造地》。

② 计成：《园冶·园说》。

好鸟要朋，群麋偕侣，槛逗几番花信，门湾一带溪流，竹里通幽，松寮隐僻，送涛声而郁郁，起鹤舞而翩翩。①

除此以外，与无机自然的友好相处也十分重要，这具体表现在与云霞、与山石、与江湖等友好相处，云霞、山石、江湖，它们没有生命，但有生气，更重要是它作为人的审美对象，是人的精神的寄托物。所以，朗月可迎，繁星可读，云霞可餐，流水可亲，山石可拜。所以，所谓“悠悠烟水，淡淡云山”，其悠悠的何止是烟水，淡淡的何止是云山，还有人，而且正是因为人的心境是悠悠的、淡淡的，才将烟水读成悠悠的，云山味出淡淡的。重要的是“自成天然之趣，不烦人事之工”。“闲闲即景，寂寂探春”“阶前自扫云，岭上谁锄月。千峦环翠，万壑流青”。一切全在“自”。

尊重自然，随顺自然，因借自然，诸物共生，诸物相依，诸物和谐——这是从《园冶》读出的生态文明意味。不管是现代的环境建设，还是古代的环境建设，生态平衡都是第一原则，只不过在古代还没有生态这一概念，也没有明确的理论，举凡生态思想均隐藏在“道法自然”的哲学智慧之中了。《园冶》能够将这一思想作为造园的指导思想之一，是难能可贵的。

第五节　园为立体图画

中国古代的园林设计师多为画家，计成也这样。以画理来做园，将园做成画，这是中国园林美学的重要特点之一。这种造园理论在相当程度上反映了中华民族的环境观。汉语有一成语：江山如画。为什么要将江山比喻成画呢？道理很简单，画是美的。

画的美美在哪里？西方美学、中国美学的回答不一样。

这里，首先牵涉到艺术的理解，关于艺术的本质，主要有两种理论。一是摹仿论，认为艺术的本质是摹仿自然；二是表现论，认为艺术的本质是表现画家的情感。中西方美学对于艺术本质的认识，两种理论都持有，只是

① 计成：《园冶·山林地》。

两种理论各占的地位不同。

西方美学主要持摹仿论。它认为，艺术的本质是对自然的摹仿。自然是美的，故而摹仿自然的画也是美的。

中国美学也认为自然是美的，画摹仿了自然的美而美，但是，中国美学并不认为画的美全来自对自然的摹仿。摹仿论与表现论这两者，中国美学是将表现论摆在首位的。艺术之美主要不是来自对自然界的摹仿，而是来自艺术家按照美的规律的创造。创造的灵魂是真善美情感的表达。

所有的艺术都具有客观主观两个方面的因素，这一点，中西艺术没有什么不同。但是，西方的艺术，也许客观的因素占据主要地位，而中国的艺术，主观的因素占据主要地位。在中国古代，画家不是将自己当作照相机来画自然的，他是根据自己的理想来画自然的。从本质上来说，与其说他画的是自然，还不如说他画的是自己的理想。

计成说他“性好绘画，最喜关仝、荆浩笔意”，那么，关仝、荆浩的笔意是什么呢？且看荆浩是如何看待给画的，荆浩在《笔法记》中说：

> 画者画也，度物象而取其真。物之华取其华，物之实取其实，不可执花为实，若不知术，苟似可也，图真不可及也。

荆浩提出画画要取物象的“真”，那么，什么是物象之真呢？荆浩将“似”与“真”区别开来。他说：“似者得其形，遗其气。真者气质俱盛。凡气传于华，遗于象，象之死也。”这里说得很清楚：“似”，得物之形，即通常说的形似；而“真”在于“气质俱盛”。何谓气？气在这里指来自画家的一种内在的生命活力，表现在所画的形象的身上，即为神，气盛可以理解成神似。“质”为物之体，“质盛”兼有形似，亦有神似。总之，“气质俱盛”即为形似与神似兼具。这就是真。荆洁要的就是这个真。

这个真显然不完全来自对物的摹仿，更重要的来自画家心灵中的“气”。这气可以理解成画家真善美的情感。

计成自称他是用荆浩的笔法来做园林的，那么，计成到底运用了哪些关、荆的笔法呢？荆浩说，画的笔法有“六要”：“气”“韵”“思”“景”“笔”“墨”。六要中，“气”“韵”“思”，属于画家主观方面的因素。“景”为客观方面的因素,“笔”和“墨”为形式方面的因素。这六要中,最重要的是主观方面的因素:“气”“韵”“思”。那么,何谓“气”“韵”“思”?

荆浩说:

> 气者,心随笔运,取象不惑;韵者,隐迹立形,备遗不俗;思者,删拨大要,凝想形物。①

从这个描述来看,“气”“韵”“思”三者均为精神力的某种性质。“气”,重在精神力的活性方面,处生命的主宰、支配地位。“韵”,重在精神的精微方面,为生命力的发散、弥漫;“思”,重在精神的理性方面,为生命力的逻辑、走向。三者中,“气”第一,显然,生命力的活性是最重要的。

计成将荆浩的笔法创造性地运用到造园,试图达到这样几个具体的目的:

第一,园须有画之意。画之意即荆浩说的“气”“韵”“思”,它既是画家的主观情思,又是所画对象的生命活力,归根结底还是画家的思想与情感。这思想与情感的高下、强弱、雅俗、精粗,在根本上决定了这园的品格。计成说他曾为武进的吴公造了一座园,根据此园的地形地貌的特点,“令乔木参差山腰,蟠根嵌石,宛若画意”,这画意是什么呢?显然就是从乔木、蟠根与石头的关系中所体现出来的生命活力。

第二,园须有景之真。画中的景虽来自现实界,却又是画家的创造;虽然景不实,为虚,却不能假,须真。这真最难。这点,荆浩也谈到了,说“画者华也,贵似得真”。这造园又如何得真?计成中年择居润州,看到此地有人用巧石做了一些假山,置于竹木之间,感到可笑,人问他何笑,他说:“世所闻有真斯有假,胡不假真山形,而假迎勾芒者之拳磊乎?”他的意思是,即使这假山是人做的,不是真山,也需要给人以真山的感觉。当时,就有人让他做一座假山看看,他做了一座,观赏者都称赞“俨然佳山也”。园林中的景除了本来自天然者外,均为人做的,好比画中的景虽来自现实却均是画家画的一样,不怕它是人做的,怕的是它太假。关键是要做出真意来,这

① 荆浩:《笔法记》。

叫作“虽由人作，宛自天开”。

第三，这园须有境之美。画有画境，园有园境。画境要美，园境也有美。美是诸多因素化合的产物，美首先在于它有生命的活力，同时还要有鲜明的色彩、和谐的结构、出人意想的景观。计成为武进吴公做的那座园，其景观不仅“宛若画意”，而且“篆壑飞廊，想出意外”，景观灿然生辉，让人心旷神怡，那园就当得上有意境了。按中国美学意境理论，“境生象外”，意境之美在于有实有虚，以实见虚，在有限的景观中让人生无限之遐想，这就是意境了。《园冶》对于园中景观的描绘多处体现了这一点。比如，《屋宇》一节说：“奇亭巧榭，构分红紫之丛。层阁重楼，迥出云霄之上。隐现无穷之态，招摇不尽之春。”

第六节　仙为造园理想

计成的《园冶》，从环境美学的维度来看，可以说集中而且鲜明地体现了中国人对于理想的生活环境要求。关于这个理想，计成概括成这样四句话：“境仿瀛壶，天然图画，意尽林泉之癖，乐余园圃之间。”① 这里包含这样几重意思：

第一，“境仿瀛壶”。据《列子》：“渤海之东有壑焉，其中有山，一曰岱屿，二曰员峤，三曰方壶，四曰瀛洲，五曰蓬莱，其山高下，周旋三万里，仙圣之所往来。”《园冶》用“瀛壶”代表神仙所居住的仙境。仙境是中华民族最为理想的生活环境。这个环境虽然不具现实性，人们却总是在现实中寻找这样的境界，陶渊明的《桃花源记》所描绘的就是这样的神仙境界，陶渊明将它坐实在人间而且地点在武陵，这就意味着他希望在人世间寻找到这样的境界。园林在某种意义是人有意建设的仙境。

第二，“天然图画”。虽然这也是理想状态的生活环境，但比之瀛壶这样纯属想象的神仙境界，它更多地具现实性。“天然”严格说来只存在于自

① 计成：《园冶·屋宇》。

然界，园林这样的人造环境，不可能全部是天然的，但优秀的造园家应该将它作为一种审美理想，力求在现实中得以实现。“天然图画”观是道家哲学在园林建设中的体现，它具有一定的生态文明的意味，在今天环境建设中，尤为可贵。

第三，“意尽林泉之癖”，林泉之癖本是中国古代知识分子的一种人生理想。中国的知识分子的主流思想属于儒家的用世哲学，以“居庙堂之高”为人生的最高荣耀，但由于种种原因，这种人生理想未必能够在现实中得以实现。于是，归隐山林享受泉石之乐也就被视为人生的另一种理想。欧阳修说士人有两种快乐，一种是富贵者之乐，另一种是山林者之乐，这两种快乐常常不能兼得。现在有了园林，那些即使在享受富贵者之乐的人也可以享受山林者之乐了。

第四，“乐余园圃之间”。中华民族以农为本，长达数千年的社会均是农业社会，正是因为如此，在家风中，中华民族讲究“耕读传家”，青年子弟一边读书，一边务农。在审美上，中华民族对于农家风光、田园风光也情有独钟，诗歌创作中，形成了所谓的“田园诗派”。在朝廷为官的士人退休后回归农村不失为一种好的归宿。唐代大诗人贺知章退隐获准，唐玄宗命“六卿庶尹三事大夫供帐九门”为之赋诗送行。贺知章回到家乡后，在鉴湖边住了下来，每日欣赏山水，也做一些农事，写了不少好诗。贺知章的园圃之乐，一直被视为佳话。中华民族理想的生活环境往往与农村、农事联系在一起，这是中华民族环境审美观的一大特点。

计成的《园冶》当然不是一本谈环境美学的专著，但是它所透显出来的环境美学思想却在某种程度上可以看作中华民族环境美学思想的一种归纳与总结。

第九章
《帝京景物略》的环境美学思想

众所周知，明代在中国园林史的发展中具有重要的意义，它是中国园林成熟期，在理论上有计成的园林专著《园冶》，另外有文震亨、张岱、祁彪佳等论园林的文字，更重要的是它还留下了一些重要的园林遗迹。有些遗憾的是，遗迹主要是江南的，北方的就比较少。北方园林精华集中在北京，但因为经过了清朝三百年的改造，北京的明代园林可谓荡然无存。幸好有《帝京景物略》，我们才能一窥北京园林的风貌。此书主要作者刘侗，湖北麻城人；第二作者于奕正，北京人；第三作者周损，亦为湖北麻城人。《帝京景物略》是明代专题小品集。此书为人称道的向来是其文笔，因而被视为明代著名文学流派竟陵派的代表作。这当然是对的，但此书主要价值也许是在园林史方面。此书以地理分篇，先城内次城外最后是畿辅，全方位又有重点地介绍了明代北京的风景园林、历史名胜，具有重要的历史价值。《帝京景物略》的作者虽不是地理学家，也不是园林学家，但他们对都城选址、园林构建、景观审美等问题都提出了一些重要的环境美学思想。某种意义上《帝京景物略》是明代环境美学的总结，其地位堪与同一时期的园林巨著《园冶》同列。①

① 参见陈望衡：《〈园冶〉的环境美学思想》，《中国园林》2013 年第 2 期。

第一节 都城选址(上):挈瓶天下、天人合发

国家的心脏是国都。国都的情况如何关涉到国家的安全、发展和全国人民的命运。自古以来,国都的选址与建设都是国家最重要的一件事。明朝原建都于南京,到明朝第三位皇帝明世祖朱棣时,迁都于北京,此后,明朝再也没有换过首都。明朝之后的清朝依然立都于北京。

《帝京景物略》开篇就谈北京形胜的优越。按照传统的谈法,它先谈天文,说北京上应北极星,然后谈地理,说北京“北宅南向,威夷福夏”。这些没有太多特色,接下来,它谈北京作为国都的形胜,就非常深刻。它说:

> 中宅天下,不若虎视天下;虎视天下,不若挈天下为瓶,而身抵其口。雒不如关,关不如蓟。守雒以天下,守关以关,守天下必以蓟。①

中国古代都城选址立足点是制衡天下。如何制衡,《帝京景物略》提出三种制法:“中宅”“虎视”“挈瓶”。中宅,即居于国土的中部。居中的好处,主要是方便号令全国,首都若有难,一声令下,全国四面八方可以差不多同时赶来靖难。虎视,一是便于审视全局,二是掌握主动权,便于主动出击。挈瓶,便于牢牢把控天下,制敌于死命。刘侗等认为,三种地理形势,最好的是挈瓶。联系古代有代表性的几座都城,洛阳是中宅,长安是虎视,北京是挈瓶。它们各自怎样发挥作用,又发挥了什么作用呢?

洛阳“中宅天下”,居天下之中,靠天下来守,即所谓“守雒(洛阳)以天下”。长安号称“关中”,东西南北都有关隘,东部有函谷关、潼关;南部有峣关、武关;西部有大散关;北部有萧关。长安就是靠这么多的雄关来守的,即所谓“以守关关(关中)”。北京不仅不靠天下来守它,它还能守天下,即所谓“守天下必以蓟(北京)”。

论述选都的言论很多,此番言论应该说是最为警策。

古代都城选址注重山水之势。关于北京的山水之势,《帝京景物略》有

---

① 刘侗、于奕正:《帝京景物略》,上海古籍出版社 2001 年版,第 1 页。

一段重要的论述:“考中原之山势,江北主,江南宾。古圣先王,笃生必于江北。……天下之水,东趋沧海,沧海所涯,号称天津,故山水之攸结,莫并我帝京者也。”①

古人讲究风水,风水主要构成因素就是山和水。山脉号称龙脉,于都城来说最为重要。《帝京景物略》说:“考中原之山势,江北主,江南宾。”意思是说,中国的山势,江北的山居主位,把控山脉走向;江南的山居客位,只能随顺北山。《帝京景物略》说:“古圣先王,笃生必于江北。”既然古圣先王必然生于江北,那江北就是王气所钟之地,国都只宜建于北方了。

北京区域内以山区为主,山脉资源丰富。北京城西部的西山为太行山脉。太行山从山西经河北至北京南口,绵延数百里,明代蒋一葵所著《长安客话》称之为“神京右臂”。北京城北部的军都山为燕山山脉,属昆仑山系,它就是北京的左臂了。北京的山在地理格局上呈现出东临辽碣,西依太行,北连朔漠,背扼军都,南控中原的格局,这正是“江北主”的具体展示。

建都北京的地理优势是突出的,但再好的地理,也需要人去发现,需要人因势利导地去建设。北京为明成祖朱棣选定作为首都,集中全国的人才、物力资源进行开发,这种开发,《帝京景物略》认为,它是极为卓越的,也是极为成功的。它的卓越、它的成功,《帝京景物略》认为是:

> 夫都燕,天人所合发也!②

天人合发,就是自然与人共同开发。天,就是上面所说的北京的地理形势;人,当然主要指明成祖朱棣,但不只是明成祖,还有明朝的广大臣民。北京建都后,经过两百多年的经营,成为古代中国最优秀的都城。《帝京景物略》说“都燕陵燕,前万世未破斯荒,后万世无穷斯利”,意义十分重大!

《帝京景物略》的天人合发说具有重要的理论意义,它是中国传统的天人合一说的新发展。天人合发与天人合一在强调天人的统一性上是相同的,

---

① 刘侗、于奕正:《帝京景物略》,上海古籍出版社 2001 年版,第 2 页。

② 刘侗、于奕正:《帝京景物略》,上海古籍出版社 2001 年版,第 1 页。

但它们有重要区别：

其一，天人合一，强调的是统一，其现实指向不明确。天人合发指向很明确，是开发。开发就是建设。认识北京形胜只是开始，开发形胜才是最重要的，正是有了“天人合发”，北京才能“挈天下为瓶，而身抵其口”，成为中国最优秀的首都。

其二，天人合一，是人合于天还是天合于人，命题本身不清楚，一般理解是人合于天。天人合发，没有强调谁合于谁，强调的是天人合作，共同开发。众所周知，天是没有意识的，因此也没有能动性，天的发只是本能，而人的发是意志。天人合发其指向只会是人的意志，合发的结果只能是人的目的。

在天人关系上如此强调人的作用，可能受到明朝中期哲学家王阳明心学的影响。王阳明说：“我的灵明便是天地鬼神的主宰。天没有我的灵明，谁去仰他高？地没有我的灵明，谁去俯他深？”[①] 不过，《帝京景物略》的思想还是与王阳明不同。在天与人的关系上，王阳明显然将人的作用夸大了，而《帝京景物略》没有这样做。《帝京景物略》虽极为重视人的作用，但并没有将人的作用提到超过天的地步，它强调的是天人合发，是合力。无疑这种看法更为稳妥。

第二节　都城选址（下）：山水攸结、眷顾维宅

都城选址，除了考虑都城和国家的安全外，还要考虑都城君民的生活。在这里，《帝京景物略》同样立足于天人合发。它指出：

> 阴阳异特，眷顾维宅，吾知之以天。流泉膴原，士烝民止，吾知之以人。[②]

这里提出“两知”：一是知之以天。知之以天，知的是：“阴阳异特，眷

① 王阳明著，陆永胜译注：《传习录》，中华书局 2021 年版，第 559 页。

② 刘侗、于奕正：《帝京景物略》，上海古籍出版社 2001 年版，第 1 页。

顾维宅”。“阴阳”在这里泛指地理，“异特”即特殊性。“阴阳异特”即地理的特殊性。不是强调地理的一般性，而是地理的特殊性，这足以见出建设者的卓越的眼光。北京的地理是有其特殊性的，这特殊性不仅关乎它是否适合做首都，而且关乎是否“眷顾”我们的生活，是否让我们在这里安一个幸福的家。二是知之以人。知之以人，知的是“流泉膴原，士丞民止”。“流泉膴原”指流泉丰沛，土地肥沃，适于农耕；“士丞民止”，指士的奉公和民的守法。“两知”得出的结论：北京不仅是一个具有王者之气、足够安全的首都，而且是一个富足幸福的家园。

这里，我们要特别说一下水，《帝京景物略》说北京“流泉膴原”，没有具体说到它的水系，而在书内描述园林中的水景观时，对北京水系有充分的介绍。对于生活来说，水的重要性也许胜过山。北京水资源很丰富。境内有大大小小的河流 100 余条，分属于永定河、大清河、温榆河、潮白河和蓟运河五个水系。北京的水汇流后经天津而入海。自然河流外北京还拥有丰富的运河体系，隋唐前，曹操、隋炀帝曾在这里开凿平虏渠、泉州渠、永济渠，元朝时又开凿了通惠工程，京杭大运河得以贯通。在京城内部，因生活的需要，还开挖了诸多小型的运河。《帝京景物略・高梁桥》开篇云：“水从玉泉来。”水关是西玉泉水入北京城的关口。北京地下水很丰富，泉水很多。北京城西的海淀，水源主要是泉。这样一种地理状况，在《帝京景物略・水关》中得到形象性的呈现：“京城外之西堤、海淀，天涯水也。皇城内之太液池，天上水也。游，则莫便水关。志有之，曰积水潭，曰海子。”①

北京的山水优势不仅与北京作为国都“挈天下为瓶，而身抵其口”的形势相切合，而且为北京提供了卓越的自然景观和人文景观建设地。北京西山上建有诸多寺庙，香客如云，游人不绝。城内的水关、积水潭是市民游览的胜地。海淀是北京贵族园林集中之处，明代建了清华园、勺园，清代建了畅春园、圆明园。《帝京景物略》准确地揭示了北京作为皇都的山水形势，深刻地指出“山水之攸结，莫并我帝京者也”。北京优越的山水条件理所当

① 刘侗、于奕正：《帝京景物略》，上海古籍出版社 2001 年版，第 27 页。

然地成为国都的首选，而且也因为山好、水好，建了很多园林，因此成为中国北方园林荟萃之地。

第三节　家园建设：天巧人工、统一于宜

环境的本质是家园。家园如何建？《帝京景物略》全书都在论述这个问题，在《碧云寺》一篇中，它提出了一个总原则：

天巧不受人分，人工不受天分，云山一簇，惟缺略荒寒，结茆数椽，宜耳。①

天巧和人工是文明造就的两大能源，也是环境打造的两大力量。

在这里，天用上定语——巧。巧是《淮南子》提出来的一个重要的美学概念。虽然《淮南子》谈人工也说过巧，但是它说："神明之事，不可以智巧为也，不可以筋力致也。天地所包，阴阳所呕，雨露所濡，以生万物。翡翠玳瑁，瑶碧玉珠，文采明朗，泽润若濡，摩而不玩，久而不渝。奚仲不能旅，鲁般弗能造，此之谓大巧。"② 在《淮南子》看来，从根本上来说，巧属于自然，为神明之事，不属于人工。人工的巧，是人向自然学习的结果。

关于人，落实为工。工是劳作，是智力与体力组合，思维与实践的统一。天巧与人工是环境建设不可缺一的两大要素。《帝京景物略》强调两者独立的地位，即"天巧不受人分，人工不受天分"。两"不受"就是二者互相独立，不相统属。这一观点的重要意义不是强调了天巧的重要性，而是突出了人工的重要性。因为如此一说，人工就被置于与天巧同等的地位了。

既然天人是两个独立的主体，它们又如何统一呢？《帝京景物略》提出一个原则——"宜"。它以建佛寺为例，说"云山一簇，惟缺略荒寒，结茆数椽，宜耳"。意思是，有那么一座青山，山上飘着白云，不那么荒寒，在这

① 刘侗、于奕正：《帝京景物略》，上海古籍出版社 2001 年版，第 357 页。

② 刘安著，陈广忠译注：《淮南子》，中华书局 2012 年版，第 1170—1172 页。

里搭建几间茅屋，修心事佛，不是很适宜吗？

两“不受”说将天、人推得很远，而“宜”又将天与人拉得很近，并且融为一体。不受人分的天巧和不受天分的人工其实是可以相融洽的，需要的是一个机缘，一个念想，一个“宜”！

《帝京景物略》没有详说“宜”是什么，怎么得到“宜”，但具体说到碧云寺：

> 东西佛土，有满月莲华境界，备诸庄严，比丘僧尼，优婆男女，发愿愿生，而碧云寺僧，不事往生也，住是界中矣。然西山林泉之致，到此失厥高深。①

佛徒向往的天堂，其美如“满月莲华”，“备诸庄严”。部部经书都极力描绘着佛国之美，称之为极乐世界。正是种种美丽描绘，让佛徒们“发愿愿生”。“愿生”即愿生极乐世界，然而愿生的极乐世界是彼岸世界，需涅槃以后才能进入的世界。

涅槃，无论是真实地死去还是脱胎换骨地改造，都是极不容易的。然而碧云寺具有特别的超越性。这座寺院中的僧人，竟然“不事往生”而“愿生是界”，“是界”就是碧云寺。也就是说，只要在碧云寺这个地方好好地活着，与别的僧人一样认真地念佛、修行，就已经进入佛国了。这里，精彩地凸显出碧云寺环境独特的魅力：是现实却超现实，非理想却是理想，是此岸却又是彼岸。一句话，它是人间的佛境。

碧云寺的营造，致使“西山林泉之致，到此失厥高深”。这里“失厥高深”，意味着这里的“林泉之致”变得亲人了，天巧和人工实现了绝佳的统一，而这种统一就是“宜”。

第四节　景观审美（上）：生意盎然、“风日流美”

《帝京景物略》的景观审美，有这样几个重要性质和特点：

---

① 刘侗、于奕正：《帝京景物略》，上海古籍出版社 2001 年版，第 357—358 页。

一、人的视角

且看他《戒坛》中的自然景观：

……褰藤，炬而右入，始也石，渐而土，幸燥不苔，行行如眢井。半里，有龙跃，有鱼游，有狮坐，石所凝也。龙之爪则深，目则出，鳞则张，髯鬣则作。鱼洋洋，腮颊所噞喁，尾所摇，鬐所鼓，石则为之波皱。狮首昂鼻张，虽无声焉，知是吼也。①

这段文字描写的是石头景观，在《帝京景物略》作者的笔下，石头都有了生命，它们或是龙，或是狮，或是鱼。值得我们注意的是，这些动物不仅活泼泼地活着，而且类人一样地活着。龙似是在发怒，狮似是在宣示，而鱼则“洋洋”，一副不紧不慢自由潇洒的样子。这些动物，形不虽似人，而心（如果有心的话）则如人。

《戒坛》将无机物明喻为动物，暗喻为人；而在《百花陀》中，“山石态变者，尽作人形。”② 这石就直接地明喻为人。

这说明一个问题，人对自然的审美，总是联想着人的生命，从自然中看出了人自己，看出了人自己的生命形态，从而感到特别有趣。

二、沧桑奇美

《卧佛寺》云：“寺内即娑罗树，大三围，皮鳞鳞，枝槎槎，瘿累累，根抟抟，花九房峨峨，叶七开蓬蓬，实三棱陀陀，叩之丁丁然。”③

这棵树的外形，让人联想到一位饱经沧桑的老人，虽然这里没有明说，但读者做这样的联想是符合作者的意图的。作者对于卧佛寺中这棵娑罗树的审美，就是要提炼出沧桑奇美的意念。

---

① 刘侗、于奕正：《帝京景物略》，上海古籍出版社 2001 年版，第 451 页。

② 刘侗、于奕正：《帝京景物略》，上海古籍出版社 2001 年版，第 473 页。

③ 刘侗、于奕正：《帝京景物略》，上海古籍出版社 2001 年版，第 380 页。

三、野险至美

就生命的力度来说莫过于野景、险景、丑景，《帝京景物略》对野景、险景、丑景评价最高。

《红螺崄》这样谈山头："山头苦乱，目不给瞬也，正复爱其历乱。山涧苦喧，耳不给聒也。正复爱其怒喧。山路苦陡，趾不给错也，正复爱其陡绝尔。"①

山头的历乱，山涧的怒喧，山路的陡峭，都显示出此地景观的蛮野、恐怖、危险，然而，作者说他就是爱这种历乱，这种怒喧，这种陡峭。其中的原因是耐人寻味的。人性有两面性的，一面追求舒适，一面追求挑战。追求舒服，以和谐为美；追求挑战，以冲突为美。前一种美通常就称为美，后一种美，则称为崇高。

追求挑战，是人性中重要方面，是人前进的动力，是人之所以成为人的内在原因。这种生命性质仅属于人，《帝京景物略》的作者发现了这一点，他们说："盖险思僻情，夫人而有之已。"② 这是深刻的！

四、丑怪绝美

关于丑景，《帝京景物略》也有所描写，如《峋峋崖》："昭陵之北，曰峋峋崖。旋旋蟠蟠，望若梯磴，石丑怪若鬼面。"③

审丑是中华美学中的重要传统，这一传统的形成，可能始自史前。史前的岩画、玉器的装饰中就有丑怪的神人像，青铜器中的饕餮、夔龙、夔凤图案，汉代的镇墓兽形象，佛教中的罗汉形象，道教中的八仙形象，山水画中的怪异风景，园林中的丑石，等等，都是中华民族传统文化中重要一部分，由此形成中华民族独特的审丑美学观。《帝京景物略》对于丑石的描写正是这种审美观的体现。

---

① 刘侗、于奕正：《帝京景物略》，上海古籍出版社 2001 年版，第 512 页。

② 刘侗、于奕正：《帝京景物略》，上海古籍出版社 2001 年版，第 512 页。

③ 刘侗、于奕正：《帝京景物略》，上海古籍出版社 2001 年版，第 486 页。

五、风日流美

生命的感性形态是千姿百态的，就形式审美来说，它们是不一样的。在植物，花最具有形式感，叶一般比不上。自古以来，植物审美，花为主，叶为次。但《帝京景物略》不这样认为，它说："春之花，尚不敌秋之柿叶，叶紫紫，实丹丹，风日流美。"①

"风日流美"，这是一个重要审美观点。"风日"在这里指生命特质获得最佳表现的时刻。

花的"风日"一般在春天；而于叶，"风日"一般在秋天。秋叶之美与春花之美各擅胜场，胜场在"风日"。如果是春，叶之美不如花之美；而如果是秋，花之美不如叶之美。具体到柿子来说，秋天是柿子结实的季节，不仅叶美，而且果美。"叶紫紫，实丹丹"，美极了！

第五节　景观审美（下）："山意尽收"、人情尽达

关于景观构建，《帝京景物略》从两个维度入手：一是审美客体，二是审美主体，二者相互作用，构建出一个类似艺术的四维空间，此空间，于景有声有色，有情有意，于人悦耳悦目，悦心悦志。这是一个人景交融的审美世界。

《香山寺》中，作者写道：

> 游人望而趋趋，有丹青开于空际，钟磬飞而远闻也。入寺门，廓廓落落然，风树从容，泉流有云。……泉上石桥，桥下方池，朱鱼千头……至乎轩，山意尽收，如臂右舒，曲抱过左。轩又尽望：望林抟抟，望塔芊芊，望刹脊脊。青望麦朝，黄望稻晚，皛望潦夏，绿望柳春。望九门双阙，如日月晕，如日月光。②

① 刘侗、于奕正：《帝京景物略》，上海古籍出版社 2001 年版，第 386 页。

② 刘侗、于奕正：《帝京景物略》，上海古籍出版社 2001 年版，第 332 页。

这段文字，主要写游人的望，而全部景观都在望中。

一是平望：“望林抟抟，望塔芊芊……”

二是上望：“有丹青开于空际……风树从容，泉流有云……望九门双阙，如日月晕，如日月光”。

三是下望：“桥下方池，朱鱼千头……”

四是环望：“如臂右舒，曲抱过左。轩又尽望……”

关于环望，《英国公新园》有一段描写更为典型：“立地一望而大惊，急买庵地之半，园之，构一亭、一轩、一台耳。但坐一方，方望周毕。其内一周，二面海子，一面湖也，一面古木古寺，新园亭也。”①

五是“思望”：“青望麦朝，黄望稻晚，晶望潦夏，绿望柳春……”

思望，就是想象中的望。不是麦朝，因青而在想象中望见麦朝，不是稻晚，因黄而在想象中望见稻晚。想象中的望，打破了现实时空的局限，进入审美自由。

望为视觉，视觉之外，有听觉、嗅觉、触觉等。听觉仅次于视觉，是人们审美感知的主要手段。嗅觉也很重要。《香山寺》特别突出香：

> 香山，杏花香，香山也。香山士女，时节群游，而杏花天，十里一红白，游人鼻无他馥，经蕊红飞白之旬。②

听觉、嗅觉、触觉均构成自己的时空，如视觉一样，它们既可以实现于感知世界之中，也可以实现在想象之中，创造出非现实的时空，将审美领域推向无限。

感知的时空为四维时空。它是人的时空，也是物的时空。人的时空首先是体之时空，具体为目的时空、听的时空、闻的时空、嗅的时空、触的时空。继而是心之时空，心之时空既是思的时空，更是情的时空。体之时空、心之时空，在情感的作用下，共同构建起审美的时空。

庄子将审美称之为“游”，游有体游，也有心游，体游，以“目游”为代

---

① 刘侗、于奕正：《帝京景物略》，上海古籍出版社 2001 年版，第 48 页。

② 刘侗、于奕正：《帝京景物略》，上海古籍出版社 2001 年版，第 332 页。

表，心游以“骋怀”来表示，于是，就有了王羲之的《兰亭集序》中所说的“游目骋怀”。“游目骋怀”先是“游目”，后是“骋怀”，游目激发骋怀，如刘勰所说：“登山则情满于山，观海则意溢于海”“寂然凝虑，思接千载；悄焉动容，视通万里”。[①]

情景相生。情至则景成，景成则情达。按《香山寺》中观山景的表述为“山意尽收”，山意尽收为情；与之相应，人情尽达，人情尽达为景。于是，就出现这样的情景：“镫光交月，香光圂满，人在月轮。”[②]灯光与月光，人与月亮融为一体。何等美妙的景观！

情景相生，物人共创是景观构建的基本原则，而在情景关系的具体构建中，有着一定的法则，这主要有对景、借景、串景、彰景等。

对景，有两种意义的对，一是人对景，如《戒坛》中有语：“坐而远峰、近峰竞供之”[③]。这坐而对峰，就是对景。二是景对景，有同类景相对，如峰对峰，更多的是异类景相对，如石对水。这种对，有平面对，也有高下对，有远对，也有近对。有一对一的对，还有一对多的对。

对景的效果为相得益彰。这种彰来自对，故称为借景。以自身为主体，以对景为辅景，反过来亦然。如《九龙池》云：“泉得山英，石得山雄。”[④]这种得，就是借。

串景，就是将景串起来，成为一条景观带，这于人来说，景观展开了，有变化，有节奏，故美感丰富多彩，如《九龙池》中，泉流构成一条美丽的景观带：

> 泉脉乎石者怒，而其脉九，凿九龙吐之，非龙，其势亦吐，不缭缭而帛，则珠珠而帘耳。吐泉破池，池面创，水鱥散，雾沫所及，桧竹桃李，夹池丛丛。水之定处，见峰影苍黑，当池之南。稍东而池影又动，水趋关逐渠，绕绕西入山田，去作农务矣。[⑤]

---

① 刘勰：《文心雕龙 · 神思》。

② 刘侗、于奕正：《帝京景物略》，上海古籍出版社 2001 年版，第 358 页。

③ 刘侗、于奕正：《帝京景物略》，上海古籍出版社 200 年版，第 451 页。

④ 刘侗、于奕正：《帝京景物略》，上海古籍出版社 2001 年版，第 483 页。

⑤ 刘侗、于奕正：《帝京景物略》，上海古籍出版社 2001 年版，第 484 页。

这条景观带串起诸多景观：怒石，喷泉、池面、雾沫、桧竹桃李、峰影苍黑、泉水入山田。

串景，相关的景串在一起，不仅构成新景观，而且让原来的景获得新的美质，并得以彰显。《滴水岩》说："石巧出于泉，泉巧贯于石。"① 石巧指的是石洞，石洞本来没有什么特别的美，因为出泉，这洞就显得巧了；同样，这泉本来也没有特别的美，然而因为贯于石，这泉就特别地巧了。

串景重在串。何物为串，非常重要。上面说到的九龙池中的串景，是由泉水串起来的，这是常见的串景。串的方式很多，除了水串外，还有音串，各种不同的声音，因为某种关系串在一起，构成一道音乐风景带。《水尽头》写了一条音乐景观带：

> 石罅乱流，众声澌澌，人踏石过，水珠渐衣……两石角如坎，泉盖从中出。鸟树声壮，泉啃啃，不可骤闻。……彼鸟声，彼树声，此泉声也。②

园林景观构建非常重视园路，园路是游人走的路，它的第一功能是将园中的景物串起来，让游人移步换景，步步有景。如果径不只是串景，它自身也能给游人带来惊喜，那这径就更为光彩了。《洪光寺》就有这样一条径：

> 寺香山之最上，洪光寺，犹夫山夫寺耳。所繇径也奇，径以外不见径也。柏左右葺之，空其间三尺，俾作径。……人行径中，上丁丁雨者，柏子也。下跄跄碎者，柏枯也。耳鼻所引受，目指所及，柏声光香触也。径而上，百步一折。每尽一折，坐磴手柏息焉。从枝叶隙中，指相语：上指玉华寺，再上指玉皇阁，下指碧云寺，再下指弘法寺。凡折且息，十有八而径尽。③

这话的意思是，洪光寺位于香山之巅，不太好去。远，而且路也奇，路以外看不到路。柏树立在路的两边，三尺宽，拿它当路。……人在路上走，上面有丁丁的雨声，原来是落柏树子。脚下有跄跄的碎物声，那是踩着了

① 刘侗、于奕正：《帝京景物略》，上海古籍出版社 2001 年版，第 468 页。

② 刘侗、于奕正：《帝京景物略》，上海古籍出版社 2001 年版，第 386 页。

③ 刘侗、于奕正：《帝京景物略》，上海古籍出版社 2001 年版，第 376 页。

枯柏枝。在这种路上走，耳、鼻、目所感受到的，全是柏树的声音、光线、香味以及触感。路向上，百步一折，每一折尽，坐在石头上手触柏树。从柏树叶的缝隙中，指着上方，说，上去是玉华寺，再上去是玉皇阁；指着下方，说那是碧云寺，再往下是弘法寺。就这样，凡是路转弯处，就停下来休息，直到十有八折而路尽啊！这条上洪光寺的山路，确实不只是串景，它本身就很美，它的美全在于路两旁的柏树。柏子下落的雨声、柏树枯枝的踩踏声，还有柏树叶的青翠、柏树形的苍劲、柏树香的辛辣以及从树叶中透过的光线，无不让人着迷。

不管是哪一种构景的法则，都是人的审美投射，是人的审美安排。凡悦目处均为佳景，凡悦耳处均为妙音，凡宜人处均为风景，凡景观处均为情感。《帝京景物略》精当地表达了一个重要的园林美学思想：天人合一，情景相融。

第六节　人文风尚：历史民俗、生活气息

《帝京景物略》不是一部普通的园林书，也不是普通的地理书，它所记述的景观均有深厚的人文内涵，其中主要的有两类：一是历史遗迹，二是民俗记载。

北京作为元大都、明都，它保存的历史遗迹很多，且质量很高。《帝京景物略》以史迹介绍为主的篇章很多，言园林的历史，《帝京景物略》不仅注重史实，也注重史识。

其中言明朝史迹的，重要的有《于少保祠》。于少保即于谦，是明朝中期重要的政治家，他的作为关乎明朝的命运。在英宗被蒙古也先大军俘虏后，他力主英宗弟即位，并力排迁都之议，主张守城，终于打败了蒙古大军，从而保住了明朝江山。英宗被蒙古放回，在一班大臣的精心策划之下夺取了帝位，景帝被废，于谦因拥护英宗的弟弟景帝而遭英宗杀害。这一段历史，虽然《明史》有记载，但有些细节基于清朝的现实没有写入，刘侗的文章补充了《明史》在这方面的不足。更重要的是这篇文章所表现的史识。文章道：

> 夫英宗之出狩而复辟也，以社稷；景帝之立也，亦以社稷，祖宗在上，臣无二心。可曰功在景泰者，为英宗谋则未忠；功在天顺者，为景帝谋则未忠哉。①

这段话，讨论的是“忠”。忠在中国古代，有两种：一是忠于社稷，即国家；二是忠于君主。一般情况下，两者是统一的，但在特殊情况下，它们不统一，而且会发生冲突。于谦的处境是特殊中的特殊，因为他面对的不是一位君主，而是两位君主。英宗被俘之时，他力主景帝即位，这样考虑，为的是社稷，可以说忠于国。而对于两位君主来说，可以说都不够忠：如果说于谦“功在景泰（景帝年号）”，那么从英宗立场考虑是不忠；如果说于谦“功在天顺（英宗年号）”，那么从景帝立场考虑也是不忠。不过，尽管对两位君主，于谦都够不上忠，但对国家，是完全的忠，如刘侗所说“于谦，二祖列宗之社稷臣也”，他对得起二位皇帝的列祖列宗。刘侗的观点很鲜明，臣子的忠，就是忠于国家。“社稷之臣，以不变处变。”② 不管局势如何千变万化，不变的是对国家的忠。

《帝京景物略》中有两篇文章介绍意大利传教士利玛窦。一篇是《天主堂》，另一篇是《利玛窦坟》。利玛窦万历十年（1582）来中国传教，1610 年在中国去世，在中国传教 28 年，为中外文化的交流作出了重要贡献，这样一位人物，有关他的记载不多，可以说，现在能搜集的片言只语都特别珍贵。这两篇文章介绍了利玛窦的一些事迹，其中最重要的是利玛窦在中国传授现代科学技术知识：“刻有《天学实义》等书行世。其国俗工奇器，若简平仪、龙尾车、沙漏、远镜、候钟之属。”③ 关于基督教，这篇文章也做了一些介绍，从中可以看出明朝人对基督教、基督教建筑、基督教艺术的认识。其中说到基督教的画像，说是“望之如塑”，很真实，“目容有瞩，口容有声，中国画缋事所不及”。天主堂建筑也很特别，“堂制狭长，上如覆幔，傍绮疏，藻绘

① 刘侗、于奕正：《帝京景物略》，上海古籍出版社 2001 年版，第 74 页。
② 刘侗、于奕正：《帝京景物略》，上海古籍出版社 2001 年版，第 74 页。
③ 刘侗、于奕正：《帝京景物略》，上海古籍出版社 2001 年版，第 223 页。

诡异,其国藻也”。[①] 这是中国最早对于基督教建筑与艺术的介绍,具有重要的历史价值。

《帝京景物略》中的园林也有一些为民俗活动的场所,在介绍这些场所时,也介绍了民俗,其中最值得注意的是《灯市》《城隍庙市》,它突出地反映明朝商业与娱乐业繁荣,更反映明朝手工艺制作的水平,是明朝社会生活、经济生活的一面镜子,具有丰富的价值。

《灯市》介绍了灯市的由来,它始于汉,本为一种祭神的形式,而作为一种大众娱乐的方式则始于唐,时间定于上元,具体日子则有别。唐玄宗定在正月十五后二夜。宋扩为五夜灯,提前至正月十三日开始。明朝则再扩为十夜灯,起初八。关于灯市的热闹场面,《灯市》有生动的描写:

> 货随队分,人不得顾,车不能旋,阗城溢郭,旁流百廛也。市楼南北相向,朱扉,绣栋,素壁,绿绮疏,其设氍毹帘幕者,勋家、戚家、宦家、豪右眷属也。向夕而灯张,乐作,烟火施放,于斯时也,丝竹肉声,不辨拍煞,光影五色,照人无妍媸,烟罥尘笼,月不得明,露不得下。[②]

给人的印象:一是人多货多,街道拥挤不堪;二是市楼装饰豪奢,富丽堂皇;三是灯光璀璨,以至与白天无异。这在相当程度上反映明朝社会的经济状况,这确是当时世界上为数不多的富裕国家。

灯市以娱乐为主,庙市则以商业为主,兼娱乐旅游功能。北京的城隍庙市在北京的西部,城隍庙本是祭城隍的地方,后来发展成工艺展览会、商业交易会,以及大众游乐会。《城隍庙市》详细描写庙市的规模和各种工艺制品。按它的说法,历代制品,各有代表,商周是彝鼎,秦汉是匜镜,唐宋是书画,而明朝,则各样制品都有,而且“物异弗贵,器奇弗作”。首先是介绍宣铜,称之为“器首”。随后介绍瓷器,明朝瓷器是中国瓷器的高峰,文章说:“古曰柴、汝、官、哥、均、定,在我朝,则永、宣、成、弘、正、嘉、隆、万官窑。”文章详细陈述有代表性的瓷器的形制、色彩,堪为明瓷大全。再下

① 刘侗、于奕正:《帝京景物略》,上海古籍出版社 2001 年版,第 222 页。

② 刘侗、于奕正:《帝京景物略》,上海古籍出版社 2001 年版,第 88 页。

面，介绍漆器、笺纸、墨、扇等。值得注意的是，它还介绍了来自欧洲、日本的产品，说明当时明朝已经具有一定的国际商业活动，这是明朝资本主义萌芽的表现之一。

北京的纪念性的场所，如于谦祠都具有园林的性质，它既是纪念某一人物或某事件的场所，也是人们游乐的场所。同样，像灯市、庙市这样的商业活动有固定的场所，也具有一定的娱乐性质。《城隍庙市》说“市之日族族，行而观者六，贸迁者三，谒乎庙者一”，可见游客还是大多数。这样的场所可以纳入广义的园林。这样的园林以人工制品为对象，它具有一定的功利性，但更多的是心灵得以释放的场所，更具大众性，更受群众欢迎。应该说，在审美的开放性上，明朝远超过前朝。

第七节 媲美《园冶》、双璧同辉

众所周知，明代在中国园林史的发展中具有重要的意义，它是中国园林成熟期。在理论上有计成的园林专著《园冶》，另外有文震亨、张岱、祁彪佳等论园林的文字，更重要的是明朝还留下了一些重要的园林遗迹。有些遗憾的是，遗迹主要是江南的，北方的就比较少。北方园林精华集中在北京，但因为经过清朝三百年的改造，北京的明代园林可谓荡然无存。幸好有《帝京景物略》，我们才能一窥北京园林的风貌。正是这部著作填补了北方园林史的空缺。

《帝京景物略》与《园冶》都产生于明末，两书作者出身背景不同，著书的立场与目的不同。园冶的作者计成是一位民间园林设计师，园林设计是他的衣食饭碗；《帝京景物略》的主要作者刘侗是官员，兼历史学家和散文作家。计成著《园冶》目的是为构园，即“冶”园留下自己的经验体会。刘侗著《帝京景物略》是为风雨飘摇的明王朝提供精神上的助力，故强调北京作为都城，“挈天下为瓶，而身抵其口”，“守天下必以蓟”。当然，更重要的是它为北京的建都造园留下了珍贵史料。

《帝京景物略》涉及的问题比较多，有山水、园林，也有历史、民俗，景观是中心。景观描述，多取体验的方式，像游记但又不是游记。这种体验式的表达方式与计成的《园冶》大不相同。《园冶》体裁类诗赋，但不为抒情，而是论理，类杜甫以诗论诗。《帝京景物略》的作者不是园林设计师，也不是园林理论家，而是作家、历史学家。他们所谈不是如何造园，而是园林的景观，从他们对景观的描述中，我们可以拎出一些理论来。两种表述法：一种立意为形而上，描述全为形而下，如《园冶》；另一种立意就是形而下，可以上升到形而上，如《帝京景物略》。

计成、刘侗都具有优秀的文化修养，都善文学。他们的文章都是美文，只是《园冶》为骈体，《帝京景物略》为散文。按说，《园冶》应进入明代文学史，但因为它的主旨讲构园，而且讲得太好了，被牢牢地留在园林界；《帝京景物略》讲园林也很出色，但它的文字非常漂亮，因为文字太好了，被留在了文学界。这样，《园冶》为文学界所忽视，而《帝京景物略》为园林界所忽视。

在笔者看来，《帝京景物略》与《园冶》堪为双璧，同为明朝环境美学的高峰。两者的基本观点是一致的，都注重天工与人工的统一，都注重情与景的交融。但《帝京景物略》有六点与《园冶》有所不同：

第一，《园冶》在注重天工与人工统一的基础上，强调天工最高，最高的美应是“虽由人作，宛自天开”，而《帝京景物略》讲“天人合发”，凸显了人的本体性地位和主体性地位。

第二，《园冶》只讲天人合一，不讲天人相分，而《帝京景物略》既讲天人合一，也讲天人相分，它认为“天巧不受人分，人工不受天分”。它们的统一不是人统一于天，当然也不是天统一于人，而统一于“宜”。“宜”的含义非常丰富，从《帝京景物略》所举的例子“云山一簇，惟缺略荒寒，结茆数椽，宜耳”来看，宜在人意与物用的统一上。

第三，《园冶》属于构园学概论。所论的景观具有类别的概括性，而《帝京景物略》不是构园学，其所论景观不具类别的概括性，只具对象的个别性。

第四，《园冶》所论园林具有鲜明的江南风味，多烟云，多幽深，繁花似锦，其审美品位以优雅闲适为主；《帝京景物略》所论园林具有鲜明的北国风味，少烟云，多岩石，雄伟险峻，审美品位崇尚苍古险峻。

第五，《园冶》与《帝京景物略》都具有厚重的人文品位，但《园冶》的人文品位主要在艺术上，而《帝京景物略》主要在历史上。

第六，《园冶》作为专业的构园学，基本上不谈与园林无关的东西。从园林专业的维度来看这部著作，它无疑是无与伦比的。《帝京景物略》作为北京园林结集，不具学科的专业性，它由园及城，由今及古，内容涉及中国的城市史、国都史、园林史、人文地理史、美学史等。从环境学来说，《帝京景物略》的广度、深度要超过《园冶》。

第十章
《溪山琴况》的音乐美学思想

明代，音乐也得到很大发展，传统的琴艺达到登峰造极的地步，概括琴艺的理论著作《溪山琴况》总结了自汉代以来的琴美学的成果，提出了一整套琴审美理论，这是一部中国历史上罕见的规模宏大、结构严整的音乐美学专著，值得格外重视。明代的绘画、园林、音乐在继承中华民族传统的审美理念时，又明显地增添了市民的审美情趣，体现出转型的特色。

明代戏曲歌舞艺术的发达，促成了音乐艺术的发展。因为除了极少的艺术品种外，绝大部分艺术品种都需要借助于音乐。在中国的音乐艺术中，琴艺术最为重要，原因很清楚，琴艺术一直与中国的君子文化、隐士文化联系在一起。君子、隐士表达志向的重要手段就是鼓琴，所以，自先秦以来，与琴有关的故事基本上都是佳话，琴与玉一样，早就成了中国文化中清雅人格的象征。产生于明末的琴艺术专著《溪山琴况》在相当程度上总结了中国的琴美学，它所表达的有关琴艺术的美学思想可以看作中国音乐美学的高峰。

《溪山琴况》的作者为徐上瀛，字青山，号石泛山人，江苏太仓人。徐上瀛早年曾从明代著名的琴艺术家张渭川、陈爱桐、严澄等研习琴艺。他继承虞山派琴艺清、微、淡、远风格，又兼取各家之长，终于成为虞山派琴艺的新的代表人物，当时就有“今世之伯牙”之美誉。明亡后，徐上瀛隐居苏州穹窿山，以琴艺终老。

《溪山琴况》此书成于明崇祯十七年（1644），出于徐氏辑撰的《大还阁琴谱》（亦名《青山琴谱》）。全文论述了24个范畴，没有加以归类，顾名思义，为琴艺24种状况。如果将它们做个分类，这24个范畴，可以分成四类。(1) 功能和境界：和；(2) 品格和意蕴：静、清、远、古、淡、恬、逸、雅；(3) 形象与美：丽、亮、采、洁、润、圆；(4) 技艺：坚、宏、细、溜、健、轻、重、迟、速。①

第一节 音乐的功能与境界：和

《溪山琴况》，第一况是“和”。关于“和”，我们可以将其分成三个小问题：

一、“和”的内涵

《溪山琴况》说：

> 稽古至圣，心通造化，德协神人，理一身之性情，以理天下人之性情，于是制之为琴，其所首重者，和也。

这里，谈的是琴的功能，概括起来，琴的功能是“和”。“和”什么？按《溪山琴况》的观点有四：一是“心通造化”，即人与道（天地、自然、造化）相合；二是“德协神人”，即人与神相合；三是“理一身之性情”，即性与情相合；四是“理一身之性情，以理天下人之性情”，即个体与群体、人与社会相合。

音乐作为艺术，是人的精神之花，它植根于人心，具体来说，它植根于人心中的情感。音乐是情感的产物，情是乐之本。音乐不仅植根于情感，又作用于情感。音乐植根于情，情与性相通，故音乐又通性。如果将性理解成理，乐又通理。《溪山琴况》在谈音乐“和”的功能时，显然是比较看重性与情之和的，这说明它实际上在突出音乐入情通理的特殊功能。

① 本书所引据《中国历代美学文库·明代卷下》，高等教育出版社2004年版，第266—275页。

值得我们注意的是，《溪山琴况》将琴的“理一身之性情”与“理天下人之性情”联系起来，认为可以通过“理一身之性情”实现“理天下人之性情”。这是一个十分重要的观点。审美虽然以个体感受的方式进行，却又具有普遍可传达性，一首好听的乐曲，你听了很喜欢，别人听了也会喜欢。康德就很强调这种审美的普遍可传达性，他说：“当人称这对象为美时，他又相信他自己会获得普遍赞同并且每个人提出同意的要求。”① 《溪山琴况》这里说的“理一身之性情，以理天下人之性情”，与康德的观点有些类似。

(明) 唐寅：《山路松声图》

① [德] 康德：《判断力批判》上册，宗白华译，商务印书馆 1964 年版，第 53 页。

以欣赏音乐的方式，沟通人心，实现社会的和谐。这个和谐是分层次递进的，首先是对音乐的认同，继而是情感的认同，再以后是理念的认同。《乐记》说："乐者为同，礼者为异。同则相亲，异者相敬。"一个社会，固然需要有上下等级之间的区别，但是，也绝不可少上下等级之间的认同，前者建立在理念的基础上，实现它的途径主要为礼，后者则须通过情感的交流，实现情感交流的主要手段则为音乐。

二、"和"的层次

《溪山琴况》说：论和以散和为上，按和为次。散和者，不按而调。右指控弦，迭为宾主，刚柔相济，损益相加，是谓至和。按和者，左按右抚，以九应律，以十应吕，而音乃和于徽矣。设按有不齐，徽有不准，得和之似，而非真和，必以泛音辨之。如泛尚未和，则又用按复调，一按一泛，互相参究，而弦始有真和。

这段文章涉及琴的技巧性问题，我们且不去细论，重要的是它所说的"散和""按和"两个层次的实质。从"散和者，不按而调。右指控弦，迭为宾主，刚柔相济，损益相加"这些描述来看，散和有两个重要的特点，一是演奏者已进入自由的状态，其指法已由外在的理性的规律内化为感性的自觉的本能，得心应手，如《庄子》中的庖丁解牛："手之所触，肩之所倚，足之所履，膝之所踦，砉然向然，奏刀騞然，莫不中音。"二是音乐中各种对立的因素如宾主、刚柔、损益的统一。这种和谐让我们想到《左传》中讲到的和谐："声亦如味，一气，二体，三类，四物，五声，六律，七音，八风，九歌，以相成也。清浊，小大，短长，疾徐，哀乐，刚柔，迟速，高下，出入，周疏，以相济也。"《左传》也说到琴艺："若以水济水，谁能食之？若琴瑟之专壹，谁能听之？"《溪山琴况》说的"散和"就是这种和，这种和，徐上瀛认为是"至和"——最高的和。"按和"是合律之和，虽然合律，但演奏者只是机械地按律操作，未能进入自由创造的境地，故而，这种和只能为次。将"和"理解成多样统一，进而理解成对立的统一，这种统一又达到化的程度，这是中国哲学对"和"这一概念认识的突出特点，反映出中华民族对"和谐"理念认识的深刻性。

三、“和”的实现途径

《溪山琴况》将和的实现归之于演奏者如何处理好三种关系。“吾复求其所以和者三。曰：弦与指合，指与音合，音与意合，而和至矣。”这三种合，涉及具体的技巧，前两种合，谈技巧比较多，最后一种合“音与意合”超出了技巧，而进入一种理念了。“音”与“意”怎么合？首先要弄清音与意的关系怎么样。《溪山琴况》认为：“音从意转，意先乎音，音随乎意，将众妙归焉。”这里说是“意先乎音”的“先”不只取时间上的意义，先意后音，还包含有意为音之主宰的意思。中国艺术特别重表现，主观性很强，创作主体的观念在创作中的统帅作用十分重要，唐代画家张彦远讲“意存笔先，画尽意在”，《溪山琴况》说“意先乎音”，可谓与之异曲同工。

“和”既可以看作音乐的功能，也可以看成音乐的境界。此境界既是成乐曲的境界，也是演奏者的精神境界：

> 要之，神闲气静，蔼然醉心，太和鼓鬯，心手自知，未可一二而为言之也。

这是一种多么美的境界！比之于以往任何谈“和”的文献，《溪山琴况》无疑谈得最为透彻、最为全面、最为具体，也最具美学味。

第二节　音乐的品格与意蕴：清

关于音乐的品位，《溪山琴况》提出“静”“清”“远”“古”“淡”“恬”“逸”“雅”等一系列范畴。这些范畴，大体可以分成两类，一类是正面谈音乐的品格的，它以“清”为中心范畴；另一类是谈实现“清”的心理条件的，它以“静”为中心范畴。

《溪山琴况》正面谈音乐品格的概念为“清”“远”“古”“雅”。这些概念中，“清”是中心概念。

“清”与“雅”是可以连起来讲的，因为清也就是雅。《溪山琴况》说：“语云，‘弹琴不清，不如弹筝’，言夫雅也。故清者，大雅之原本，而为声音之主宰。”“古人之于诗曰风雅，于琴则曰大雅。”“雅”这一概念来自《诗经》，诗经有“雅乐”，雅乐本是指京畿一带的歌舞，因为它主要用于宫廷的祭祀活动，符合礼仪，所以获得“正”的评价。以后“雅”就成为一个重要的审美品评范畴。在儒家的审美理论中，称得上雅的艺术，必然是合礼的，同时，在风格上也是温柔敦厚、中正平和的。《论语·子罕》云：“吾自卫返鲁，然后乐正，雅颂各得其所。”又，《论语·八佾》云：“《关雎》乐而不淫，哀而不伤。”《溪山琴况》谈“雅”，大体上不出这个圈子。但“清”似是比“雅”丰富，

(明) 仇英：《松溪横笛图》

“雅”一般限于儒家美学的范畴，而“清”既可以表达儒家的美学思想，也可以表达道家的美学思想。从总体来看，《溪山琴况》中谈“清”，虽然肯定“清”以“雅”为本，但未加深究，只是荡然一笔，它论述的清，似乎并不特别重其哲学品格，而重音色的纯正、刚健。它将清分成若干种：

一是“指清”，强调“指求其劲，按求其实，则清音始出”。二是“调清”，这就涉及哲学品格，但不全是哲学。《溪山琴况》说：“欲得其清调者，必以贞、静、宏、远为度，然后按以气候，从容宛转。”这里说的“贞”“静”“宏”“远”兼哲学品格与音韵特色两层意思。不过，后来说到听这种清音的感受：“真令人心骨俱冷，体气欲仙矣。”就分明有道家意味了。

“远”“古”分别从两个不同的角度修饰清。关于远，《溪山琴况》说：“音至于远，境入希夷。”这就分明是在说“远”具有“大音希声”的意味。值得注意的是，作者并不深究“境入希夷”的哲学风味，而将这样一个很具哲学味的命题归结为“求弦中如不足，得之弦外则有余也”。看重“弦外”之余味，显然这是在谈美学上的意境了。

“古”，一是指，乐曲要继承“雅颂之音”，讲究“中正”；二是指，乐曲要有古朴感：“一室之中，宛在深山邃谷，老木寒风，风声簌簌，令人有遗世独立之思，此能进于古者矣。”

以“清”为基本特色，融入“雅”“远”“古”的内涵，乐曲的基本品格就这样奠定了。这“清”的品格既是作品体现出来的基本品格，也是作品的意蕴、内涵。既有儒家的中正平和，又有道家的清雅飘逸。

清的品格如何实现，就心理条件来说，它需做到“静”“淡”“恬”“逸”。这四个概念中，“静”最为重要。

《溪山琴况》谈“静”，涉及心理层面和世界观层面，但它更多地侧重于世界观层面。作为世界观层面的静，它说的是：“淡泊宁静，心无尘翳”。《溪山琴况》说：“静由中出，声由心立，苟心有杂扰，手有物挠，以之抚琴，安能得静？”宁静的心境，意味着对艺术功利的超越。显然，这是一种唯美主义的立场，似是有所偏颇，艺术哪能完全摆脱得了种种功利的诱惑？但正是这种立场才保证了艺术独立的品格。《溪山琴况》中谈的“淡”“恬”“逸”

都与“静”相联系，而且其本质也是对功利的超越。

《溪山琴况》所追求的音乐美品格，兼有儒家的君子人格和道家的隐士人格，总体风格是：中正平和、清雅恬淡。这种品格也就构成了音乐的内在意蕴。《溪山琴况》表现的这种审美理想，在中国的文人画中也有体现。这说明，它不只是音乐的审美理想，还是整个中国艺术的审美理想。

第三节 音乐的形象美：丽

《溪山琴况》不仅谈了琴艺的品格、内涵，还讨论了琴艺的声容，也就是音乐的形象，它的美。关于这个问题，它用了一系列的概念：丽、亮、采、洁、润、圆。

这一组概念中，“丽”是中心概念。我们现在来看“丽”：

丽者，美也，于清静中发为美音。丽从古淡出，非从妖冶出也。若音韵不雅，指法不隽，徒以繁声促调触人之耳，而不能感人之心，此媚也，非丽也。譬诸西子，天下之至美，而具冰雪之姿，岂效颦者可与同日语哉！美与媚，判若秦越而辨在深微，审音者当自知之。

“丽”，在中国古典美学中，向来表示外在形象美，这里，用的主要也是这个意义。细析这段话，“丽”有几个要义：

第一，“丽”之基是“清静”，是“古淡”，是“雅”。

第二，丽之径是技艺。

《溪山琴况》认为，音乐的形象需要借助一定的手段来表现，这手段就是技艺。就琴来说，指法是最重要的技艺。所以，“指法不隽”，就不能打造出美丽的音乐形象来。如果说，“丽”是目的，技就是达到目的的路径。

这涉及艺术美的构成，艺术美的构成来自诸多的方面，除了形象的内容、媒介材料外，还有艺术家独具匠心的艺术构思、精湛的技法。

第三，“丽”与“媚”有别。《溪山琴况》以西子为例，它认为，西子之美美在冰雪之姿，也就是说，美在真，美在本色，美在自然。效颦者之所以不美，就在于效颦者的“美”是矫饰的，是虚假的，不是真正的美。效颦者制作的美，由于没有“真”作为依托，只是以外在的形象迷惑人，它不能叫作“丽”，只能叫作“媚”。

“丽”是音乐形象的基本概念，有了“丽”也就有了美。故“丽”不仅指音乐的形象，也指音乐的美。

“丽”是音乐美的总概念，它包含“亮”，也包含“采”。《溪山琴况》认为：

> 音渐入妙，必有次第。左右手指既造就清实，出金石声，然后可以拟一亮字，故清后取亮，亮发清中，犹夫水中之至清者，得日而益明也。
>
> 音得清与亮，既去妙矣，而未发其采，犹不足表其丰神也。故清以生亮，亮以生采……

“亮”和“采”都建立在“清”的基础上，清是品格，也是内容，清后取亮，亮以生采。打造“丽”，还需要“洁”，“洁”涉及精神：“修指之道，由于严净，而后进于玄微。指严净则邪滓不容留，杂乱不容间，无声无涤，无弹无磨，而只以清虚为体，素质为用。”这些说法，也就是上面所讨论过的“清”“雅”“静”等。“洁”，也涉及指法：“习琴学者，其初唯恐其取音之不多，渐渐陶熔，又恐其取音之过多。从有而无，因多而寡，一尘不染，一滓弗留，止于圣洁之地，此为严净之究竟也。”看来，这里说的“洁”，就是简。以少总多、以简驭繁也是“洁”。

除了“亮”“采”“洁”外，关于音乐形象的美，《溪山琴况》还提出“润”和“圆”两个概念。“润”和“圆”是肤觉的概念，它直接通向心理。《溪山琴况》论“润”：“凡弦上之取音，惟贵中和。而中和之妙用，全于温润呈之。”“盖润者，纯也，泽也，所以纯粹光泽之气也。”“其弦若滋，温兮如玉。”这些论述切合中国美学中的儒家传统。儒家美学很看重“温润”的品格。温润在儒家美学中可以理解成仁爱、中和。仁爱是儒家哲学之本，音乐自然不能无仁爱；中和是儒家哲学重要内容，音乐同样也不能无中和。《荀子·劝学》云：“乐之中和也。”又《荀子·儒效》篇云：“乐，言其和也。”

《溪山琴况》以“中和”将“温润”联系起来，具有一定的创造性。过去似还没有看到这样的分析。

(明) 吴宏:《小山远歌图》

《溪山琴况》论“圆”:“五音活泼之趣,半在吟猱。而吟猱之妙处,全在圆满。宛转动荡,无滞无碍,不少不多,以至恰好,谓之圆……取音宛转则情联,圆满则意吐。其趣如水之兴澜,其体如珠之走盘,其声如哦咏之有韵,斯可以名其圆矣。”“圆”的要义在活泼,流畅,圆转,从而充满生气。

《溪山琴况》对音乐形象美的分析是相当全面的,它的特点主要有三:一是兼顾内容说形式,取内容与形式的统一;二是不从听觉说音乐,而取视觉概念、肤觉概念来说音乐;三是特别提出“洁”这一概念来说音乐形象美。此前,“洁”在中国古典美学中出现得很少,也未成为一个独立的审美范畴,《溪山琴况》将“洁”作为美学范畴郑重推出,为中国古典美学增加了一个重要的范畴。

第四节 音乐的移情

琴艺与天地自然的关系，《溪山琴况》并没有做重点论述，但是，此文的结尾所说的成连教伯牙琴艺的一段话，给人以重要的启示。

> 成连之教伯牙于蓬莱山中，群峰互峙，海水崩坼，林木窅冥，百鸟哀号。曰："先生移我情矣！"后子期听其音，遂得其情于山水。

成连是伯牙的老师，从这段文章看，成连教伯牙的不是琴艺，而是观察大自然。伯牙不愧是成连的高足，他从大自然中领略了许多，而最大的收获是"移情"。

"群峰互峙，海水崩坼，林木窅冥，百鸟哀号"这样的风景是无情的，但它能激发人的情感。不同的风景激发不同的情感。物与情有那么一种对应的关系，这种关系有一定的规律性，比如，汹涌澎湃的大海，连绵起伏的群山虽则一为动，一为静，但都唤起的都是雄壮之情。物本无情，但人有情，人之情为物所唤起之后，又移入物，使得物成为情的载体、情的形式。这是一个双向的移入过程：先是物移入人，后是人移入物。其间起着积极的主导作用的是情。物移入人，人产生情，于是情移入物，物遂也有情。

人与物这种情感性的双向移入，给人带来的变化有二：一是情感反应，或喜或悲，或乐或哀，等等。它是暂时的。二是情感内化，人将从外物产生的情感及情与物的关系，内化成心理因素，这种心理信息潜藏在人的生理—心理结构之中，持久地、相对稳定地对人产生着作用，悄无声息地影响着人的全面的素质包括思维方式、审美方式。这种影响的情况是因人而异的，对于画家来说，最为明显的影响是他的画风，而对于音乐家来说，最为明显的影响则是它的乐风。受到大海壮丽风光陶冶的伯牙，当其奏琴之时，那从大海风光获得的心理因素，就自然地传到了他的指上，如果演奏时，心中是有所指的，比如大海，那由大海获得的心理因素，就通过他的指法，在乐曲中找到了相对应的音乐形象。

所以，伯牙鼓琴时，子期能准确地判断出这音乐形象是高山还是流水。

子期之所以能，是因为他也有这样的审美体验。

从大海到伯牙的琴风，这是一次移情。由伯牙的琴声到子期想象的高山流水，这又是一次移情。关于音乐的移情。中国古籍中有许多记载：

伯牙善鼓琴，钟子期善听。伯牙鼓琴，志在高山，钟子期曰："善哉！峨峨兮若泰山！"志在流水，钟子期曰："善哉，洋洋兮若江河！"①

瓠巴鼓琴而鸟舞鱼跃。②

昔者瓠巴鼓瑟而流鱼出听，伯牙鼓琴而六马仰秣。③

《水仙操》者，伯牙之所作也。伯牙学琴于成连先生，先生曰："吾能传曲，而不能移情。吾师有方子春者，善于琴，能作人之情，今在东海上，子能与我同事之乎?"伯牙曰："夫子有命，敢不敬从。"乃相与至海上，见子春受业焉。④

音乐通过几种不同的移情，一是解决了人与自然的关系，二是解决了人与人之间的关系。人与自然，通过移情而得到相互认同，人与人，通过移情也得到相互理解。音乐是实现人与自然、人与人之间移情的手段之一。艺术都具有这种移情功能，各种艺术的移情功能有相同的地方，也各有其特色。就音乐来说，由于它的传达情感的方式是乐音，而乐音最具情感性，又最具抽象性，所以，它的移情是最为奇妙的，当得上《周易》所说的"神"。《溪山琴况》也说到了音乐中"神游气化"的境界，说是："意之所之，玄之又玄。时为岑寂也，若峨眉之雪，时为流逝也，若在洞庭之波，倏缓倏速，莫不有远之微致。"

《乐记》说"大乐与天地同和"，这种同和的境界的造成就在于"移情"。

---

① 《列子・汤问》。

② 《列子・汤问》。

③ 《荀子・劝学》。

④ 《水仙操》。

第十一章
《天工开物》的工匠美学思想

明朝在中国封建社会发展史上具有某种意义上的转折意义。工商业出现前所未有的繁荣，东南沿海的一些城市因交通之便，兼地域之富，成为工商业城市，与此相关，明朝的科学技术也得到了长足发展。采矿业、铸造业、制盐业、造纸业、印刷业、染织业出现一定规模，并在生产模式上接近现代工业，手工业更是欣欣向荣。在这种背景下，一部分优秀的文人从热衷于科举而转向科学技术，同时也产生了一批优秀的科学技术研究成果，其中最重要的有宋应星的《天工开物》、徐光启的《农政全书》、李时珍的《本草纲目》等。也正是在这种背景下，设计美学得到发展。中国的设计美学，开端于先秦，旗帜性的成果则出在明朝。

宋应星（1587—1666？），江西奉新人，书香世家。明万历乙卯（1615）中举，名列第三，此后，五次赴京参加会试，均落第。1634年出任江西省袁州府分宜县教谕，任职四年。1638年任福建省汀州府推官。两年后，辞官归里。其后，出任南直隶凤阳府亳州知州。到任不久又挂冠归里。是时，李自成军队攻破明朝首都北京，改元为"大顺"，旋即清兵南下，李自成败亡，清朝建立。入清后，宋应星拒不出仕。宋应星的一生的事业用在《天工开物》一书的写作上，此书为一部科学技术的词典类的书，共分上中下三卷，85754字，插图123幅。内容涉及农业、工业、手工业以及珠玉鉴赏诸多方面，堪称一部自然科学技术的百科全书。这部书涉及的工匠美学思想主要有如下几个方面。

第一节 人代天工

“天工开物”，既是此书书名，也是此书核心思想。

“天工”指自然界的作为。宋应星说：“天覆地载，物数号万，而事亦因之，曲成而不遗，岂人力也哉。”① 天工极多，而其成，都有所“因”，即规律，一切都很完美，没有欠缺，不是人力的因素。于此，宋应星强调天工的客观性、完善性，而且明确地将人力排除开来，显示出他认识论的基本出发点：天人无关。

天工在本体意义上是客观的，具有自成性、自洽性；在价值意义上，它具有自我价值性和于人价值性两个方面。自我价值在这里指对自然自身的价值；于人价值指对人的价值。天工与人发生价值上的关系，有益和不益两个方面。宋应星说：“万事万物之中，其无益生人与有益者，各载其半。”② 从这个论述来看，显示出他价值论的基本立场：天人相关。

当人尚处于动物阶段时，天工能够满足人的需要。在这种背景下，天人的相关就是天人相合。虽然天人相合似乎是理想的，但其实是极为可怜的。人在自然面前根本无自由可言，人的生存与其他动物生存，没有本质上的不同。人尚不足以称为人，人即是自然，因此，此种天人相合本质是人与天合。

然而当人脱离动物阶段之后，人具有了自由的心志，在物质与精神两个方面均有更高的需求。这时候，人发现自然不能满足人了。于是，就企图通过自己的努力，以获得更高的需求。这就是《尚书·皋陶谟》所说的“天工人其代之”③。

---

① 宋应星：《天工开物·序》。

② 宋应星：《天工开物·序》。

③ 《尚书·皋陶谟》。

人代天工的典型事例就是农业生产。农业生产主要是解决人的吃饭问题。人在动物阶段，主要取自然物充饥。而当人成为人之后，对于食物的需求增多，不仅用来充饥，还用来祭祀。“生人不能久生，而五谷生之，五谷不能自生，而生人生之。”[①] 就是用于人食，也不只讲究填饱肚子，还讲究色香味。凡此，均属于人代天工。

(明) 蒋嵩:《渔舟读书图》

① 宋应星:《天工开物·乃粒第一》。

人代天工，宋应星用“开物”一语表述。“开物”取自《周易 · 系辞上传》“开物成务”[①]。“开物成务”，顾名思义，就是打开自然的奥秘，成就一桩事业，以满足人的需要。

既然，人工的作为是代天工，那么，人工就是伟大的。宋应星对于人工给人带来社会进步，给予高度评价。

从国家强大层面而言，强大的国家必须有与之相应的物质文明和精神文明。

宋应星说：“幸生圣明极盛之世，滇南车马纵贯辽阳，岭徼宦商横游蓟北，为方万里中，何事何物不可见见闻闻！”[②] 这里他以交通为例，说明大国要成为强国，不可没有畅达的交通。明帝国这方面的建设相当有成绩。不仅修筑了纵贯南北东西的大道，而且有了坚固的车辆。正是因为如此，才将领土辽阔的中国在政治上真正统一起来，同时，这也为全国商贸交易带来极大的便利，从而为繁荣强大的中国奠定了物质基础。另外，也正是因为有了方便的交通，在方圆万里的广阔天地中，“何事何物不可见见闻闻”！诸多见闻的交流，就是文化的传播，就是知识的学习，这必然带来国家科学技术的进步，文学艺术的发展，国民素质的提升。

国家强大，物质基础是财富，财富的创造积累一是从自然界直接索取，二是人工的创造。这直接从自然界索取，最重要的莫过于采矿了。宋应星说：

> 人有十等，自王、公至于舆、台，缺一焉而人纪不立矣。大地生五金，以利天下与后世，其义亦犹是也。贵者千里一生，促以五六百里而生。贱者舟车稍艰之国，其土必广生焉。黄金美者，其值去黑铁一万六千倍，然使釜鬵、斤斧不呈效于日用之间，即得黄金，值高而无民耳。贸迁有无，货居《周官》泉府，万物司命焉。其分别美恶而指点重轻，孰开其先，而使相须于不朽焉？[③]

这是中国历史上对于五金（金银铜铁锡）最为完善的论述。他认为：

---

① 《周易 · 系辞上传》。

② 宋应星：《天工开物 · 序》。

③ 宋应星：《天工开物 · 五金第八》。

（1）黄金的重要性：人有十等，五金也是分等的。价值最高的莫过于黄金。黄金是国家的命脉所在，所谓“万物司命焉”。

（2）普通金属的重要性：人虽然分为十等，上等人最高贵，但如果没有下等人，上等人就无法活。金属也一样，黄金虽然在五金中至高无上，但如果只有黄金，没有釜鬵、斤斧这样的普通铁器，人们无法生活。

（3）矿产重要性的历史记载：矿产的重要性早在《周礼·地官》中就体现出来了。矿产管理归口于“泉府”衙门。

（4）矿业科技知识的重要性：只有懂得分别矿藏的美恶优劣，厘清有关知识的源流，才能使五金真正成为“不朽”之物。

中国古代治国以礼。礼作为官方所定的政治伦理制度，体现在生活的各个方面，其中有物质的方面。物质的方面，需要造物来支撑。比如建筑用瓦“若皇家宫殿所用，大异于是。其制为琉璃瓦者，或为板片，或为宛筒，以圆竹与斫木为模，逐片成造。其土必取于太平府”。而这种做法，“民居则有禁也”。[①] 礼借助于物质文明而得以强化，实质是精神文明得到实实在在的建设。

从社会进步层面而言，进步的社会同样必须有先进的科学技术来支撑。宋应星说到造纸术。他说：“物象精华，乾坤微妙，古传今而华达夷，使后起含生目授而心识之，承载者以何物哉？”这承载物就是纸。宋应星继续说：“君与臣通，师将弟命，凭借呫呫口语，其与几何？持寸符，握半卷，终事诠旨，风行而冰释焉。”[②] 是啊，这君臣之间、师徒之间，仅靠耳提面命，喋喋不休，又能说多少呢？只要一张纸，半卷书，便足以说清意图与道理，于是，政事畅行，而疑难冰释。

从生活质量的提升而言，生活质量的提升离不开科学技术。以穿衣为例，首先是织机的发明与运用，让衣料发生根本性的变化，过去人们用自然界提供的麻、草编织成衣，如今的人们不是穿棉，就是着丝。棉和丝得以成

① 宋应星：《天工开物·陶埏第十一》。

② 宋应星：《天工开物·杀青第十三》。

衣料离不开纺织技术。宋应星说："天孙机杼，传巧人间。从本质而见花，因绣濯而得锦，乃杼柚遍天下。"① 宋应星说，被誉为天仙织布这样的技巧，已在人间普及。从种棉纺纱织布到编出花纹，从养蚕缫丝染色到成为锦缎，人们的生活得到多大的改善！又如陶瓷，本为生活用具，它的发展，越来越精美，其巧绝者一度成为统治者的专用品，成为礼器，即算进入民间，也显示出社会生活质量的提升。宋应星说：

> 泥瓮坚而醴酒欲清，瓦登洁而醯醢以荐。商周之际，俎豆以木为之，毋以质重之思邪。后世方土效灵，人工表异，陶成雅器，有素肌、玉骨之象焉。掩映几筵，文明可掬。②

众所周知，陶瓷艺术在明朝达到了巅峰，成为中国文化的代表之一。宋应星在《天工开物》中设专章论述明朝陶瓷的制作技术，足以见出他对陶瓷的高度重视与喜爱。

第二节 善用天工

天造万物，人为其一。人之生来自于天，人之养亦来自于天。

天作为宇宙本体性的存在，它为至真；天作为人的生养之源，它为至善；天作为美丽宇宙之造物主，它为至美。

宋应星说："天生五谷以育民，美在其中，有'黄裳'之意焉。"③ 五谷原本自然就有的，它成为人类主要的食物，养育着人类，德高如天，无以言之。天工造物，不仅有巨善，而且有大美。像五谷，都有壳保护着："稻以糠为甲，麦以麸为衣，粟、粱、黍、稷，毛羽隐焉。"④ 去掉这壳，里面藏着精白的食物。如此结构不是很美吗？宋应星借用《周易》中的"黄裳"典，将五谷的壳比喻为黄色的衣裳，足见他对天工之美的倾心崇拜。

---

① 宋应星：《天工开物·乃服第六》。

② 宋应星：《天工开物·陶埏第十一》。

③ 宋应星：《天工开物·粹精第二》。

④ 宋应星：《天工开物·粹精第二》。

宋应星还谈到大自然色彩之美：“霄汉之间云霞异色，阎浮之内花叶殊形”；“飞禽众而凤则丹，走兽盈而麟则碧。”[①] 大自然色彩之美重在丰富多样，“异色”“殊形”，显示出美的多样性、特殊性、个体性、动态性、变化性。在丰富多样、变化无穷这些方面，人类的任何创造均相形见绌。

天工的所有创造，均是无目的，但具有合目的性，不仅合自然本身所需要的自恰、平衡、和谐、生态的目的，而且合人所需要的生存和发展的目的。

天工于人的“合目的性”完全是无心的，然而人有心，因此，如何充分利用天工，让其为人类的生存和发展服务，是智慧人类所要做的首要工作，也是最重要的工作。

人类对于天工的利用，有多种：

一是本能采用自然物，如空气、水、某些动植物。这不需要太多的知识，生命的本能让人会呼吸，会饮水，会吃动植物食品。

二是知性采用自然物，这就需要一定的知识了，如采蜂蜜。蜂蜜是可以直接食用的，但养蜂、采蜜是需要一定知识的。因此，了解蜜蜂的生活习性、生活规律，懂得采集的方法是十分重要的。宋应星在《天工开物》中说了诸多这方面的知识和技术，至今仍然管用。他说，养家蜂的人将桶悬挂在屋檐的一头，或者将箱子置于窗下，桶或箱上要钻几十个圆孔，让蜂进入其中。家人打死一两只蜂不妨事，但打死三只蜂以上，蜜蜂就会螫人，这叫作“蜂反”。蝙蝠喜欢吃蜜蜂，杀一只蝙蝠挂在蜂桶前，蝙蝠就不敢来了。这叫作“枭令”。养家蜂群繁殖到一定程度需要分群。蜂农会撒酒糟，用香气将蜜蜂引出原来的蜂巢。采蜜也有诸多讲究。蜜蜂到要酿蜜时，会造出蜜脾，这是专用来酿蜜的巢房。蜜蜂咀嚼花心汁液，吐积而成蜜，待到取蜜脾时，幼蜂多死于其中，其底部为黄蜡。这是采家蜂的蜜。如果采深山崖石上野生的蜜，那需要用长竿刺取，蜜汁即流下。如果蜜脾不足一年，人可以爬上去割取。

三是借用自然物。这种用尽可能不破坏自然本身的形态，因而与上面

① 宋应星：《天工开物·彰施第七》。

所说的第二点有所不同，故而为借。《天工开物》介绍了诸多这样的成功事例，其中有水碓。江西广信府即今上饶地区造水碓的方法非常高明。水碓埋臼的地方过低、过高均不行，过低会被洪水所淹，而过高则水流不到。广信府的做法是：用一条船当作地面，打桩将船身围住，在船中填土埋臼。要是在河的中流做道石梁，安装水碓无须打桩围堤了。更有一身三用的水碓，激水转动轮轴，水碓的第一节磨面，第二节舂米，第三节灌溉稻田。宋应星说“江南信郡水碓之法巧绝”[①]，这“巧”就巧在善用天工，而且做到了极致。

制盐也有这样的例子，如引水种盐，它主要借用风力、阳光。引水种盐，在春季进行，迟则盐水成红色。夏秋之交，南风大起，一夜之间，盐水就干了，结出一颗颗的盐晶，上种盐，名大盐，扫起就可食用。海丰、深州引海水入池，靠太阳晒盐，不用煎炼，盐水晒干，就可食用，这种成盐，不靠南风，主要靠阳光。

(明) 张穆：《奚官放马图》

① 宋应星：《天工开物 · 粹精第二》。

在善用天工问题上，宋应星特别强调人的“巧聪明”。他说，人们平常讲人勤劳，用“继晷以襄事”来比喻，这其实只是肯定勤劳的精神，真个这样做，让织女借烧柴的光亮织布，让书生借雪光映照来读书，这成得了什么事！人要想获取好的生活，必须善于利用自然，利用天工。比如说油脂，食物少不了它，许多工具也少不了它。舟车靠轮行走，如果能够给轮轴注入一铢油，就转得快多了；船要补漏，需要大量的油，不是一铢，而是一石。油太重要了，要是没有油，“犹啼儿之失乳焉”。那么，何处得到油？自然界。自然界油藏量极丰富，但是，大都不显露于地表，或埋藏于地下，或蕴藏在草木之中。这就需要人凭借工具去采油了。如植物中的油，借用水火之力，靠木榨和石磨这样的工具，是可以将其弄出来的。虽然看似简单，却是“人巧聪明”。这种“巧聪明”从何而来，宋应星说“不知于何禀度也”①。其实，这是人的本质。人的本质让人能思考，能制造工具。凭借实践所获得的知识多次实践，历经多次失败，吸取教训，寻得规律，而终于成功。

第三节　利器开物

科学是人们对自然界的正确的认识，属于知识系统。知识用于人的生活，必须借助于技术，技术也是知识，它源自科学，为了人的某种目的，科学具体化、实践化、价值化、功利化了。科学无干于人，而技术必利于人。科学只具有合规律（自然本质）性，而技术具有合目的（人的需求）性。

技术的实施，离不开工具。动物只能运用自然现成的工具，而人可以创造自然界没有的工具。创造工具是人的本性。宋应星说：

> 金木受攻而物象曲成。世无利器，即般、倕安所施其巧哉？五兵之内、六乐之中，微钳锤之奏功也，生杀之机泯然矣。同出洪炉烈火，大小殊形。重千钧者系巨舰于狂渊；轻一羽者透绣纹于章服。使冶钟

① 宋应星：《天工开物·膏液第五》。

铸鼎之巧，束手而让神功焉。莫邪、干将，双龙飞跃，毋其说亦有征焉者乎？①

这段话的中心思想是论述工具在造物中的重要性：

(1) 工具的重要性："物象曲成"。"物象"在这里指人工制品。"金木受攻"，即工具作用于材料。没有工具，只有材料，物象无法生成，此语强调工具在造物中的重要性。

(2) 利器的重要性：利器是得力的工具。如果没有利器，即使是公输般、黄帝时代的能工巧匠倕也无法施展其巧。

(3) 基础工具的重要性：做工需要许多工具，不同的工作所需要的工具不同，但有一些工具属于基础性的工具，它能广泛地运用于诸多工作之中。制造兵器、乐器这样的工作，都有专门的工具的，但也会用到钳、锤这样的基础工具，如果没有钳、锤这样的基础工具，那么，就不能制造出各种兵器、各种乐器。

(4) 工具施展中的各异性：宋应星说，金属物品都要经过洪炉的锻造，但大小形状不同，有重达千钧的巨舰，也有微小的绣花针。别看绣花针细小，铸鼎冶钟的巧技也得让位于这做针的神功。古人造莫邪、干将剑，有种种双龙腾飞的传说，应该说，也是有所根据的。

宋应星以上这些论述，围绕着一个中心：器与巧。巧是中国古代工匠美学中的重要范畴。墨子论巧，他说："至巧不用剑，大匠不用斫。夫物有自然，而后人事有治也。"② 强调巧为天工，强调顺应自然，而宋应星的"巧"指的是工匠的创造性，是人的智慧与力量。

巧，在工匠的工作中，体现为两个方面：一是技术之巧，二是器具之巧。两者相关而有区别。《天工开物》重点论述器具之巧。

巧，是功利与审美、科学与艺术、内容与形式的高度统一。在缺乏现代科学技术的古代，这种统一，以原料、程序、经验、手感得以保障。试以"陶

① 宋应星：《天工开物译注 · 锤锻第十》。

② 《墨子 · 佚文》。

(明) 宋旭:《松壑云泉图》

埏”为例:

原料:宋应星认为制瓷与原料关系极大。他说到景德镇的瓷器,其原料“土出婺源、祁门两山。一名高梁山,出粳米土,其性坚硬;一名开化山,出糯米土,其性粢软。两土和合,瓷器方成”①。原料有地区的限制,也有地区的特色。说到制陶所用的釉的原料,各地不同。宋应星说是“凡釉质料

① 宋应星:《天工开物·陶埏第十一》。

随地而生”①，苏浙闽三省普遍使用一种名“蕨蓝草”做釉，北方不知道这是什么东西。苏州有一种黄罐釉，另有釉料。上供的龙凤器，仍然用松香和无名异这两种釉料。

程序：程序是科学性的突出体现，从窑制、制坯、烧制到火温、时间等均有严格规定。这种规定是通用的，不容任何改变。比如，瓷器上过釉后，就装上匣钵，大器一匣装一个，小器十余个共一匣。装进窑后，然后举火，其窑上空十二个圆眼，名曰天窗。火以十二时辰为足。先发门火十个时辰，让火力从下攻上。然后从天窗掷柴烧两个时辰，让火力从上透下。烧制过程中，用铁叉取出其中一个瓷器验验火候，看是不是足够。烧够规定的时间后，绝薪停火。整个制瓷共有七十二套程序，一套也不能省。

经验：虽然为主体的感性认识，但实际上，这感性知识具有理性知识的品位，它具有科学性，只是这科学性没有表现为量化的程序，而体现为主体感性的认识，在烧制瓷器的过程中，制瓷师傅的经验贯穿于过程的始终，在相当程度上决定了制瓷的成败。

明代的工业、手工业有些方面达到世界最高水平，但有些工艺，不如他国，如“焊铁之法，西洋诸国别有奇药”②。中国的小焊用白铜粉做焊药，大焊则挥锤强使接头拼合。这种拼接物，“历岁之久，终不可坚”。在锤锻工艺上，中国不如西洋，故西洋早已有了锻成的大炮，中国还没有，中国的大炮是铸成的。另外，在制刀上，中国有绝活，“刀剑绝美者以百炼钢包裹其外，其中仍用无钢铁为骨”，但日本也有绝活，“倭国刀背阔不及二分许，架于手指之上，不复欹倒。”宋应星感叹：“不知用何锤法，中国未得其传。”③

宋应星如此坦承中国工业在某些方面的落后，旨在促使国人奋发图强、后来居上，这种科学的态度，显现出可贵的爱国情怀。

① 宋应星：《天工开物 · 陶埏第十一》。

② 宋应星：《天工开物 · 锤锻第十》。

③ 宋应星：《天工开物 · 锤锻第十》。

第四节　人工成物

中国古代许多制品为手工制品，制作过程中，手感最为重要。

《天工开物》谈制陶瓷，多处说到手感，录之如下：

……试土寻泥之后，仍制陶车旋盘。工夫精熟者视器大小掐泥，不甚增多少。两人扶泥旋转，一捏而就。①

凡造杯盘，无有定形模式，以两手捧泥盔帽之上，旋盘使转，拇指剪去甲，按定泥底，就大指薄旋而上，即成一杯碗之形。功多业熟，即千万如出一范。②

基于中国古代的手工业多为经验，所出的诸多绝活，具有一定的偶然性，因而传出种种传奇故事。宋应星说，明正德年间，朝廷内使监造御器，这个时候，“宣红”这种窑变技术失传，因而造不成。制瓷人很紧张，完不成任务，身家性命都有危险。此时，有一个人猛然跳入窑内自焚，托梦给别人说，“宣红”已造成，而“宣红”也果然成功了。

除了手感，还有眼感：

凡砖成坯之后，装入窑中。所装百钧则火力一昼夜，二百钧则倍时而足。凡烧砖有柴薪窑，有煤炭窑。……火足止薪之候，泥固塞其孔，然后使水转釉。凡火候少一两，则釉色不光，少三两则名嫩火砖，本色杂现，他日经霜冒雪则立成解散，仍还土质。火候多一两则砖面有裂纹。多三两则砖形缩小坼裂，屈曲不伸，击之如碎铁然，不适于用。……凡观火候，从窑门透视内壁，土受火精，形神摇荡，若金银熔化之极然，陶长辨之。

此段文章着重说火力对于烧砖的重要性。火力有可计算的，根据窑内装坯的多少而定，装三千斤（百钧），火力一昼夜，装六千斤（二百钧），火力

① 宋应星：《天工开物·陶埏第十一》。

② 宋应星：《天工开物·陶埏第十一》。

加倍即两昼夜。也有不可计算的，这不可计算的，则靠“陶长”——烧窑师傅的眼睛观察，这叫作“观火候”。火候对于砖的成器关系极大。火候多一两，则砖面有裂纹；多三两则砖形缩小拆裂，完全不能用。火候怎么观？“陶长”从窑门透视内壁，看窑火的“形神摇荡”。所谓“形神摇荡”，就是说，这摇荡的火苗有些反映出火候，有些不反映火候，凡不反映火候的为“形”，凡反映火候的为“神”。这种火候的变化类似于金银熔化一样。

中国古代所有的造物，均以手工为基础，始于手工，成于手工。当手工达到“随心所欲不逾矩”的地步，这手工就成为神工了。

神工其实并不是真有神在操控，而是说明它的神奇。对此神奇如何做解释，是中国古代学人很感兴趣的事。

《庄子》最早论述了神工的本质。《庄子》有诸多神工的故事，其中有“庖丁解牛”“工倕旋”的两个故事。

庖丁解牛能“恢恢乎其于游刃必有余地矣”，以至于解牛达到审美的境界，“莫不中音，合于桑林之舞，用中经首之会”①。“工倕旋”讲工匠画圆圈的事。这位工匠画圆圈，每次都能将圆圈画得很圆。他的手简直就是圆规。《庄子》说这是“指与物化”。两位工匠的工作都进入了自由的境界，《庄子》分明做了解释。庖丁之所以进入自由境界，是因为“所好者道也，进乎技矣”；而画圆圈的工匠，则是因为“其灵台一而不桎”，忘掉了诸多与利益是非相关的念头，“不内变，不外从，事会之适也。始乎适，而未尝不适者，忘适之适也。”②

《庄子》显然将这样的故事哲学化、神秘化了。宋应星的《天工开物》则没有引用《庄子》的观点来解释这种“巧感”的事。在他看来，能让工匠的手、眼如此精准，是因为经验的积累，是他们的功力已经达到“精熟”的程度了。另外，与他们的责任感、敬业精神、精益求精的精神也有关系。宋应星并不把这样的事夸大其神，因为在他看来，作为工匠，这样做和能这样

---

① 《庄子·养生主》。

② 《庄子·达生》。

做，都是应该的、必需的。

天工无仁，它的德遍及地球所有生灵，并不独钟于人。天工开物，只是为人的生存与发展提供了基础，并不完全切合人类，是人自己将自然所提供的空间改造成生活环境，并且将自然所提供的资源改造成人所需要的生活物质和生产物质。

在宋应星看来，尽管天工开物，最后还是人工成物。

第五节 工匠精神

《天工开物》全面而又深刻地反映了中国古代的工匠精神，概括起来主要有四点：

一是敬业精神。《天工开物》所说的每一件器具的制作与使用均需要高度敬业精神作支撑。敬业贵在注重细节，一点也不能马虎。比如，它讲到"铸钱模"，程序非常烦琐，每一个环节都不能有稍许走样。铸钱的最后一道工序为打磨，要求将冷却后的铜钱逐一摘出，以待磨锉。"凡钱先锉边沿，以竹木条直贯数百文受锉，后锉平面则逐一为之"①。

二是科学精神。深入探索自然规律，依靠对必然的掌握去实现自由。《天工开物》完全摒弃一切非科学的概念包括巫术以及神话，一切建立在对自然的科学认识的基础之上。道士的炼丹术在这里成为严肃的科学。比如"燔石"，他说："金与火相守而流，功用谓莫尚焉。石得燔而咸功，盖愈出而愈奇焉。"② 这种奇建立在科学的基础上，石灰是优秀的建筑材料，它是燔石的产物，"凡石灰经火焚炼为用。成质之后，入水永劫不坏"。然石料要选，燃料有一定的配方，炉温有严格规定。火力到后，烧酥石性，还要置于风中，让其"久自吹化而成粉"，如果急用则可用水沃之，它可以自行解散。

---

① 宋应星著，潘吉星译注：《天工开物译注 · 冶铸第九》，上海古籍出版社 2008 年版，第 171 页。

② 宋应星著，潘吉星译注：《天工开物译注 · 燔石第十二》，上海古籍出版社 2008 年版，第 207 页。

三是民生精神。《天工开物》所谈一切技术均涉及民生。在此书中，宫廷所需，谈得极少。这里，特别要提到《天工开物》对于农业生产的高度重视。农业为该书的第一章，宋应星对农民给予空前未有的评价，他痛斥儒生与纨绔子弟对于农民的轻蔑，说："纨裤之子以赭衣视笠蓑，经生之家以'农夫'为诟詈。晨炊晚饟，知其味而忘其源者众矣。夫先农而系之以神，岂人力之所为哉。"[①] 这种认识，在中国古代难能可贵。

四是臻美精神。求真为的是成善，而要成最高的善则必须臻美。美在哪里？美在天工之中，也在人工之中，体现为天工的规律性与人工的目的性的统一。宋应星说"天生五谷以育民，美在其中"。野生的五谷产自自然，人将其采撷以充饥，已经见出天工与人工的统一了，而当人将野生的五谷谷种播在田地里予以人工培植时，这种天工与人工的统一就更上了一个台阶。采撷，自然物之美更多地美在自然的元素；而种植，自然物之美就更多地美在人工的元素了。在天工与人工两个方面，宋应星肯定天工是基础，是法则，但更强调人在天工的基础上，遵循天工的法则所做的创造。宋应星说磨镜，"巧者夺上清之魄"即夺日月的光辉。这种美，叫作巧夺天工。宋应星用"巧绝"来说工匠的技艺，巧，最佳之谓，而绝，乃唯一之语了。工人在制物过程中手感、眼力的精确性，让宋应星叹服不已，称之为"精绝"、堪为神工，充分见出人万物之灵的创造性。这种创造性自然也是美之至了。

美以最高的水准与规格成就了善，实现了真。造物，从本质上看，它是真善美的统一。

中国的工匠美学始于《考工记》，经《墨子》《梦溪笔谈》，而到《天工开物》，可以说达到了顶峰。

① 宋应星著，潘吉星译注：《天工开物译注 · 乃粒第一》，上海古籍出版社 2008 年版，第 6 页。

第十二章

徐霞客：中国古代旅游审美集大成者

明朝出了一位大旅行家——徐霞客（1587—1641）。徐霞客本名徐弘祖，字振之，霞客是其号，江苏江阴人。

徐霞客历经30年，游遍中国21个省份，“达人之所未达，探人之所未知”，写出数字今已难以确计的游记及各种记录，仅整理出来的《徐霞客游记》，已达60万字。徐霞客堪称中国的“游圣”。正是为了纪念这位伟大的旅行家，《徐霞客游记》开篇之日：5月19日被定为中国旅游日。

第一节　科考与审美

徐霞客旅游的突出特色是科考与审美的结合。科考主要是自然地理考察，其次是人文地理考察，另外，还有矿业考察。从这个角度来看，他的游记是重要的地理学、矿业学田野考察报告。徐霞客不仅是优秀的科学家，而且还是优秀的散文作家，他的游记具有浓郁的文学色彩，因而被视为文学佳作，列为文学经典，被选入中学语文教材。

徐霞客的游记兼有两种视角：科学的和审美的，科学的客观性与审美的主观性在他的游记中实现完美结合。一方面，他是清醒的、冷峻的。时间、地点、天气、所看、所听、所思、所想象、所品味，一一记实。读他的游记，不

(明) 宋旭：《松壑云泉图》

由自主地进入他所记录、所描绘的境地。他就是你的游伴、向导、老师。跟他游历，同他感受，一并收获，也一并吃苦，不期然地增加知识，扩大阅历，收获审美。例如《游天台山日记》中一段：

初三日，晨起，果日光烨烨，决策向顶。上数里，至华顶庵；又三里，将近顶，为太白堂，俱无可观。闻堂左下有黄经洞，乃从小径。二里，俯见一突石，颇觉秀蔚。至则一发僧结庵于前，恐风自洞来，以石甃塞其门，大为叹惋。复上至太白，循路登绝顶。荒草靡靡，山高风冽，草上结霜高寸许，而四山回映，琪花玉树，玲珑弥望。岭角山花盛开，顶上反不吐色，盖为高寒所勒耳。

这段描写，科学考察维度言之，时间、地名、天气、景观均记得清清楚楚，某地至某地的距离也力求准确不误。从审美维度言之，他描写日光之温暖、冷风之刺骨等身体感受，又抒发见突石而喜悦、见石甃而叹惋等情感波动。最有意思的是，结尾一句“岭角山花盛开，顶上反不吐色，盖为高寒所勒耳”，将对于山花的审美感受与对天气的科学认识结合起来，在审美中认识科学。

一般游客欣赏河水景观，不会注重河流的水文资料，而徐霞客游到的每一条河流，均清楚地交代他所掌握的水文资料，如他写湘江的一条支流——蒸水：“蒸水者，由湘之西岸入，其发源于邵阳县耶姜山，东北流经衡阳北界，会唐夫、衡西三洞诸水，又东流抵望日坳为黄沙湾，出青草桥而合于石鼓东。一名草江，以青草桥故。一名沙江，以黄沙湾故。谓之蒸者，以水气如蒸也。”[①] 如此描绘，犹如展示一幅蒸水流向图，这是科学的介绍，然而它并不枯燥，在读者的脑海会清晰地现出一条蜿蜒于湘南丘陵地带的河流来。由于水量充沛，水汽氤氲，河面飘着水雾，隐约间似能听到舟行的浪花声。

徐霞客作为科学家，有审美体验，但他的审美体验具有科学的色彩；徐霞客是文学家，有科学认知，但他的科学认知具有审美的色彩。徐霞客的全部游记均见出这种特色。

徐霞客的成就宜分别从科学与审美两个方面言之。

从科学考察成就来说，主要有四：

第一，为长江、黄河溯源。

关于长江的源头，《禹贡》有“岷山导江”说。徐霞客为了探长江、黄河之源，历时四年，将所得写成《江源考》（一作《溯江纪源》），对于长江、黄河的发源与流向做了详尽的记载。他认为：“河自昆仑之北，江亦自昆仑之

① 徐霞客：《徐霞客游记·楚游日记》。

南，其远亦同也。发于北者曰星宿海（佛经谓之徙多河），北流经积石，始东折入宁夏，为河套，又南曲为龙门大河，而与渭合。发于南者曰犁牛石（佛经谓之殑伽河），南流经石门关，始东折入丽江，为金沙江，双北曲为叙州大江，与岷山之江合。”这一结论达到当时最高的科学水平。关于《禹贡》的“岷山导江”说，他认为这本是大禹导江的说法，后来有人将它看作长江的源头。这不是《禹贡》的错。

关于长江的源头，徐霞客只溯源到金沙江，这已比溯源到岷江长了1000多里。1978年国家派出考察队，对长江源头做了新的勘查，确认长江的正源是唐古拉山的主峰格拉丹冬峰的沱沱河。

第二，为中国21个省份的诸多自然风景以及某些人文风景区进行实地踏勘，他记载了中国数百座大大小小的山岭，名山基本上囊括在内。他记载的大小河流多达551条，湖、沼泽、池198个，溶洞288个，对它们的地理现象做了详细的描述、分类。关于地下水，他分类四类：冷水泉、温泉、热水泉、沸泉，详细地记载了地下水的各种功能。另外，他还记载了诸多矿物，有煤、锡、银、金、铜、铅、硝、盐、雄黄、硫黄、玛瑙、大理石等。关于石灰岩地貌的勘测，他比欧洲的地理学家早了100多年。徐霞客为中国的地理科学留下珍贵的第一手资料，改正了诸多地理记载的错误。

第三，他对广西的景观特别是桂林、阳朔的景观做了详细的考察，可以说，对于广西旅游资源的勘探做了开拓性的工作，从此，奠定了桂林作为旅游城市的科学基础。

第四，对于云南少数民族聚居的一些地区的行政关系、少数民族的生活方式有详细记载，为云南地区人文历史研究留下宝贵的第一手资料。

《徐霞客游记》中的科学内容非常丰富，现在的研究远没有穷尽其内容。

第二节　观奇与探险

重奇景也许是一种普遍的认识，徐霞客的可贵之处有二：其一，他所欣赏到的奇景最多，在中国乃至世界，也许他都可以名列第一。30多年在浪游，又主要是在中国的江南、西北奇景相对比较集中的地区，可以想见他接触奇景的概率之高了。其二，他勇于为观奇景而冒险。

《游黄山记》有一段登天都峰的描写：

> 时夫仆俱阻险行后，余亦停弗上；乃一路奇景，不觉引余独往。既登峰头，一庵翼然，为文殊院，亦余昔年欲登未登者。左天都，右莲花，背倚玉屏风，两峰秀色，俱可手擥。四顾奇峰错列，众壑纵横，真黄山绝胜处！非再至，焉知其奇若此？遇游僧澄源至，兴甚勇。时已过午，奴辈适至。立庵前，指点两峰。庵僧谓："天都虽近而无路，莲花可登而路遥。只宜近盼天都，明日登莲顶。"余不从，决意游天都，挟澄源、奴子仍下峡路。至天都侧，从流石蛇行而上。攀草牵棘，石块丛起则历块，石崖削侧则援崖。每至手足无可着处，澄源必先登垂后接。每念上既如此，下何以堪？终亦不顾，历险数次，遂达峰顶。……万峰无不下伏，独莲花与抗耳。时浓雾半作半止，每一阵至，则对面不见。眺莲花诸峰，多在雾中。独上天都，予至其前，则雾徙其后；予越其右，则雾出于左。……山高风巨，雾气去来无定。下盼诸峰，时出为碧峤，时没为银海。再眺山下，则日光晶晶，别一区宇也。日渐暮，遂前其足，手向后据地，坐而下脱。至险绝处，澄源并肩手相接。度险，下至山坳，暝然已合。

"一路奇景"既给予了徐霞客美好的审美享受，又激发了他进一步赏奇的欲望，于是，"奇"成了游赏的导引。

第一个收获是来到文殊院。这是他"昔年欲登未登"的重要景观。来到文殊院，举目一看，"左天都，右莲花"，"两峰秀色，俱可手擥"。于是，又激发了他登天都峰的欲望。

天都峰极险难登，自古有名，然景观绝佳，视为天界，故名为"天都"。又是为了赏奇，徐霞客谢绝了庵僧的劝告，执意游天都。天都之路极险。"每至手足无可着处"，一不小心，坠下悬崖，粉身碎骨。上山途中，已经"历险数次"。上山如此，下山更难。想到这里，徐霞客不免忧心忡忡。然而，他

（明）戴进：《春游晚归图》

毫不退缩，一鼓作气登上了天都峰顶。

天都峰的景观果然奇妙："浓雾半作半止"，将人包裹在内，人前行则雾徙其后，右行则雾出于左。又，"雾气去来无定"。下观风景：雾去，青峰闪现为碧峤；雾来，群山隐没为银海。如此美景，在地面、在山腰是不可能观赏得到的。

溶洞探险是徐霞客广西旅游的家常便饭，每次入洞都需要打着火把，而且要"数易其炬"。溶洞处处藏着危险："入数丈，洞渐低，乳柱渐逼，俯膝透隙，匍匐愈难。”① 然处处也可以有新的发现。下面，是他探广西蚺蛇洞的一段经历：“门之中，石柱玲珑缀叠，前浮为台，其东辟洞空朗，多外透之窦。东崖既穷，转窍南入，始昏黑，须炬入，数丈无复旁窍，乃出。”② 这“玲珑缀叠”的石柱是钟乳石，为溶洞标志性的景观。

溶洞探险也有动人的传说。比如卢僧洞探险。有人说，洞中有葬穴，徐霞客不信，于是进入，发现洞中有一圆笋，像人首，同伴说，这就是姓卢的僧人了。同伴向徐霞客述说一位名张自明的读书人与卢僧的友情故事，挺神奇，也挺感人。继续考察，徐霞客发现了张自明的墓碑，还有“紫华丹台”四字刻石，字的两旁有题诗，碑已经残碎，能辨出数字，徐霞客认为“必宋人笔”③。

诸多奇景是冒身家性命之险而获得的，徐霞客认为完全值得。《徐霞客游记》既是一部赏奇记，也是一部探险记。

第三节 画龙与点睛

徐霞客对于名山风景的描述有一个重要特点，那就既注重整体介绍，又注重特色的强调与彰显。用“画龙点睛”这一成语做比喻，那就是既注重画龙体，又注重点龙睛。《游武彝山日记》堪为代表。此篇开篇交代游路：“二月二十一日，出崇安南门，觅舟。西北一溪自分水关，东北一溪自温岭关，合注于县南，通郡、省而入海。顺流三十里，见溪边一峰横欹，一峰独耸。余咤而瞩目，则欹者幔亭峰，耸者大王峰也。峰南一溪，东向而入大溪者，即武彝溪也。”

武彝溪是主要的游路，它如一条彩线将武彝山最优美的景观串起来，大体上，它可以分为九段，这九段就是九曲，因武彝溪九个转弯而命名。下面就从一曲写起：左为幔亭峰、大王峰，左为狮子峰、观音岩。一直写到九

① 徐霞客：《徐霞客游记·滇游日记八》。

② 徐霞客：《徐霞客游记·粤西游日记四》。

③ 徐霞客：《徐霞客游记·粤西游日记四》。

(明) 仇英：《春游晚归图》

曲。武彝山景观的重要特点是曲溪宛转，船移景变，惊喜连连。主体景观为幔亭峰和大王峰，事实上整个九曲都围着这两峰转，只是一会儿它们不见了，一会儿又出现了。水曲、景变，回环往复，款款幽幽，这就是武彝山风景的特点，将它突出，就是画龙点睛。

庐山则不同，徐霞客在庐山游了四天，为万历四十六年（1618）八月十九日至二十二日。第一天，主要观飞瀑："喷雪奔雷，腾空震荡"；第二天，主要观奇峰："峰峰各奇不少让，真雄旷之极观也"；第三天，主要观飞瀑："登楼观瀑，一缕垂垂"；第四天，主要观瀑："绝顶为文殊台……不登此台，不悉此瀑之胜”。文中也写到庐山耸天，“长江带之”，“南瞰鄱湖，水天浩荡”，[①] 显然，庐山与武彝山不同，武彝山景观在“幽”，或幽隐或幽胜或幽爽；而庐山风景在“雄”，或雄奇或雄壮或雄旷，景观标志为飞瀑。

嵩山为“中岳”，徐霞客说：“余髫年蓄五岳志，而玄岳出五岳上，慕尤切。”对于嵩山的景观，他注重其综合性，雄秀、奇妍兼之，而突出描述的是中岳庙。他以此为中心，描述周围景观：

> 晨，谒岳帝。出殿，东向太室绝顶，按嵩当天地之中，祀秩为五岳首，故称嵩高。与少室对峙，下多洞窟，故又名太室。两室相望如双眉，然少室嶙峋，而太室雄厉称尊，俨若负扆。自翠微以上，连崖横亘，列者如屏，展者如旗，故更觉岩岩。崇封始自上古，汉武以嵩呼之异，特加祀邑。宋时逼近京畿，典礼大备。至今绝顶犹传铁梁桥、避暑寨之名。当盛之时，固可想见矣。[②]

作为嵩庙护拱的少室、太室两座大山，与江南的山完全不同，多裸露，树木不多，但气势依然磅礴。少室山与太室山又不一样：“少室嶙峋”，以瘦劲显精神，而“太室雄厉”，以霸气见威严。庐山、华山、黄山、衡山其主峰均以高峻耸天见气概，这太室山则横向展开：“连崖横亘，列者如屏，展者如旗，故更觉岩岩。”

最重要的是嵩山在天地之中，中岳祀秩为五岳之首。因此，这篇游记比较详细地写各种人文景观，以见它在中国文化中的显赫地位。

对诸多名山的考察、游赏、描写，以对黄山的考察、游赏、描写影响最大，黄山之能成为一座名山，有着“五岳归来不看山，黄山归来不看岳”的美誉，与徐霞客的两篇游记有着重要关系。就历史人文来说，黄山不能与东岳、西岳、北岳、中岳、南岳比，也不能四座佛教名山以及三十六道观的道教名山比。黄山之所以能誉出这些名山之上，完全是凭自然景观。黄山的自然景观之美就在于一个字：“奇”。诸多名山均有它们的奇，但黄山的奇，一是

---

① 徐霞客：《徐霞客游记 · 游庐山日记》。

② 徐霞客：《徐霞客游记 · 游嵩山日记》。

(明) 沈周：《庐山高图》

多，二是绝，可称之为奇绝。

徐霞客的《黄山日记》《游黄山日记后》，两文突出描述的是黄山的奇。

峰奇：

> 莲花、云门诸峰，争奇竞秀，若为天都拥卫者。
>
> 群峰或上或下，或巨或纤，或直或欹，与身穿绕而过。俯窥辗顾，步步生奇，但壑深雪厚，一步一悚。

石奇：

顶前一石，伏而复起，势若中断，独悬坞中。……余侧身攀踞其上，而浔阳（游伴——引者注）据大顶相对，各夸胜绝。

海螺石即在崖旁，宛转酷肖。

松奇：

绝巘危崖，尽皆怪松悬结，高者不盈丈，低仅数寸，平顶短鬣，盘根虬干，愈短愈老，愈小愈奇，不意奇山中有此奇品也！

所有这些自然之奇，本已为绝，而在这绝境中，还有人的活动。徐霞客在《游黄山日记后》中写到黄山绝壁缝隙中有茅庐，一僧名凌虚，在此修行，让人叹为观止。

自然景观以奇为最高品位。对于黄山的种种奇，徐霞客用“宏博富丽”一语概括之。“宏博”，见形态之多，而“富丽”，则见美妙之富。一座山有一处景可称奇已非常了得，而黄山的奇“宏博富丽”，这就难怪它“佳绝天下”了。

第四节　江山与胜迹

徐霞客主要是地理学家兼文学家，但他也是历史学家、社会学家，他的胜游是综合的。表现在他的游记中，既有地理情况的介绍、自然风景的描写，也有与所介绍的地理风景相关的人文历史的介绍，换句话说，既有自然美，也有人文美。需要说明的是，这美的自然是中华民族的可爱家园；而这美的人文是中华民族辛勤劳作智慧开发的丰功伟绩。《徐霞客游记》所记载的人文胜迹很多，其中主要有这样几种类型：

一、中华民族始祖足迹

如《楚游日记》写到湘江源头为潇江，而这潇江“即舜源水”。舜即大舜，史载，大舜南巡至湘南九嶷山，在此辞世并葬于此。为纪念大舜，人民将潇江更名为舜源水，在当地建舜陵、舜庙。有不少文人留下摩崖石刻，彰显大舜的足迹。徐霞客来到九嶷，一一寻访，并做考证。他说，有一巨石，上刻“玉琯岩”这几个隶字，是宋人李挺祖的手笔，“岩右镌‘九疑山’三个大字，为宋嘉定六年知州军事莆田方信孺笔，其侧又隶刻蔡中郎《九疑山铭》，为宋淳祐六年郡守潼川李袭之属郡人李挺祖书。”① 徐霞客还认真地勘探舜陵、舜祠的地点，说明这两座古建筑本不在一处，“后人合祠于陵”，就在一个地方了。如此详细地考证，目的是保留与中华民族始祖大舜相关的重要史料。

二、中华民族人文史迹

徐霞客每到一地除了勘探地理外，就是勘探人文史迹了。他到永州，就去探勘柳宗元的足迹，对于柳宗元文章所写到的地点一一去复核。先是向当地人问愚溪桥，即问钴鉧潭，两处都找到了，然而寻问小丘、小石潭，就没有人知道了。徐霞客根据当地人的发音，猜测愚溪就是染溪或冉溪，又按柳宗元文章中提供的线索，判定当今茶庵就是小丘。从《芝山碑》得知芝山就是西山，然而，真正的西山并不是芝山，他根据自己的勘探，认为西山应是柳子祠后面的圆峰顶，今护珠庵所在地。此种详细勘查，对于理解柳宗元的“永州八记”无疑具有重要意义，今日，永州开发柳宗元的文化资源，也需要将柳宗元文中所提到的地点一一找到。

永州名胜多，其属地道县有颜真卿著名摩崖石刻，在浯溪旁。徐霞客当时生病，然而他“念浯溪之胜”，于是决计去寻访，终于来到颜真卿所书碑下，他在游记中记道：

> 沿江市而南，五里，渡江而东，已在浯溪矣。第所谓狮子袱者，在县南滨江二里，乃所经行地，而问之，已不可得，岂沙积流移，石亦不免沧桑耶？浯溪由东而西入于湘，其流甚细。溪北三崖骈峙，西临湘江，而中崖最高，颜鲁公所书《中兴颂》高镌崖壁，其侧则石镜嵌焉。石长二尺，阔尺五，一面光黑所漆，以水喷之，近而崖边亭石，远而隔江村树，

① 徐霞客：《徐霞客游记·楚游日记》。

> 历历俱照彻其间。不知从何处来，从何时置，此岂亦元次山所遗，遂与颜书媲胜耶！宋陈衍云："元氏始命之意，因水以为浯溪，因山以为峿山，作室以为痦亭，三吾之称，我所自也。制字从水、从山、从广，我从命也。三者之目，皆自吾焉，我所擅而用也。"崖前有亭，下临湘水，崖巅石巉簇，如芙蓉丛萼，其北亦有亭焉，今置伏魔大帝像。崖之东麓为元颜祠，祠空而隘。①

这段文章具有丰富的史料价值：一是地理史料。沧海桑田，浯溪的地理状况变化很大，徐霞客所记为1600年的状况，与唐朝时的状况已相差很大。二是人文史料。浯溪联系三位名人，为主的一位是颜真卿，他的名碑《中兴颂》就矗立于此。其次一位是元次山。他是当时的地方官，也是大诗人，是他请颜真卿写下此碑的。除此外，还有宋朝的陈衍。除了人物外，还有重要文物——唐碑《中兴颂》、美丽的石镜、痦亭、伏魔大帝亭、元颜祠等等。这些史料真实地反映了当时的浯溪文物的状况。笔者2017年访问过浯溪，拜谒过名碑《中兴颂》，发现其他风貌与徐霞客所写差别很大，石镜、痦亭、伏魔大帝亭、元颜祠均不存。不知当地政府可否考虑参考徐霞客所记，适当恢复明末浯溪中心景区的状况。

从景观来说，自然与人文是相得益彰的，一方面，自然景观需要人的发现，需要有相关的优美故事在此而发生，需要有名文、名画为它扬名传播；另一方面，人文景观需要放在与它有着内在关系的地方，这地方主体是自然景观，因为有了自然景观为依托，人文景观才有生命力，才有美。

浯溪是有幸的，前有颜真卿、元次山、陈衍为它奠定了优越的人文品格，后又有徐霞客为它作记。

第五节 精神与丰碑

徐霞客是中国历史上唯一以旅游为毕生事业的人。徐霞客出身书香之

① 徐霞客：《徐霞客游记·楚游日记》。

家，自幼饱览诗书，对于中国版图之大、物产之丰、地理之奇、风景之美、人文之灿从书本中已经有感觉，但他觉得非常不够，他羡慕司马迁遍游中国大地，寻访古人踪迹，写出千古名著《史记》，但他不愿重复司马迁的路，做一个历史学家，他想成为一个地理学家，用他的足丈量中国大地，写出一本堪与《史记》相媲美的中国地理志。因此，他少年时就立下了“大丈夫当朝碧海而暮苍梧”的大志。

万历三十三年（1605），徐霞客18岁，他本来想出游，念及父亲新逝，需守孝三年，故将出游的计划推迟，但积极做文献上的准备。

万历三十六年（1608），徐霞客21岁，正式出游。自21岁出游到54岁去世，他一生绝大部分时间都是在旅游中度过的。在游历的30多年时间里，他足迹遍及江苏、山东、陕西、河北、河南、安徽、江西、福建、广东、湖南、湖北、广西、贵州、云南、北京、天津、上海等21个省、区、市。没有他人资助，经费困难，经常饥寒交迫。他的出游方式主要靠步行，骑马乘车都很少，所游之地，多是穷乡僻壤、人迹罕至的边疆地区，途中累遭野兽侵犯，土匪抢劫，多次陷入困境，死里逃生。然而他矢志不悔，决不回头，在理想的鼓舞下，无畏前行。

这里，值得一说的还有他的母亲。徐霞客的母亲理解儿子的心志，支持儿子的事业。为了儿子的事业，她宁愿品尝别子的孤独，默默地在家祝祷儿子旅途平安。

天启四年（1624），由于母亲已年届八十高龄，徐霞客打算放弃出游，在家侍奉母亲，而母亲不仅鼓励儿子继续出游，而且提出与儿子一起游。母亲的大义让徐霞客感动不已。母亲在陪伴儿子出游一年后去世。徐霞客守孝三年后，为了完成母亲的遗志，不顾当时身体状况已经不佳，毅然出游。

最可贵的是，他将游历与记载结合起来，凡游必记，凡记必真。正是因为如此，他才留下了最为宝贵的中国地理与文学著作《徐霞客游记》，这部游记，因其所记的地理面之广，重要景观及自然物之细，故而具有极高的科学价值，又由于文笔优美、情感真挚、审美丰富，也具有极高的文学价值。

中国的旅游史，由来已久。《周易》就有“旅”卦。说明在商周时代旅行就成为人们生活的重要一部分。而到周朝，周天子穆王好旅游，有古书《穆天子传》记述他旅行的全过程，穆王的旅行方向是西北，到达昆仑山，参观黄帝的宫殿，还在西王母部落做客，《穆天子传》记载，"天子觞西王母于瑶池之上"，西王母为她唱歌，深情地道："白云在天，山陵自出，道里悠远，山川间之。将子无死，尚能复来。"穆王答道："予归东土，和治诸夏，万民平均，吾顾见汝。比及三年，将复而野。"这故事具有神话色彩，但不能排除穆王有过西北之游。秦始皇登基后，封禅泰山，巡视天下，有过好几次全国壮游（参见本书"秦始皇"章）。汉代，司马迁有过壮游，其目的是搜集史料，以图写成一部自远古及今的历史书。魏晋南北朝，南渡的北方士人爱好江南风景，游风甚烈。《世说新语·言语》载："王子敬云：'从山阴道上行，山川自相映发，使人应接不暇。若秋冬之际，尤难忘怀。'"南朝宋时的诗人谢灵运好旅游，《宋书》云："出为永嘉太守，郡有名山水，灵运素所爱好，出守既不得志，遂肆意游遨。"① 同一时期的画家宗炳也好旅游，自述"西徙荆巫，南登衡岳"。唐宋旅游更盛，旅游家也多不胜数，但所有的旅游均无法与徐霞客的旅游相提并论。

第一，规模不能比。上述的旅游，只是某一方面的游：周穆王、秦始皇的游，是政治性的游。周穆王有召抚少数民族政权的意图；秦始皇则是祭祀山川，巡视天下，宣示王权。司马迁的游，是学术性的游，为田野调查。王子敬、谢灵运的游是审美性的游，为的是欣赏山水美，在谢灵运，还为写诗寻找灵感。宗炳主要是悟道之游兼为绘画找素材。在中国古代，也有不少宗教性的游，如寻仙之游、化缘之游等。而徐霞客的旅游具有最大的综合性，他的旅游主体是科考，科考涉及诸多学科，以地理学科为主。其次是审美、文学创作等。另外，上述的旅游，只是短时间的游，而且游的地方不多，所以，从规模上来看，都远不能与徐霞客的遍及大半个中国历时30多年的旅游。

第二，意义不能比。徐霞客是真正专职的旅游家。他的旅游不是玩，

① 沈约：《宋书·列传第二十七·谢灵运》。

而是科考。他以科考为主的旅游，无论在科学考察方面，审美发现方面，均为中国的自然地理、人文地理调查、旅游资源调查提供了重要数据、材料。他对诸多景点的评论成为经典，比如，他说桂林的重要风景叠彩山："乱石层叠错立，如浪痕腾涌，花萼攒簇，令人目眩。"①

徐霞客的旅游已经不能理解为一种生活方式，而应理解为一桩事业，一桩于国家、于民族有着重大意义的事业。

据钱谦益的《徐霞客传》，徐霞客病在云南，有人来探望他，问他何苦呢，他说："张骞凿空，未睹昆仑；唐玄奘、元耶律楚材，衔人主之命，乃得西游。吾以老布衣，孤筇双屦，穷河沙，上昆仑，历西域，题名绝国，与三人而为四，死不恨矣。"徐霞客对于自己的事业有着清醒的认识，他认为，他做的事，与张骞通西域、玄奘西行具有同样品位的意义。

第三，最重要的是徐霞客的精神。什么是徐霞客的精神？他的精神：为国家、民族做一件真正的好事，为此件好事矢志不渝，不计生死，坚持到底，穷尽一生。

这一精神对于任何人都是勉励，都是鞭策。

徐霞客无疑是人类地理科学、旅游科学乃至审美科学的一块丰碑。他是不朽的！

---

① 徐霞客：《徐霞客游记·粤西游日记一》。

第十三章
“江南文化”的美学品格

中国疆域辽阔，历史悠久，长期来自然而然地形成许多不同的地域文化。目前人们用得最多的地域文化概念大体上有这样两类：一类是根据春秋战国时期的诸侯国别相区分的，诸如楚文化、秦文化、吴文化、越文化等。第二类是以地域相区分的，如中原文化、江南文化、湖湘文化、塞北文化、巴蜀文化等。我们这里要讨论的江南文化属于第二类。江南文化顾名思义是以长江为分界线的，但实际上并不如此，处于长江北岸的扬州就属于江南文化。另外，说是江南文化，也不是凡长江以南的文化都属江南文化，广东、广西、福建南部似乎不能派属为江南文化。

什么叫江南，什么叫江南文化？从来没有一个权威的说法。事实上，中国历史上对江南的使用，比较多义。《尔雅·释地》：“江南曰扬州。”江南又名江左，李白《五松山送殷淑》云：“秀色发江左。”王琦辑注云：“江左，江南也。”沈约撰的《宋书·谢灵运传论》云：“事极江右。”李周翰注：“江右即西晋。”① 那么，东晋就是“江左”了。

以上三种解释都与我们通常的理解有很多差别，大体上，唐代，一般将江南理解成长江中下游一带。主要地区是现今的浙江、上海、江苏的中部

---

① 《宋书·谢灵运传论》。

与南部，江西、湖南、湖北的中部与南部，福建北部，安徽大部等，而以杭州（钱塘）、南京（建康、金陵）、扬州三个城市为代表。

第一节 "江南"作为文化概念

江南，在中国历史上，不能只是理解成一个地理概念，而应理解成一种文化概念。如果将江南理解成文化概念，首先有一个问题，它是一个什么样的文化概念，它主要有些什么内容？

据笔者的阅读范围，江南作为文化概念，原初是政治性的，后来主要是审美性的。说原初是政治性的，与中国历史上两次重要的南北政权分治有很大关系。一次是西晋灭亡，皇室与贵族南渡，东晋政权的建立。随后是东晋灭亡，宋、齐、梁、陈等几个南方朝廷迭次统治江南。东晋建立于317年，隋灭亡南朝的陈政权为589年，南北分治达272年。另一次是北宋灭亡，宋皇室在杭州建立政权。1127年，金攻破宋都汴京，掳徽、钦二帝北归，北宋亡。同年宋高宗在归德称帝，两年后，又南逃至杭州，后又到建康，最后定都临安，建立稳固的南方政权，这个南方政权直到1279年才告结束，前后也存在100多年。晋、宋本为全国性的政权，后来实际上只统治长江南部地区。这种状况，自然而然地使得"江南"这一概念成为一种南方政权的代名词，江南文化也就自然而然地浸入一种屈辱、悲愤、忠义、爱国的悲壮情调。这种情调在南宋的诗词、文章中得到突出的反映。当然，在悲壮主调之外，也有一些靡靡之音，表现出醉生梦死、苟安怯懦的心理，"偏安江左（江南的又一称呼）"被理解成"苟安江左"的意思，这些都让江南文化蒙上一种消极的、负面的还有屈辱意味的政治性的内涵。

不过，相比于长达5000多年的中国文明史，中国政权南北分治时间毕竟很短。江南的繁荣、富庶主要还是得力于全国政权时的唐朝与北宋。从大量的历史文献来看，唐朝时，江南已经成为中国的先进地区。北宋时，它仍然十分繁华。北宋柳永有词咏杭州：

> 东南形胜，江吴都会，钱塘自古繁华。烟柳画桥，风帘翠幕，参差

十万人家。云树绕堤沙，怒涛卷霜雪，天堑无涯。市列珠玑，户盈罗绮，竞豪奢。重湖叠巘清嘉，有三秋桂子，十里荷花。羌管弄晴，菱歌泛夜，嬉嬉钓叟莲娃。千骑拥高牙。乘醉听箫鼓，吟赏烟霞。异日图将好景，归去凤池夸。①

这首词某种意义上概括了江南文化的许多特点：风景优美，经济繁荣，人物风流，生活奢华，歌舞升平。这是一种太平文化、富裕文化、优雅文化、享乐文化。

也许江南的实际，并不是如柳永所写的那样美好。事实上，柳永写的也只是江南文化的某一个方面，基本上属于贵族、文人的上流社会的生活。即使在江南，也不是没有饿殍遍野的景象。但是，文化从来不会是实际的完全写真，它在很大程度上受到文人们的记载、反映的影响。不能不承认，文化，从此种意义上来说，它是文人所化。

这里须特别提出来的是，在众多记载江南的文献资料中，数文学艺术类的资料最为丰富。自东晋起，大量的文学家、艺术家或产生于江南，或进入江南，江南这片美丽的土地，激发了他们的灵感，孕育了他们的才华，更重要的是为他们提供了丰富的艺术素材，于是，他们才情焕发，创作了一大批以江南为题材的艺术作品。检阅中国文学艺术史，可以发现，超过一半的优秀作品是描绘江南的。正是这些艺术创作，实际上形成了江南文化。不是吗？谈江南，最先进入我们头脑的是李白的《梦游天姥吟留别》，是白居易的《江南好》，是苏轼的《饮湖上初晴后雨》，是冯梦龙的短篇小说集“三言”，是兰陵笑笑生的《金瓶梅》，是唐寅、石涛的山水画，是瞎子阿炳的二胡独奏曲《二泉映月》。正是这些文学艺术作品艺术化了江南，美好了江南。同时，也就给江南文化抹上了浓重的审美色彩。

江南有诸多值得讴歌的东西，自古以来就是中国的粮仓，它一度是中国的政治中心，也是中国工商业最发达的地区，南宋时代，它还是中国理学的大本营。这些，都值得反映，但是，我们发现，诗人、画家们最为热衷的

① 柳永：《望海潮》。

不是这些，而是江南的美，即使写到了以上所说的政治、经济、学术等方面，也将它们纳入审美的视野，这就是说，在诗人、画家的眼中，江南就是美的代名词，他们在表现江南，也就在表现美。

“江南好，风景旧曾谙，日出江花红胜火，春来江水绿如蓝，能不忆江南。”白居易这首《忆江南》词脍炙人口，成为江南文化的广告词。为什么是这首词，而不是别的艺术作品成为江南文化的标志。其原因很简单，就是这首词抓住了江南文化的核心的东西、本质性的东西。这东西不是别的，就是美。

诚然，江南文化是可以做许多定位的，但没有哪种定位比得上从美学上定位。一方面是江南本身的美让文人墨客热衷于从美学上肯定江南、赞美江南；另一方面，也正是因为他们热衷于从美学上肯定江南、赞美江南，从而使江南成为美的象征。

第二节 “江南”的美学品格

江南，以自然风景佳美享誉天下。它的美之被发现，见诸文字的，首推《世说新语》。《世说新语》载：“顾长康从会稽还，人问山川之美，顾云：‘千岩竞秀，万壑争流，草木蒙笼其上，若云兴霞蔚。’”[①] 南朝孔灵符《会稽记》云：“会稽境特多名山水，山崿隆峻，吐纳云雾。松栝枫柏，擢干竦条。潭壑镜澈，清流泻注。王子敬见之，曰‘山水之美，使人应接不暇’。”[②] 这里说的会稽是江南的代表。

江南地处南温带，湿润多雨。一年四季中，又以春光最美。春光之美又赖春雨。在北方春雨贵似油，而在江南则春雨遍地流。正是春雨丰沛，使江南春天不仅色彩丰富，生意盎然，而且氤氲、灵动、多变，魅力无穷。于是，江南风光自成一格，与塞北风光构成鲜明的对比。古来有一联如此云：

---

① 刘义庆：《世说新语 · 言语》。

② 《鲁迅辑录古籍丛编》第三册，人民文学出版社 1999 年版，第 310 页。

“铁马秋风塞北，杏花春雨江南。”由于江南得天独厚的气候条件和自然山水条件，加上江南的富庶，使得江南成为“优美”这种审美形态的最佳载体。

(明) 沈周:《庐山高》

江南风光以春雨为其标志性的意象，杜牧《清明》诗云：“清明时节雨纷纷，路上行人欲断魂。借问酒家何处有，牧童遥指杏花村。”这首诗可以视为江南美最为出色的描写，是江南美的典型。春花的绚烂多姿，春雨的朦胧氤氲，又常引发人们惜春、伤春的情怀。这些情怀中有些系自叹身世，有些则寄国恨，因此江南美天然地具有伤感的情调。

江南地理上的优势，加上相当一段时期，它是南北分治时期统治阶级精心经营之地，是他们享乐之乡，文人雅士又多聚集于此，吟风弄月，歌舞升平。这样，就造就了江南文化的艳情品格。艳情品格在江南的文学创作中得到集中的体现。六朝文学可以看作是江南文学的代表。徐陵在《玉台新咏序》中将当时的文学比作为一位倾国倾城的绝代丽人，说是“纤腰无力，怯南阳之擣衣，生长深宫，笑扶风之织锦”。五代十国时，处于江南的南唐，两代皇帝李璟、李煜都是写艳情诗词的高手。那种“细雨梦回鸡塞远，小楼吹彻玉笙寒”的意境可以视为江南审美的典型意境。主要产地为江南和西蜀的诗歌集《花间集》同样是一片莺声燕舞，充斥着“玉楼冰簟鸳鸯锦，粉融香汗流山枕”[①]的艳情风味，欧阳炯在《花间集序》中说这些诗作，“镂玉雕琼，拟化工而迥巧，裁花剪叶，夺春艳以争鲜”。可以说，唯美主义在此达到了极致。

江南文化的艳情品格，不只体现在艺术作品中，也体现在生活方式上，这种审美方式一直为人诟病，称之为靡靡之音、亡国之音，历代均有人批判。最为有名的数宋代林升的《题临安邸》：“山外青山楼外楼，西湖歌舞几时休。暖风熏得游人醉，直把杭州作汴州。”艳情品格站在政治的立场来看，的确是不可取的，如果从美学的立场上来看，在艺术的形式美方面它也还有值得欣赏的地方。

值得说明的是，江南文化不只艳情这一种审美品格，它还有别的品格。由于全国性政权——晋朝与宋朝被迫南迁，恢复中原一直成为汉族士大夫的强烈愿望，这种愿望因为种种原因没有实现，一股被压抑的悲愤与无奈的哀伤长期地激荡在他们的诗文之中，使得江南文化中的审美品格中又别具有一种悲怆情调。这种悲怆的情调其表现，一是悲壮、苍凉，如张孝祥词中说的：“长淮望断，关塞莽然平。征尘暗，霜风劲，悄边声。黯销凝！”[②]二是悼亡、伤感，如汪元量《湖州歌》所唱：“一掬吴山在眼中，楼台叠叠间青

---

① 牛峤：《菩萨蛮》。

② 张孝祥：《六州歌头》。

红。锦帆后夜烟江上，手抱琵琶忆故宫。”

艳情与悲怆，是两种在某种意义上对立的审美情调，在江南文化中真实地合乎逻辑地共存，这在相当程度上反映了江南文化的历史命运。

江南文化的代表性城市是南京、扬州、杭州。它们的文化许多方面是一致的，不过，由于它们各自不同的历史地位与人文意蕴，其审美品格又是各有特色而有所区别的。

南京在江南文化的构建上的重要作用主要在六朝与明代，因为它是六朝的首都，也一度是明代的都城。王安石的《桂枝香・金陵怀古》在描绘南京胜景之余，感叹：“六朝旧事随流水，但寒烟衰草凝绿。至今商女，时时犹唱，后庭遗曲。”明代文学家高启《登金陵雨花台望大江》回顾在此地发生许多悲壮往事，长喟：“前三国，后六朝，草生宫阙何萧萧!”在某种意义上，南京是江南文化伤时悼亡主题的代表。它更多显现江南文化中政治上的悼亡内涵。

扬州在江南文化中的地位主要在唐代。那时的扬州人文荟萃，物产丰饶，是温柔富贵之乡，锦绣繁华之地。它与地处北部的首都长安构成两种不同的美的范型。长安的雄伟壮丽，凸显大唐强大的一面，而扬州的人文风流，又极尽大唐儒雅的一面。李白在送孟浩然的诗中说“烟花三月下扬州”，也在一定程度上反映出扬州在当时诗人心目中的地位，它是值得向往的。扬州的繁华主要在唐代，因此，扬州文化的定位也主要在唐代，从唐代来看，扬州是江南文化中儒雅风流主题的代表。不过，到南宋，扬州是南宋与金争夺之地，成为战场，这就荒凉了。诗人姜夔路过扬州，十分感伤：“二十四桥仍在，波心荡，冷月无声。念桥边红药，年年知为谁生。”[①]如果联系宋代，扬州文化则是“黍离”主题的代表，它与南京一样，反映了江南文化中悲怆的一面。

杭州唐代就很繁华，但其重要性主要在宋。北宋时，杭州的名望似超过扬州。唐代诗人白居易、宋代文学家苏轼都经营过杭州，为杭州的建设，

---

① 姜夔：《扬州慢》。

特别是为杭州声誉的提升作出了重大贡献。南宋的都城长期在杭州，更是把杭州经营得花团锦簇。杭州的胜景集中于西湖，有关西湖的诗篇、传说、故事，可谓汗牛充栋。到明代，杭州工商繁荣，冯梦龙的小说集“三言”许多故事都发生在杭州。一是歌女，二是文人，三是商人，成为杭州艳情文化、享乐文化的主角。杭州文化中没有南京、扬州文化中那种家国之恨，没有那种黍离之悲，它是江南文化中艳情主题的代表、享乐文化的代表。

从历时性与共时性两个维度来看整个江南文化，我们发现，伤时、艳情、文采、商贸是江南文化审美内涵中四个最为重要的关键词，也可以说是江南文化审美的四个人文主题。优美的自然风光加上四大人文主题，构成“江南文化”审美的全部。细品江南文化，我们强烈地感到江南文化的内在矛盾性，它的复杂性。它是和着眼泪的媚笑，是挥着长剑的悲歌。是的，江南是美丽的，但这是一种让人陶醉中有几多心酸、甜蜜中有几多苦涩、秀雅中有几多沉雄、逸乐中有几多悲哀的美丽。

第三节 江南艺术的美学定位

江南文化实际上早在六朝就初步形成了自己的审美品格，唐代与宋代这种品格得到发展，但这种审美品格并没有得到理论上的认定。自觉地从理论上将南北文化区分开来在明代。明代的大画家董其昌仿照禅宗区分南宗与北宗，将中国画也分成南北宗。他说：“禅家有南北二宗，唐时始分。画之南北二宗，亦唐时分也。但其人非南北耳。北宗则李思训父子着色山水，流传而为宋之赵幹、赵伯驹、伯骕，以至马、夏辈。南宗则王摩诘始用渲淡，一变钩斫之法。其传为张璪、荆、关、董、巨、郭忠恕、米家父子以至元四大家，亦如六祖之后有马驹、云门、临济儿孙之盛，而北宗微矣。”① 这种分法一直遭到理论家们的质疑，按董其昌的意思，北宗画法为金碧山水，南宗画法为水墨渲淡。王维是水墨山水的始祖。传为王维写的《山水诀》

① 董其昌：《画禅室随笔》。

云："夫画道之中，水墨最为上，肇自然之性，成造化之功。或咫尺之图，写百千里之景，东西南北，宛尔目前，春夏秋冬，生于笔下。"文人画就此开始。董其昌以地域来区分画派，许多人认为不够准确，事实上，从事水墨画法的不只是南方的画家，同样，金碧山水画法也不是北方画家的专利。另外，董其昌南北宗论明显地表现出贬北崇南的倾向，这些一直受到学界批评，但是，也获得不少人的欣赏。明代大文学家王世贞就是一个。他在《艺苑卮言》中说："二李辈虽极精工，微伤板细。右丞始能发景外之趣，而犹未尽。至关仝，董源、巨然辈，方以真趣出之，气概雄远，墨晕神奇，至李营、丘成而绝矣。"

董其昌的南北二宗论此后陆续得到学界的肯定，并被视为董其昌的一大贡献。这不仅因为他为水墨山水争得了正统的地位，还因为他为江南艺术的审美风格作出一个规定，从而与北方艺术区分开来。也许就单个的画家来说，这种区分没有意义，但又不能否认，从总体上来说，南北艺术的审美风格确有一些区别。南北朝时，钟嵘《诗品》区分谢灵运与颜延之二人诗歌风格，说是"谢诗如芙蓉出水，颜诗如错彩镂金"。这种本只是属于诗人个别风格的区分经董其昌的南北二宗说的改造，竟成为区分南北二宗美学风格的依据。

很有意思的是，清代书学也出现了以南北分宗的理论。清代初期书法以帖学为主，康熙推崇董其昌的书法，乾隆时，赵孟頫的书法红极一时，清代中期，碑学兴起。碑学的代表人物为邓石如，他精研历代碑刻，尤其是北魏碑刻，倡导书法应以碑为楷模，遂形成北碑南帖之说。北碑雄伟，南帖姿媚。阮元在此基础上提出南北书派论。将王羲之、王献之父子的书法归入南派，评之为"世族风流，譬之麈尾、如意"，明显露出轻蔑之意。而对于北派书法则给予很高评价，如对欧阳询，他说："方正劲派，实是北派。"并说："试观今魏齐碑中，格法劲正者，即其派所从出。"[①] 包世臣与康有为都对北派书法大加赞扬，刘熙载接受阮元的南北书派论并从美学上做出归纳："北

① 阮元：《南北书派论》。

(明) 仇英:《桃源仙境图》

书以骨胜，南书以韵胜。”“南书温雅，北书雄健。”①

以南北这样的地域性区分来谈不同的艺术学派，其意义是重大的，无异于将我们在上面谈到江南文化的特殊性在美学理论上肯定下来。那就是说，江南的艺术在美学风格上，以姿媚、温雅、恬淡、柔婉、含蓄、韵味取胜，而北方的艺术在美学品格上，则以粗犷、雄伟、繁复、刚劲、显豁、气势居强。不管这种区分是如何地不切合具体艺术家的创作，它仍然在总体上为人们所接受。

第四节 “江南”美学品格溯源

江南的审美定位文化当然与江南秀丽的山水有关，这是江南文化得以形成的现实基础，但是如何看待这种山水，如何认识并参与创造这个地域的人情风俗，却是与各种精神文化密切相关的。这里有一个双向创造的过程。一方面是地域的自然环境以及由这种自然环境所决定的人们的生活创造了某种精神文化，另一方面又是已经创造出来的精神文化在参与创造当地的山水文化与其他各种文化。除此以外，各种外来的精神文化也在不同层面上参与江南文化的创造。

如果将江南文化的源头追溯到春秋战国，那么吴越文化与楚文化是其基础。吴越文化有两面性，一方面，由于江南地域物产丰富，相对来说，生产力水平较北方高，生活环境也较北方优越，这里容易滋生享乐的思想，歌舞升平、文恬武嬉在这里有着深深的根子。另一方面，吴越之间以及吴越与其他各国之间的恩怨所激发的爱国主义精神也对后世产生深深的影响。最为著名的是越王勾践卧薪尝胆的事。这种发愤图强的精神一直深深地烙印在历代江南人民的心中，成为江南精神的重要组成部分。

主体疆域位于江南的楚国，以屈原为代表的楚骚文化也是江南文化的重要源头。楚骚文化昂扬激奋的爱国精神以及忧愤缠绵的悲伤情调，还有

① 刘熙载：《艺概 · 书概》。

(明) 吕纪:《秋鹭芙蓉图》

“惊彩绝艳”[①] 的瑰丽想象，为江南文化的审美风格奠定了基调。

尽管吴越文化与楚文化为江南文化奠定了基础，但是强大的全国统一政权秦王朝与汉王朝，没有给江南文化独立发展提供机会。江南文化得以发展，并形成独立品格，不能不首先归属于晋室南渡。中国的政治中心向来在北方，晋室南渡，在江南出现了一个正统的中央政权，尽管这个政权实际上只能统治中国的南部，但在名分上，它是正统的。这就使得江南文化有了一个长足发展的机会。一方面，是北方文化南下，为江南文化输入了强劲的活力；另一方面，江南原有的文化，诸如吴越文化、楚骚文化得以与

① 刘勰:《文心雕龙·辨骚》。

北方文化相结合而得到新的发展。

这里，必须强调晋室南渡带来的北方士族文化在江南文化建构上的重要作用。士族文化的主体是儒家文化，其领袖人物是从北方来的大官僚王导、谢安。北方的士族文化与南方的士族文化实现了较好的融合，成为国家主流意识形态。当时国家处于南北分裂的局面，从维护汉民族政权的立场出发，南渡的晋室自然将北伐摆在重要位置，整军经武自然是他们关注的重要方面。但基于当时南北力量处于相对平衡的状况，加上统治阶级自身的软弱性，东晋政权实际上将经营南方放在更为重要的位置上。以王导、谢安为首的士族集团本就是儒家知识分子，他们作为晋室的实际统治者，对南方领土的治理，依据的是儒家的以德治国、以文治国。值得特别注意的是，始于汉代的儒家文化——经学的研究，此时在江南的土地上，开创了新局面，形成与北方不同的学风。东晋学者褚裒、孙盛论南北学风之异，说："北人学问，渊综广博，南人学问，清通简要。"[①]《隋书·儒林传叙》也说："南人约简，得其英华；北学深芜，穷其枝叶。"这"清通简要"是一种审美性的评价，它说的虽然是经学的学风，其实也是江南审美文化的特色。

江南文化的形成固然在相当的程度上与儒学正统的南下有关，但是，本来就产生于南方的道家文化、禅宗文化对其影响也不可忽视。道家文化品格的形成与江南多水有直接关系，"水"是道家文化的基本意象。道家文化尚守柔，实来自水的启迪。道家尚隐逸，明显与江南山水秀丽密切相关。宋代的欧阳修讲士人有两种快乐，一种为富贵者之乐，一种为山水之乐。山水之乐当然离不开奇山秀水，而这，正是江南远胜于北方之处。虽然道家思想与儒家思想都是国家的主流思想，无所谓南北分野，但道家思想由于其尚柔的本质特点，更易于在南方找到它的生根点。道家著作《庄子》诡异奇警，充满着"谬悠之说""荒唐之言""无端崖之辞"，与江南山水奇特、风俗多异、色调斑斓不无关系。

正是因为江南山水奇美、经济富庶，且道家退隐思想流行，很容易滋生

① 刘义庆：《世说新语·文学》。

享乐思想。所以凡是建都于江南的王朝最后都导致偏安江左、不思进取。享乐之风在很大程度上为江南文化带来负面的影响，不过，这不应归罪于江南秀美的山水、发达的经济以及道家思想，而应归罪于统治阶级自身。

江南文化的享乐之风也有正面的影响，首先，文学艺术繁荣了。偏安于江南的六朝统治者均好文学艺术。南唐皇帝李璟、李煜均是著名的诗人。南宋的皇帝几乎个个都是画家。

梁的开国皇帝梁武帝本是武将出身，在文学上很有修养。梁武帝的后代子孙，如梁简文帝萧纲、昭明太子萧统都在文学上颇具声名。萧统主持编辑的《昭明文选》一直被视为中国文化古籍中的经典读本。南朝时，五言诗盛行，士流之辈趋之若鹜。钟嵘在《诗品·序》中说：“今之士流，斯风炽矣，才能胜衣，甫就小学，必甘心而驰骛矣。”不仅文人，一些武将也附庸风雅，以能写五言诗自诩。据说，梁武帝一次在光华殿宴请群臣，联句作诗，武将曹景宗坚决要求参加。梁武帝怕他丢脸，先是婉劝，实在劝不了，给他“竞”“病”二韵，曹景宗思量片刻，即作诗道：“去时儿女悲，归来笳鼓竞；借问行路人，何如霍去病。”此诗竟十分出色。

南朝审美风气不仅突出表现在崇尚文学艺术上，而且表现在对形式美的刻意追求上。南朝是中国诗歌声律建立的时期，梁朝的沈约为中国诗歌韵作了一系列的规定。客观地说，声律的建立是诗歌走向成熟的标志。当然，过分追求诗律就必然影响到内容。南朝的诗就存在因形式而伤害内容的现象。初唐陈子昂深感六朝诗歌和文章的这种流弊，感慨地说：“文章道弊五百年矣，汉魏风骨，晋宋莫传，然有文献可征者。仆尝暇时观齐梁间诗，彩丽竞繁，而兴寄都绝，每以永叹。”①

玄学兴起于汉末魏初。晋室南渡后，玄学继魏晋之风，仍然流行。玄学是整合道儒的一种哲学，侧重于探讨宇宙的本体。随着晋室南渡来到江南的玄学家们表面上虽然也在继续谈玄，却注重将玄与感性享受联系在一起了。玄学名士皆为士族，许多还是大官僚，他们在一起喝酒、下棋、写诗、

① 陈子昂：《与东方左史虬修竹篇序》。

作画、清谈，同时也在谈玄。南朝的玄言诗，是玄与诗的结合，对于诗来说，它不是好诗，对于玄来说，它也不是深玄，但是它将玄审美化了，也通俗化了。玄学家们也喜欢游山玩水，在游山玩水中悟玄，同时也将这种感受作成山水诗、山水画。南朝画家宗炳说“澄怀味象”，澄怀为了悟玄，而味象中则含有审美。这个时期，玄学与美学就一而二、二而一，合为一体了。

南朝佛教盛行，杜牧诗云：“南朝四百八十寺，多少楼台烟雨中。”南朝佛教，以梁朝为盛。南朝的佛学有一个突出特点就是与玄学相结合，实际上也是与美学相结合。南朝的僧徒支遁最负盛名，他注《庄子·逍遥游》，又作《逍遥游论》。庄子的“逍遥游”本来就具有浓郁的审美意味，支遁的注与论又将佛教融会进去，就更为丰富了。支遁之后，释慧远则更多地注意佛学与儒学的结合。如果说，支遁让佛学依附玄学的话，那么，慧远则企图用佛学来融合儒学与玄学。佛学在唐朝已达顶峰，形成了许多宗派，这许多宗派中，禅宗最为重要，后来成为中国的主流佛教宗派。这个宗派完成了佛教的中国化，同时也完成了佛教的审美化。这是一种最受中国士人特别是诗人、画家欢迎的宗教，以至于禅宗所说的禅悟成为诗学妙悟论的主要来源。值得特别指出的是禅宗是在江南诞生并发展起来的。江南文化受到佛教文化特别是禅宗文化的深远影响是非常明显的。

从以上所述可以看出，江南文化是一种融儒、道、玄、佛为一体的文化。这种融合中，由于各种因素，特别是自然地理方面的因素、历史人文的因素、政治方面的因素，相比于北方，其道、玄、佛的影响较大，因而从总体倾向来看，江南文化是一种偏向阴性的文化、柔性的文化、唯美的文化。

“江南”作为文化是一个历史的概念，自从时代进入近代特别是现代以后，“江南文化”其固有的特色就消失了，“江南”又成为一个地理概念。当然，江南的风景依然美丽，江南的人物依然风流，江南的经济依然发达，但是，其中的内涵变了。如果说，江南文化依然是一种文化概念，那么，这是一种不同于过去的新的文化。